复杂工程结构非常规环境
力学特性与工程应用研究

金生吉　孔位学　孙一民　著

清华大学出版社
北京

内 容 简 介

本书结合三个工程项目：辽宁红沿河核电站一期工程施工建设项目、沈阳市迎“十二运”城市道路系统建设项目、河南禹登高速公路工程建设跨越煤矿采空区项目，通过理论分析和数值仿真及现场观测等手段，对高速公路穿越矿产采空塌陷区、核电站取水构筑物和城市立交桥在地震荷载及相应的运营过程中的各种荷载及环境条件等多种因素分析，揭示了影响土木工程结构稳定与安全的主要因素所在，研究结合工程实际应用，为类似工程的建设提供了借鉴。

本书以实际工程项目为依托，所采取的研究方法和分析手段具有普适性，可作为工程研究和技术人员的工具书和参考书，也可作为土木、交通、水利工程类研究生的教材和参考书。

图书在版编目(CIP)数据

复杂工程结构非常规环境力学特性与工程应用研究/金生吉，孔位学，孙一民著. --北京：清华大学出版社，2014

ISBN 978-7-302-38466-3

Ⅰ. ①复… Ⅱ. ①金… ②孔… ③孙… Ⅲ. ①建筑结构－环境物理学－力学－研究 Ⅳ. ①TU311

中国版本图书馆 CIP 数据核字(2014)第 260808 号

责任编辑：赵益鹏　赵从棉
封面设计：陈国熙
责任校对：王淑云
责任印制：宋　林

出版发行：清华大学出版社
网　　址：http://www.tup.com.cn，http://www.wqbook.com
地　　址：北京清华大学学研大厦 A 座　　邮　　编：100084
社 总 机：010-62770175　　邮　　购：010-62786544
投稿与读者服务：010-62776969，c-service@tup.tsinghua.edu.cn
质量反馈：010-62772015，zhiliang@tup.tsinghua.edu.cn
印 装 者：北京密云胶印厂
经　　销：全国新华书店
开　　本：185mm×260mm　　印　　张：15.5　　字　　数：377 千字
版　　次：2014 年 12 月第 1 版　　印　　次：2014 年 12 月第1 次印刷
定　　价：68.00 元

产品编号：060337-01

前言

FOREWORD

目前，在我国土木、交通、水利等领域，为了快速发展与大规模建设，有效“树立绿色、低碳发展理念，建设美丽中国，实现中华民族持续发展”，需要大力进行能源结构调整和节能减排。为此，国家构建理想的现代能源产业体系，在安全前提下建设高效核电；实现高速交通和城镇化发展目标，大力开展城际间交通和城市立体交通路网建设，节省通行时间，减少交通中平面交叉通行时间，节约通行成本和能源消耗。本书针对当前发展核电、城市立体交通和高速交通安全工程建设中涉及的一些关键性热点问题，结合当前土木水利工程结构力学特性研究现状，对穿越矿产采空塌陷区的高速公路、核电站取水构筑物、无梁板立交桥在地震荷载下及运营过程中复杂环境条件下力学特性与工程应用进行系统的研究。

本书结合建设中已经开始运营的辽宁红沿河核电站取水构筑物工程建设的复杂环境问题，通过理论分析和数值仿真及现场观测等手段，对取水构筑物开展结构形式分类、设计方法、施工方案及影响分析，研究取水构筑物结构在海浪冲击、渗流影响和地震波作用下产生的应力、应变和位移等力学特性，开展海水结冰期和非结冰期不同海水压力下构筑物内部水流冲击和渗流作用影响的研究。确定了核电站取水构筑物在施工及运营过程中的不安全因素，揭示了地震荷载、海冰冲击、海浪拍打、渗流影响和环境腐蚀等因素对构筑物产生的影响。通过对比设计安全标准，验证了构筑物在各种荷载作用下是安全的，并且在最高、最低潮位下运营时均可以满足泵站入口处流量 $50m^3/s$ 的供水要求。

本书结合“沈阳市迎‘十二运’城市道路系统建设项目”工程建设，对沈阳市新立堡路段城市立交无梁板桥动力特性与工程应用进行了系统的研究。针对地震荷载对立交桥的破坏状况，开展了立交无梁板桥结构设计、施工方法和措施的研究，通过理论分析和数值仿真及现场观测等手段，研究在地震荷载作用下和不同路况车载行驶条件下梁桥结构产生的力学特性，揭示了六车道无梁板立交桥在复杂受力条件下产生的应力、形变和位移变化规律。并结合新立堡立交桥工程实际，针对工程施工中出现的问题，提出了设计变更和调整。

本书针对我国高速公路发展迅猛、高速公路已经或者将要穿越矿产采空塌陷区的情况，从路基、路面、桥梁及隧道工程角度出发，建立了科学合理的高速公路安全性评价标准和方法体系，对采空区地基承载力理论与方法进行探讨，提出采空区路基路面一般处治方法，并建立相应的协调设计。针对河南禹登高速公路工程建设跨越煤矿采空区这一难题，对跨越寺沟采空区的多种方案进行系统的对比分析，提出采用高填路堤方案，并在该方案的基础上通过模型试验、数值模拟以及现场监测、检测等手段，深入研究寺沟采空区高填路堤稳定性。探索性地将先进的空间对地 InSAR、GPS 观测技术应用于高速公路路基路面变形监测与预警中，很好地跟踪了采动区、采空区的变化规律及对高速公路路基路面的影响，保证了高速公路的安全营运。

本书通过对高速公路穿越矿产采空塌陷区、核电站取水构筑物和城市立交桥在地震荷载及相应的运营过程中的各种荷载及环境条件等多种因素分析，揭示了影响土木工程结构稳定与安全的主要因素所在，并结合工程实际应用，提出了必要的措施，为类似工程的建设提供了借鉴。

本书是在著者的博士后论文的基础上形成的，首先要感谢我们的导师芮勇勤教授对著者在博士后研究阶段的学习和研究工作等进行了悉心指导和不倦教诲。

本书著者金生吉(沈阳工业大学)、孔位学(国防科技大学)和孙一民(沈阳工程学院)对沈阳工业大学、国防科技大学、东北大学及沈阳工程学院的各位学者在本书撰写过程中所给予的帮助，在此一并表示感谢！

本书资助项目包括：辽宁省高等学校杰出青年学者成长计划项目“核电站取水CA-CB-PX结构流固耦合作用及抗震力学特性研究”(No. LJQ2013016)；辽宁省企业博士后基金：红沿河核电站核电工程取排水系统关键技术研究(辽博拨[2011]11)；国家重点工程建设项目：中广核核电公司“辽宁红沿河核电站1号～4号取水隧洞施工设计”(2011)；国家自然科学基金重点项目：“大型露天煤矿高陡时效边坡稳定性理论研究”(No. 51034005)；辽宁省博士科研启动基金“高等级公路高填方路基不均匀沉降规律及稳定研究”(No. 20101076)。

最后，希望《复杂工程结构非常规环境力学特性与工程应用研究》一书，在实际工程中的设计、分析和仿真等方面，能给予广大读者启迪和帮助。

由于著者水平有限，加之时间仓促，书中疏漏和错误之处恳请读者不吝赐教。

著　者

2014年8月

目录

CONTENTS

第 1 章

CHAPTER 1

绪　论

1.1　核电站取水构筑物问题研究背景

截至 2010 年年底，世界上有 33 个国家和地区共计 441 个核反应堆在运行，主要分布在欧洲、北美、日本、韩国和中国。据国际原子能机构(IAEA)统计，全球 30 个国家和地区核电总装机容量为 390 264MW，净装机容量为 370 193MW，世界核发电量占世界总发电量的 19%。在拥有核电机组的国家中，美国(104 台)、法国(59 台)和日本(55 台)是拥有核电机组数量最多的前三位国家，核电占本国电力总供应量的比例分别为 19.4%、76.9%和 27.5%。美国现有 104 台在运机组，是世界上核装机容量最多的国家，总装机容量为 105 700MW，总核发电量高达 791.7 亿 kW·h。除了英国、俄罗斯和加拿大 3 个国家核电占本国总发电量的比例较小外，美国、日本、立陶宛、法国、斯洛伐克、比利时和瑞典等国家的核发电量占本国总发电量的比例均超过 20%，而我国不足 2%[1-2]。

目前，我国能源结构仍以石油、煤炭等化石燃料为主。核电是唯一可以大规模替代常规能源的新能源，核能既清洁又经济，而且随着当前核能技术的不断发展，核能安全性会不断提高。因此，加快核电建设、积极发展核电是保障国家能源安全的需要，对中国能源可持续发展、优化能源结构具有战略意义。

中国目前已有秦山核电站、秦山二期核电站及扩建工程、秦山三期核电站、大亚湾核电站、岭澳核电站一期、田湾核电站一期等核电站 13 座核反应堆投入运营。根据中国政府制定的《核电中长期发展规划》，到 2020 年，中国核电占全部电力装机容量的比重将从不到 2%提高到 4%，2020 年以前新投产的 2300 万 kW 的核电站分布情况如图 1.1 所示。

我国核电站主要分布在浙江、江苏、广东、山东、辽宁和福建 6 个沿海省市[2]。核电站安全级别非常高，核电站反应堆运行过程中产生大量热量，需要保证有充足的冷却循环水源。海水取之不尽、用之不竭，并可利用潮汐、海浪和海流等综合作用对直流排出的废水进行稀释扩散，建立滨海核电站成为核电产业发展的主要趋势。

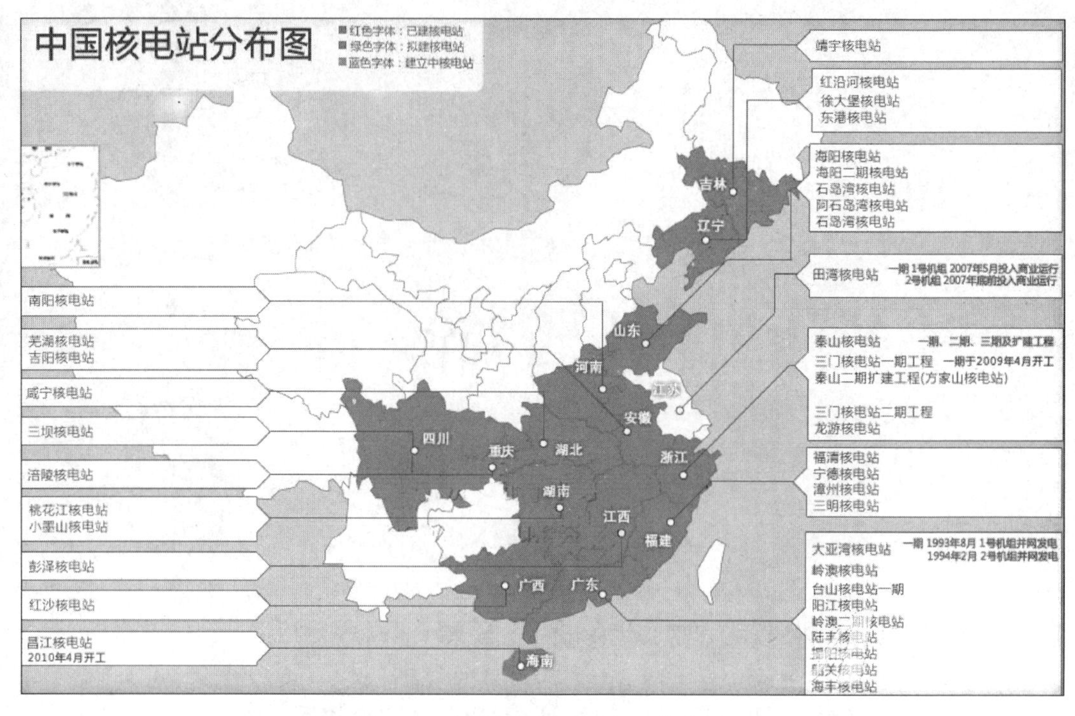

图 1.1 我国核电站地理位置分布图

辽宁红沿河核电站位于我国渤海海域辽东湾东海岸，是我国首次一次建设 4 台百万千瓦级核电机组标准化、规模化建设的核电项目，是东北地区第一个核电站，一期工程投资 486 亿元人民币。核电站的取水导流工程包括取水构筑物、取水隧洞和核泵泵房。一期工程规划为 4 条取水隧洞和 1 座取水构筑物，取水隧洞从海边取水口通至厂内泵房进水前池[3]。该核电站地理位置偏北，冬季海水大量结冰，如图 1.2 所示。

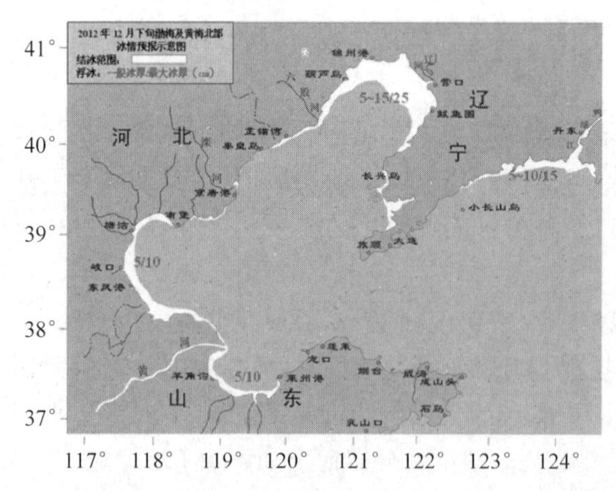

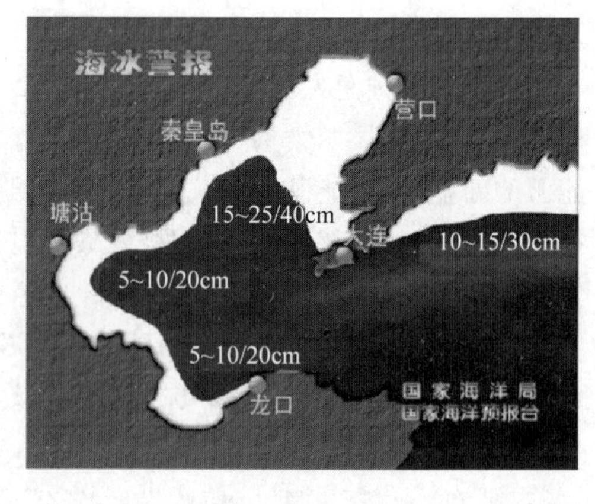

图 1.2 国家海洋局海冰警报：辽东湾浮冰范围超警报

在结冰期，取水构筑物进水口水位会下降，水压降低，自然压力作用的输水量进而降低，这种情况下导流工程的输水量能否满足核电站正常运营需求，是有待研究的问题之一。

从我国地震带分布来看，红沿河核电站位于华北地震区的华北平原亚区和阴山—燕山地震亚区。自有记录以来,该地震区内共发生63次破坏性地震,7级以上地震7次,最高震级8级,其中唐山地震和海城地震对核电站厂址所在地区影响非常大。核电站安全级别高,一旦地震对取水导流结构造成破坏,核泵冷却水无法正常输送,势必会影响核电站的安全,这一点日本福岛核电站事故就是最好的见证。因此,对该地区核电站导流工程结构在地震作用下的响应规律进行研究十分必要[4]。以上分析表明,核电取水导流工程,特别是取水构筑物的抗震性能及其在结冰及枯水期运营时对输水量的影响亟待研究[5]。

1.2 构筑物的抗震分析研究现状

随着我国大型水利工程建设的高速发展,以及各类工程因地震影响而事故频发,国内外学者对相关方面已开展大量的研究工作,并取得一定的研究成果[6-9]。水利构筑物的抗震分析方法经历了从拟静力法到结构仿真地震分析方法,从总应力法到有效应力法,从线性分析方法到非线性以及弹塑性分析方法,从确定性分析到考虑随机地震的非确定性分析,从一维问题到二维、三维岩土构筑物抗震分析的发展历程。关于建筑构筑物的地震响应分析手段概括起来主要包括:通过弹性介质的剪切振动微分方程和边界条件,求结构地震反应的剪切条分法;把岩土结构看成由若干个集中质量组成体系,用动力学的方法求出地震反应的集中质量法以及数值分析方法。数值分析方法通常能考虑复杂地形、土的非线性、非均质性、弹塑性及土中孔隙水等诸多因素的影响,并能深入分析土的动力特性及土体各部分的动力反应,因此已经成为动力分析中最重要的分析方法。目前,国内外对岩土构筑物抗震分析常采用的数值分析方法有有限元法、有限差分法等。以这些方法为手段,很多计算软件已经被开发应用并趋于成熟。

大量震害调查、研究及经验表明,地震引起的永久变形是造成构筑物地震灾害的主要原因之一,由于横向位移和竖向沉陷引起的震害占有相当的比例,诸多构筑物抗震设防的核心问题不再是强度问题,已逐渐转变为以变形为标准来控制。

构筑物结构抗震问题的研究方法大致分为3种:地震观测、实验研究和理论分析。地震观测就是通过实测结构在地震时的动力特性来了解地下结构的地震特点。实验研究分为人工震源实验和振动台实验。人工震源振幅较小,很难真实地反映出结构地震真实反应的影响,采用较少。振动台实验法能够较好地把握地下结构的地震反应特性以及地下结构与地基之间的相互作用特性等问题。模型实验使人们能更好地了解和掌握地下结构的工作特性,为抗震理论的发展奠定了基础。就分析理论而言,波动理论和有限元分析是构筑物抗震理论分析的两种主要手段。近年来的研究结果表明,研究地层运动对构筑物结构的影响主要有两种方法:一种是相互作用法,它以求解结构动力方程为基础,把介质的作用等效为弹簧和阻尼,再将它作用于结构,然后如同分析地面结构模型一样进行分析;另一种是波动法,它以求解波动方程为基础,把地下结构视为无限线弹性或弹塑性介质中孔洞的加固区,将整个系统(包括介质与结构)作为对象进行分析,不单独研究荷载,以求解其波动场与应力场。

现有的地下结构抗震分析方法主要包括:ST. John法、Shukla法、反应变位法和福季耶娃法[6]。

ST. John法是一种拟静力分析方法,以弹性地基梁模型来考虑土—结构的相互作用问题,认为在地震荷载作用下,构筑物截面产生与自由场的轴向、弯曲和剪切变形相对应的轴向、弯曲和剪切应变。但忽略了土体与结构之间的动力相互作用。

Shukla 法是美国学者 Shukla 等人在 20 世纪 80 年代初应用弹性地基梁原理，采用拟静力方法来考虑土体与结构的相互作用，建立的地下结构的数学模型。地震波在大型的地下结构内传播时，在垂直于结构轴线的截面内产生横向应力，在平行于地下结构轴线方向上产生轴向应力及弯曲应力。

反应变位法的基本思想是构筑物受到周围土体的束缚，不可能发生共振响应，结构本身在振动中的惯性力对计算结果不会产生多大的影响，而构筑物的地震响应主要取决于结构所在位置土介质的地震变位。另外围岩应变传递法和地基抗力系数法也是研究构筑物抗震的有效方法。

福季耶娃法由苏联学者福季耶娃提出，对于 P 波及 S 波，只要波长达到一定的数值，就可将地震反应的动力学问题用围岩在无限远处承受一定荷载的弹性力学平面问题的方法来解答，简称拟静法。假设岩土体属于线弹性变形介质，地震作用时引起的隧道围岩应力及衬砌内力的计算，可归结为有加固孔口周围应力集中的线弹性理论动力学问题[10]。

上述几种结构抗震解析方法，在一定程度上反映了目前地下结构抗震理论的发展水平[11-13]。但是，有的方法应用范围很窄，并且都是粗略和近似的。一方面它们将不规则的地震波视为按同一周期和同一方向传播的波，这似乎使问题的解决过于简单化；另一方面，又将地基变形作为输入的地下结构反应解，这是一个并未考虑衰减系数的静力解，然而，实际上的地基变形是随时间而变化的，应当考虑动力输入的影响。因此要准确地反映地下结构的动力特性，只有充分运用现代的计算机技术和数值计算方法，才能更全面、更真实地再现地下结构在地震荷载下的动态特性。

通过对红沿河核电站核电工程的取水构筑物结构在地震作用下力学特性及不同海水水位循环冷却水流量及流速关系开展研究，可以解决取水导流工程结构抗震设计部分关键技术问题，填补这一领域的技术空缺，提高取水导流工程建设的水平，研究不仅可以对大型水利工程建设进行一定科学指导，而且对于我国大型土木建设的快速发展，都将具有重要意义。本书主要采用理论分析和数值仿真计算方法开展核电站取水构筑物复杂环境力学特性研究。

1.3 城市立交桥问题研究背景

近年来桥梁事故不断发生，每一个事故无疑将带来巨大的人员伤亡和财产损失。2007 年 10 月 23 日，内蒙古自治区包头市民族东路高架桥桥面发生倾斜，行驶中两辆重型货车和一辆轿车随路面侧滑到桥底，造成附近路线交通瘫痪，如图 1.3 所示。

2007 年 9 月 1 日，巴基斯坦卡拉奇一座公路桥发生倒塌，数辆汽车随路面坠到桥底，造成 5 人死亡，数十人受伤，附近交通瘫痪，如图 1.4 所示。2007 年 8 月 1 日，美国明尼苏达州跨河立交桥发生倒塌，50 余量汽车落入河中，至少造成 7 人丧生，如图 1.5 所示。

2011 年 2 月 21 日，浙江绍兴至宁波台州方向高架桥发生坍塌，造成了严重的交通事故，如图 1.6 所示。2009 年位于温州市鹿城区仰义乡绕城高速北线一座在建的高架桥发生严重的倾塌事故，如图 1.7 所示。

图 1.3 内蒙古某高架桥倒塌事故

图 1.4 巴基斯坦卡拉奇公路桥发生倒塌

图 1.5 美国明尼苏达州跨河立交桥发生倒塌

图 1.6 浙江高架桥发生坍塌

图 1.7 温州高架桥倒塌事故

在 1995 年的阪神地震中，阪神高速线在神户市内的近 500m 高架桥侧向倾倒，如图 1.8 所示。1999 年台湾集集大地震造成的桥梁倒塌，如图 1.9 所示。

图 1.8 1995 年日本阪神地震中高架桥倒塌

图 1.9 1999 年台湾地震中的桥梁破坏

2009年12月26日，无锡市复新桥被一辆数十吨重的工程车拦腰压断，如图1.10所示。2009年6月29日，黑龙江省铁力市西大桥因超载发生垮塌事故，如图1.11所示。

图1.10 无锡市复新桥倒塌事故

图1.11 黑龙江省铁力市西大桥倒塌事故

2004年9月20日安徽阜阳市内双清路桥突然坍塌，运煤大货车坠落河中，如图1.12所示。2007年8月15日，由于超载造成太原市小店区段东柳林桥半幅桥面整体垮塌，如图1.13所示。

图1.12 安徽阜阳市内双清路桥倒塌

图1.13 太原市小店区段东柳林桥倒塌

2013年2月1日，一辆装载爆炸品的货车在河南义昌大桥突然发生爆炸，导致大桥南半幅80多米长部分被炸毁，爆炸造成11人死亡，多人受伤，连霍高速双向断行，如图1.14所示。

图1.14 河南义昌大桥垮塌现场

桥梁破坏的原因有很多，大体可以分为人为因素和自然因素。人为因素可以细分为设计失误、施工失误、车船撞击、超载、知识水平限制、故意破坏等；自然因素可细分为地震、洪水、风雨、漂流物撞击、年久失修以及其他原因。

董正方等[14]收集了包括中国、美国、德国等国家在内的66个国家和地区,时间跨度自1444—2008年期间502座桥梁典型的倒塌事故,统计如图1.15所示。

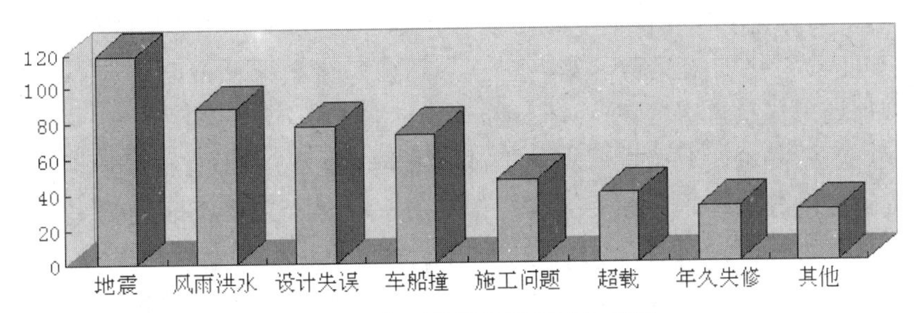

图1.15 典型的桥梁倒塌事故统计

据统计分析表明,由于地震所导致桥梁倒塌事故在桥梁事故中所占的比例最大。如1975年海城地震时,618座桥梁中有193座遭到不同程度的损坏,占31.2%。1976年唐山地震后,对京山、通坨及南堡专用线等铁路线上的桥梁调查发现,受地震破坏铁路桥占总数的39.3%[14-15]。唐山地区有62%的公路桥梁发生不同程度的破坏,严重毁坏的大、中桥有20座,占13%;天津地区中等以上破坏的公路桥达21%,严重破坏的大、中桥有10座,占5%;汶川地震中受损桥梁高达6140座。另外车辆超载和人群荷载超载可能造成桥梁的即刻倒塌,也可能造成桥梁内部损伤积累,导致最终的桥梁倒塌[16-17]。

随着我国土木建筑工程建设的高速发展,以及各类工程事故的频发,国内外学者对相关方面开展了大量的研究工作,并取得了一定的研究成果。我国《"十二五"规划纲要》指出,要按照适度超前原则,建成国家快速铁路网和高速公路网;加快国家高速公路网剩余路段、瓶颈路段建设,同时为了适应城市群发展需要,以轨道交通和高速公路为骨干,以国省干线公路为补充,推进城市群内多层次城际快速交通网络建设;加强铁路、公路、城市公共交通的有机衔接,加快综合交通枢纽建设。而近年来在桥梁工程中存在一系列问题,亟待解决。

本研究依托在建即将运营沈阳市迎"十二运"城市道路系统建设改造项目,通过对城市立交桥在车辆交通荷载和地震荷载作用下的力学特性研究及稳定性研究,可降低因地震和车辆行驶引起的桥梁破坏和失稳,保证桥梁的使用性能,延长使用寿命,减少养护费用。本研究不仅可以对城市高架桥建设进行一定科学指导,而且对于我国大型土木建设的快速发展,以及社会主义和谐社会的构建,都将具有重要意义。

1.4 桥梁车载作用及抗震研究现状

桥梁车辆振动问题的研究始于铁路桥梁,人类自1825年建成第一条铁路以来,便开始了对列车下桥梁相互作用研究探索的历史过程。它的理论发展大致经历了古典理论和现代理论两个阶段[18-19]。

1905年,俄国学者Krylov首先研究了在匀速常量力作用下简支梁的振动问题。1922年,Timoshenko研究了一个匀速移动的简谐力通过简支梁的情况。1937年,Schallenkamp第一次提出了考虑移动荷载本身质量惯性力影响的简支梁桥的动力响应问题,得出了比较精确的解答。1930年,乌曼斯基对连续和铰接体系浮桥的自由振动进行过初步分析。吉洛夫将浮桥看作无阻尼的弹性地基梁，把附加质量作为常数并计及移动荷载质量进行动力分析，求出了连续体系浮桥在若干典型情况下的封闭解。

1954 年，Biggs 在 Inglis 所发展的理论基础上研究了更为接近实际的车辆模型，即讨论了一个匀速移动的弹簧上质量的简支梁桥的作用，并得出了便于计算的近似解。但是采取的主要假设包括只考虑简支梁桥的第一阶振型，这样，桥梁模型可简化为一个单自由度系统；车辆模型也处理成单自由度系统；桥梁和车辆都假定具有黏性阻尼。

随着数学、力学理论研究的进展和计算机技术的发展与逐步普及应用，自 20 世纪 70 年代起，现代车辆振动分析理论考虑更加接近真实的车辆模型和将桥梁理想化为多质量的有限元或有限条模型。

Virchis 分别在 1979 年和 1983 年用 Runge-Kutta 法，对履带式和轮式车辆通过简支梁的动力效应进行数值计算，考虑了车辆的初始状态、车速变化及车辆和桥面脱离等情况，并研究了车辆在进出口状态和桥梁进口桥坡斜率对动力效应的影响。

近年来，公路桥梁车致振动的研究成果越来越丰富。Chatteriee 和 Datta 把桥理想化为正交各向异性板和集中质量分布模拟的梁，分析简支梁桥上车辆刹车和其初始弹力的影响。后来的研究者对连续梁桥进行了一些深入分析，已有弹簧支撑质量和无弹簧支撑质量等代车辆，桥面不规则变形通过静态随机过程来模拟，用特定的功率谱密度函数来计算。赵青等运用达朗贝尔（D'Alembert ）原理，采用无限自由度桥梁模型体系分析了两辆不同质量的汽车分别以不同的速度通过桥梁时强迫振动的情况，给出了梁桥的跨中动位移值及车、桥响应时程曲线和桥梁跨中位移振动响应。田苗苗将桥梁简化为等刚度的二维 Eider-Bernoulli 简支梁，车辆采用两轴模型，根据达朗贝尔原理建立了车桥耦合的振动方程，并运用有限元分析方法进行了路桥梁在行车荷载作用下的振动研究。

目前，对移动的车辆荷载作用下的梁桥动力响应是以建立一个只有一辆汽车荷载作用下的无限自由度桥梁模型体系来进行研究的。多辆移动汽车对桥梁的冲击振动并不仅是简单的几个一辆移动汽车作用下的梁桥动力响应的线性叠加，其强迫振动的力学特性是值得研究的。

1.4.1 地震反应分析的方法

地震力理论也称地震作用理论，研究地震时地面运动对结构物产生的动态效应。桥梁结构的抗震计算必须以地震场地运动为依据。随着地震作用理论的演变，产生了 4 种确定性地震反应分析的方法，即静力法、反应谱法、动态时程分析法和随机振动法[20-26]。

1）静力法

1899 年，日本大房森吉提出静力法的概念。静力法以地震荷载代替结构在地震强迫振动下的激励外因，把地震加速度看作结构地震破坏的单一因素有极大的局限性，因为它忽略了结构动力特性这一重要因素。只有当结构物的基本周期比地面运动卓越周期小很多时，结构物在地震振动时才可能几乎不产生变形而被当作刚体，静力法才能成立，它大多用在桥台和挡土结构的抗震设计中。

2）反应谱法

1941 年，M. A. Bito 用地震加速度记录作为输入研究了单自由度体系的加速度响应，Bito 提出了反应谱的概念，并给出了世界上第一个弹性反应谱。20 世纪 40 年代末至 50 年代初，Huosner 等研究者在计算大量反应谱的基础上，提出了基于反应谱的结构抗震分析理论。反应谱理论是建立在以下假定之上的：第一，结构物的地震响应是线性的；第二，结构各支点所受的激励相同，即一致激励假定；第三，结构物的最不利地震响应为其最大地震响应，而与其他动力响应参数无关。反应谱方法的优点是概念简单，计算方便，可以用较少的计算量获得结构最大反应值。主要适用于线弹性结构体系的抗震。

3）时程分析法

尽管反应谱方法在结构抗震计算中得到广泛应用，但在分析多质点体系时，反应谱仅能给出结构各振型反应的最大值，而丢失了与最大值和振型组合有关的重要信息，使得难以正确地进行各振型最大值组合。另外，在分析大跨度柔性结构（如悬索桥）时，由于非线性因素的影响，反应谱方法的计算误差较大。20 世纪 60 年代后，由于强震时地面和构筑物的振动记录不断积累，特别是电子计算机的广泛应用，人们开始对大跨度桥梁和其他特殊结构物采用多结点、多自由度的有限元动力计算图式，把地震强迫振动的地震加速度时程输入，对结构进行地震反应时程分析。这便称为动态时程分析。

动态时程分析可以较好地考虑结构、土和深基础的相互作用，以及地震波相位差和不同地震波多分量多点输入等因素。同时，也可以考虑结构几何和物理非线性影响及各种减震、隔震装置的非线性性质。时程分析可得到结构在地震动作用下的响应时程，详细了解结构在整个地震持时内的结构响应，可同时反映出地震动的三要素——振幅、频谱、持时对结构响应的影响，利用结构的动力特性和所施加的动荷载求出任意时刻结构的响应（位移、内力等）。但是动态时程分析法计算量大、耗时多，并且需要对结果进行统计分析，因此，大多数国家的抗震设计规范（包括中国）对中小跨度桥梁仍采用反应谱方法计算，对重要、复杂、大跨度的桥梁抗震计算建议采用动态时程分析法。

4）随机振动法

与时程分析法不同，随机振动法中的输入、输出均为统计量，不依赖于具体地震动时程，结构的响应特性受地震动随机的影响较小，而且随机振动法可与可靠度理论相结合，对结构的抗震性能做出定量的评价。与时程分析法相比，随机振动法也有着较广的适用范围。但随机振动也有着计算工作量大的缺点，这一缺点是随机振动未能成为结构地震响应分析主流方法的重要原因。

1.4.2　结构抗震设防方法

地震区结构物抗震设计需要预先确定设防标准，设防标准过高会增加投资，且并不能绝对保证安全；设防标准低虽然能节约投资，但一旦大震来临，将可能发生重大灾害，导致巨大的人员伤亡和财产损失。

桥梁抗震设防标准可按分类设防的抗震设计思想进行，即“小震不坏，中震可修，大震不倒”。由于小地震发生的频率高、可能性大，为了不使结构因累积损伤而影响其使用功能，故要求在常发地震时结构处于弹性范围内工作，以强度破坏为准则；在中震情况下，容许结构有轻度的、不在结构要害部位的损伤，震后易于修复并可继续使用，这需要对结构的强度和不变形进行双重体验；大地震在结构使用的寿命内发生的概率极小，是一种突发的特殊荷载，要求结构弹性地抵抗它，既不经济也不现实。因此，应当充分利用结构的延性，允许结构产生塑性变形和有限度的损伤，但不丧失平衡。

对于桥梁工程应根据抗震设计思想，针对桥梁在地震中暴露出来的薄弱环节，通过桥位的慎重选择，并以较小的费用对结构的薄弱部位予以局部加强，来提高桥梁的抗震能力。国内外多次地震经验证明，只要桥梁能满足场地有利、结构合理、整体性强、施工质量良好和措施得当的要求，一般均能提高桥梁结构的抗震防灾能力。

1.4.3 桥梁抗震措施和结构振动控制

为了防止或减轻震害，对桥梁结构物所作的改善和加强处理称为桥梁抗震措施。根据震害经验，在抗震设计时一般应考虑以下因素：

(1) 桥梁位置应选在地基良好和稳定的河岸地段；若必须在软弱场地土河段通过时，则采用桥渡与河流正交，并适当增加桥长，将桥台放在稳定的河岸上。

(2) 桥梁墩台基础设计应避开断裂带；当断裂带很宽而不能采用大跨跨越时，应避开破碎带。

(3) 桥墩不宜设在主河槽与河滩分界的地形突变处，也不宜设在河岸斜坡处，否则应采取抗滑和加固措施，避免桥墩滑移或被剪断；在地基软弱、地震时地基易于滥化失效的地方，桥墩基础宜采用深基础。另外，还可采用挤密砂桩等加固措施。

(4) 混凝土墩台应尽量减少施工缝；在墩身与承台和墩帽连接处，采取局部加强的构造措施，以保证接缝处混凝土的整体性。

(5) 地震区的桥梁宜采用等跨布置，且宜于以桥代替陡坡填方。

(6) 为了防止落梁，应加强梁部结构与墩台的连接，保证支座部件和支座与梁、墩台顶帽连接锚栓的强度。

对于新建桥梁的抗震设计和既有桥梁的抗震加固，还可以增设梁端连接和支挡构造等防止落梁的抗震装置，从而以较少的工程费用取得一定的抗震效果。

自20世纪60年代起，利用结构振动控制理论来减小地震力的工程抗震技术，已越来越多地用于新桥的抗震设计和既有桥梁的抗震改造和加固中。同传统的抗震设计方法(强度、延性设计方法)不同，结构控制方法可通过减震、隔震装置来消耗地震能量，同时阻止振动在结构上的传播；或者，对结构施加外部能量以抵消或消耗地震作用。一般将前者称为结构被动控制，应用较为广泛；将后者称为结构主动控制，理论上更为有效。

被动控制以隔震耗能为目的，对普通梁式桥一般采用各种特殊支座(如叠层橡胶支座、铅芯叠层橡胶支座、螺旋弹簧支座等)作为隔震器；对大跨度桥梁，往往设置各种阻尼器(如弹塑性阻尼器、黏性阻尼器、油压阻尼器等)作为耗能装置。

1.5 下伏采空区高速公路路基路面问题研究背景

中国是一个受地质灾害影响严重的国家。据国土资源部统计，近年来，我国因崩塌、滑坡和泥石流等自然灾害事故造成数以万计的人员死亡[27]。从众多的灾害中，人们懂得了更有效地利用地球科学知识以拯救生命和保护资源。中国的人口虽然一直在膨胀，但我们可以运用这些知识通过可持续的方式满足人类日益增长的资源需求[28]。在防灾减灾领域，需要解决的难题包括人类是如何改变岩石圈、生物圈和景观，并由此引发灾害的；需要什么样的技术和方法来评估人类和地区对灾害的易损性，并且在各空间范围如何使用；以目前的能力在监测、预测和减轻诸多地质灾害时是如何改进的；通过什么方法和新技术才能提高上述能力，并且有助于地区和全球的民间自我保护；对于每一个地质灾害而言，政府如何有效地运用风险和易损性资料制定政策、计划等[29]。

资源短缺已成为严重制约我国国民经济和社会发展的一个重大瓶颈。21 世纪初期，在我国面临资源全面短缺、环境不断恶化，以及其他许多新的国际国内环境和全面建设小康社会、社会主义和谐社会等现代化建设新历史任务的形势下，探索和创新我国资源型城市经济转型和可持续发展战略有着十分重大的战略意义。国家发展与改革委员会 2007 年研究报告统计，我国目前共有资源型城市 118 个，土地总面积 96 万 km^2，涉及总人口 1.54 亿人，占全国城市总数 18%，在这些城市中，2/3 城市矿山进入中老年期，1/4 资源型城市面临资源枯竭，资源型城市在经济、社会和生态环境等方面的矛盾开始集中显现，出现主导资源濒临枯竭、经济持续衰退、接续产业难以发展、生态环境急剧恶化、低收入以及高失业长期并存等一系列重大问题，其生存与发展受到了前所未有的挑战。

我国当前矿山安全（包括煤矿和非煤矿山）问题，已成为目前困扰矿业工作者的一大难题。在当前创建社会主义和谐社会的大环境下，国家和社会更加注重民生问题，矿山安全开采以及科学开采、可持续开采等问题就更加重要。我国矿山种类繁多、分布广、户数多、规模小、基础差，由于技术、管理及效益等原因的影响，资源开发中的安全形势相当严峻，地表塌陷、山体崩塌、矿山边（滑）坡、废石场泥石流、尾矿库垮塌、采场冒顶、巷道坍塌、矿山地震、岩爆、采空区大面积地压、井下突水、深井高温等灾害，给社会稳定和人民生命财产安全带来了严重影响[30]。据不完全统计，全国 20 省区共发生采空塌陷 180 处以上，塌陷面积大于 1000km^2。长久以来，矿业开采一直被认为是创造财富的过程，对其造成的负面影响却未给予足够认识。然而，有关统计显示，我国每年因地质灾害造成的直接损失达 300 亿元。因此，合理、有效地利用资源，保护矿山环境，加强监测与信息化管理，防止矿山地质灾害，实现矿业可持续发展，是一个非常重要的问题。

2007 年 12 月发生在山西省临汾的煤矿爆炸是近年来矿山安全事故的一个典型[31]，事故造成 105 人死亡，这是近年来全国发生一次死亡人数最多的特大事故，社会影响极其恶劣（图 1.16）。

受矿山开采水平、监测技术和空区探测技术以及管理水平等限制，目前我国矿业开采还处于较低的发展水平，远远满足不了矿业可持续发展以及和谐矿山建设的需要，这就需要在加强对矿业防灾减灾领域加强动态信息化探测、监测，并进一步提高矿山灾害预测、治理控制与处治水平。

在这一背景下，我国高速公路发展异常迅猛。截至 2013 年年底，中国已经完成高速公路总通车里程 10.45 万 km[32]。近年来，国家实施积极财政政策，中国高速公路快速发展，极大地提高了中国公路网整体技术水平，优化了交通运输结构，对缓解交通运输的“瓶颈”制约发挥了重要作用，有力地促进了中国经济发展和社会进步。

随着中国城市化进程的加快，以及国民经济向又好又快的方向快速发展，越来越多的城际交通工程将建设在这些资源城市的区域范围，这样许多交通工程，比如新建和改扩建高速公路、高速铁路等，将不可避免地穿越这些采空区域，造成许多潜在的地质病害。加之出于历史和技术等方面的原因，矿山资源滥挖乱采现象比较严重，使得采空区的探测、监测和处治成为目前亟待解决的难题之一。根据 2013 年出台的《国家公路网规划（2013—2030）》，未

图 1.16　山西洪洞煤矿瓦斯爆炸

来的国家高速公路网将按照“实现有效连接、提升通道能力、强化区际联系、优化路网衔接”的思路，由 7 条首都放射线、11 条北南纵线、18 条东西横线，以及地区环线、并行线、联络线等组成，约 11.8 万 km；另外在西部地广人稀的地区规划了 1.8 万 km 的远期展望线。

在这些新建高速公路中，有相当大一部分位于我国中西部，这些地区成矿地质条件优越，矿产资源丰富，优势矿产分布多且相对集中，同时岩溶分布广泛，岩溶塌陷区和矿区采空区分布较广泛。在这些地区修建高速公路，不可避免地穿越采空区、岩溶塌陷区等特殊路基。因此，开展在高速公路路基路面下伏采空区病害评价与诊治技术的系统研究势在必行。通过研究，一方面可以解决采空区高速公路路基路面病害处理工程中的部分关键技术问题，填补这一领域的技术空缺，提高公路工程建设的水平；另一方面，通过采空区等病害的合理处治，可显著减少因采空区塌陷等引起的路基路面病害，保证公路的使用性能，延长使用寿命，减少养护费用，确保公路畅通和行车安全。研究不仅可以对我国高速公路建设进行一定科学指导，而且对于我国高速公路建设的快速发展，以及社会主义和谐社会的构建，都将具有重要意义。

1.6　下伏采空区路基路面研究现状

采空区是指地下固体矿床开采后的空间及其围岩失稳而产生位移、开裂、破碎垮落，直到上覆岩层整体下沉、弯曲所引起的地表变形和破坏的地区或范围，统称采空区[33]。本研究所涉及采空区是指与公路工程有关的采空区，包括煤矿与非煤矿山采空区。影响高速公路路基路面采空区路基稳定性的影响因素如表 1.1 所示。

表 1.1　影响煤矿采空区地表变形的主要因素[7]

主要因素		分类及特征		地表变形	
				幅度	范围
自然地质因素	煤层埋藏几何条件	煤层厚度	大、小	+,−	+,−
		倾角	大、小	+,−	−,+
		埋藏深度	大、小	−,+	+,−
		松散层厚度	大、小	+,−	+,−
	地质构造	褶皱程度			
		断层密度	大、小	+,−	+,−
		成层程度			
		裂隙密度	大、小	+,−	+,−
	覆岩物理性质	岩性、硬岩及组合	硬、中、软	−,−,+	−,−,+
	覆岩力学性质	胀缩性及水化性	大、小	−,+	+,−
	水文地质	(1) 水文变化		+	+
		(2) 水解、软化		+	+
		(3) 水溶		+	+
采矿主要因素	采空区几何条件	(1) 采出煤层	多、少	+,−	+,−
		(2) 开采厚度	大、小	+,−	+,−
		(3) 采空区及巷道尺寸	大、小	+,−	+,−
	采掘技术	(1) 开采方法			
		(2) 顶板管理方法			
		(3) 重复采动			
时间因素		长		+	+
		短		−	−

注:"+"代表地表变形幅度和范围增大;"−"代表地表变形幅度和范围减少。

我国采空区和岩溶分布面积较广,主要集中在中西部地区,在这些地区煤炭等矿产资源十分丰富,采空区分布面积也较广。在此类空洞地区修筑高速公路,不但路基稳定性探测评价与处治难度大,而且路基路面下伏采空区病害评价与诊治技术等问题的研究极具挑战性。

1.6.1　高速公路下伏采空区路基路面病害研究现状

在未来 20 年内,中国经济的持续高速发展仍迫切地需要大规模基础设施建设来拉动,交通基础设施建设也将以前所未有的速度在这些相对落后的采空区及岩溶塌陷区等空洞地区建设发展,以带动这些地区经济和社会发展。由于对采空区及岩溶地区空洞路基下伏地基沉陷破坏理论与方法等缺乏深入的理论研究和工程实践,以致在这些地区修筑高速公路时,由于对这类特殊路基下伏地基承载特性认识不足,对影响其稳定性的因素考虑不到位,在营运中附加静荷载和运输工具等动荷载影响下,路基下方原来相对稳定的采空区及岩溶地区空洞出现了一定程度的"活化"、"变形迁移"等,导致地表残余变形过大,影响到正常使用甚至发生事故。从降低成本,确保安全的角度出发,对采空区及岩溶空洞地区路基下伏地基稳定性进行分析研究,以指导设计与施工就显得十分重要。

有关采空区问题的研究,国内外主要是在煤炭、冶金、军事和交通等部门进行,如波兰、苏联、英国和中国等主要产煤国家[34-38]。从20世纪80年代开始,英国、波兰、德国等国的学者相继研究了采空区等地下空洞对公路的危害性问题,但成果零乱,未见系统的报道[39-44]。近年来,随着高速公路的大量兴建,我国在这方面的研究才开始起步,理论基础、研究手段均不完善,绝大部分以工程经验积累为主。到目前为止,针对高速公路下伏采空区问题的研究报道甚少,且一般是经验介绍,尚未形成成熟的理论及工程设计体系,无规范、规程可循,国际上也鲜有此类工程报道。

国内目前的研究重点在空洞地区路基沉陷、差异沉降等问题的处理以及地基、路堤与路面复合结构综合处治与控制技术上,为我国公路建设和大规模改造做了一些积极的准备。国外对采空区及岩溶地区路基沉陷、差异沉降问题的研究主要从3个方面进行,其一为沉陷的空间探测与评价,其二为沉陷、沉降处治措施、合理结构型式设计,其三为沉陷、沉降计算和预估方法与效果检测分析。

高速公路路基下伏采空区变形破坏规律及其稳定性研究在国内外都属于一个较新的课题。由于地质采矿条件的多样性,对于采空区这样一个受多种因素影响的复杂系统,采用数值方法成为有效途径之一。采空区数值模拟方法主要有有限元法、边界元法、离散元法及有限差分法等[45-53]。由于有限元法适用范围最广,发展也较成熟,所以目前所见报道多为采用平面有限元对采空区进行数值模拟。有限元分析对于判别地基的破坏机理特别有用,并适于各种破坏条件的分析。但由于这种方法中计算参数和计算模型不易准确确定,计算又比较复杂,实际应用较少。国内对于地基承载力问题的研究多采用ANSYS等大型有限元软件,但是将这一程序用于空洞路基下伏地基承载力问题的研究未见报道,传统的分析方法没有针对空洞路基进行相应分析研究。国内外可用于岩土工程分析的有限元计算软件可直接用于采空区稳定性分析中,如ADINA、SAP、NCAP、NOLM83、UDEC、FLAC、ANSYS等。其中,SAP^{2D}是加拿大学者在SAP4基础上研究出的一种能够较好地应用于二维情况下开采沉陷计算有限元程序系统。其他数值计算方法有灰箱方法、表面元法等。

高速公路路基路面下伏采空区病害评价与诊治问题研究是一个涉及采矿学、岩土力学等众多学科的综合性课题,目前研究深度还远远不够,在采空区稳定性评价、治理及质量监控等各方面存在一些问题,尤其是在路基下伏地基的承载特性的研究方面。①由于高速公路涉及范围大,服务年限长,对路基的稳定性和变形要求较高。因此,关于采空区危害性研究最主要的是预测采空区地表在使用年限内的剩余位移变形量或发生突然塌陷的可能性。评价方法虽然很多,但尚需解决一些关键问题,主要包括地质力学模型和预测模型的合理建立、公路工程动态施工过程模拟,路线与采空区空间相对位置的影响、时间效应的考虑,采空区稳定性和容许变形界限值的确定,采空区治理原则和要达到的标准,工后可能变形值的预测等。②由于矿区地质及采矿条件复杂,采空区危害性的定量评价较为困难,特别是关于采空区形状、尺寸、地质构造、空洞的坍塌和充填及密实状况、风化、水软化等条件,在现有的勘测技术水平下,很难弄清楚。因此,预测评价应选择合理的方法,且应使用多种方法进行耦合分析,效果更好。③采空区危害性预测关键之一是力学模型的选择,采前和采后的力学模型有很大差别。采动破碎岩体为损伤岩体,应深入研究其流变特性,建立采空区及破裂覆岩稳定性和力学分析损伤模型,合理确定采动破裂岩体物理力学参数,进行动态预测。

1.6.2 空间对地观测技术应用现状

近年来，采空区的变形监测越来越受到重视。研究探索采用空间技术对高速公路路基路面的变形进行监测，主要采用干涉合成孔径雷达技术(interferometric synthetic aperture radar，InSAR)进行监测。现将这一部分内容综述如下。

1) 干涉合成孔径雷达技术[54-59]

干涉合成孔径雷达(InSAR)测量技术是指利用一条短基线(从几米到大约1km)通过相邻航线上观测的同一地区的两幅SAR影像的相位差来获取高程数据的一种空间对地观测新技术，分为星载和机载两种。当前的星载SAR系统以一定时间间隔和轻微轨道偏离(相邻两次轨道间隔为几十米至1km左右)重复成像，借助覆盖同一地区的两个SAR图像干涉处理和雷达平台的姿态数据重建地表三维模型(即数字高程模型，DEM)。

早在20世纪50年代，古德伊尔飞机制造公司、密执安大学威络朗研究中心等就开始研究合成孔径雷达仪。真正的InSAR测量技术运用，开始于美国喷气推动实验室(JPL)，1969年该实验室专家就使用雷达干涉测量技术观测金星和月球。20世纪90年代以后，欧美等发达国家对机载和星载(包括航天飞机)合成孔径雷达理论和应用进行了一些研究，获取了大量商用SAR图像，如美国的SIR-C/X-SAR、欧洲空间局的ERS-1/2、日本的JERS-1、加拿大的RADARSAT、欧盟ENVISAT的SAR图像等。自欧洲空间局(ESA)发射ERS-1卫星之后，InSAR测量技术的应用逐渐引起广大用户的注意。尤其是1992年日本发射JERS-1卫星、1995年欧洲空间局发射ERS-2卫星和加拿大发射的RADARSAT卫星之后，InSAR技术能够为全球提供干涉雷达数据而得到广泛运用。

1989年Grabriel等首次论证了差分干涉(differential InSAR，D-InSAR)技术可用于探测厘米级的地表形变，并利用RADARSAT的L波段测量美国加利福尼亚州东南部的英佩瑞尔河谷(Imperial Valley)灌溉区的地表形变。20世纪90年代后期，部分学者通过实验证实D-InSAR对地球表面形变监测的精度可达毫米级精度(Fujwara等，1998；Massonnet等，1997；Nakagawa等，1997)。随着不同分辨率SAR数据的获得和差分干涉合成孔径雷达理论的逐步完善，合成孔径雷达将从实验阶段走向应用阶段，并且会拓展到更多领域。

干涉雷达技术的应用始于20世纪90年代。自90年代初发展以来，德国航天局和德国地学研究中心、法国航天局和法国地质调查局、美国航天局和美国喷气推进实验室、瑞士GAMMA软件公司、美国ERDAS软件公司、加拿大Earth View软件公司等，在干涉雷达技术的基本原理、模型试验、计算方法、软件开发和实际应用等方面，开展了大量的工作，取得了重要进展。干涉雷达技术已经从应用研究走向实用化。例如，德国地学研究中心于1991年用14个反射器成功地进行了干涉雷达精确测量位移情况的实验研究；法国Didier Massonnet于1992年用干涉雷达技术研究了同年在加利福尼亚发生的地震，取得了突出成果，成为应用干涉雷达技术研究地面位移最早的成功范例。

1996年，欧洲空间局在瑞士Zurich举办了第一次干涉雷达技术国际研讨会FRINGE'96，会议的主题是干涉雷达技术的应用研究。会议专题有地质和灾害应用、DEM应用、森林和土地覆盖应用、冰川、处理器产品、算法和技术、正确性验证等。1999年，欧洲空间局在比利时Liege举办第二次干涉雷达技术国际研讨会FRINGE'99，会议主题是干涉雷达技术从应用研究走向实用化。会议专题有：数字高程模型、冰移动、地面的移动、火山、土地覆盖和变化、农业和土地利用、森林、雪、地震、断层以及技术专题等。

干涉雷达技术已经在地面位移监测、高精度数字高程图制作等方面得到了广泛的应用。例如，美国“奋进”号航天飞机采用雷达成像技术，经过 9 天 6 小时测绘，对地球 75%地貌进行了数字高程图的数据采集，得到的数据装满了 300 多盒数码磁带，已于 2000 年 2 月 21 日顺利完成任务返航。这批数据，将采用干涉雷达技术实现迄今为止高精度的地面数字高程模型 DEM，目前主要用于军事和科学研究的目的，未来将为全社会服务。

2）国外雷达卫星的应用及发展趋势[60-65]

20 世纪 70 年代初期，星载 SAR 技术取得进展。SAR 技术从此由机载应用开始过渡到空间飞行器上，由局部观测发展到了全球观测。美国在该领域处于领先地位，1972 年 12 月“阿波罗 17 号”登月飞船首次将多波段 SAR 载入空间，1978 年成功发射了第一颗在地球轨道上运行的雷达卫星——“海洋卫星”，获得了 1 亿多 km^2 的雷达图像，其中含有大量过去未曾获取的有关海洋、地质和地形方面的信息。1981 年至今，又利用航天飞机搭载 SAR 系统进行了 SIR-A、SIR-B 及 SIR-C(两次)共 4 次系列试验，对 SAR 的穿透能力、系统参数对成像特性的影响以及 SAR 图像的立体测图能力等进行了深入研究。在此基础上，于 2000 年发射了更为先进的雷达卫星(代号“地球观测系统奋进”)。与此同时，俄罗斯与西欧各国也相继发射一些雷达卫星，例如俄罗斯的“钻石”卫星、欧洲空间局的“地球资源”卫星、加拿大的“雷达”卫星，以及日本的“地球资源”卫星等，并取得了很好的应用效果。

为充分发挥航天遥感的整体效益，国外已发射和将发射的一些雷达卫星都考虑增加卫星的有效载荷，使多种传感器相互补充、扬长避短，从而更加全面、准确地观测地球。近些年来才发展起来的 InSAR 技术由于能自动、快速并且准确地提取目标高程信息而受到越来越多的关注与重视，目前已成为雷达遥感一项较热门的最新技术，其应用领域也日益扩大。多波段、多极化、多视角、多传感器以及干涉测量技术将是雷达卫星及遥感应用未来的发展趋势。中国科学院遥感中心郭华东教授从 20 世纪 80 年代已经开始从事雷达遥感方面的研究。

3）InSAR 监测技术应用现状[66-72]

合成孔径雷达技术从 20 世纪 50 年代产生到 20 世纪 90 年代初期主要处于实验研究阶段，20 世纪 90 年代以后开始进行局部应用。如今 InSAR 技术的应用已涉及测地形图、数字高程模型等方面。它采用差分干涉技术来产生数字高程模型(DEM)，全天候、全天时地获取大范围地面的精确三维信息，高分辨率、高穿透性地广泛运用于滑坡定位、表面变形、地震活动、沙漠化、冰山定位与运动、植被分类、断层运动、树冠穿透、土壤侵蚀、耕地变化、洪涝预报以及监测农作物虫害等方面，精度可以达到毫米量级，对解决大面积滑坡、崩塌、泥石流和地面沉降等自然灾害的监测以及预测洪水起到良好的效果。例如利用 InSAR 和 D-InSAR测绘地表图形和海洋表面图，以及厘米级或毫米级精度监测地表位移和制图、检测冰川漂移、观测地壳构造变化、监测由于地下资源开采引起的地表形变、研究地表植被变化以及采集地质参数等。而全球定位系统 GPS(global positioning system)能够全天候、高精度、全方位、连续地三维定位、测速和时间基准，能够监测滑坡定位、断层运动、导航定位、地震预测等，但是精度不够高，有的无法获得人类不能到达地区的详细测绘资料，如 GPS 仪器不能安放在火山口来监测实情、无法反映洪水警戒线等，而 InSAR 技术可以弥补这些不足。因此在某些情况下，InSAR 测量技术具有优于 GPS 技术的方面，具有广阔的应用前景。

综上所述，合成孔径雷达应用现状具有以下特点：①合成孔径雷达应用是干涉技术和差分技术产生以后，逐步开展起来的；②所有的应用都以利用干涉原理反演数字高程模型(DEM)为基础；③随着SAR图像分辨率提高和数据处理理论的完善，合成孔径雷达应用领域不断扩大，特别为监测地面沉降、山体滑坡等引起细微持续的地表位移提供了机遇；④合成孔径雷达的应用主要集中于少数发达国家，我国在这方面处于研究探索阶段，应用方面基本空缺。

雷达遥感由于其全天候作业、长波束等优势，信息资源日益丰富，应用领域日益广泛，已成为国际上遥感技术与信息开发的前沿与主流。雷达遥感应用领域十分广泛，包括：农业农作物监测，土地利用调查，沙漠和植被调查，水产养殖等，如监测水稻的生长，对农作物产量的估计，对闲置土地、大面积土地利用的统计等；林业森林识别与分类，森林蓄积量估测，探测和监测森林采伐等；水文河流水系的河道特征与河流演变，古河道探测等，湖泊的环境与演化，盐湖等，地下水与土壤水分等；地质矿产地形地貌，构造识别，岩性分析，矿产石油资源勘探，海上石油勘探寻找新的油藏等；环境灾害包括火山，地震，滑坡，水面浮油，厄尔尼诺现象，火灾和烟霾监测(火警)，洪灾评价及响应等；监测大气和地球系统的组成部分，监测全球气候指标，卫星测量可以满足全球测量的需要；海岸线监测辅助有关石油溢出、沿海船只交通以及浅海测量等信息，对海岸线实现综合管理。

地图编辑和更新采用一系列的方法来更新地图，其中包括创新的干涉雷达技术(InSAR)来导出地形、改进的像素定位以及高精度图像校正等。海运环境：灾害和风险海风和海浪的天气预测，辅助船只安全地通过冰封的水域等。此外，在冰川研究、城市环境、考古、全球变化研究等方面都有成功的应用。雷达遥感技术优点：可对世界任何地方进行测量而无障碍；只需少量的花费；能帮助监测所有类型未经许可的活动；提供近实时的图像，改进迅速的反应和干预行动；帮助监测人类活动对土壤、森林和水的影响；帮助预见和监测人为和自然灾害；总的来说，雷达图像是最有效的帮助管理大范围环境问题的方法。

作为雷达遥感中的尖端技术，采用时间序列雷达遥感图像干涉雷达和差分干涉雷达技术，由于其独特地利用了相位信息，可以精确地测定地面的微小位移变化，因此，它能够解决用常规手段非常困难或无法解决的许多问题，或者提供了更简洁、直接、高效和低成本的方法。

4）国内外InSAR空间对地观测应用实例

(1）用InSAR观测拉斯维加斯的季节性地面沉降和回弹：Jörn Hoffmann、Howard A. Zebker采用InSAR进行小面积测量，用于在拉斯维加斯河谷含水层系统随季节性变化可以恢复的地面变形。据此获得拉斯维加斯河谷几个不同位置的弹性储水系数。这些高分辨率的测量，可以为含水层系统性质和含水层系统结构的空间不均匀性进行更深入的调查研究，而且可以监测正在进行的含水层压实和地面沉降。

(2）InSAR监控三峡库区滑坡变形：三峡库区滑坡变形监测采用的是德国地球科学研究中心的空间对地监控系统。这一系统于2005年8月正式启动，可以监测毫米级的位移。中国地质环境监测院与德国地球科学研究中心在湖北秭归县归州镇卡子湾滑坡体安装了9个地面卫星信号反射设备——角反射器。在三峡库区的重庆万州、秭归链子岩滑坡点也安装了这一系统。这一项目的实施，将有助于准确把握滑坡变形动态，科学揭示降水、库水位调节等因素与滑坡之间的内在联系,有效预警、防治地质灾害。

(3) InSAR 监测极地气候:中国南极格罗夫山考察队在格罗夫山地区安装了 3 个卫星地面角反射器,将作为 InSAR 数据采集的精确地面控制点,为进一步研究利用 InSAR 技术来建立高精度地面数字高程模型,研究冰流运动速度以及冰貌动态变化过程,提供精确的地面控制。

(4) 天津市地面沉降监测:天津市控制地面沉降办公室与武汉大学合作,分别在天津水利科技大厦院内、西青区杨柳青、南河镇、津南区咸水沽水利局以及津南开发区等地对安装的 5 个角反射器采用 InSAR 技术对地面沉降进行观测(图 1.17),获取相关地面形变信息。用 InSAR 技术得到了该区域的地面沉降信息并与同期的水准监测资料进行对比,结果表明在反射条件较好的试验区 InSAR 测量所得到的地面沉降信息相当精确,与水准测量结果基本一致。

图 1.17　天津市地面沉降观测

(5) 西部地区崩滑体监测防治:作为"西部地区崩滑体监测防治新技术研究与示范"的子项目,中国地质环境监测院承担的"地质灾害监测预报的关键技术方法",在三峡卡子湾滑坡进行 InSAR 监测技术应用研究,建立了 9 个角反射器,在雅安多营滑坡建立了 3 台套 GPS 组成的监测网,对崩滑体的变形进行监测。

参考文献

[1] 徐学才.世界核电站发展状况[J].时事报告,2004(6):5-7.

[2] 张雪松,张成恩. 我国核电发展前景[J].沈阳工程学院学报,2005,1(2):39-41.

[3] 金生吉,舒哲,鲍文博.基于 Midas-GTS 的核电站取水建筑物地震响应分析[J].东北大学学报,2012,33(S2):207-210.

[4] 吴艳娟.辽东湾核电站取水导流工程施工阶段空间力学特性研究[D].沈阳:东北大学,2010.

[5] Shengji Jin, Zhenping Wang, Zixin Liu. Study on Twin Shear Strength Theory[J]. Applied Mechanics and Materials (Volumes 166-169):3004-3007.

[6] 舒哲.辽东湾取水建筑物动力响应分析及流场仿真分析[D].沈阳:沈阳工业大学,2013.

[7] Shengji Jin, Yongqin Rui. Study on the deformation and stability of surrounding rock[J]. Applied Mechanics and Materials(Volumes 170-173):465-469.

[8] 陶连金,张悼元,付小敏.在地震荷载作用下的节理岩体地下洞室围岩稳定性分析[J].中国地质灾害与防治学报,1998,9(1):32-40.

[9] Khosid S,Tambour Y. Analytic study of developing flows in a tube laden with non-evaporating and evaporating drops via a modified linearization of the two-phase momentum equations[J]. Journal of Fluid Mechanics,2008(603): 245-270.

[10] Merroun O, Al Mers A,Veloso M. A. Experimental validation of the thermal-hydraulic code SACATRI[J]. Nuclear Engineering and Design,2009(239): 2875-2884.

[11] Phillips R,Robani S, Baldyge J. Micromizing in a single-feed semi-batch precipitaion process[C]. AICHE,1999,45(1): 82-92.

[12] Marcbiso D L, Barresi A A. Comparison of different modeling approaches to turbulent precipitation [C]. Proceedings of the 10 European Conferences on Mixing, Delft, the Netherlands,2001: 77.

[13] Wei H, Zhou W, Garside J. CFD modeling of precipitation process in a semi-batchcry stallizer[J]. Ind Eng. Chem. Res,2001(40): 5255-5261.

[14] 董正方,郭进,王君杰.桥梁倒塌事故综述及其预防对策[J].上海公路,2009 (2): 1-4.

[15] 吉伯海,傅中秋.近年国内桥梁倒塌事故原因分析[J].土木工程学报,2010(43): 495-498.

[16] 王东升,郭迅,孙治国,等.汶川大地震公路桥梁震害初步调查[J].地震工程与工程振动,2009,29 (3): 84-94.

[17] 杜修力,韩强,李忠献,等.汶川地震中山区公路桥梁震害及启示[J].北京工业大学学报,2008,34 (12): 1270-1279.

[18] 金生吉,舒哲,鲍文博.城市立交桥地震响应分析[J].东北大学学报,2012,33(S2): 277-281.

[19] 王克海,李茜.桥梁抗震的研究进展[J].工程力学,2007,24(S2): 75-80.

[20] 屈浩.高墩桥梁抗震时程分析输入地震波选择[D].大连: 大连海事大学,2011.

[21] Karim K R,Yamazaki F. A simplified method of construtting fragility curves for highway bridges [J]. Earthquake Engineering and Structural Dynamics,2003(32): 1603-1626.

[22] Gardoni Paolol,Der Kiureghian Armenl,Mosalam, Khalid M. Probabilistic capacity models and fragility estimates for reinforced concrete columns based on experimental observations[J]. Journal of Engineering Mechanics,2002(128): 1024-1038.

[23] Choi E, Des Roches R, Nielson B. Seismic fragility of typical bridges in moderate seismic [J]. Engineering Structures,2004(26): 187-199.

[24] Kim S H, Feng M Q. Fragility analysis of bridges under ground motion with spatial variation[J]. Intemational Journal of Non Linear Mechanics,2003(38): 705-721.

[25] Shiekh T M, Bridge seismic spectrum response analysis[J]. Journal of Structural Engineering, 1989, 115(11): 2858-2875.

[26] Parra-Montesinos G, Wight J K. Analysis of bridge under multi-component random ground motion by response spectrum method[J]. Journal of Structural Engineering, 2003, 25(5): 681-690.

[27] 周云,李伍平,浣石,等.防灾减灾工程学[M].北京: 中国建筑工业出版社,2007.

[28] 侯春梅,惠征西.国际行星地球年: 地球科学为社会[J].科学新闻,2007(17): 18-19.

[29] 侯春梅,惠征西.国际行星地球年: 灾害科学主题[J].科学新闻,2007(18): 11.

[30] 陈爱钦.矿山常见地质灾害特征及防治[J].中国锰业,2007,25(1): 39-41,50.

[31] 王科,鲍丹,李毅中.洪洞特大事故再次敲响煤矿安全警钟[OL].人民网(www.people.com.cn), 2007.12.9.

[32] 《中国交通报》.2013 中国高速公路突破前行[OL].交通部网站(www.moc.gov.cn),2013.12.26.

[33] 山西省交通厅,中交通力公路勘探设计工程有限公司.高速公路采空区(空洞)勘察设计与施工治理手册[M].北京: 人民交通出版社,2005.

[34] 童立元,刘松玉,邱钰.高速公路下采空区危害性评价与处治技术[M].南京: 东南大学出版

社，2006.

[35] 童立元，刘松玉，邱钰，等.高速公路下伏采空区问题国内外研究现状及进展[J].岩石力学与工程学报，2004，23(7)：1198-1202.

[36] 中国科学技术情报所.出国参观考察报告——波兰采空区地面建筑[M].北京：科学技术文献出版社，1979.

[37] [苏]A И尤申.采动区建筑物基础设计要点[M].北京：煤炭工业出版社，1985.

[38] 开滦煤炭科学研究所.铁路下采煤[M].北京：煤炭工业出版社，1978.

[39] 张永波，孙雅洁，卢正伟，等.老采空区建筑地基稳定性评价理论与方法[M].北京：中国建筑工业出版社，2006.

[40] Jonce C J F P, Spencer W J. The Implication of Kining Subsidence for Modern Highway Structure [C]//Proceedings, Conference on Large Ground Movements and Structures, New York: Halstead Press, 1977: 515-526.

[41] Jonce C J F P, O/Rourke T D. Mining Subsidence Effects on Transportation Facilities[C]// Geotechnical Special Publication, 1988(No. 19): 107-126, New York: ASCE Press.

[42] Sargand S M, Hazen G A. Highway Damage Due to Subsidence [C]//Geotechnical Special Publication, 1988(No. 19): 18-32, New York: ASCE Press.

[43] Drumm E C, Bennett R M, Kane W F. Mechanisms of Subsidence Induced Damage and Techniques for Analysis[C]//Geotechnical Special Publication, 1988(19): 168-188, New York.

[44] Thomé Antônio, Donato Maciel, Consoli Nilo Cesar. Circular footings on a cemented layer above weak foundation soi[J]. Canadian Geotechnical Journal, 2005(42): 1569-1584.

[45] 郭广礼.老采空区上方建筑地基变形机理及控制[M].徐州：中国矿业大学出版社，2001.

[46] 孙忠弟.高等级公路下伏空洞勘探、危害程度评价及处治研究报告[R].北京：科学出版社，2000.

[47] 邓喀中.开采沉陷中的岩体节理效应[J].岩石力学与工程学报，1996，31(4)：345-352.

[48] Ximin Cui. Improved prediction of differential subsidence caused by underground mining[J]. Rock Mechanics and Mining Sciences, 2000(37): 615-627.

[49] Donnelly L J. The monitoring and prediction of mining subsidence in the Amaga, Angelopolis, Venecia and Bolombolo Regions, Antioquia, Colombia[J]. Engineering Geology, 2001(59): 103-114.

[50] 成枢.岩层与地表移动数值分析新方法[M].徐州：中国矿业大学出版社，1998.

[51] 谢和平.FLAC在煤矿开采沉陷预测中应用及对比分析[J].岩石力学与工程学报，1999，34(4)：397-401.

[52] 王秋生.弹塑性有限元在公路中基下伏空洞稳定性分析中应用研究[D].兰州：兰州铁道学院，2003.

[53] Palchik V. Prediction of hollows in abandoned underground workings at shallow depth[J]. Geotechnical and Geological Engineering, 2000(18): 39-51.

[54] 李德仁，周月琴，马洪超.卫星雷达干涉测量原理与应用[J].测绘科学，2000，25(1)：9-13.

[55] 王超，张红，刘智.星载合成孔径雷达干涉测量[M].北京：科学出版社，2002.

[56] 保铮，邢孟道，王彤.雷达成像技术[M].北京：电子工业出版社，2006.

[57] 廖明生，林珲.雷达干涉测量原理与信号处理基础[M].北京：测绘出版社，2003.

[58] 袁孝康.星载合成孔径雷达导论[M].北京：国防工业出版社，2003.

[59] 毛建旭，王耀南，夏耶.合成孔径雷达干涉成像技术及其应用[J].系统工程与电子技术，2003，25(1)：7-10.

[60] 乔书波，李金岭，孙付平，等.InSAR技术现状与应用[J].天文学进展，2003，21(1)：11-25.

[61] 袁孝康.合成孔径雷达的发展现状与未来[J].上海航天，2002(5)：42-47.

[62] 胡明城.空间大地测量的最新进展(六)[J].测绘科学,2002,27(4):64-66.

[63] Raucoules D, Maisons C, Carnec C, et al. Monitoring of slow ground deformation by ERS radar interferometry on the Vauvert salt mine (France) Comparison with ground-based measurement[J]. Remote Sensing of Environment,2003(88):468-478.

[64] 金双根,朱文耀.InSAR技术相对于GPS技术的21世纪应用前景[J].全球定位系统,2002,27(1):42-44.

[65] 刘国林,郝晓光,薛怀平.InSAR技术理论与应用研究现状及展望[J].山东科技大学学报(自然科学版),2004,23(3):1-6.

[66] 刘国祥,刘文熙,黄丁发.InSAR技术及其应用中的若干问题[J].测绘通报,2001(8):10-12.

[67] 张拴宏,纪占胜.合成孔径雷达干涉测量(InSAR)在地面形变监测中应用[J].中国地质灾害与防治学报,2004,15(1):112-117.

[68] 邓辉,黄润秋.InSAR技术在地形测量和地质灾害研究中应用[J].山地学报,2003,21(3):373-377.

[69] 李晶晶,郭增长.基于D-InSAR技术的煤矿区开采沉陷监测 [J].河南理工大学学报,2006,25(4):306-309.

[70] 成英燕,贾有良,党亚民,等.用InSAR技术进行形变监测研究[J].测绘科学,2006,31(3):56-58.

[71] Zhong L U, Zhang J X, Zhang Y H. Interferometric synthetic aperture radar (InSAR) and its applications to study volcanoes (Part 1: Principles of InSAR)[J]. Journal of Surveying and Mapping, 2006,31(1):51-55.

[72] Pavez A, Remy D, Bonvalot S, et al. Insight into ground deformations at Lascar volcano (Chile) from SAR interferometry, photogrammetry and GPS data: Implications on volcano dynamics and future space monitoring[J]. Remote Sensing of Environment,2006(100):307-320.

第 2 章

CHAPTER 2

核电站取水构筑物设计和施工

开展核电站取水构筑物的结构稳定与安全研究,确保核电工程在服务运营时期的安全是一项十分必要和迫切的任务。这一工作不仅是进行核能这种清洁、无污染、唯一可以大规模取代常规能源的新能源建设的基础,而且是提高核电运营质量的前提。

2.1 取水构筑物的概念及分类

2.1.1 取水构筑物的概念

通常情况下,所谓构筑物是指不具备、不包含或不提供人类居住功能的人工建造物,比如水塔、水池、过滤池、澄清池、沼气池等。一般具备、包含或提供人类居住功能的人工建造物称为构筑物。在水利水电工程中沿江河、渠道上的所有建造物都称为构筑物,比如水工构筑物。

2.1.2 取水构筑物的结构分类

取水构筑物是从给水水源集取水的工程设施。取水构筑物依据水源种类不同,可以分为河流取水构筑物、湖泊取水构筑物、水库取水构筑物和海水取水构筑物;依据构造形式不同,可以分为固定式(岸边式、河床式、斗槽式)和移动式(浮船式、缆车式)取水构筑物;山区河流可以分为带低坝的取水构筑物和底栏栅式取水构筑物。根据水源位置不同,取水构筑物可分为地表水取水构筑物和地下水取水构筑物两类。地下水取水构筑物是从含水层中集取地下水的工程设施。

取水构筑物按结构形式可分为活动式和固定式两种。活动式地表水取水构筑物有浮船式和活动缆车式。较常用的是固定式地表水取水构筑物,其种类较多,但一般都包括进水口、导水管和集水井,地表水取水构筑物受水源流量、流速、水位影响较大,施工较复杂。

1. 固定式取水构筑物

固定式取水构筑物位置固定不变,安全可靠,应用较为广泛。根据水源的水位变化幅度、岸边的地形地质和冰冻、航运等因素，可有多种布置。按取水点位置和构造特点，固定式取水构筑物可分为岸边式、河床式、斗格式。

1）岸边式取水构筑物

直接从岸边进水口取水的构筑物称为岸边式取水构筑物，它由进水间和泵房两部分组成。岸边式取水构筑物无须在江河上建坝，适用于河岸较陡、主流近岸、岸边水深足够、水质和地质条件都较好，且水位变幅较稳定的情况，但水下施工工程量较大，且须在枯水期或冰冻期施工完毕。根据进水间与泵房是否合建，岸边式取水构筑物可分为合建式和分建式两种。合建式岸边取水构筑物是进水间和泵房合建在一起，设在岸边。合建式的优点是布置紧凑，占地面积小，水泵吸水管路短，运行管理方便，因而采用较广泛，适用于岸边地质条件较好，水位变幅不大的河流；分建式岸边取水构筑物土建结构较简单，施工较容易，但操作管理不便，吸水管路较长，增加了水头损失，运行安全性不如合建式。当合建条件不允许时，才采用分建式。

2）河床式取水构筑物

从河心进水口取水的构筑物称为河床式取水构筑物，由取水头部、进水管、集水井和泵房组成。按照进水管形式的不同，河床式取水构筑物有自流管式、虹吸管式、水泵直接取水式和桥墩式几种形式。

（1）自流管式：河水通过自流管进入集水间。由于自流管淹没在水中，河水靠重力自流，工作较可靠，但敷设自流管时，开挖土石方量较大。适用于自流管埋深不大时，或者在河岸可以开挖隧道以敷设自流管时。

（2）虹吸管式：河水通过虹吸管进入集水井，然后由水泵抽走。如果河水位高于虹吸管顶，不用抽真空即可自流进水；如果河水位低于虹吸管顶，须先将虹吸管抽成真空方可进水。一般适用于河滩宽阔、河岸较高、岩石坚硬、埋设自流管节开挖大量土石方时。与自流管相比，提高了埋管的高程，减少了土石方量，缩短了工期，节约了成本。其缺点是虹吸管对管材及施工质量要求较高，须严密不漏气，需要装置真空设备，工作可靠性不如自流管。

（3）江心桥墩取水式：由取水头部、进水管、集水井和取水泵房组成。常用于岸坡平缓、深水线离岸较远、高低水位相差不大、含沙量不高的江河和湖泊。原水通过设在水源最低水位之下的进水头部，经过进水管流至集水井，然后由泵房加压送至水厂。集水井可与泵房分建或合建。当取水量小时，可以不建集水井而由水泵直接吸水。取水头部外壁进水口上装有格栅，集水井内装有滤网以防止原水中的大块漂流杂物进入水泵，阻塞通道或损坏叶轮。

2. 湖泊和水库取水构筑物

湖泊和水库的水位与其蓄水量和来水量有关，其年变化规律基本上属于周期性变化。湖泊和水库具有良好的沉淀作用，水中泥沙含量较低，浊度变化不大。但在河流入口处，由于水流突然变缓，易形成大量淤积。不同的湖泊或水库，水的化学成分不同。湖泊、水库中的水流动缓慢，浮游生物较多，多分布于水体上层10m深度以内的水域。

构筑物类型可以分为隧洞式取水、引水明渠取水和分层取水的取水构筑物。

3. 海水取水构筑物

海水取水的特点是海水含盐量高，腐蚀性强；海生生物的大量繁殖常堵塞取水头部、格网和管道，且不易清除，对取水安全可靠性构成极大威胁。海水取水构筑物应设在避风的位置，对潮汐和海浪的破坏力给予充分考虑。海滨地区，潮汐运动往往使泥沙移动和淤积，在泥质海滩地区，这种现象更为明显。因此，取水口应避开泥砂可能淤积的地方，最好设在岩石海岸、海湾或防波堤内。核电站取水构筑物是海水取水构筑物的典型代表，浙江秦山核电站、广东大亚湾核电站、日本福岛核电站、乌克兰切尔诺贝利核电站等取水构筑物分别如图 2.1～图 2.4 所示。

图 2.1 浙江秦山核电站取水构筑物

图 2.2 广东大亚湾核电站取水构筑物

图 2.3 日本福岛核电站取水构筑物

图 2.4 乌克兰切尔诺贝利核电站取水构筑物

2.2 红沿河核电站工程

2.2.1 工程概况[1]

辽宁红沿河核电厂厂址位于辽宁省瓦房店市红沿河镇，地处瓦房店市西端渤海辽东湾海岸，是我国建于东北的第一座核电厂，建成后可为辽宁全省提供目前用电量的 1/8。红沿河核电厂规划容量一期工程安装 4×1000MW 级 CPR1000 核电机组。CPR1000 是以中广核集团从法国引进的百万千瓦级核电机组为基础，结合技术改进形成的中国大型商用压水堆技术方案；是目前我国设计自主化、设备本地化、建设自主化、运行自主化水平最高且国内运行业绩最佳的核电站参考基础的技术方案。

在初步设计阶段中，结合工程海域条件对隧洞取水方案和明渠取水方案进行了研究对比，经综合比较隧洞取水方案优于明渠取水方案。红沿河核电厂冷却水取排水系统的构筑物包括：取水口（含进水明渠、施工围堰和导流堤）—取水构筑物—取水隧洞—进水前池（含检修闸门井)—PX泵房—压力水管—排水沟—虹吸排水口—排水渠，如图2.5所示。

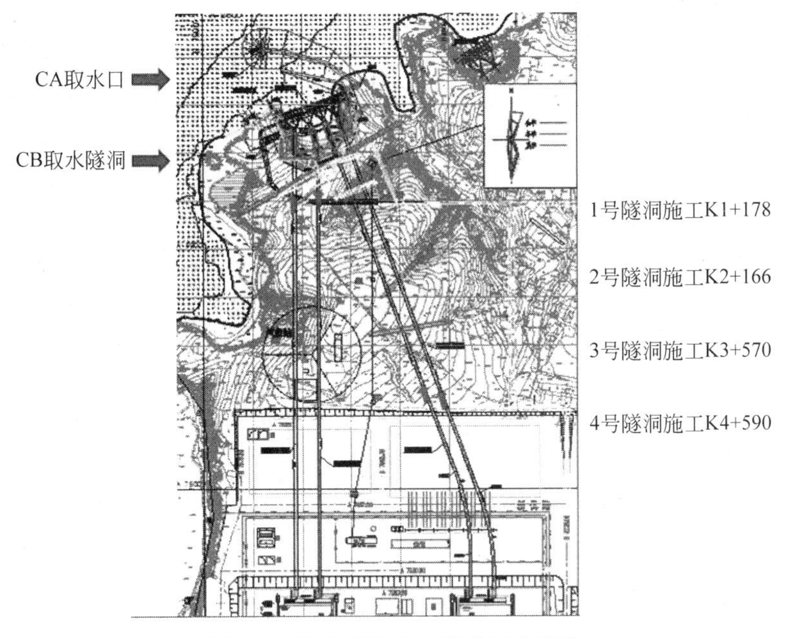

图2.5　核电站取水工程平面布置图

取水工程主要为电厂常规岛冷却水、核岛安全厂用水和海水淡化系统提供海水，每台机组总的设计取水量为50.1m^3/s(运行两台SEC泵组工况)[2]。

工程采用单元制的海水直流供水系统，每台机组设置一条取水隧洞直接通至厂内PX泵房进水前池，并在池内设置连通闸门，保证在一条隧洞检修或事故时，由另一条隧洞向两台机组提供安全厂用水。

结合取水海域海岸线自然条件，考虑取水点水深、岸床地质、施工条件、温排水对取水的影响，以及防泥沙、防波浪、防漂浮物和海冰等因素，取水口建于电厂厂区正北侧的沿岸山凹处，该处自然山凹可减少开挖量，沿岸岩体稳定，水下沿岸岸陡水深，距排水口距离较远，取、排水口距离约1700m，温排水影响小，是较为理想的取水位置，－10m水深线距取水构筑物不到70m，距厂区泵房隧洞1030m左右，该处取水的优点是自然水深较深、受温排水影响小、水温低、水质好、取水明渠开挖量小。但由于海湾朝北，面对强风向、波浪和流冰，对取水有一定不利影响。导流堤在北、东侧将取水构筑物环抱，使口门朝向风小浪小的正西向，能全部遮蔽进水明渠，避开强劲北风的影响[3]。

2.2.2　工程自然地理条件

辽宁红沿河核电厂位于瓦房店市东岗乡林沟村小孙屯，地处瓦房店市西端渤海辽东湾东海岸。核电厂拟建在温坨子岬角及以南处，处于一个三面环海一面向陆的海洋环境，其海岸较为曲折，南低北高，从南至西到北的海岸线呈现浅滩到陡岸，水深由浅至深，北侧沿岸岩石陡峭[1]。近岸海底地形复杂，海底坡度较大，水深变化明显。紧邻厂址的西海岸面临开阔的海域，距岸70m处即为－10m等深线；而北岸和南岸大都被浅水海湾所包围，具有良好的取水条件。

2.2.3 工程地质条件

根据勘查结果，隧洞入口部分岩体主要为强风化片麻岩和强风化花岗岩，围岩分类为Ⅴ类。隧洞地段花岗岩及片麻岩以强风化～中等风化为主，强风化花岗岩及片麻岩岩芯呈土状、砂状及碎块状，结构类型为散体状结构或碎裂状结构；完整程度为极破碎。岩体基本质量分级为Ⅴ级；中等风化花岗岩及片麻岩岩芯呈柱状，结构类型为裂隙块状，完整程度为较破碎～较完整，岩体基本质量分级为Ⅳ级。

根据钻探、物探及工程地质测绘成果，地层岩性的出露及空间分布为：取水构筑物地段岩性为强风化花岗岩，仅个别钻孔上部见强风化片麻岩(一般厚度小于2.00m)；隧洞区岩性主要为花岗岩及片麻岩(捕虏体)，花岗岩以强风化花岗岩和中等风化花岗岩为主，片麻岩(捕虏体)以强风化片麻岩为主。各层岩性如下。

(1) 素填土：一般厚度2.00～3.00m，杂色，由黏性土混多量砂、少量岩屑及岩块组成，为场地整平堆积的回填土，经过初步碾压，稍密～中密状态。

(2) 全风化花岗岩：见于部分钻孔，层厚2.00m，浅黄色，结构基本破坏，除石英外，其他矿物已风化土状，岩芯呈土状或砂状。极软岩，极破碎，岩体基本质量级别为Ⅴ级。

(3) 全风化片麻岩：仅见于部分钻孔，层厚1.20～3.00m，浅黄色～浅灰色，结构基本破坏，除石英外，其他矿物已风化土状，岩芯呈土状或砂状。极软岩，极破碎，岩体基本质量级别为Ⅴ级。

(4) 强风化花岗岩：见于隧洞区的大部分地段的钻孔，在20m平台北部边坡至岸边海蚀崖，分布于地表，一般厚度5.0～8.0m；20m平台处，与片麻岩交错分布，厚度及埋深变化大，厚度为23m，最大埋深为43m，浅红色～浅黄色，花岗变晶结构，块状构造。主要矿物成分为钾长石、斜长石、石英及云母。节理裂隙极发育，斜长石大部分已高岭土化，岩芯呈碎块状及砂状，结构类型为散体状结构或碎裂状结构，软岩或较软岩，完整程度为极破碎，岩体基本质量级别为Ⅴ级。

(5) 强风化片麻岩(捕虏体)：主要分布于隧洞区的南侧，厚度及埋深变化大，分布无规律，钻孔揭露的最大厚度为55.0m，灰褐色～灰绿色，鳞片变晶结构，片麻状构造。主要矿物成分为长石、石英及云母。节理裂隙极发育，长石及云母大部分已高岭土化，岩芯呈土状、砂土状及碎块状，结构类型为散体状结构，软岩，完整程度为极破碎，岩体基本质量级别为Ⅴ级。

(6) 中等风化花岗岩：分布于1号隧洞北部，埋深在5.0～8.0m，厚度大，分布广；1号隧洞南部，分布范围小，埋深大，厚度小，与片麻岩(捕虏体)交错分布。2号隧洞北部，一般埋深小于5.0m，厚度大，分布范围广；2号隧洞南部，分布范围小，埋深大，厚度小，与片麻岩交错分布，浅红色，花岗变晶结构，块状构造。主要矿物成分为钾长石、斜长石、石英及云母。节理裂隙较发育，岩芯呈块状或短柱状，结构类型为裂隙块状结构，完整程度为破碎～较破碎，较坚硬岩，岩体基本质量级别为Ⅳ级。

(7) 中等风化片麻岩(捕虏体)：仅见于个别钻孔的局部地段，灰褐色～灰绿色，鳞片变晶结构，片麻状构造。主要矿物成分为长石、石英及云母。节理裂隙发育，岩芯呈柱状或短柱状，结构类型为裂隙块状结构，完整程度为破碎～较破碎，较坚硬岩，岩体基本质量级别为Ⅳ级。

(8) 微风化花岗岩：分布范围很小，仅见于个别钻孔深度30m以下，根据物探成果，隧洞区存在两处低阻区，其范围与钻孔揭露的片麻岩(捕虏体)范围基本一致，浅红色，花岗变晶结构，块状构造。主要矿物成分为钾长石、斜长石、石英及云母。节理裂隙较发育，岩芯呈长柱状，结构类型为块状结构，完整程度为较破碎，坚硬岩，岩体基本质量级别为Ⅲ级。

工程导流堤围堰区域在施工过程中发现，地势变化较大的地段实际地质情况与勘查资料出入很大，因此进行了相关补充勘察工作。现行规范规定在地质资料不够详尽或地层条件较复杂的情况下，应在防渗墙轴线上增补勘探孔，孔距宜为20m。

2.2.4　气象条件

辽宁红沿河核电厂处于温带季风气候区，属内海沿岸，其气候受海洋影响，但不特别显著。主要灾害性天气有龙卷风、热带气旋等。

根据辽宁红沿河核电厂址气象站2008年6月—2009年5月一个整年的气象观测资料，厂址地区年平均气温为11.0℃，全年平均气压为1011.6hPa，全年平均相对湿度为67%，全年总降水量为540.3mm。

风速总的变化趋势随高度而增大，低层平均风速小于高层平均风速，厂址地区10m、80m高度年平均风速达到5.9m/s、8.4m/s，12月份平均风速最大，10m、80m高度平均风速分别为7.9m/s、10.8m/s。10m高度全年主导风向为SSE，其风频为17.5%，次主导风向为NNE，其风频为12.4%；80m高度的全年主导风向为NNE，其风频为14.2%，全年次主导风向为SSE，其风频为10.2%。

中小尺度风场为系统性风场和半岛海陆地形风场两大类。大气污染物多沿岸线输移，横贯半岛向内陆输移较少见，厂址地区大气扩散条件好。

2.2.5　工程水文地质条件

电厂常规岛冷却水和核岛安全厂用水系统的水源均为海水，采用直流供水系统。电厂三面环海，南低北高，从南至西到北的海岸线呈现浅滩到陡岸，水深由浅至深，北侧沿岸岩石陡峭，－10m等深线距离岸边约70m，具有良好的取水条件。

1. 核电站工程海域潮汐

(1) 潮汐特征值。电厂工程海域潮水位见表2.1(以国家85高程基准起算)。

表2.1　工程海域潮水位　　m

类　别	潮位	类　别	潮位
重现期1000年高潮位	2.63	平均海平面(MSL)	0.01
重现期100年高潮位	2.37	平均低潮位(MLW)	－0.67
重现期50年高潮位	2.29	平均低低潮位(MLLW)	－0.80
重现期20年高潮位	2.17	历时累积频率98%低潮位	－1.16
最高天文潮潮位(HAT)	1.79	最低天文潮潮位(LAT)	－1.42
10%超越概率天文潮高潮位(HAT)	1.64	重现期33年低潮位	－2.62
历时累积频率1%高潮位	1.40	重现期50年低潮位	－2.68
平均高高潮位(MHHW)	1.01	重现期100年低潮位	－2.80
平均高潮位(MHW)	0.66	重现期1000年低潮位	－3.16

(2) 增水与减水。增水是气象潮的一种，是由强向岸风、高大气压及波浪进流等引起的海水向岸边上涨的现象。减水是指由于较长时间的离岸风和气旋所引起的海水运动使沿岸水域海面降低到比单纯由天文潮引起的正常潮位低的现象，一般近似地取实测潮位减去天文潮位为负数时，便是减水。

2. 核电站工程海域海流

(1) 潮流。工程海域位于辽东湾东岸的强流区，实测最大流速达 114cm/s，涨潮流平均历时略大于落潮流平均历时；落潮流流势比涨潮流流势稍强，涨潮流主方向在第一象限，落潮流主方向在第三象限。工程海域潮流基本特征为：潮流性质属于正规半日潮流型；运动形式表现为往复流；工程点附近涨、落潮流方向基本与海岸线走向基本一致，涨潮流主流向为东北方向，落潮向为西南方向，主流向垂向变化不大，没有异向流层存在；该海域潮流的最大可能流速可达 164cm/s，垂向分布呈表层最大、底层最小规律。该海域余流较弱，且分布较为混乱，时空分布特征不明显，最大实测余流不超过 20cm/s。

(2) 余流。余流是从实测海流资料中分离出潮流之后的剩余部分。工程海域的余流较弱，主要包括辽东湾夏季环流和气象因素产生的海流。工程海域余流分布较为混乱，其时空分布特征不明，但具有如下特点：离工程点最近的观测站，余流较大，小、中、大潮期间的表层余流达 13.6cm/s、11.3cm/s 和 9.2cm/s，方向都为离岸向；工程点北部的观测站，余流较小，小、中、大潮期间的表层余流为 7.7cm/s，2.6cm/s 和 11.4cm/s，方向都为顺岸向；靠近岸边的观测站，余流都较强，最大流速在 12.6～19.6cm/s 之间，方向都为向岸向；工程点外海的观测站，各站余流都较小，最大流速不超过 10cm/s。

(3) 实测海流。实测海流是潮流和余流合成的结果。实测最大流速的分布与潮流类似。较大流速出现在工程点外海的观测点，表层最大流速都超过了 90cm/s，其中最大流速超过了 110cm/s；其他各站最大流速在 64～83cm/s 之间。测流海域实测海流的主流向变化不大，涨、落潮流的上流向分别为东北向和西南向。

3. 核电站工程海域波涛

工程海域位于渤海辽东湾的东海岸，海岸线大致呈现南北走向，厂址的西面面临开阔的海域，北岸和南岸亦被浅水海湾所包围，形成三面环海一面向陆的海洋环境，故该地区受 SSW～NNE 等多方向波浪的影响。拟建工程海域建有温沱子海洋站，于 1987 年开始观测波浪和气象。统计结果表明，拟建工程海域总的波浪状况是：风浪以 N～NNE 向波浪较大，频率较高，主浪向是 NNE，次主浪向是 WSW，强浪向是 NNE，实测 H1/10 年极值最大波高为 4.3m。

4. 核电站工程海域海水水温

辽东湾位于渤海北部，是一个向西南开口的狭长浅水海湾，东西两岸海岸线大体平行，是 NE～SW 走向。东岸为千山山脉绵延的辽东半岛，西岸为狭长的辽西走廊，北岸接地势低平的辽河平原，南部边界在滦河口至老铁山线。由于辽东半岛和山东半岛的夹峙及东部山地的阻碍，电厂厂址区域虽具有海洋气候特色，但尚不够海洋气候条件，大陆性比较明显。其特点是：四季分明，季风显著，降水集中；夏秋季节盛行东南风，多降水；冬季盛行北风或偏北风，降水较少。统计工程海域表层海水温度的多年平均值为 10.90℃；冬季最低，低于

0℃；8 月份最高为 24.4℃。春季(4—6 月)，工程海域表层海水温度的变化较大，由 4 月份的 5.9℃逐步升高为 6 月份的 16.7℃；整个夏季(7—9 月)工程海域表层海水温度都高于 22℃，8 月份最高达 24.4℃；秋季(10—12 月)的变化类似春季，但趋势相反，由 10 月份的 16.4℃逐步降低为 12 月份的 3.3℃。

工程海域夏季(7—9 月)表层水温累积频率 10%的水温值为 25.2℃。工程海域海水水温垂向分布规律为随水深增加而降低；夏季垂向温差较大，表层与中层和底层的最大温度梯度分别为 0.4℃和 0.43℃，冬季垂向温差较小，一般不超过 0.1℃。

考虑温排水对取水温升的影响，冷却水系统的设计温度见表 2.2。

表 2.2　冷却水系统设计水温表

<table>
<tr><td rowspan="2">常规岛主冷却用水设计温度/℃</td><td>设计基准水温</td><td>夏季水温</td><td>冬季考核工况水温</td></tr>
<tr><td>13</td><td>26.2</td><td>0.8</td></tr>
<tr><td rowspan="2">常规岛辅助冷却用水设计温度/℃</td><td colspan="2">设计基准水温</td><td>设计最高水温</td></tr>
<tr><td colspan="2">26.2</td><td>31.5</td></tr>
<tr><td rowspan="2">核岛各类冷却用水设计温度/℃</td><td>设计基准水温</td><td>设计最高水温</td><td>设计最低水温</td></tr>
<tr><td>27.2</td><td>31.5</td><td>−2</td></tr>
</table>

5. 核电站工程海域海冰

核电站工程海域位于辽东湾，由于地理位置偏北，冬季气温较低，加之其他环境条件的影响，每年冬季都有不同程度的结冰现象，见图 2.6。

图 2.6　取水口海水冻结

海冰主要特点如下。

(1) 工程海域每年冬季都有海冰出现，冰期较长，最长可达 150d 左右，平均达 120d。固定冰期达 60d 左右。初冰期约 1 个月以上，盛冰期较长，40～60d，融冰期较短，一般在 20～30d；当地冻结的海冰数量不多，厚度不大，较厚的冰都是来自北部海域，融冰期期间尤为突出。

(2) 工程海域海冰多为漂冰，固定冰仅限于岸边几十米范围内；冰厚一般 15～30cm。其中，取水口附近水域水深流急，岸冰基本不出现。

(3) 由于风和海流的作用,盛冰期开始东南沿岸海域包括厂址附近海域,沿着岸边漂冰密集度高于辽东湾其他海域。漂冰漂流主方向为SSW,漂流平均速度0.4m/s。

(4) 工程附近海区漂冰以块冰为主,但在水体上层(初步量测深度在2.5m以上)存在冰絮(糊状初生冰)。

(5) 整个冰区整体上呈现由北向南运动态势。

6. 隧洞口岩石节理裂隙特点

核电站取水隧洞洞口取水区岩石属弱透水～中等透水。测区内深部岩体内地下水与海水无水力联系,但根据节理裂隙的定向发育特点,推测地下水与海水之间在近海岸局部节理裂隙比较发育、且接力贯通较好的地段存在水力联系。地下水对混凝土结构和钢筋具弱腐蚀性。

2.3 核电取水构筑物设计

2.3.1 取水构筑物的设计标准

辽宁红沿河核电站地处辽东湾东海岸,取水导流工程包括取水构筑物、取水隧洞和核泵泵房,取水隧洞从海边取水口通至厂内泵房进水前池。一期工程设计规模为1座取水构筑物和4条取水隧洞,每条取水隧洞设计取水量为50.1m^3/s。

取水构筑物的设计标准为核安全级,抗震1类,质保等级为QA1[4-5]。设计规范包括:《核电厂抗震设计与鉴定》(HAD102/02)、《混凝土结构设计规范》GB 50010—2010、《火力发电厂水工设计规范》(DL/T5339—2006)、与本工程有关的其他规范和标准也予以采用[6]。另外施工、安装、验收均应遵照现行施工技术规范执行。

2.3.2 取水构筑物的结构设计

红沿河核电站一期工程设计的取水构筑物和4条取水隧洞平面图如图2.7所示。

2号取水隧洞对应的闸门平面结构和具体尺寸如图2.8所示。

取水隧洞采用圆形断面,直径5.5m,开挖直径为6.9m,采用钢筋混凝土衬砌,二衬厚度500mm,取水构筑物详细尺寸见图2.9～图2.13。

该核电站取水构筑物体积庞大,高达20.7m,宽达118.8m,从第一道闸门到渐变段长为47.5m,并位于辽东湾东海岸的地震带上,一旦发生地震可能造成该结构物的损坏。因此取水构筑物的结构设计上必须重点考虑运营期地震对构筑物的破坏作用。对于钢筋混凝土结构,配筋是抵抗外荷载的基本手段,因此配筋设计至关重要。同时,影响取水构筑物安全运营的因素也包括海水对构筑物的腐蚀作用以及运营中海水对构筑物空腔的冲击作用,每条取水隧洞设计取水量为50.1m^3/s,见图2.14～图2.19。

核设施的安全级别高于一般工程类建筑结构,为了确保核电站取水构筑物在运营过程中的安全,有必要对取水构筑物结构开展研究,进行构筑物运营工况下地震荷载作用的力学特性研究,以验证构筑物结构的每部分构造的安全性。

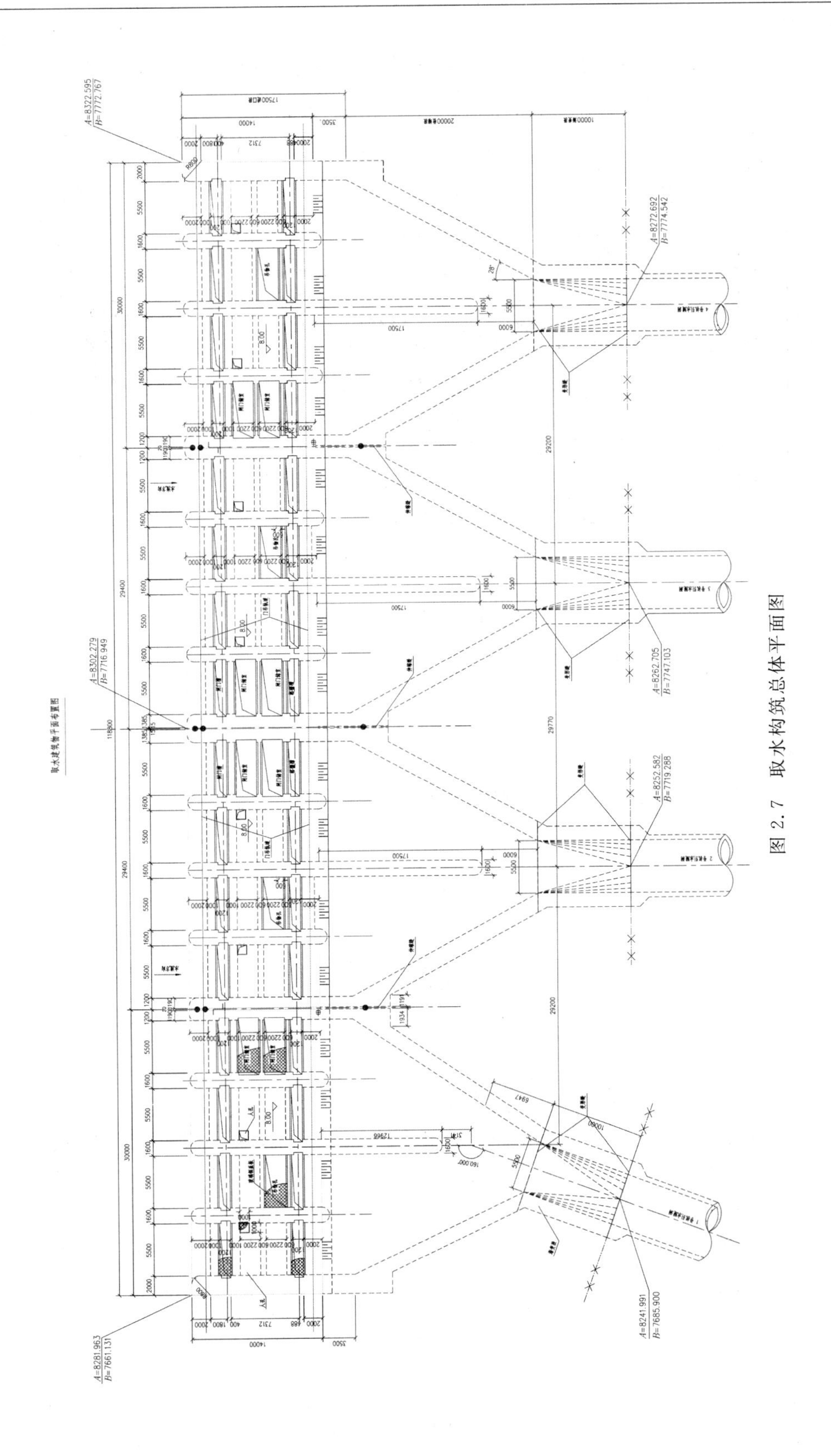

图 2.7　取水构筑总体平面图

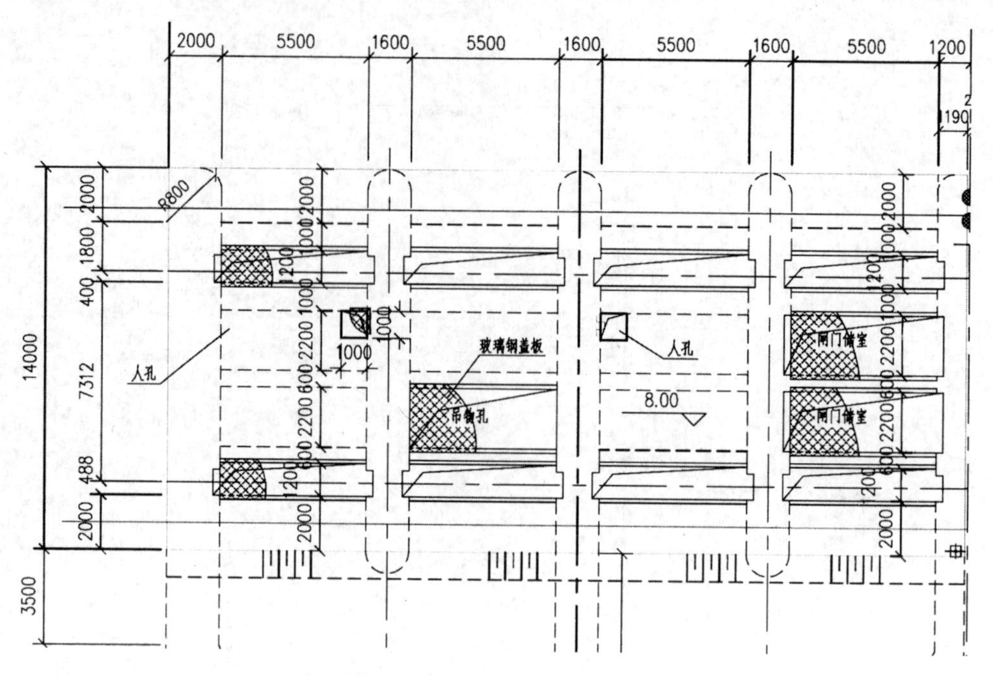

图 2.8 取水构筑闸门平面图

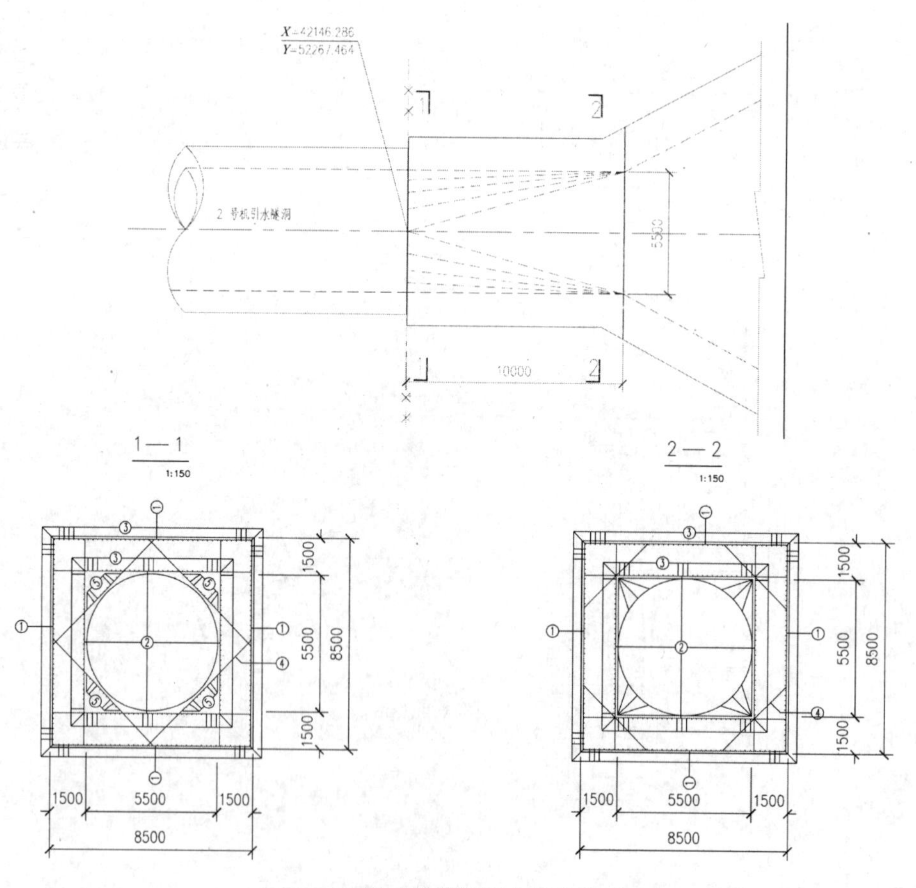

图 2.9 取水构筑物渐变段结构图

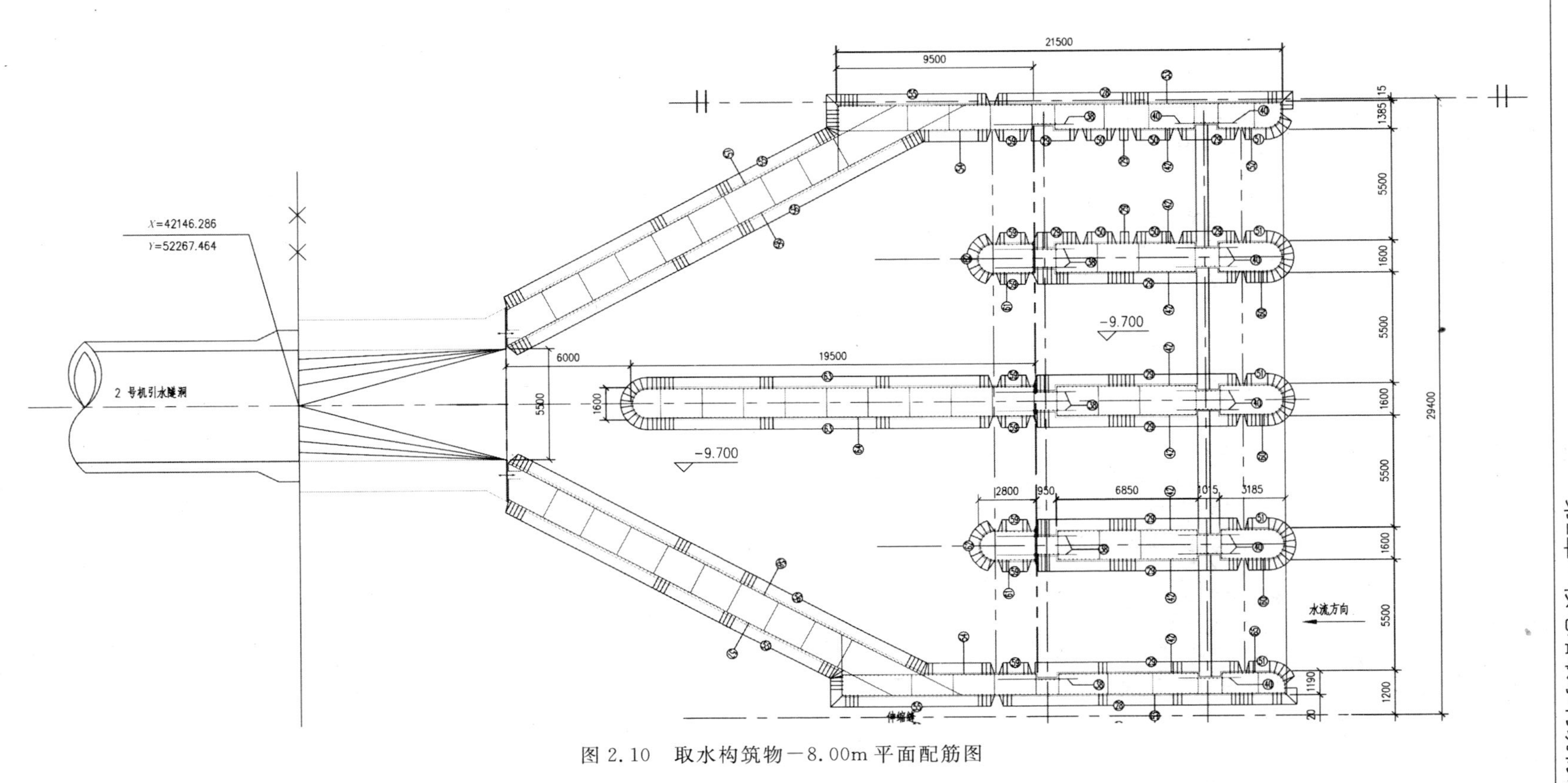

图 2.10　取水构筑物－8.00m 平面配筋图

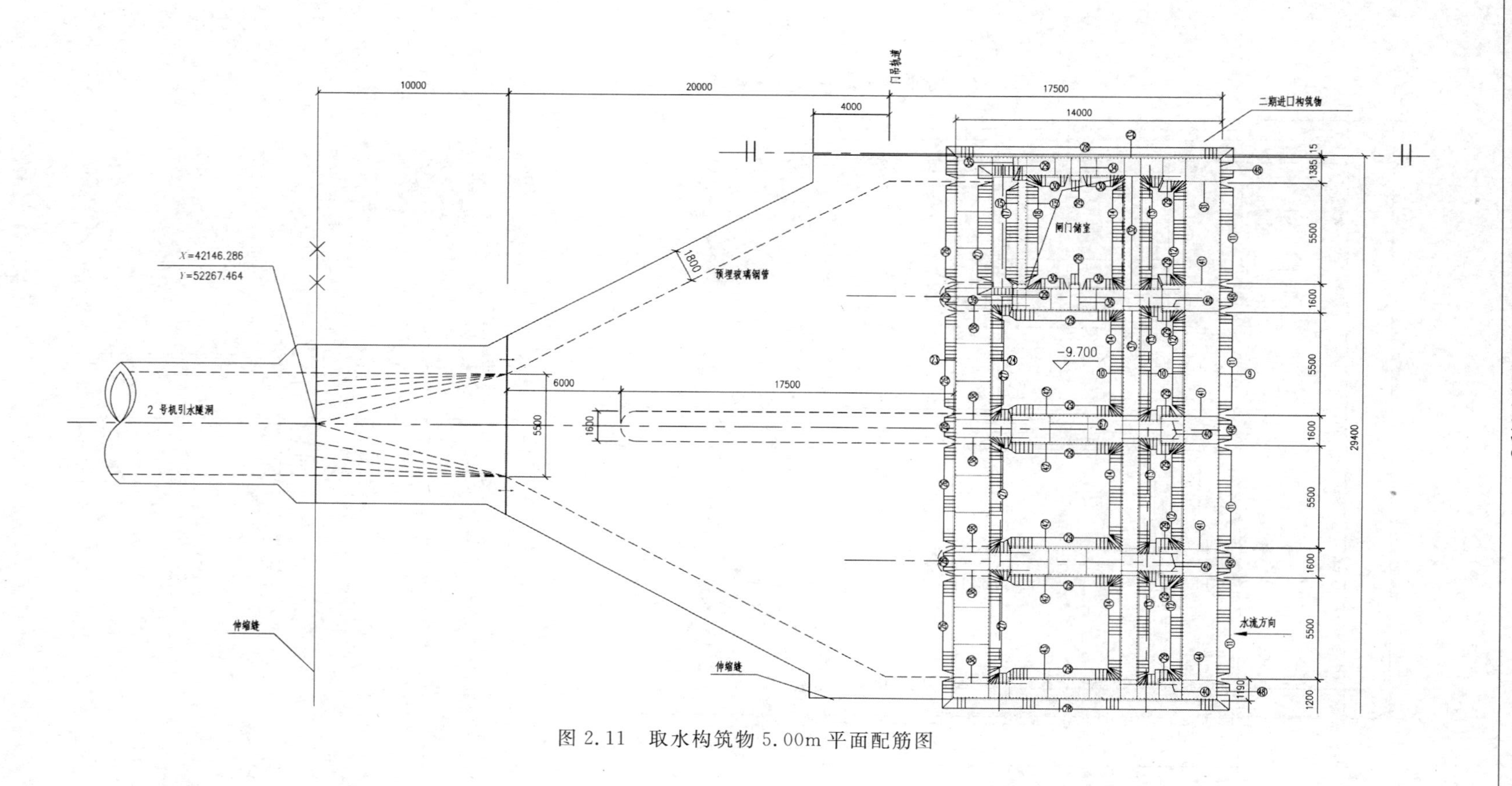

图 2.11 取水构筑物 5.00m 平面配筋图

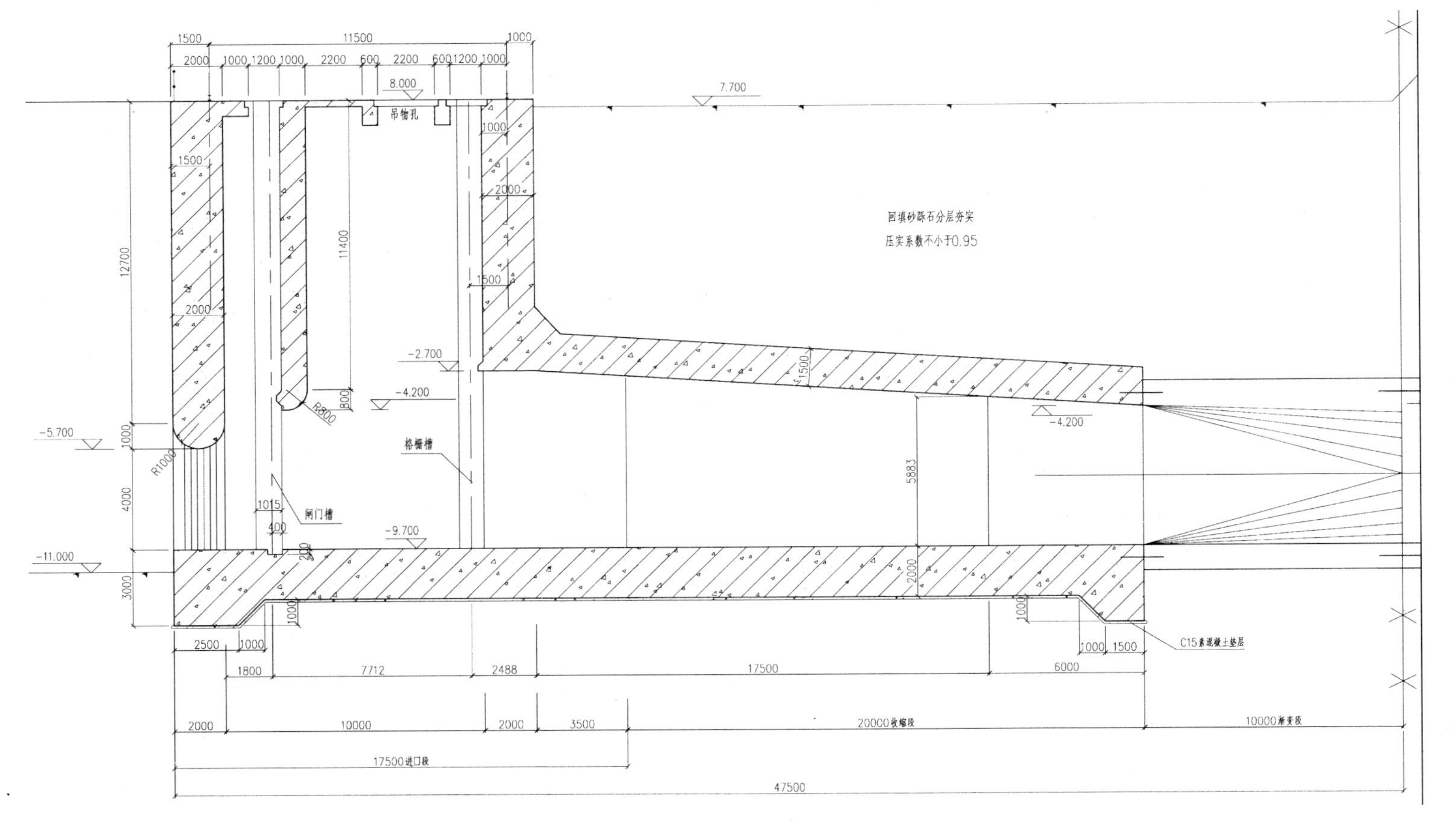

图 2.12　取水构筑物内部结构纵向 1—1 剖面图

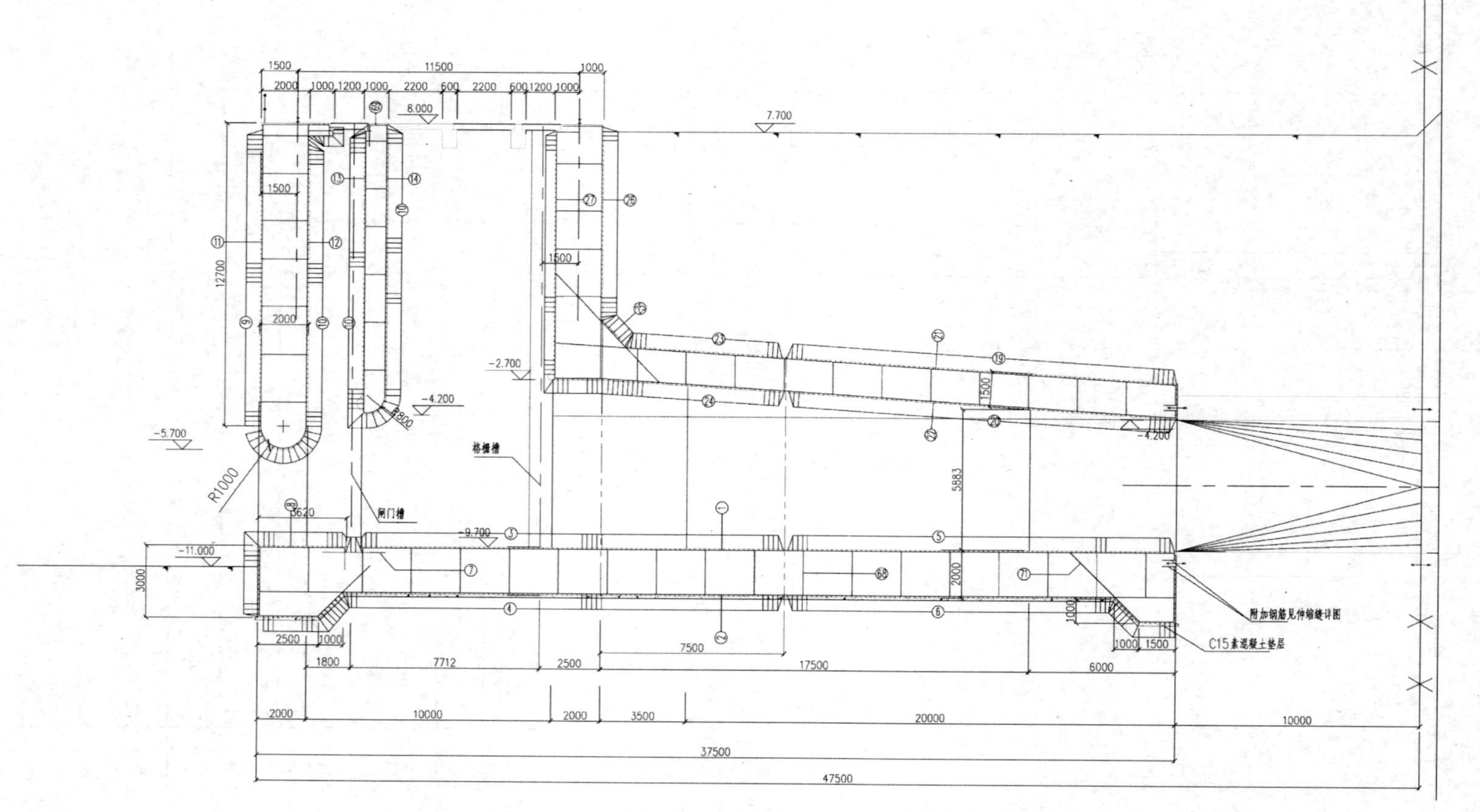

图 2.13 取水构筑物纵向断面 1—1 配筋图

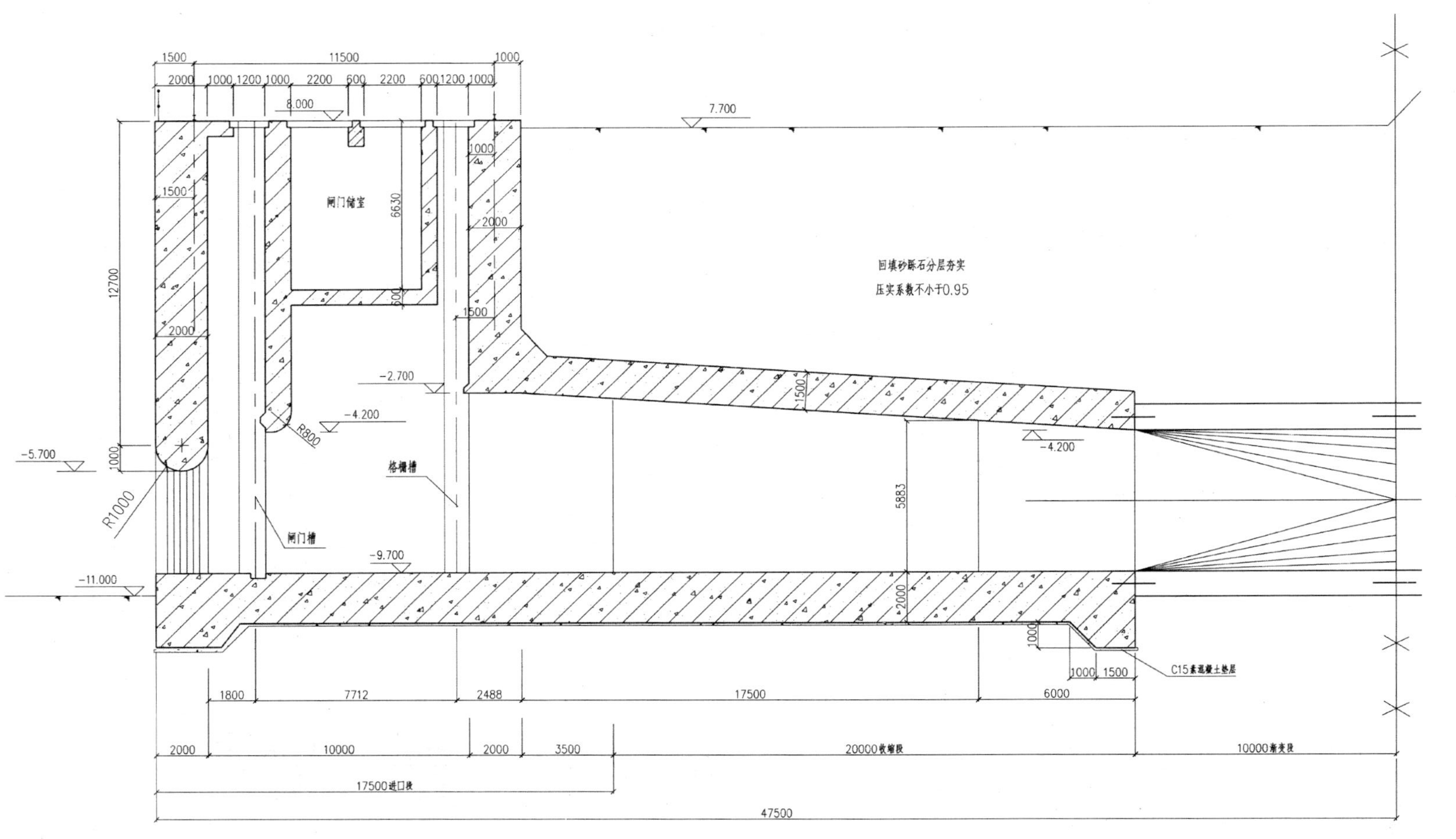

图 2.14　取水构筑物内部结构纵向 2—2 剖面图

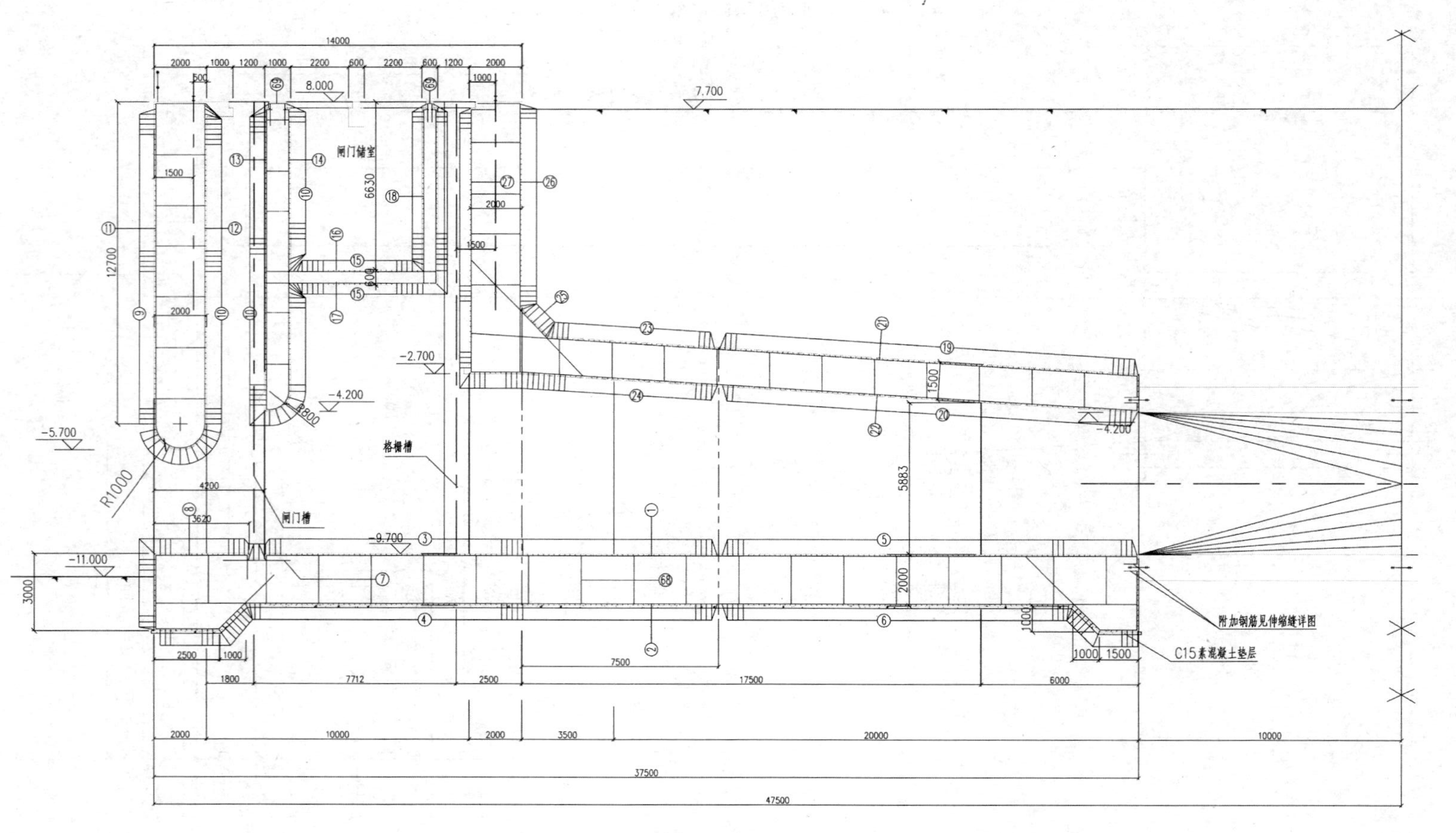

图 2.15 取水构筑物纵向断面 2—2 配筋图

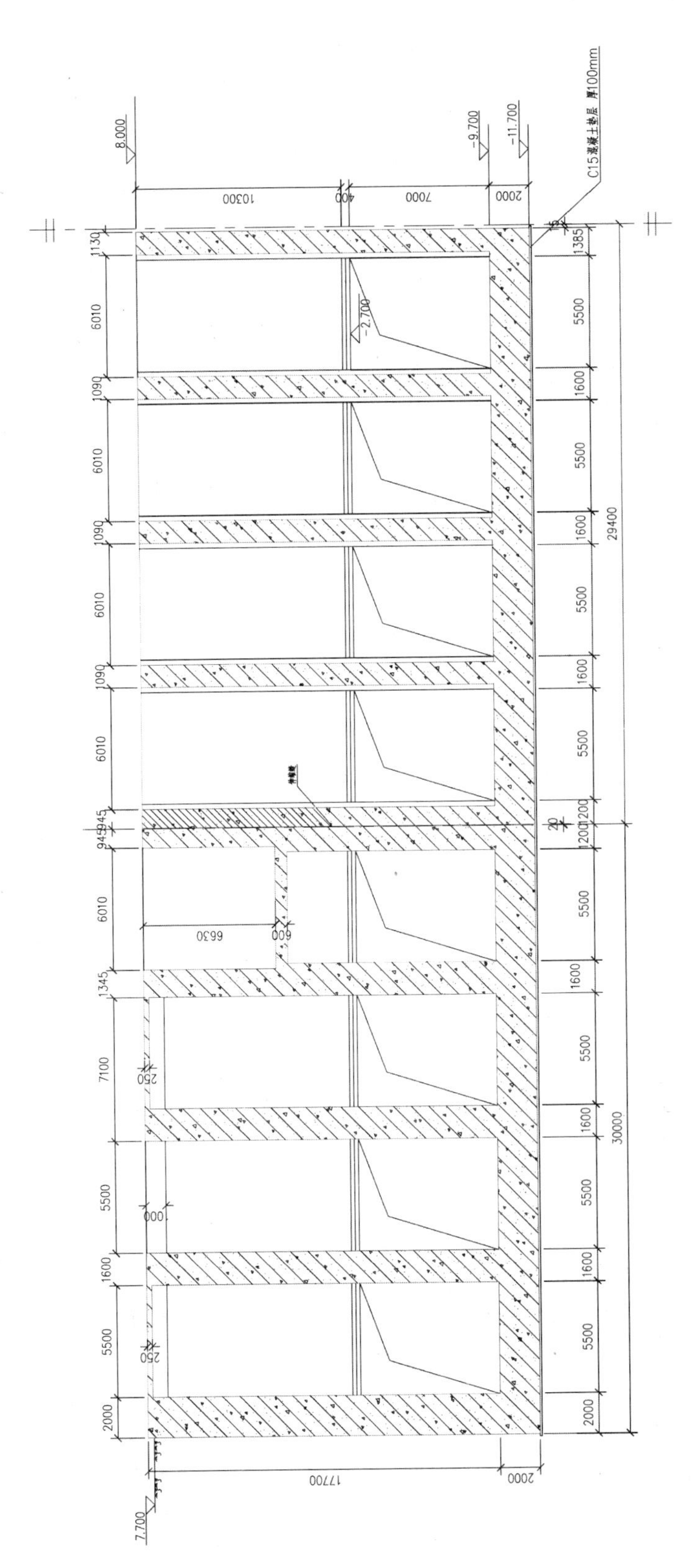

图 2.16　取水构筑物内部结构横向 1—1 剖面图

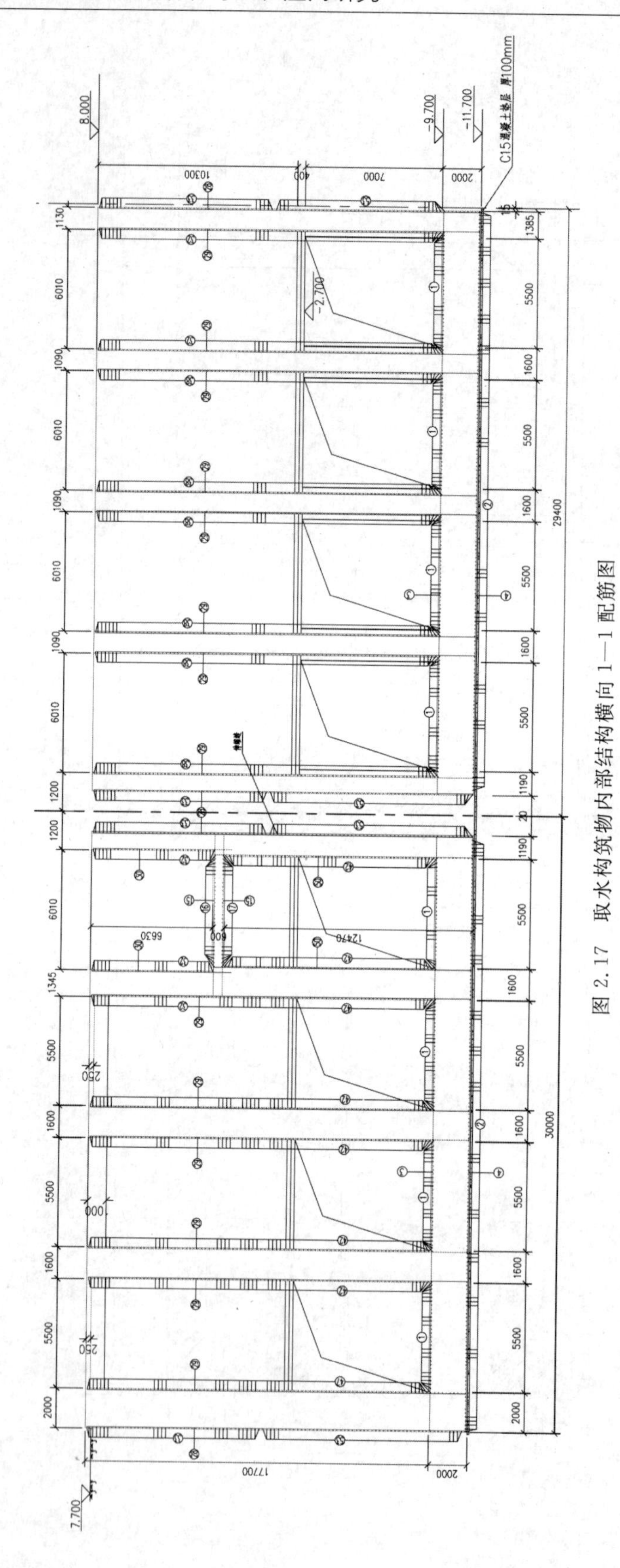

图 2.17 取水构筑物内部结构横向 1—1 配筋图

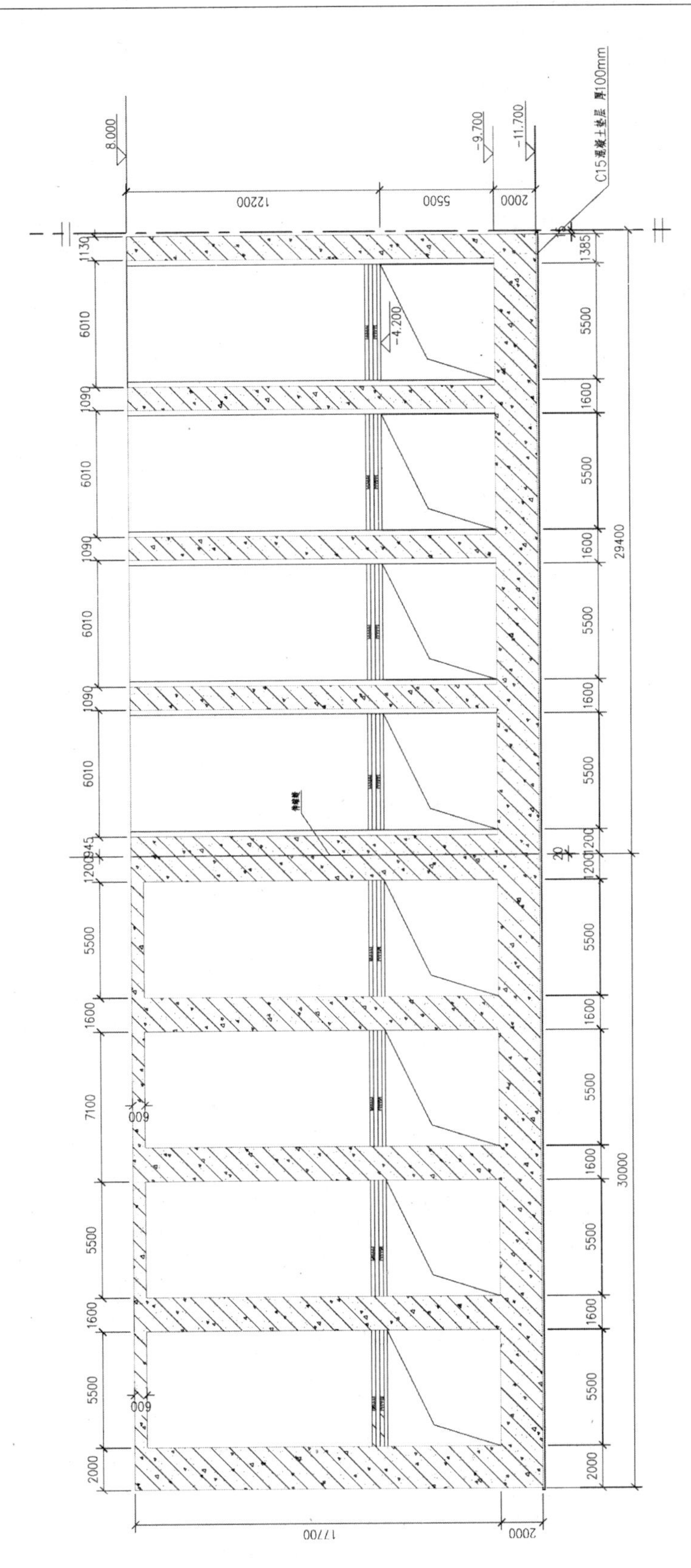

图 2.18　取水构筑物内部结构横向 2—2 剖面图

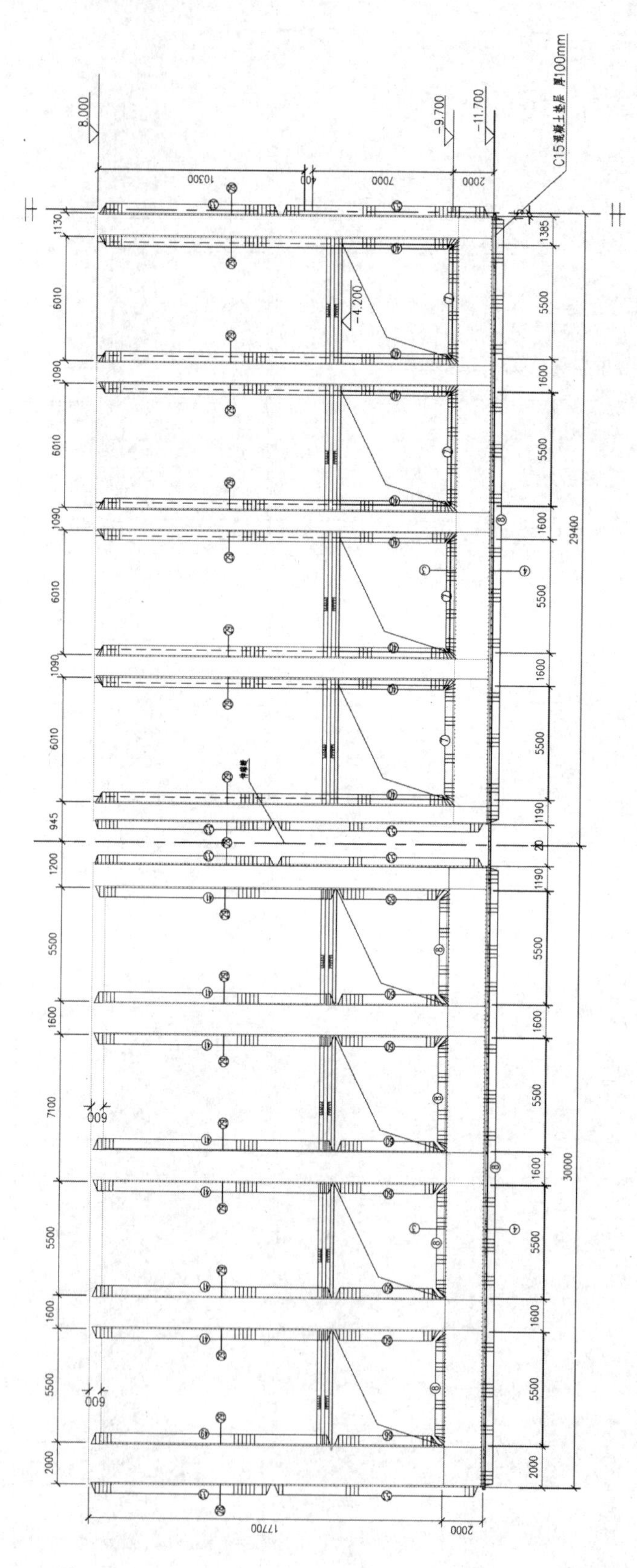

图 2.19 取水构筑物内部结构横向 2—2 配筋图

2.4 取水构筑物施工

2.4.1 连接段采取明洞施工

1. 取水构筑物地质状况

根据钻探、物探及工程地质测绘成果，地层岩性的出露及空间分布为：取水构筑物地段岩性为强风化花岗岩，个别钻孔上部见强风化片麻岩，一般厚度小于2.0m；隧洞区岩性主要为花岗岩及片麻岩(捕虏体)，花岗岩以强风化花岗岩和中等风化花岗岩为主，片麻岩(捕虏体)以强风化片麻岩为主[7]。取水构筑物施工场地如图2.20所示。

图2.20 连接区段明洞施工

2. 取水构筑物与隧洞连接区段采取明洞施工

取水构筑物坐落在微风化基岩面上，开挖基坑时，必须保证不破坏设计基面以下的岩体，避免扰动，不能破坏，保证其平整完好，遇到软弱层应清除。

在隧洞与取水构筑物连接区段，在隧洞上覆岩层厚度不满足洞挖情况下，采用管棚式明洞施工，采用现浇钢筋混凝土棚管，施工完成后回填毛石混凝土。

3. 明洞施工方法及工艺

洞口段采用明挖法施工，土方采用机械开挖，若有石方，则石方采用风枪钻孔，控制爆破。开挖前做好地表排水系统，开挖从上向下进行，随开挖随防护，防止滑塌。施工过程中对洞门仰坡及边坡尽量避免扰动，并加强对该处坡面的观测，如在开挖过程中有滑坡迹象应及时采取加固措施，并采取保留核心土的办法，先将明洞和洞门衬砌好，再挖除核心土。待暗洞掘进一定长度，不影响明洞混凝土衬砌安全时，进行先仰拱后墙身全断面模筑钢筋混凝土并及时做好防水层和回填，其工艺流程如图2.21所示。

1）明洞开挖及边仰坡防护

明洞开挖前施作好地面排水体系，采用明挖的方式，首先测量放线，定出边、仰坡的位置，主要使用挖掘机从上至下进行刷坡，施工顺序如下。

第1步：按照稳定边坡率开挖斜切段之上段面，并至明暗分界处；对明暗分界处开挖正面(掌子面)采用喷混凝土临时支护；架设拱部钢架，并施作拱部支护。若采用大管棚支护，

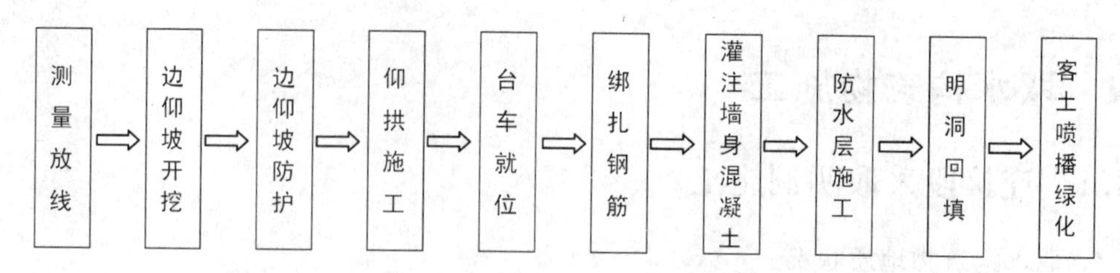

图 2.21　明洞施工工艺流程图

结合掌子面封闭，施作混凝土导向墙，并完成大管棚施作。完成超前支护后，准备进入暗洞开挖。土方开挖严格控制乱挖和超挖。石方采用松动爆破和控制爆破的方法施工，以确保周边环境的安全。

第 2 步：在超前支护的保护下，进行暗挖段上半断面之一侧壁导坑施工，根据地质条件，采用人工开挖或弱爆破开挖，开挖后及时施作锚网喷及钢架等支护。

第 3 步：在第 2 步进入暗洞 5～6m 后，开挖明挖段下半断面至分界里程处，其中斜切段前 6m 按稳定边坡开挖，其后段落部分直立开挖，并施作临时锚网喷支护 $\phi22$ 砂浆锚杆：长度 3m，间距 1m×1m；$\phi10$ 钢筋网间距 20cm×20cm；喷 C25 混凝土厚 8cm。

第 4、5 步：是与第 2、3 步相应的另一侧，在第 3 步进入暗洞 5～6m 后，开始进行第 4 步开挖以及第 5 步之开挖，其步骤及要求同第 2、3 步。

第 6 步：在第 5 步进入暗洞 3～5m 后，开挖明挖段之中部核心土至明暗分界处。之后根据暗洞开挖情况，按暗洞的双侧壁导坑法施工。

第 7 步：当暗挖段开挖及拱墙初期支护完成 10～15m 后，需调整施工工序，停止暗洞内各工序开挖，并进行明挖段整个洞口段底部开挖，如图 2.22 所示。

图 2.22　连接区段明洞施工

基底承载力不能满足要求时采取加固处理措施，采取钢花管注浆或混凝土换填处理，完成基底处理及仰拱后，洞口斜切段(明洞)采取Ⅴ级加强衬砌结构形式。混凝土采用钢筋混凝土结构，在进行混凝土施工时一定要严把立模质量关(外模采用特制钢架和大块组合钢模)，加强混凝土的振捣和养护，确保混凝土的外观质量。

明洞开挖过程中及时施作边、仰坡防护，因为在明洞混凝土施工以及回填之前，洞口将长时间暴露，须防止边、仰坡失稳，或受雨水冲刷，导致垮塌，确保洞口的安全。开挖过程中应随时检查边坡和仰坡，如有滑坡、开裂、落石等现象，可适当放缓边坡，或采用锚杆支护，防护栅栏、棚架等措施，以保证施工安全。基坑开挖时，边挖边支护，支护严格按规定设置，支撑稳固，保证施工时安全。安排专人在开挖面周围设置监测点，检查开挖面周围是否安全[8]。

视边、仰坡采用不同的防护模式，一般宜采用锚喷网防护及时封闭坡面（ϕ22 砂浆锚杆：长度 3m，间距 1m×1m；ϕ10 钢筋网：网格间距 20cm×20cm；C25 喷混凝土：厚 8cm）。边仰坡防护、开挖按设计坡度一次整修到位，并分层进行防护，以防围岩风化，雨水渗透而坍塌。围岩破碎部位增设局部挂网喷锚，以稳定边仰坡。对边坡渗水要及时排、引到坡面外，加强对坡面的防护。同时要注意在隧道仰坡开挖、防护施工至隧道暗洞拱顶位置时要及时施作暗洞超前预支护[9-10]。

2）仰拱施工

明洞设计有仰拱，采用仰拱与铺底先行于衬砌的施工方案，仰拱先行，再施工拱圈，以利于衬砌结构的整体受力，并起到早闭合、防塌方作用。施工时，仰拱开挖要严格控制超欠挖，基底必须清理干净，开挖时，垂直线路方向挖成不大于 10%的斜坡。遇有地下水时，须将地下水引离基础。明洞基础挖至设计标高后，核对地基承载力是否与设计要求相符。若地基承载力不足时，请求设计变更。凹形地段或外墙深基部分，施工时本着先难后易的原则，可先开挖、砌筑最低凹处，逐步向两端进行，以利基础施工查明情况。然后立模、绑扎钢筋，泵送混凝土灌注。

在施工前及施工中应根据中线、高程结合施工方法，测定和检查开挖尺寸。施工前做好洞顶防排水措施，防止地表水冲刷边坡造成塌方落石。按开挖部位先外后内、先上后下进行开挖，严禁掏底开挖和上下重叠施工。石质地段开挖，宜采用弱爆破，以免影响边坡和仰坡的稳定。

3）明洞拱背及拱顶回填

隧道明洞填土厚度一般不小于 2m，在已浇筑的墙背拱顶做好防水层，混凝土到达设计强度的 70%，隧道二次进洞完成后立即开始拱背回填，此时距隧道出洞时间仅仅 1 周，可见这种施工方案在缩短工期方面有较大的优势，见图 2.23 和图 2.24。

图 2.23　取水构筑物明洞施工

图 2.24　取水口明洞回填

明洞拱背回填应对称分层夯实,每层厚度不宜超过 30cm,其两侧回填土的土面高差不得大于 50cm。回填至拱顶后需满铺分层填筑,同时使回填面与水平面保持一定坡度,便于排水。回填高出拱顶约 60cm 后铺设防水板,并确保防水板的完好性。最后在防水板上铺设一层 30cm 黏土隔水层压实。

2.4.2　取水构筑物施工

核电站一期工程规划为 4 条取水隧洞和 1 座取水构筑物。整个取水构筑物共设置 16 个取水闸门,每 4 个闸门对应于一个取水隧洞,闸门下部设计标高为－11.000,构筑物上部设计标高＋7.700,整个取水构筑物高达 11.7m,宽度达 120m 的具体结构和详细构造如设计平面图 2.14 和结构图 2.15 所示。从半径为 5.5m 的圆形隧洞经过长度为 10m 的渐变段与边长 5.5m 的正方形构筑物端口相连。每个构筑物端口再经过长 37.5m 的变段结构与 4 个闸门相通,每个闸门的尺寸统一为边长为 5.5m 正方形洞口,构筑物闸门施工情况如图 2.25 所示,取水构筑物的施工方案采取分步进行[11]。

图 2.25　取水口构筑物闸门

(1) 先进行对应于 2、3 号隧洞的取水构筑物结构施工,相继进行对应于 1、4 号隧洞的取水构筑物结构的施工。如图 2.26 所示,已完成 2、3 号隧洞对应的构筑物部分的施工,1、4 号隧洞对应的构筑物部分正在施工过程中。

(2) 待取水构筑物主体部分施工完毕后进行渐变段施工。直径 5.5m 圆形隧洞经过

图 2.26 取水口构筑物

10m 的渐变段与边长 5.5m 的正方形构筑物端口相连，该阶段的施工情况如图 2.27 所示。

图 2.27 取水构筑物渐变段施工

(3) 取水构筑物渐变段施工完毕后，开始进行明挖法施工的回填，回填取挖方原有土质，要按要求进行分层回填，及时压实，压实度要达到设计标准，确保施工质量，2011 年 2 月中旬施工情况如图 2.28 所示。

图 2.28 取水构筑物渐变段施工

该工程对取水构筑物渐变段采取分层回填、适时压实的施工方式，压实度也能够达到设计标准，保证了施工质量，为将来的核电安全运营奠定了坚实的基础。

参考文献

[1] 吴艳娟. 辽东湾核电站取水导流工程施工阶段空间力学特性研究[D]. 沈阳：东北大学，2010.

[2] 金生吉，舒哲，鲍文博. 基于 Midas-GTS 的核电站取水建筑物地震响应分析[J]. 东北大学学报，2012，33(S2)：207-210.

[3] 舒哲. 辽东湾取水建筑物动力响应分析及流场仿真分析[D]. 沈阳：沈阳工业大学，2013.

[4] 国家地震局. GB 50267—1997 核电厂抗震设计规范[S]. 北京：中国建筑工业出版社，1998.

[5] 本社水工建筑物抗震设计规范[M]. 北京：中国电力出版社，2001.

[6] 陈锋. 中国滨海核电厂取水明渠口门布置原则[J]. 核安全，2009(2)：25-29.

[7] Marcbiso D L, Barresi A A. Comparison of different modeling approaches to turbulent precipitation [C]//Proceedings of the 10 European Conferences on Mixing, Delft, the Netherlands, 2001: 77.

[8] Wei H, Zhou W, Garside J. CFD modeling of precipitation process in a semi-batchcry stallizer[J]. Ind Eng. Chem. Res., 2001(40): 5255-5261.

[9] 韩理安. 港口水工建筑物[M]. 北京：人民交通出版社，2000.

[10] Shengji J, Zhe S, Dasheng Z, et al. Study on the impact of stability around tunnel surrounding rock in construction program[J]. Applied Mechanics and Materials (Volumes 170-173): 1520-1523.

[11] Shengji J, Yongqin R. Study on the deformation and stability of surrounding rock[J]. Applied Mechanics and Materials(Volumes 170-173): 465-469.

第3章
CHAPTER 3

核电站取水构筑物力学特性仿真分析

地震是一种极具破坏性的自然灾害，在造成建筑结构破坏的各种因素中，地震是首要考虑的因素。地震发生时，释放出来的巨大能量以地震波的形式作用于建筑结构，从而造成结构的破坏[1]。本研究主要通过数值仿真分析的方法来开展核电站所在地区可能发生的地震对核电站取水构筑物产生的力学特性影响。

3.1 地下结构抗震计算方法

3.1.1 地震对结构的影响

地震(earthquake)又称地动，是地壳快速释放能量过程中产生震动弹性波，从震源向四周传播引起的地面颤动。它就像海啸、龙卷风、冰冻灾害一样，是地球上经常发生的一种自然灾害。大地振动是地震最直观、最普遍的表现。在海底或滨海地区发生的强烈地震，能引起海啸。地震是极其频繁的，全球每年发生地震约550万次。地震常常造成严重人员伤亡，能引起火灾、水灾、有毒气体泄漏、细菌及放射性物质扩散，还可能造成海啸、滑坡、崩塌、地裂缝等次生灾害[2]。

地震带是地震的地理分布，它由一定的地质条件控制，具有一定的规律。板块之间的消亡边界，形成地震活动活跃的地震带，全世界主要有3个地震带，如图3.1所示。

一是环太平洋地震带，环绕地球太平洋板块，是地球上地震最活跃的地区，集中了全世界80%以上的地震。二是欧亚地震带，大致从印度尼西亚西部，缅甸经中国横断山脉，喜马拉雅山脉，越过帕米尔高原，经中亚细亚到达地中海及其沿岸。三是中洋脊地震带，包含延绵世界三大洋和北极海的中洋脊。中洋脊地震带仅含全球约5%的地震，此地震带的地震几乎都是浅层地震[1]。

中国地震主要分布在5个区域：台湾地区、西南地区、西北地区、华北地区、东南沿海地区，如图3.2所示，其中，特大型地震发生地理位置及分布如图3.3所示。

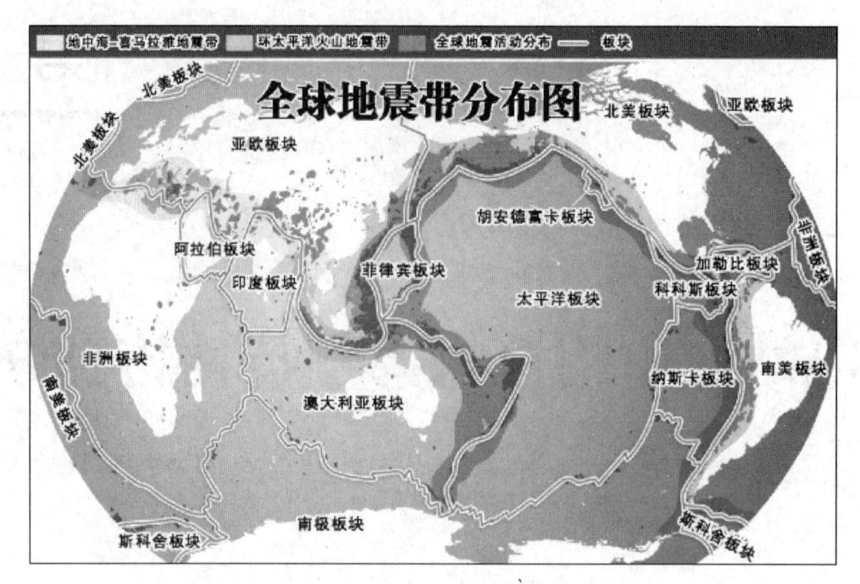

图 3.1　世界地震带分布图

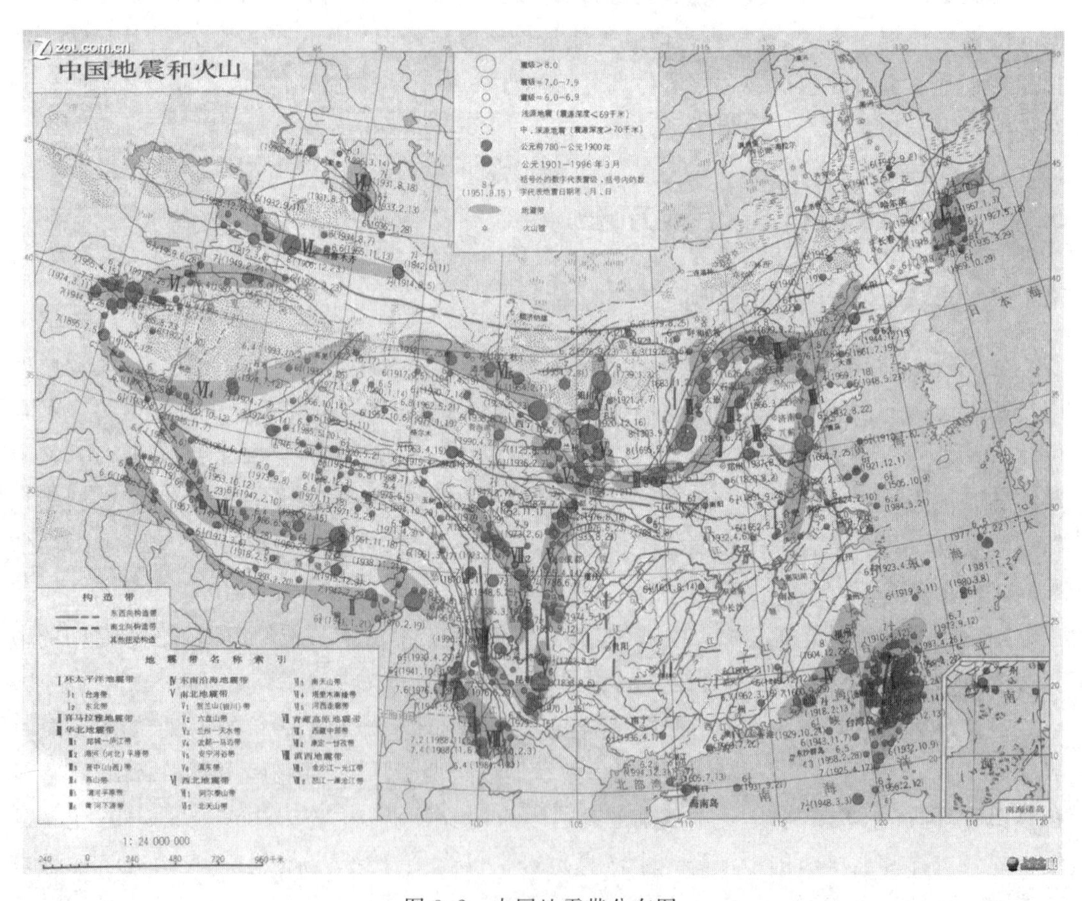

图 3.2　中国地震带分布图

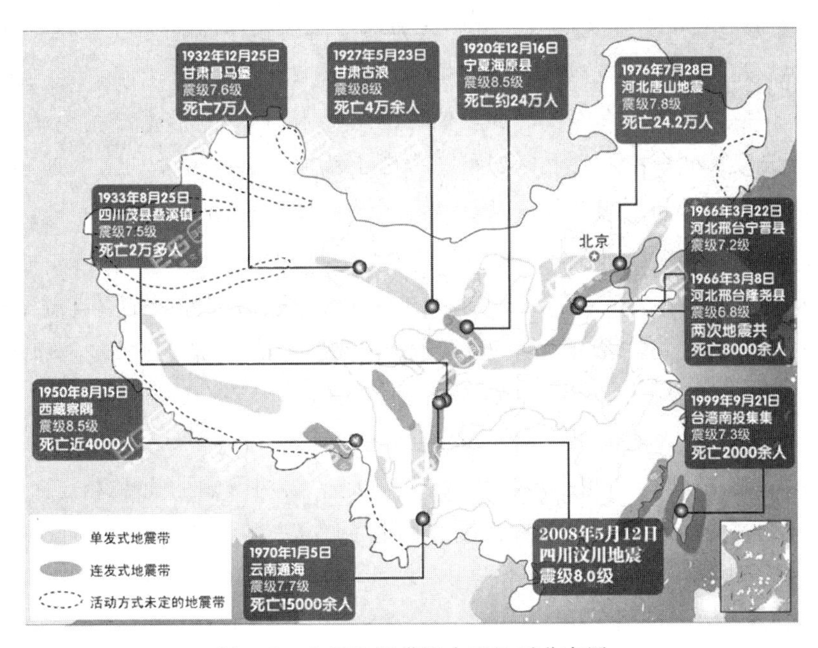

图 3.3　中国地震带及大型地震分布图

地震分为天然地震和人工地震两大类。引起地球表层振动的原因很多，根据地震的成因，可以把地震分为构造地震、火山地震、塌陷地震、诱发地震和人工地震等。其中构造地震和火山地震发生的次数最多，破坏力也最大，而构造地震占全世界地震的 90%以上，它是由于地下深处岩石破裂、错动把长期积累起来的能量急剧释放出来，以地震波的形式向四面八方传播出去，到地面而引起的房摇地动。火山地震在火山活动区才可能发生，这类地震只占全世界地震的 7%左右，它是由于火山作用，如岩浆活动、气体爆炸等引起的地震。

3.1.2　地下结构抗震静力法

地下结构与地面结构地震响应特点的不同决定了二者分析方法的不同。以下简要介绍几种比较有代表性的地下结构实用抗震分析方法[1-5]。

1. 地震系数法

地震系数法又称静力法、惯性力法或拟静力法。这种方法是把动态的地震作用简化为静止作用力进行分析，作用力施加在结构的重心处，大小为结构的重量乘以设计地震系数，即

$$F = K_c Q \tag{3.1}$$

式中，F 为结构重心处的地震惯性力；K_c 为地震系数；Q 为结构的重量。

地震系数 K_c 可由地震标准系数以及工程重要系数、地层性质和种类系数以及埋深系数来确定。另外，在隧道侧壁的一侧施加主动土压力，另一侧施加水平抵抗力。这种方法因计算简单，在工程设计中被广泛应用。

2. 反应位移法

反应位移法也称“响应位移法”或“反应变位法”，可分为纵向响应位移法和横向响应位

移法,后者也称为地基抗力系数法。该方法认为在地震时地下结构的变形受周围地层变形的控制,底层变形的一部分传给结构,使结构产生应变、应力和内力。对于纵向响应位移法,其方法是在求得结构组成所在深度的震动位移的情况下,计算地层沿结构纵轴的最大拉伸应变和最大弯曲应变。用应变传递比 α 和 β 考虑土壤应变传递到结构上的递减,并由此得到结构纵轴的轴向应变和弯曲应变。

3. 围岩应变传递法

地震波动场分析的基本思想以及管道、海底隧道、地下油库等的地震观测结果表明,地下结构地震时应变的波形与周围岩土介质地震应变波形几乎完全相似,因而可以建立关系式

$$\varepsilon_S = \alpha\varepsilon_0 \tag{3.2}$$

式中,ε_S 为地下结构的地震应变;ε_0 为没有洞穴或地下结构影响的周围岩土介质的地震应变;α 为应变传递率系数。可以将 α 看作一个静态系数,它和地震的频率和波长无关,只随地下结构的形状、刚度以及周围岩土介质的刚度而变化,通过有限元分析确定。

4. 波动拟静力法

前苏联学者出,对于 P 波及 S 波,只要波长大于隧道洞径的 3 倍,且隧道埋深大于洞径的 3 倍,隧道长度大于洞径 5 倍,就可将地震响应的动力学问题用围岩在无限远处承受一定荷载的弹性力学的平面问题的方法解答,简称拟静力法。假设岩土体属于线弹性变形介质,地震作用时隧道围岩的应力及衬砌内力的计算,可归结为有加固孔口周围应力集中的线弹性理论动力学问题的求解。

在无限远处所受到的双向压(拉)应力为

$$\sigma_x^{(\infty)} = \pm\frac{1}{2\pi}K_c\gamma C_P T_0 \tag{3.3}$$

$$\sigma_y^{(\infty)} = \frac{\nu_0}{(1-\nu_0)\sigma_y^{(\infty)}} \tag{3.4}$$

式中,K_c 为地震系数(与地震烈度有关);T_0 为岩石质点震动的卓越周期:C_P 为 P 波波速;γ 为介质容重;ν_0 为介质泊松比。

在波长较大剪切波作用下,介质在无限远处受到与对称竖轴成直角方向纯剪力为

$$\tau_{xy}^{(\infty)} = \pm\frac{1}{2\pi}K_c\gamma C_S T_0 \tag{3.5}$$

式中,C_S 为 S 波波速。

联合以上两式可求出 P 波和 S 波共同作用下的地震应力场,进而可求出衬砌的内力。

上述 4 种隧道结构抗震计算的解析方法中,有的方法应用范围很窄,并且都不是精确的,而是一定程度上的近似计算。

3.1.3 取水构筑物结构抗震动力分析法

动力分析的首要目的是计算已知结构在给定随时间变化的荷载作用下的位移时间历程,这样,问题就变为求出这些选定位移分量的时间历程[3]。

1. 运动方程的建立方法

描述动力位移的数学表达式即为结构的运动方程，达朗贝尔原理直接平衡法、虚位移原理、哈密顿原理是建立这些方程的基本方法。

(1) 达朗贝尔原理直接平衡法

达朗贝尔原理可以描述为质量所产生的惯性力与它的加速度成正比，但方向相反，这样可以把运动方程表示为动力平衡方程。由此可认为荷载包括许多个作用在质量上的力，即抵抗位移的弹性约束力 F_S、抵抗速度的粘滞力 F_D、独立确定的外荷载 F_t 以及抵抗加速度的惯性力 $P_{(t)}$，而运动方程的表达式可写成仅是作用在质量上所有力的平衡表达式：

$$F_S + F_D + F_t + P_{(t)} = 0 \tag{3.6}$$

(2) 虚位移原理

虚位移原理可以表示为：如果一个平衡的体系在一组力的作用下承受一个体系约束所允许的任何微小位移——虚位移，则这些力所做的总功等于零。如果结构体系很复杂，运动方程可采用虚位移原理建立。建立动力体系的运动方程时，首先要搞清作用在体系质量上的所有的力，包括结构惯性力。然后，引入相对于每个自由度的虚位移，并使所做的功等于零，这样就得到运动方程。

(3) 哈密顿原理

哈密顿原理是应用广泛的一种变分原理，此原理可表达为

$$\int_{t_1}^{t_2} \delta(T - C) + \int_{t_1}^{t_2} \delta W_{nt} = 0 \tag{3.7}$$

式中，δ 为在指定的时间区间(t_1, t_2)内的变分符号；T 为体系的总动能；C 为体系的位能，包括变形能以及任何保守外力的势能，为作用于体系上的非保守力所做的功；δW_{nt} 为在指定的时间区间内做功的变分。哈密顿原理说明在任何时间区间 t_1 到 t_2 内，动能和位能的变分加上所考虑的非保守力所做的功的变分必为零。哈密顿原理主要用于建立连续体的运动方程。

2. 动力平衡方程的求解

由于地震时地面运动加速度与地震响应方程的复杂性，不能直接由运动微分方程中求出解析解。对该方程的求解只能采用时程逐步积分法，逐步积分时可用迭代法与增量法。常用的增量法有中点加速度法、线性加速度法、Wilson-θ 法、Newmark 法等。各种方法只在形成拟静力增量方程时采用的基本假设不同，计算方法均由地震响应增量方程出发，对于每个时间增量，求出拟静力方程，从而求解出此微小时间段的地震响应增量，再以此微段的终点响应作为下一时间段的起始态，如此逐步计算下去，即可得出全段的时程响应[4]。

对单元的运动微分方程

$$\boldsymbol{M}^e\ddot{\boldsymbol{u}}^e + \boldsymbol{C}^e\dot{\boldsymbol{u}}^e + \boldsymbol{K}^e\boldsymbol{u}^e = \boldsymbol{F}(t)^e \tag{3.8}$$

式中，$\boldsymbol{M}^e$ 为单元质量矩阵，$\boldsymbol{C}^e$ 为单元阻尼矩阵，$\boldsymbol{K}^e$ 为单元刚度矩阵；$\ddot{\boldsymbol{u}}^e$、$\dot{\boldsymbol{u}}^e$、$\boldsymbol{u}^e$ 分别为单元结点加速度列阵、单元结点速度列阵和单元结点位移列阵；$\boldsymbol{F}(t)^e$ 为随时间变化的单元结点荷载列阵。

将单元的运动方程进行组合与叠加，可以推得整体运动方程

$$\boldsymbol{M}\ddot{\boldsymbol{u}}+\boldsymbol{C}\dot{\boldsymbol{u}}+\boldsymbol{K}\boldsymbol{u}=\boldsymbol{P} \tag{3.9}$$

式中，$\boldsymbol{M}$为质量矩阵，$\boldsymbol{C}$为阻尼矩阵，$\boldsymbol{K}$为刚度矩阵；$\ddot{\boldsymbol{u}}$、$\dot{\boldsymbol{u}}$、$\boldsymbol{u}$分别为结点加速度列阵、结点速度列阵和结点位移列阵。

对应 t 和 $t+\Delta t$ 时刻，动力学平衡方程可表示为以下形式

$$\boldsymbol{M}\ddot{\boldsymbol{u}}_t+\boldsymbol{C}\dot{\boldsymbol{u}}_t+\boldsymbol{K}\boldsymbol{u}_t=\boldsymbol{P}_t \tag{3.10a}$$

$$\boldsymbol{M}\ddot{\boldsymbol{u}}_{t+\Delta t}+\boldsymbol{C}\dot{\boldsymbol{u}}_{t+\Delta t}+\boldsymbol{K}\boldsymbol{u}_{t+\Delta t}=\boldsymbol{P}_{t+\Delta t} \tag{3.10b}$$

在 $t+\Delta t$ 时刻的位移和速度向量可以表示为

$$\boldsymbol{u}_{t+\Delta t}=\boldsymbol{u}_t+\Delta t\dot{\boldsymbol{u}}_t+\Delta t^2(0.5-\beta)\ddot{\boldsymbol{u}}_t+\beta\ddot{\boldsymbol{u}}_{t+\Delta t} \tag{3.10c}$$

$$\dot{\boldsymbol{u}}_{t+\Delta t}=\dot{\boldsymbol{u}}_t+\Delta t[(1-\gamma)\ddot{\boldsymbol{u}}_t+\gamma\ddot{\boldsymbol{u}}_{t+\Delta t}] \tag{3.10d}$$

式中，γ、β为按照积分的精度和稳定性的要求可以调整的参数。由以上方程便可得到时刻$t+\Delta t$的位移向量和速度向量。

地震时支配结构地震响应的因素是地基变形而不是结构的惯性力，因此将静力法作为结构抗震设计的原则不尽合理。相比而言，动力分析法更符合实际，但由于在计算模型及其参数的确定、地震波及其输入方式的选定等方面作了太多简化，致使计算结果很难反映隧洞等结构的复杂运动特性。但是随着数值计算技术的不断完善和计算机内存及速度的不断提高，数值计算方法是解决涵盖地震工程、岩土工程和结构工程等众多学科的解决地下结构抗震问题的有效途径。

3.2 取水构筑物动力响应分析理论

3.2.1 动力响应分析基本理论[5-7]

取水构筑物动力响应分析的模型与取水构筑物海浪冲击模型略有不同，在取水构筑物海浪冲击过程中，回填土的重量简化成均布压力施加在取水构筑物的表面，而在动力响应分析中，需要建立回填土的实际模型，考虑回填土在动力响应过程中对构筑物的影响。但是，由于回填土的刚度远小于混凝土构筑物的刚度，它的影响会小于传统意义上的地下结构在动力响应分析中所受影响。

为了分析方便和尽可能地接近实际情况，在计算中采用如下基本假定：

(1) 土体为均质、各向同性体，即每层土性质相同，但可随土层不同而改变；动力作用下，土与地下结构之间不发生脱离和相对滑动，即截面满足位移协调的条件。

(2) 土层与地下结构的地震激励来自基岩面(或者假想基岩面)，基岩面上各点的运动一致，即不考虑行波效应；假定地震波是由基岩面垂直向上传播的剪切波和压缩波，不考虑地震波斜入射的情况。

(3) 采用总应力分析方法，不考虑孔隙水压变化和砂土地震液化的影响。

在地震作用下，有限元体系在 $t+\Delta t$ 时刻的运动平衡方程为

$$\boldsymbol{M}\ddot{\boldsymbol{u}}_{t+\Delta t}+\boldsymbol{C}\dot{\boldsymbol{u}}_{t+\Delta t}+\boldsymbol{K}\boldsymbol{u}_{t+\Delta t}=-\boldsymbol{M}\boldsymbol{I}(\ddot{\boldsymbol{u}}_g)_{t+\Delta t} \tag{3.11}$$

式中，$\boldsymbol{M}$ 为体系的总质量矩阵；$\boldsymbol{C}$ 为体系的总阻尼矩阵；$\boldsymbol{K}$ 为体系的总刚度矩阵；$\ddot{\boldsymbol{u}}_{t+\Delta t}$ 为体系的结点加速度向量；$\dot{\boldsymbol{u}}_{t+\Delta t}$ 为体系的结点速度向量；$\boldsymbol{u}_{t+\Delta t}$ 为体系的结点位移向量；$(\ddot{\boldsymbol{u}}_g)_{t+\Delta t}$ 为基岩面加速度；$\boldsymbol{I}$ 为单位激振矢量。

采用 Newmark 隐式积分法求解运动平衡方程，假设

$$\dot{\boldsymbol{u}}_{t+\Delta t}=\boldsymbol{u}_t+[(1-\delta)\ddot{\boldsymbol{u}}_t+\delta\ddot{\boldsymbol{u}}_{t+\Delta t}]\Delta t \tag{3.12}$$

$$\boldsymbol{u}_{t+\Delta t}=\boldsymbol{u}_t+\dot{\boldsymbol{u}}_t\Delta t+\left[\left(\frac{1}{2}-\gamma\right)\ddot{\boldsymbol{u}}_t+\gamma\ddot{\boldsymbol{u}}_{t+\Delta t}\right]\Delta t^2 \tag{3.13}$$

将式(3.12)和式(3.13)代入式(3.11)，化简后得

$$\left(\frac{1}{\gamma\Delta t^2}\boldsymbol{M}+\frac{\delta}{\gamma\Delta t}\boldsymbol{C}+\boldsymbol{K}\right)\boldsymbol{u}_{t+\Delta t}=\boldsymbol{M}\boldsymbol{I}(\ddot{\boldsymbol{u}}_g)_{t+\Delta t}+\boldsymbol{M}\left[\frac{1}{\gamma\Delta t^2}\boldsymbol{u}_t+\frac{1}{\gamma\Delta t}\dot{\boldsymbol{u}}_t+\left(\frac{1}{2\gamma}-1\right)\ddot{\boldsymbol{u}}_t\right]$$
$$+\boldsymbol{C}\left[\frac{1}{\gamma\Delta t^2}\boldsymbol{u}_t+\left(\frac{\delta}{\gamma}-1\right)\dot{\boldsymbol{u}}_t+\frac{\Delta t}{2}\left(\frac{\delta}{\gamma}-2\right)\ddot{\boldsymbol{u}}_t\right]$$

解此方程可得 $\boldsymbol{u}_{t+\Delta t}$，再代入式(3.12)和式(3.13)，可得$\dot{\boldsymbol{u}}_{t+\Delta t}$和 $\ddot{\boldsymbol{u}}_{t+\Delta t}$。积分常数取为 $\delta=0.5$，$\gamma=0.25$。Newmark 隐式积分是无条件稳定的，在积分时间步长 $\Delta t=T_{\max}/100$ 时（$T_{\max}$为体系最大周期），能得到较满意的结果。只要能根据结构自身的特点以及运算器所能承受的程度选择合适的计算模型，选择适合于分析的地震波，采取逐步积分的方法就可以得到满意的结果。

3.2.2 阻尼的确定

任何动力响应问题的研究都离不开阻尼问题，脱离阻尼的动力响应分析是不真实的、不准确的。在有限元计算中，通常假定阻尼矩阵 $\boldsymbol{C}$ 与质量矩阵 $\boldsymbol{M}$、刚度矩阵 $\boldsymbol{K}$ 成正比，即采用瑞利阻尼，表达式为

$$\boldsymbol{C}=\alpha\boldsymbol{M}+\beta\boldsymbol{K} \tag{3.14}$$

其中常数 α、β 与阻尼比之间的关系如下

$$\xi_k=\frac{\alpha}{2\omega_k}+\frac{\beta\omega_k}{2},\quad k=1,2,\cdots,n \tag{3.15}$$

式中，ξ_k 为阻尼比；ω_k 为固有频率；α、β 为阻尼比系数。

由体系的自由振动方程求出 2 个固有频率 ω_i 和 ω_j，并根据试验和相似结构的资料已知 2 个阻尼比 ξ_i 和 ξ_j，则由上式可求得 α、β。若 $\xi_i=\xi_j$，ω_0 为系统的基频，ξ_0 为相应振型的阻尼比，则 $\alpha=\delta_0\omega_0$；$\beta=\xi_0/\omega_0$，ξ_0 取 0.05。

3.2.3 边界条件的确定

无限地基的模拟是结构-地基动力相互作用分析中的核心问题之一，截取的地基范围直接影响分析结果。目前解决半无限域空间问题最常用有限元数值方法是在截取的有限域上设置人工边界，对分析结构-地基动力相互作用模型，设置合理的人工边界对正确反映结构-地基整体动力特性很重要。刘晶波[7]提出了黏弹性人工边界法向、切向的边界方程，为了克服实际处理和计算时可能引起的不便，将质量 M 忽略，并将与质量 M 相连的阻尼器的一端固定，从而形成黏性阻尼器＋弹簧的人工边界，与切向的边界一起统称为黏（阻尼器）弹

(弹簧)性人工边界。该方法可以方便地求解无限域介质的瞬态波动问题。Midas/GTS 通过施加曲面弹簧来定义黏弹性边界,弹簧系数根据设计规范的地基反力系数计算,再乘以面积即为等效的弹簧刚度。竖直地基反力系数为

$$k_v = 9.8 \times 10^3 k_{v_0} \cdot \left(\frac{B_v}{30}\right)^{-3/4} \quad (\mathrm{kN/m^3}) \tag{3.16}$$

水平地基反力系数为

$$k_h = 9.8 \times 10^3 k_{h_0} \cdot \left(\frac{B_h}{30}\right)^{-3/4} \quad (\mathrm{kN/m^3}) \tag{3.17}$$

阻尼系数计算为

$$C_p = \rho\sqrt{\frac{\lambda + 2G}{\rho}}, \quad C_s = \rho\sqrt{\frac{G}{\rho}} \tag{3.18}$$

式中,$\lambda=\dfrac{\nu E}{(1+\nu)(1-2\nu)}$,$G=\dfrac{E}{2(1+\nu)}$,$\rho$ 为材料的密度;E 为弹性模量;ν 为泊松比。

GTS 里由于输入阻尼时程序会自动计算各单元的截面积,所以只需输入法向阻尼系数 C_p 和切向阻尼系数 C_s 即可,计算结果分别列在表 3.1～表 3.3 中。

表 3.1 模型边界面积 $\mathrm{m^2}$

	A_x	A_y	A_z
海底基岩	2378.24	6795.14	1069.28
回填土	2069.07		912.01

表 3.2 弹簧刚度计算结果 kN/m

	k_x	k_y	k_z
海底基岩	585 701.51	395 090.92	7 904 270.03
回填土	1541.77		2096.22

表 3.3 阻尼计算结果 kN·s/m

	C_p	C_s
海底基岩	4324.87	2784.23
回填土	149.28	107.42

3.2.4 土体本构模型

岩土介质本构关系模型的建立是一个复杂的课题[8]。土是一种复杂的多孔材料,土体在地震荷载作用下所表现出来的变形、孔隙水压力的变化相当复杂,不能简单地套用传统连续介质力学的方法进行简化。土的本构模型分为静力和动力本构关系模型,无论是静力模型还是动力模型,都存在线性与非线性之分[9]。采用 Midas/GTS 提供的摩尔—库伦模型。1773 年,法国学者库伦(Coulomb)根据砂土的试验结果,提出土的抗剪强度 τ_f 在应力变化不大的范围内,可表示为剪切滑动面上法向应力 σ 的线性函数,即

$$\tau_f = \sigma\tan\varphi \tag{3.19}$$

后来库伦又根据黏性土的试验结果，提出更为普遍的抗剪强度公式

$$\tau_f = c + \sigma\tan\varphi \tag{3.20}$$

1936 年，太沙基(Terzaghi)提出了有效应力原理。根据有效应力原理，土中总应力等于有效应力与孔隙水压力之和，只有有效应力的变化才会引起强度的变化。因此，土的抗剪强度 τ_f 可表示为剪切破坏面上法向有效应力 σ' 的函数。上述库伦公式应改写为

$$\tau_f = c' + \sigma'\tan\varphi' \tag{3.21}$$

1910 年，摩尔(Mohr)提出材料产生剪切破坏时，破坏面上的 τ_f 是该面上法向应力的函数，即

$$\tau_f = f(\sigma) \tag{3.22}$$

该函数在直角坐标系中是一条曲线，如图 3.4 所示，通常称为摩尔包线。土的摩尔包线多数情况下可近似地用直线表示，其表达式就是库伦所表示的直线方程。由库伦公式表示摩尔包线的土体抗剪强度理论称为摩尔-库伦(Mohr-Coulomb)强度理论。

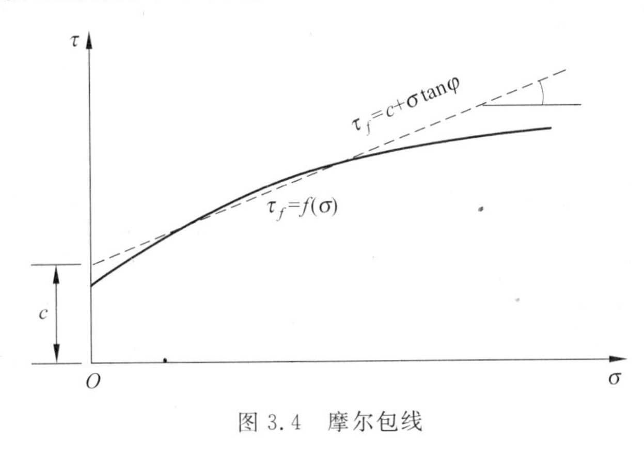

图 3.4 摩尔包线

3.3 取水构筑物建模与施工过程仿真分析

3.3.1 构筑物建模

运用有限元软件数值仿真分析是研究空间结构力学特性分析的重要手段，仿真分析可以在工程建设之前对构筑物的性能、功能和可施工性进行预测，从而对设计方案进行评估和优化以达到工程建设的最优目标。仿真也能模拟构筑物施工过程，并预测构筑物在实际环境中可能受到的工况影响。而软件数值仿真分析结果的准确性取决于模型建立、边界条件处理、加载等多个关键环节[1]。

对取水构筑物仿真建模采用 SolidWorks 和 Midas\GTS 两种有限元软件进行。SolidWorks 软件包含了强大的设计与分析功能模块，可以直接读取 DWG/DXF 格式的文件，可以将 AutoCAD 图形转换为 SolidWorks 草图及实体模型，并可以从三维模型中自动产生工程图。此外 SolidWorks 的用户提供了自由的、开放的、功能完整的开发工具，包括 Microsoft Visual Basic for Applications (VBA)、Visual C++，以及其他支持 OLE 的开发程序。Midas\GTS(geotechnical and tunnel analysis system)是包含施工阶段的应力分析和渗

透分析等岩土和隧道所需的几乎所有分析功能的通用分析软件[9-15]。

取水构筑物仿真三维实体模型由海底基岩、混凝土构筑物和回填土组成，其中混凝土构筑物安装图纸1∶1建模，海底基岩高51m，长140m，宽130m。基岩底部标高－51m，构筑物顶部标高17m。取水构筑物共分16个闸门入口，每4个入口对应1条取水隧洞，取水构筑物主体高20.7m，宽38m，加上渐变段10m，共48m，全长119m，具体如图3.5～图3.7所示。

图3.5 取水构筑物施工实景图

图3.6 取水构筑物模型

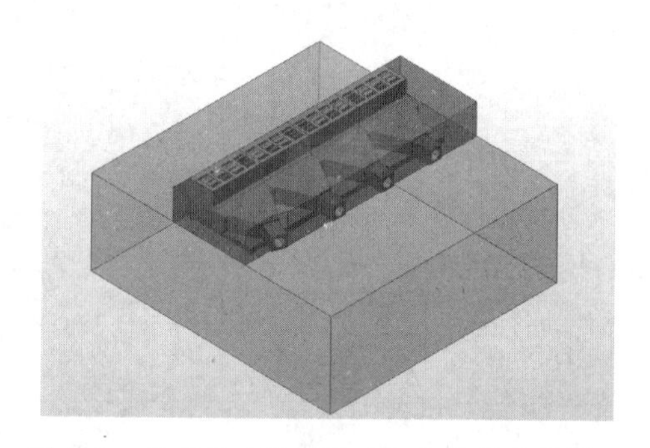

图3.7 考虑基础条件的取水构筑物实体模型

3.3.2 构筑物施工过程仿真

核电站取水构筑物施工有着很高的技术要求，施工、安装、验收均应遵照现行施工验收技术规范执行。本构筑物坐落在微风化基岩上，开挖基坑时，必须保证不破坏设计基面以下的岩体，保证其平整完好，不扰动，不破碎，遇有软弱层应清除。预埋件及预留孔要定位准确，容许误差不超过±(1～3)mm，预埋件固定要可靠，防止施工中发生位移，造成偏差，并作相应的防腐处理。混凝土模板架立应保证精度及牢固性，不得产生振动位移，内表面要光滑平整，模板缝隙应密封，防止漏浆而造成蜂窝、麻面。一次混凝土的配合比、外加剂选用、坍落度控制等要符合施工规范及质检部门要求。振捣时间要科学合理，不得超振或漏振，不合格混凝土严禁使用。二次混凝土应在相关埋件准确定位且暴露点封闭后进行浇筑，要填充密实，不得有空穴存在，不得使埋件移位。

取水构筑物施工大体分前期围堰施工和取水构筑物施工，而取水构筑物的施工又按1～4号结构顺序施工，其施工顺序可以用图3.8表示。

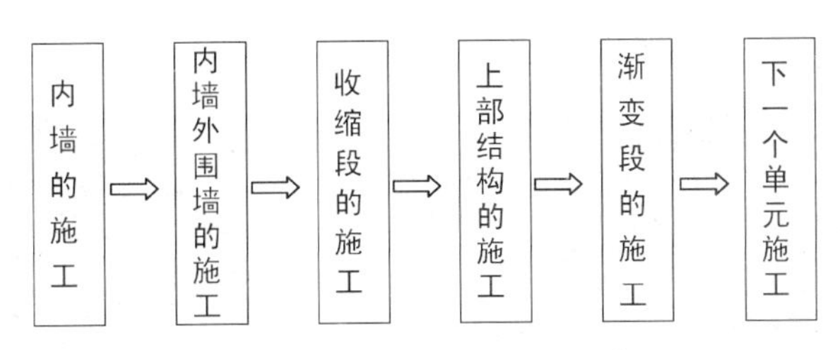

图 3.8　取水构筑物施工顺序

核电站取水构筑物施工过程中每一个结构顺延一个程序施工，取水构筑物施工仿真过程如图 3.9(a)～图 3.9(l)所示。

(a) 阶段1：基础的施工

(b) 阶段2：1 号结构内墙的施工

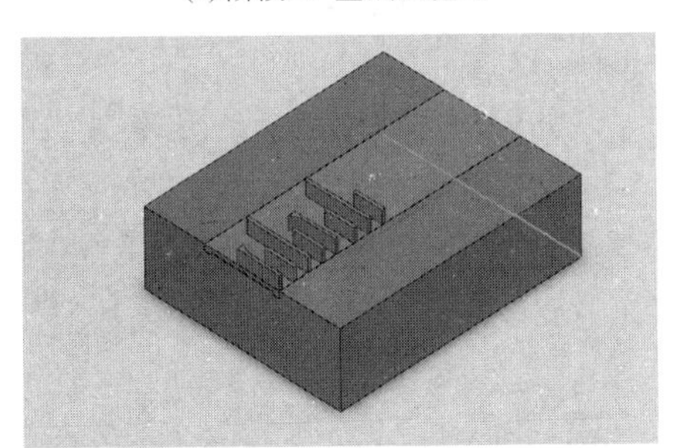

(c) 阶段3：1号结构外墙与2号结构内墙的施工

(d) 阶段4：1号结构收缩段、2号结构外墙与3号结构内墙的施工

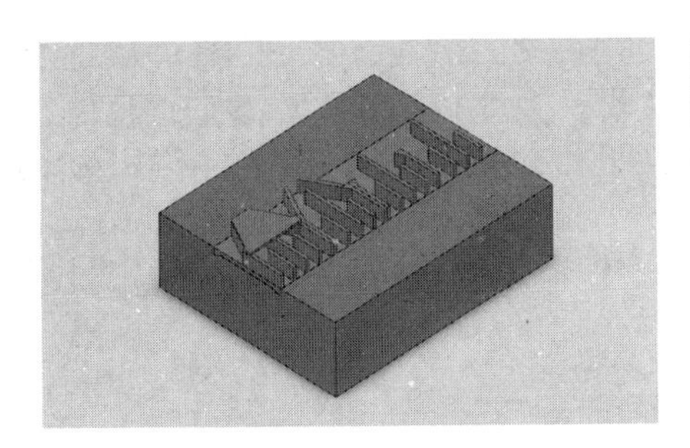

(e) 阶段5：1号结构盖板、2号结构收缩段、3号结构外墙与4号结构内墙的施工

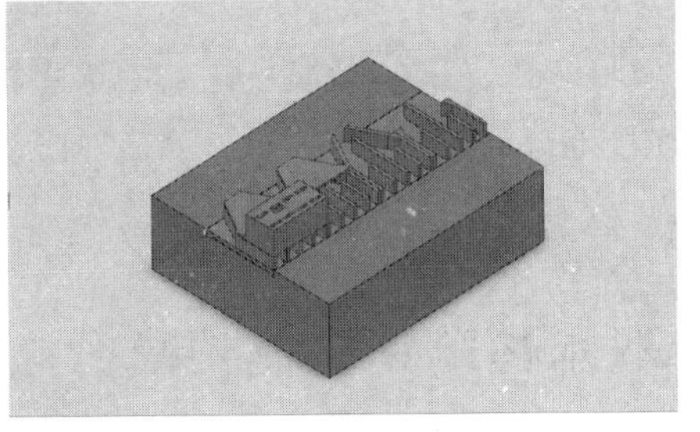

(f) 阶段6：1号结构上部结构、2号结构盖板、3号结构收缩段与4 号结构外墙的施工

图 3.9　取水构筑物施工阶段仿真

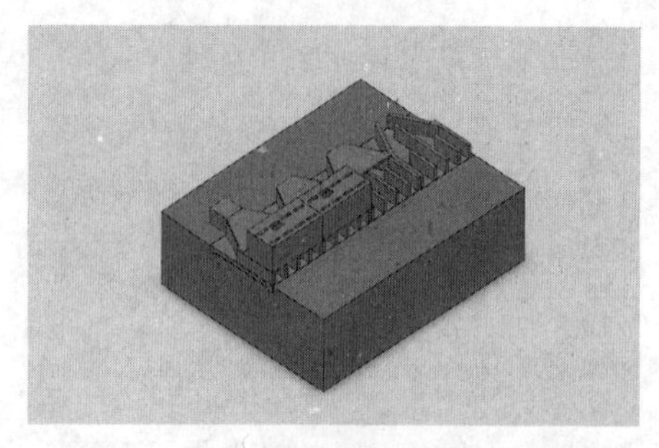

(g) 阶段7：1号结构渐变段、2号结构上部结构、3号结构盖板与4号结构收缩段的施工

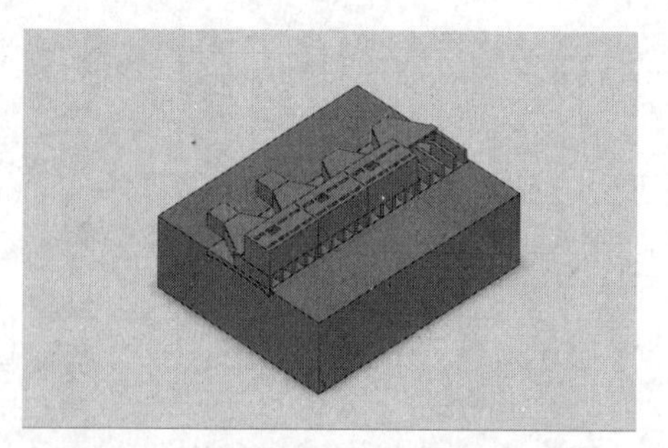

(h) 阶段8：2号结构渐变段、3号结构上部结构与4号结构盖板的施工，对1号结构进行清理工作

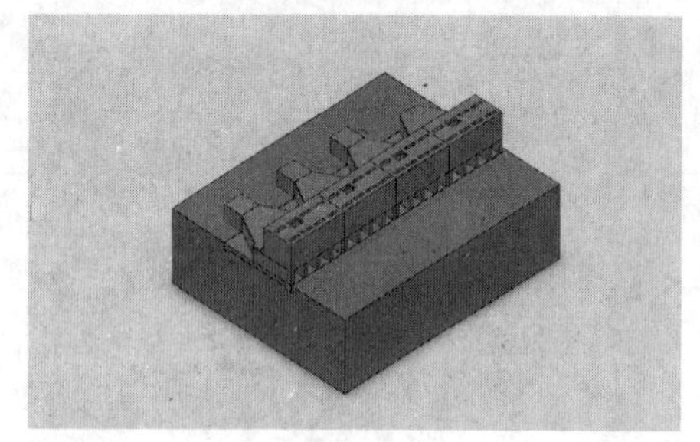

(i) 阶段9：3号结构渐变段、4号结构上部结构施工，对2号结构进行清理工作

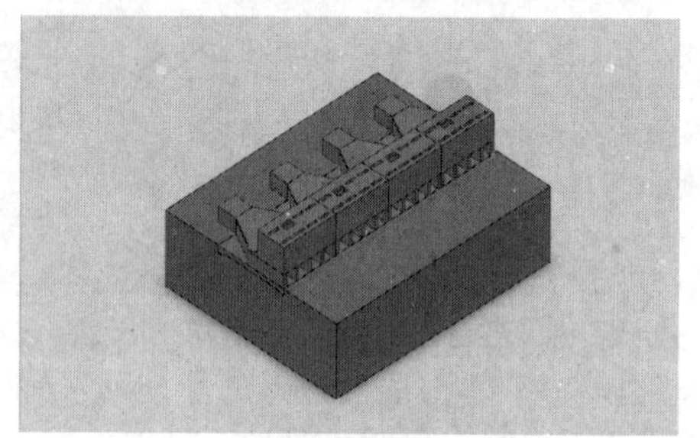

(j) 阶段10：4号结构渐变段施工，对3号结构进行清理工作

(k) 阶段11：回填土施工与隧道连通

(l) 阶段12：拆除围堰，取水建筑物开始工作

图 3.9(续)

到 2010 年 12 月，红沿河核电站的取水构筑物主体施工基本完成，开始取水构筑物与隧道之间连接部分的施工。到 2011 年 2 月底，取水构筑物与隧洞连同完毕，准备回填土的施工。

3.4 取水构筑物抗震仿真分析

3.4.1 模型建立

(1) 计算模型由海底基岩、混凝土构筑物和上层回填土组成，其中混凝土构筑物安装图纸 1∶1 建模，海底基岩高 51m，长 140m，宽 130m。基岩底部标高 −51m，构筑物顶部标高 17m。海底基岩采用摩尔-库伦本构模型，混凝土构筑物采用弹性本构模型，为了简化计算，上层填土将根据其重量转换为构筑物的附加质量，不在计算内。应用 SolidWorks 进行建模，通过存为 X_T 格式文件导入 GTS 中。几何模型如图 3.10 所示，最大单元都取 3m。进行自动网格划分，共 69 187 个单元，有限元模型如图 3.11 所示。

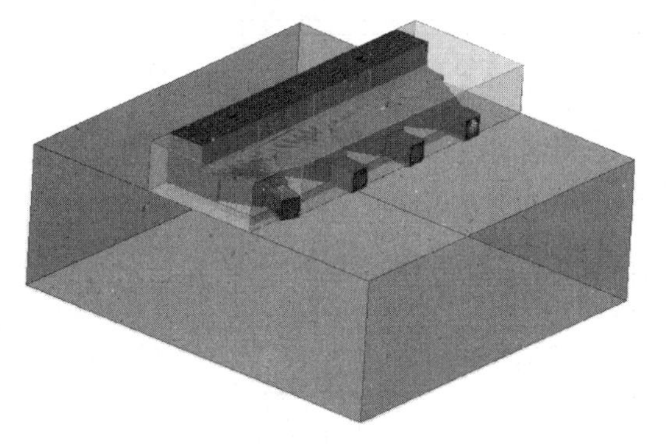

图 3.10　仿真模型

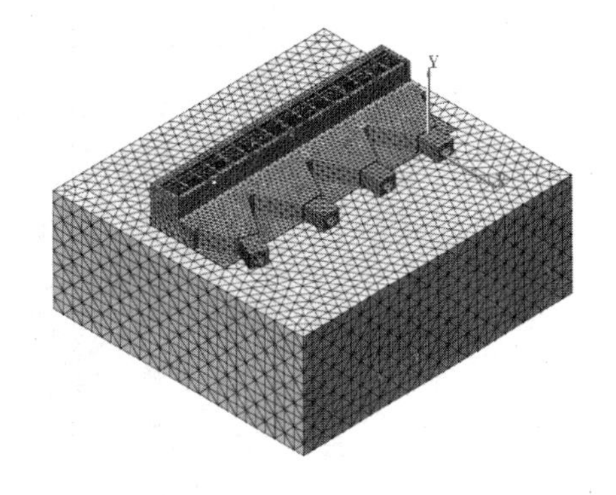

图 3.11　模型网格划分

（2）模型的参数设置。计算参数取自《辽宁红沿河核电厂一期工程取水口导流堤、围堰区岩土工程详勘报告》、《辽宁红沿河核电一期工程施工图设计阶段补充地质详勘报告》，见表 3.4。

表 3.4　计算参数

类　别	弹性模量 /kPa	泊松比	容重 /(kN/m^3)	饱和容重 /(kN/m^3)	黏聚力 /kPa	内摩擦角 /(°)	渗透系数 /(m/s)
海底基岩	8×10^6	0.29	25	25	400	32	3.1×10^{-8}
上层回填土	2×10^4	0.3	19	20	5	38	3.5×10^{-4}
混凝土建筑物	1.58×10^7	0.22	25.8	25.8			1×10^{-8}

3.4.2　地震波和振型

地震强度、地震波的频谱特性和地震波的持续时间是地震波选用时所应考虑的必要因素[9]。地震强度一般主要由地面运动加速度峰值的大小来反映；地震波的频谱特性由地震波的主要周期来表示，它受到许多因素的影响，如震源的特性、震中距离、场地条件等。因此在选择地震波时，除了最大峰值加速度应与建筑地区的设防烈度相对应外，场地条件也要尽量接近，也就是该地震波的主要周期应尽量接近于建筑场地的卓越周期。当所选择的实际地震记录峰值加速度与建筑地区设防烈度所对在地加速度峰值不同时，可将实际地震记录的加速度按比例放大或者缩小来加以修正[11-15]。原则上应该选用持续时间长的地震波，因为地震波持续时间长时，地震波能量大，结构反应强烈。而且当结构的变形超过弹性范围时，持续时间长，结构在振动过程中屈服的次数就多，从而易使结构塑性变形积累而破坏[8]。

红沿河核电厂位于华北地震区的华北平原亚区和阴山—燕山地震亚区[5]。按《辽宁红沿河核电一期工程施工图设计阶段补充地质详勘报告》，取水建筑场地类别为Ⅰ类，场地运行安全地震动 SL-1 取值 0.1g，场地极限安全地震动 SL-2 取值 0.2g[6]。图 3.12 和图 3.13 为选取的地震波，并将最大值调整为 220cm/s^2。

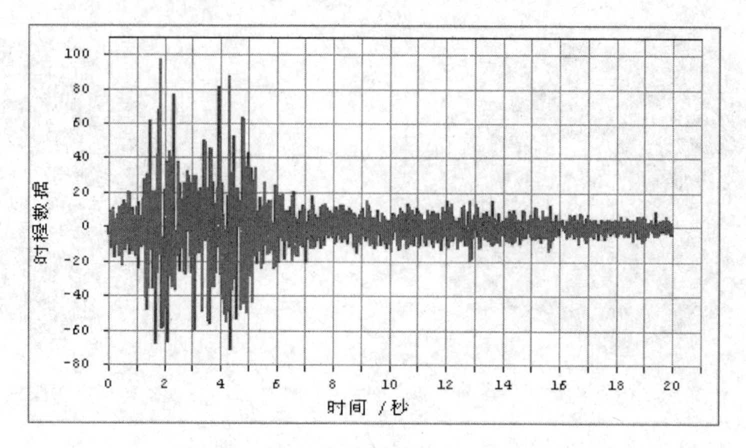

图 3.12 场址水平地震波 H2 时程曲线

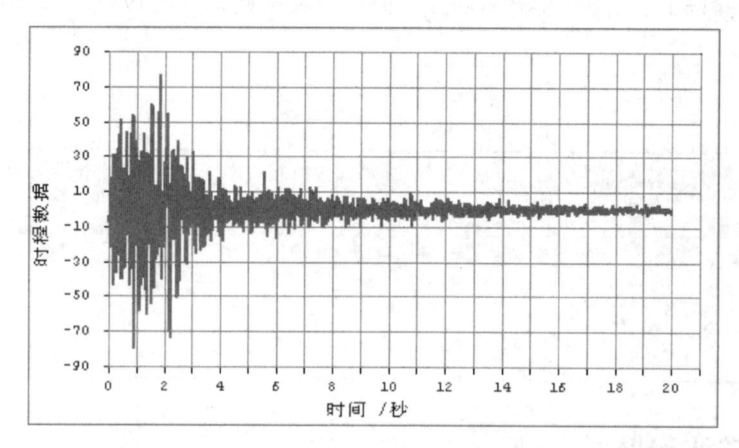

图 3.13 场址竖向地震波 V 时程曲线

3.4.3 仿真结果分析

前面提到，取水构筑物会有不同的海水水位情况，取水构筑物可能出现最高与最低水位情况，考虑海水压力对于取水构筑物内部的影响，分别考虑地震作用方向与高低水位相互组合，取 3 种工况进行分析。

1. 工况一

对取水构筑物在正常水位下进行地震波加载，单独施加横向(即 X 方向)地震波运算得到加速度云图、应力云图和位移云图分别如图 3.14～图 3.16 所示。

以上为考虑单一地震波情况下对核电站取水构筑物单向施加横向(即 X 方向)地震波运算得到的加速度云图、应力云图和位移云图。

(a) 仿真分析模型

(b) X方向各点加速度分布

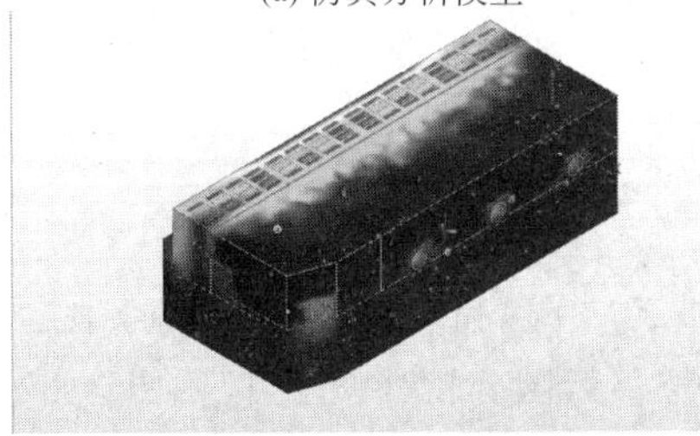

(c) Y方向各点加速度分布

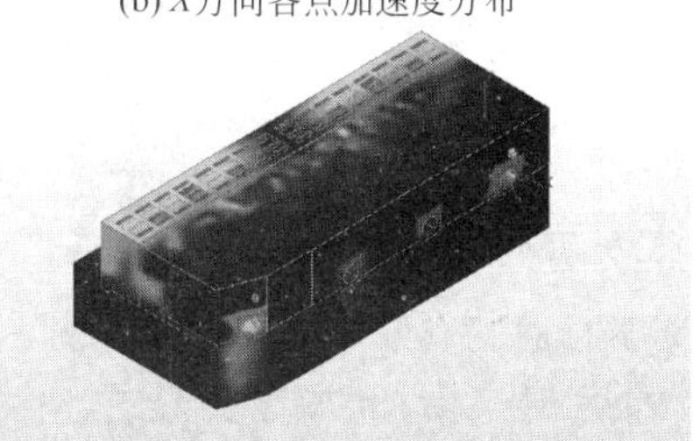

(d) Z方向各点加速度分布

图 3.14　模型及加速度云图

(a) X方向各点应力云图

(b) Y方向各点应力云图

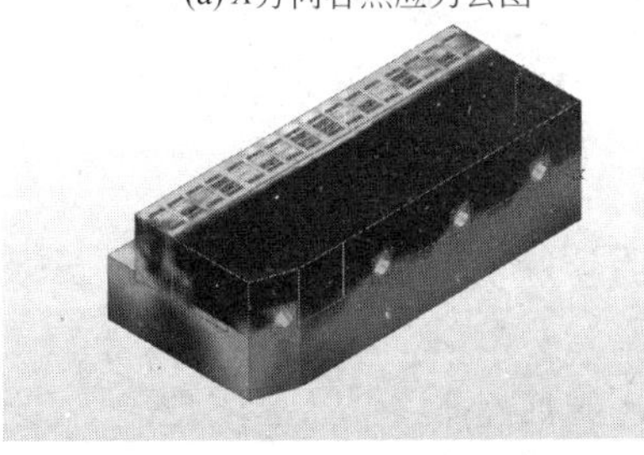

(c) Z方向各点应力云图

(d) 各点mises 应力云图

图 3.15　取水构筑物应力云图

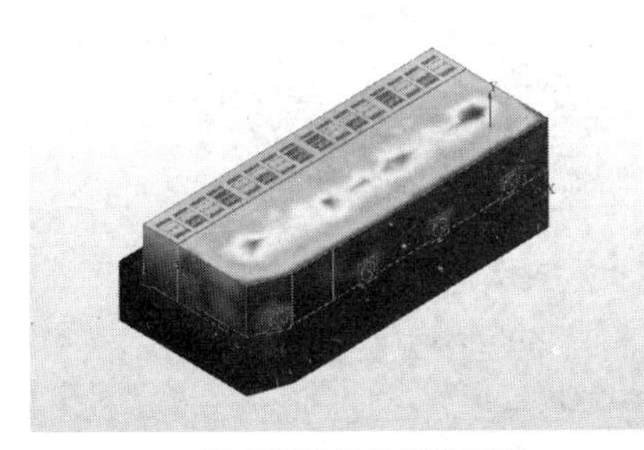

(a) X方向各点位移云图

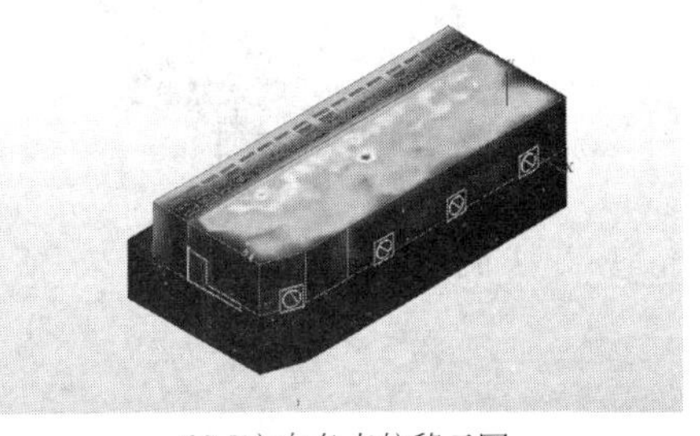

(b) Y方向各点位移云图

图 3.16　取水构筑物位移云图

(c) Z方向各点位移云图

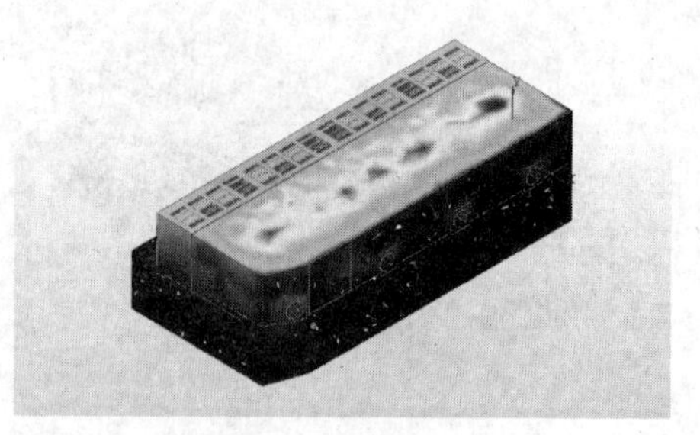

(d) 各点最大位移云图

图 3.16(续)

2. 工况二

对取水构筑物在正常水位下同时进行横向(即 X 方向)和竖向(即 Y 方向)地震波加载，得到各点振动速度云图、加速度云图、应力云图和位移云图分别如图 3.17～图 3.20 所示。

(a) X方向各点振动速度云图

(b) Y方向各点振动速度云图

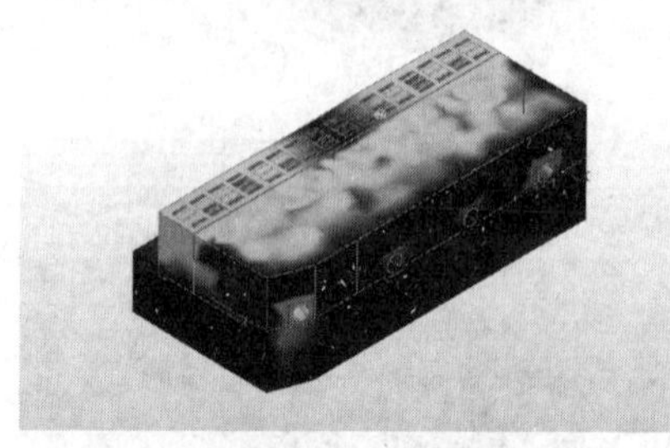

(c) Z方向各点振动速度云图

(d) 各点最大振动速度云图

图 3.17　取水构筑物振动速度云图

(a) X方向各点加速度云图

(b) Y方向各点加速度云图

图 3.18　取水构筑物加速度云图

(c) Z方向各点加速度云图

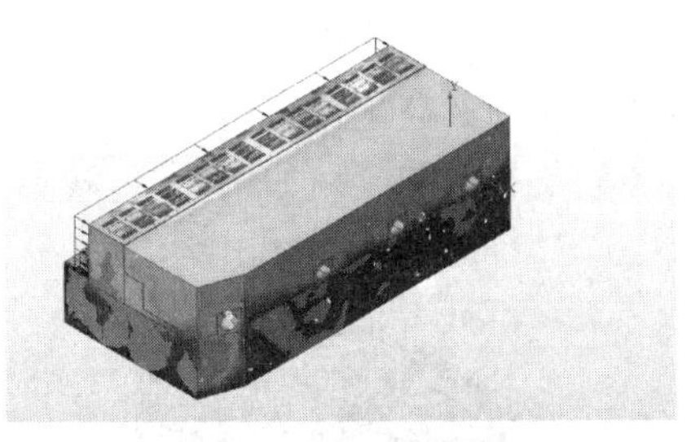

(d) 各点最大加速度云图

图 3.18(续)

(a) X方向各点应力云图

(b) Y方向各点应力云图

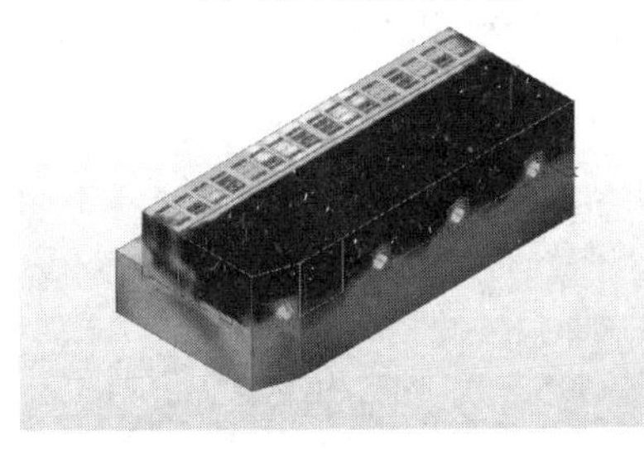

(c) Z方向各点应力云图

(d) 各点最大主应力云图

图 3.19　取水构筑物应力云图

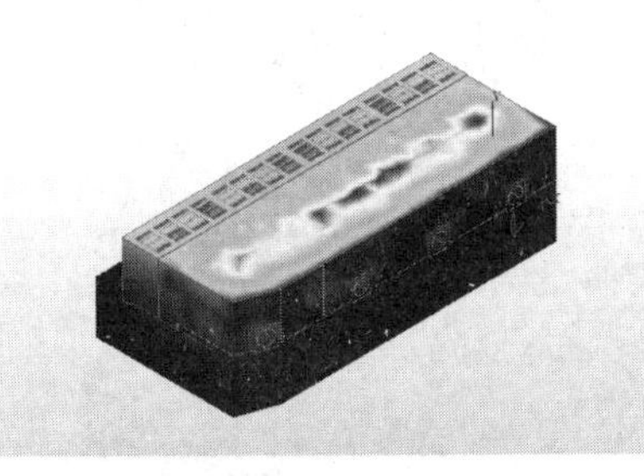

(a) X方向各点位移云图

(b) Y方向各点位移云图

(c) Z方向各点位移云图

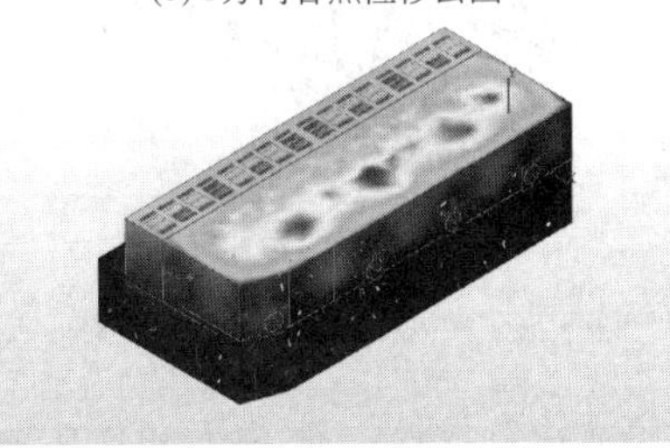

(d) 各点最大位移云图

图 3.20　取水构筑物位移云图

3. 工况三

对取水构筑物在高水位下同时进行横向(即 X 方向)和竖向(即 Y 方向)地震波加载,得到应力云图和位移云图分别如图 3.21 和图 3.22 所示。

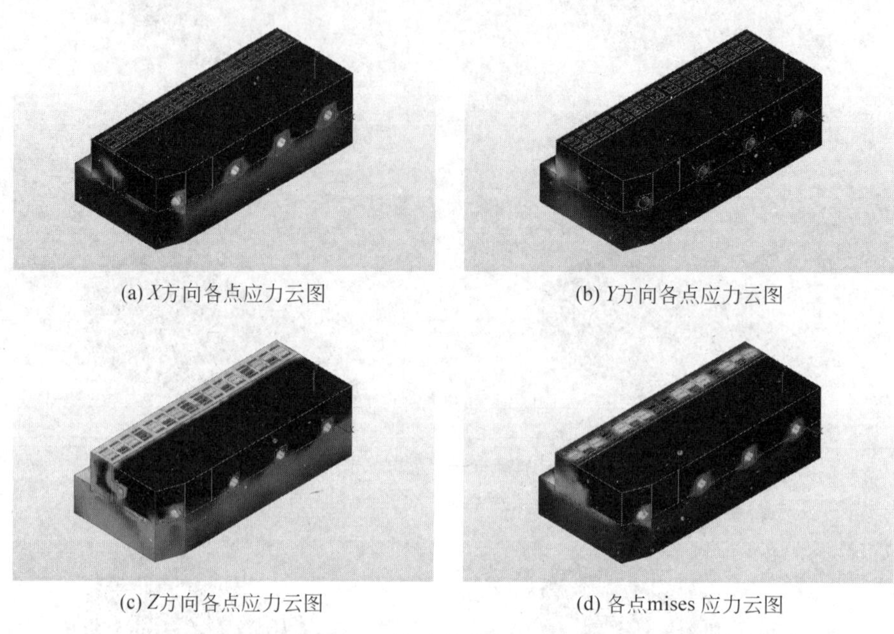

(a) X方向各点应力云图　(b) Y方向各点应力云图

(c) Z方向各点应力云图　(d) 各点mises 应力云图

图 3.21　取水构筑物应力云图

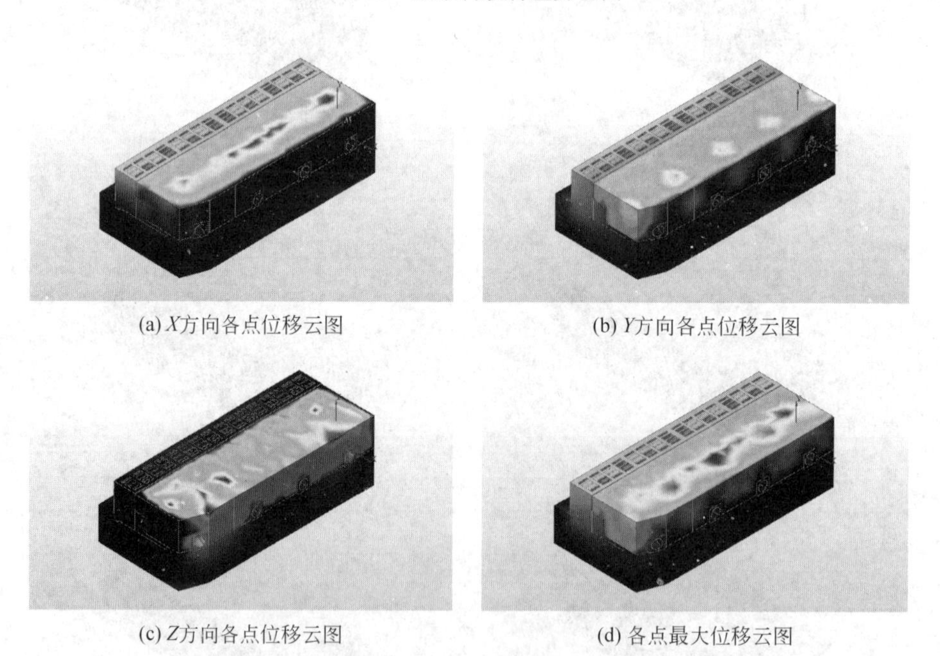

(a) X方向各点位移云图　(b) Y方向各点位移云图

(c) Z方向各点位移云图　(d) 各点最大位移云图

图 3.22　取水构筑物位移云图

为了研究构筑物地震荷载下的应力特性,取几种有代表性的工况下反应最大时刻的 50%有效应力等值面图,如图 3.23 所示。

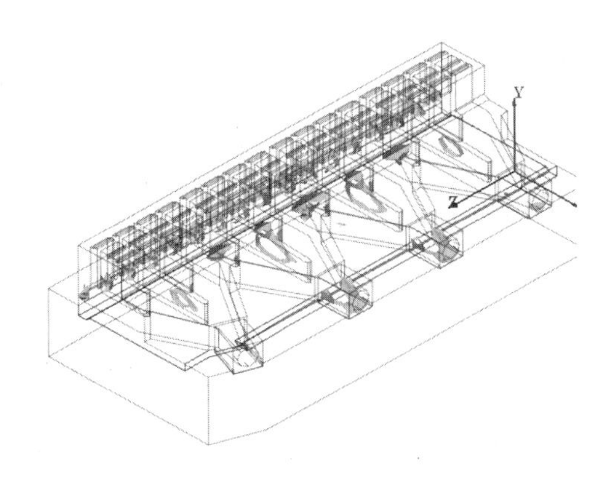

(a) 低水位X方向地震作用等效应力等值面

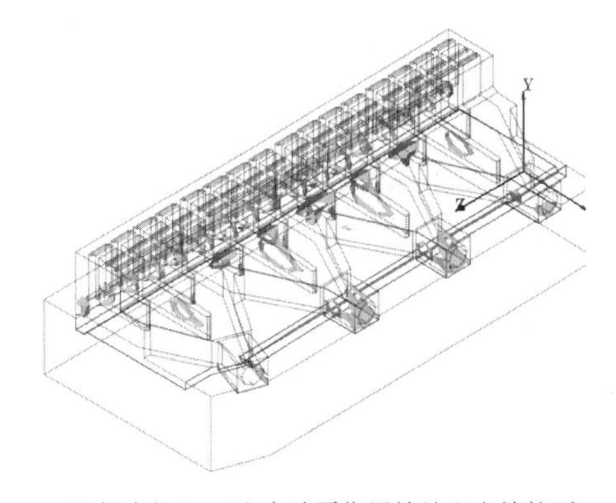

(b) 低水位X、Y方向地震作用等效应力等值面

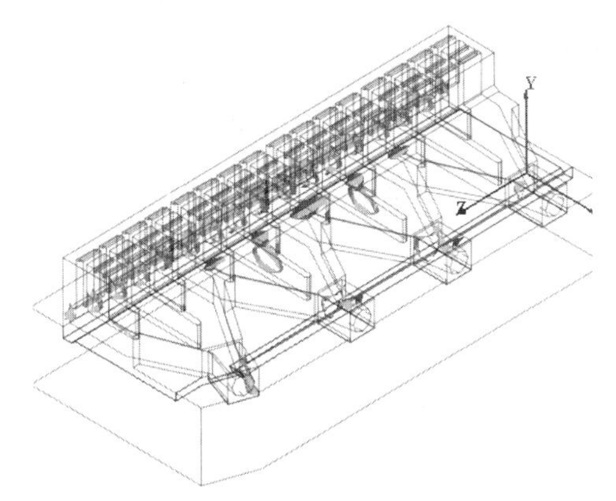

(c) 高水位X、Y方向地震作用等效应力等值面

图 3.23　不同工况下等效应力等值面图

从反应最大时刻的50%有效应力的等值面图上也可以看出：应力集中都出现在3个位置，分别是靠近海一侧外墙的根部、“一长两短”内墙的中部和渐变段。分别选取同一剖面上的构筑物顶部、构筑物根部和地表3个控制点，图3.24(a)～(f)分别列出了这3个点的X和Z方向位移、速度和加速度随时间变化的时程曲线。

从图3.24中可以看出，变形将主要体现在构筑物上部，应力有集中的趋势，主要集中在构筑物进水口处根部和渐变段混凝土衬砌处。在双向地震波共同作用下，基岩将产生比单向地震波更大的应力，而混凝土发生的变化小于基岩发生的变化，说明在整个过程中，海底

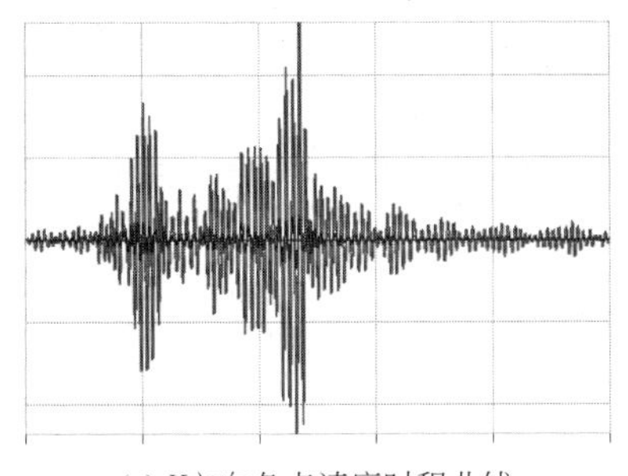

(a) X方向各点速度时程曲线

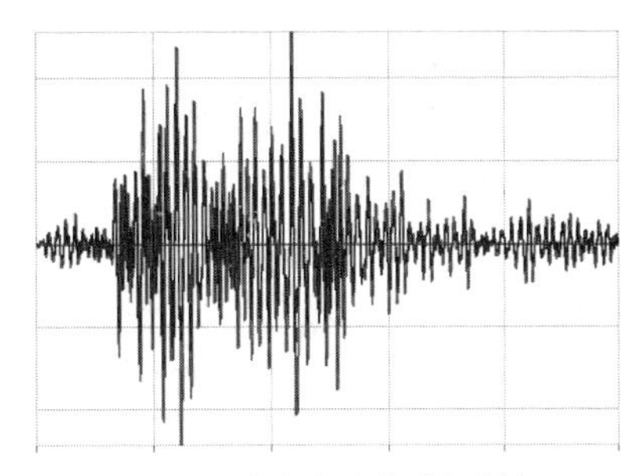

(b) Z方向各点速度时程曲线

图 3.24　位移、速度、加速度时程曲线

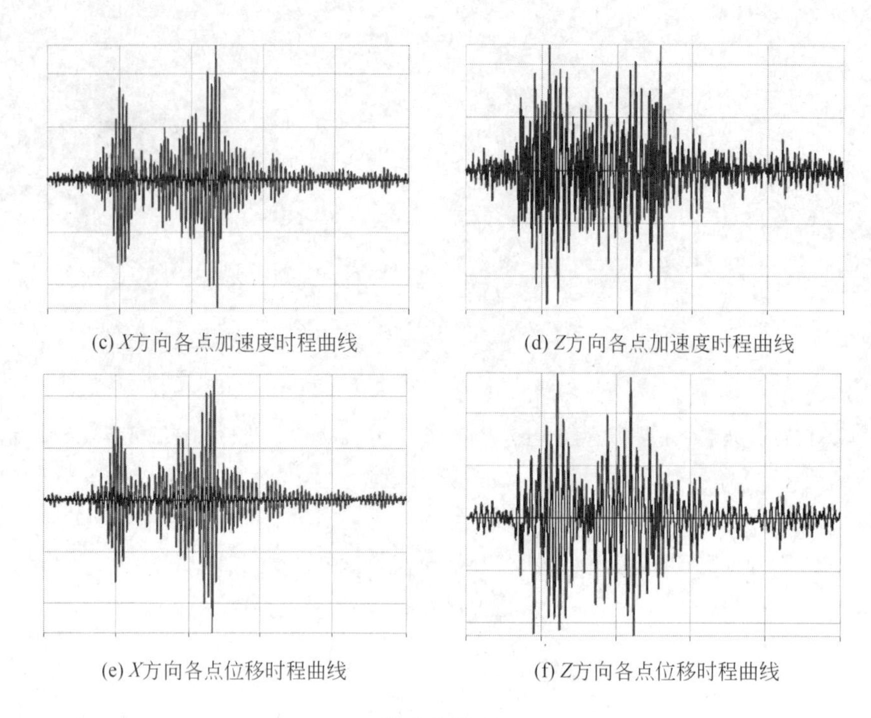

(c) X方向各点加速度时程曲线　(d) Z方向各点加速度时程曲线

(e) X方向各点位移时程曲线　(f) Z方向各点位移时程曲线

图 3.24(续)

基岩的存在将对混凝土形成一种保护，吸收竖向地震波所产生的能量。混凝土构筑物在地震过程中所产生最大应力为 0.675MPa，这个值小于混凝土抗压强度的标准值，认为结构在地震响应过程中是安全的。由于考虑了回填土对于混凝土构筑物的束缚作用，使得整体位移趋势中间大、两侧小。在高水位 X、Y 方向地震波共同作用下，混凝土构筑物最大位移为 4.2mm，出现在构筑物顶部，回填土也达到最大位移为 8.6mm，出现在回填土顶部，海底基岩的最大位移达 1.1mm。各种工况下，回填土的位移响应都远大于建筑和基岩的位移响应。地震波峰值在 4.29s 出现，而构筑物位移峰值出现在 3.73s，先于地震波峰值，回填土峰值出现在 5.26s，落后于地震波峰值，这是由于计算中采用了黏弹性边界条件，这种人工边界既可以模拟地基对散射波能量的吸收，又能模拟人工边界外介质的弹性恢复，使得出现不同步性。在地震波后期，所有的位移趋于稳定，这与实际情况也相符合，也说明了计算中所设置的边界条件正确、可行。

混凝土取水构筑物位移与速度时程曲线相匹配，而回填土位移与速度时程曲线出现十分不匹配的情况，这说明回填土的存在将取水建筑围绕在土范围内，但又与传统的地下结构动力响应不同，回填土可以影响到构筑物的反应结果，但自身反应更大，在今后的分析中可以按照黏弹性边界条件模拟回填土存在，建立回填土的实体模型，这样与实际相符。通过对以上各图进行分析，可以看出：

(1) 在垂直于取水构筑物闸门平面方向(即 X 方向)上的动力响应程度比在平行于取水构筑物闸门平面左右方向(即 Z 方向)上的响应程度要高很多，其中响应速度高近 300%，响应加速度高近 400%，位移高近 200%。

(2) 在垂直于取水构筑物闸门平面方向上，位移最大值在构筑物顶部中间，达到 6.6mm，而底部位移反应较小，仅为 2.1mm；应力最大值在取水构筑物底部中间，极值达到近 30N/mm^2,该值低于所用混凝土强度设计值,说明构筑物在该地震波作用下是安全的;在地震中,取水构筑物建筑本身的反应要比基础及土的反应数值高很多。

(3) 在平行于取水构筑物闸门平面左右方向上,取水构筑物上各点和地表基础及土体的反应结果差别不大。

(4) 无论是在垂直于取水构筑物闸门平面方向上,还是在平行于取水构筑物闸门平面左右方向上,土体的反应趋势会提前于构筑物,而且终止的时间要比构筑物快。

3.5 取水构筑物渗流分析及海浪冲击分析

3.5.1 渗流分析

由于取水构筑物整体处于海水范围内,海水对海底基岩渗流作用可能会影响取水构筑物的稳定性,因此对于取水构筑物所在场地首先作了渗流分析。渗流分析边界重现期 1000 年高潮位 2.63m,取水构筑物外侧基岩受到海水渗透,构筑物下面视为渗流自由面(pore pressure=0)。基岩取 GTS 自带的地面支撑,构筑物两侧和渐变段处取对称约束,静力分析边界条件如图 3.25 所示。

进行渗流分析得到等势线云图、等水头线云图和流速云图分别如图 3.26～图 3.28 所示。

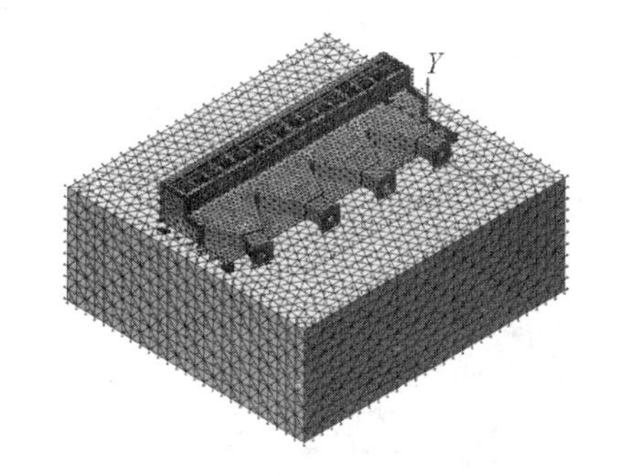

图 3.25　静力分析边界

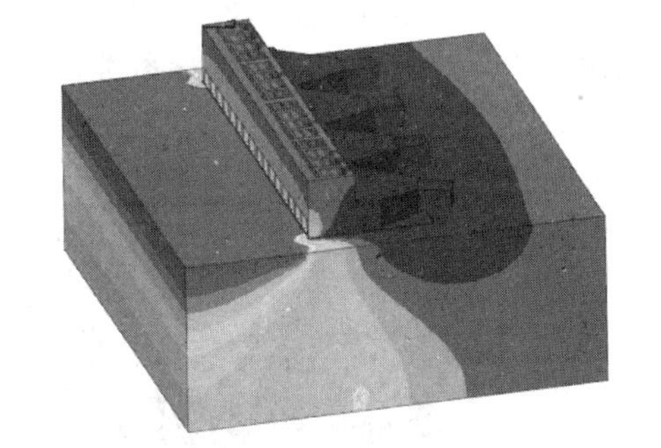

图 3.26　渗流等势线云图

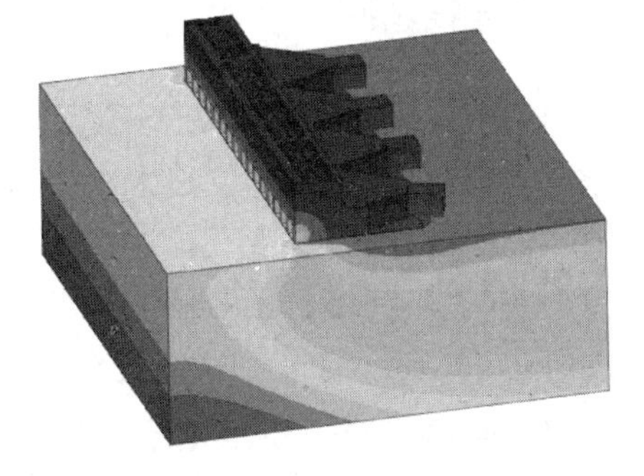

图 3.27　渗流等水头线云图

图 3.28　渗流流速云图

从图中可以看出构筑物的存在改变了总水头的分布情况,使得总水头和孔隙水压力以扇形的方式递减,由于基岩的渗透系数很小,渗流只会对很小的部分产生影响,在今后类似的工程中，海水对基岩的渗流作用可以忽略不考虑。

3.5.2 海浪冲击分析

应力分析中所考虑的荷载主要包括：岩体自重、构筑物自重、上层填土附加重、构筑物内部静水压力(以重现期1000年高潮位2.63m为最不利海水位工况)、孔隙水压力、波浪荷载等。波浪荷载取值参考《辽宁红沿河核电厂一期工程进水口波浪物理模型试验报告》，海洋波浪力120kPa，海浪作用高度为重现期1000年低潮位−3.15m至坝顶为最不利工况。

分析工况：取水构筑物从左到右依次编号1～4号，在实际工作中，可能会遇到检修等情况，某些洞口可能将关闭，因此本次分析工况分为8种。

(1) 第一种工况：所有洞口全开；

(2) 第二种工况：所有洞口全关；

(3) 第三种工况：1、2、3号洞口开，4号洞口关(关闭边上洞口)；

(4) 第四种工况：1、2、4号洞口开，3号洞口关(关闭中间洞口)；

(5) 第五种工况：1、2号洞口开，3、4号洞口关(相邻两个洞口开放)；

(6) 第六种工况：1、3号洞口开，2、4号洞口关(相间两个洞口开放)；

(7) 第七种工况：1号洞口开，2、3、4号洞口关(只开放边上洞口)；

(8) 第八种工况：2号洞口开，1、3、4洞口关(只开放中间洞口)。

图3.29为某一工况下等效应力云图，从图中可以看出应力主要集中在取水构筑物根部4个角处、内部长分流墙末端和渐变段肩部。

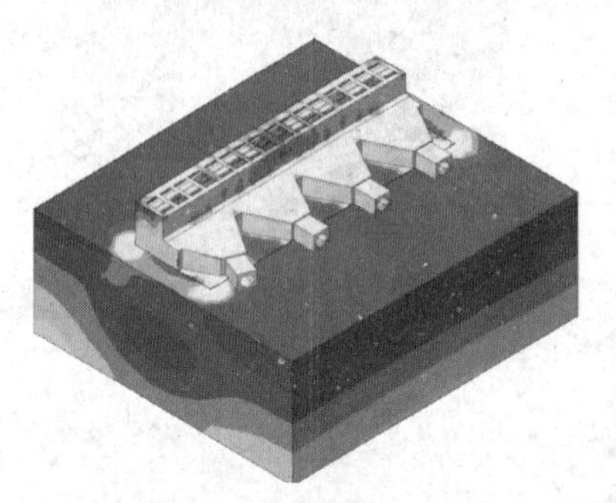

(a) 立体视图

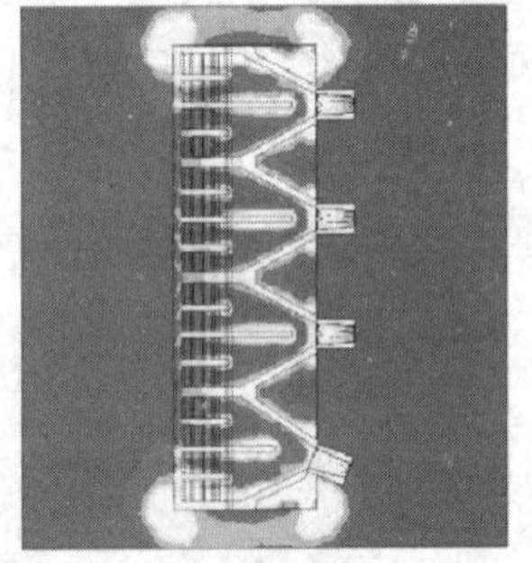

(b) 上视图

图3.29 某工况应力云图

图3.30和图3.31分别为选取的几个控制点在各个工况下的应力和位移大小的关系图。从图中可以看出：不同工况下位移和应力会发生一定的变化，位移变化的幅度要大一些，应力变化不大；位移随洞口的开放个数的减少而增大，开放中间隧洞的位移要比开放边上洞口的位移要大；应力最大发生在构筑物的根部，达到5.39MPa，洞口进水处随工况的变化而应力发生变化较大，其余地方的应力随工况变化而发生的变化不大。

从以上结果可以看出，最大应力和最大位移均发生在第一种工况下，最大应力值5.39MPa，最大位移5.38mm；正常使用后，不同的工况将导致应力和位移的一定变化，位移随洞口开放个数的减少而增大，开放中间隧洞位移要比开放边上洞口位移要大。

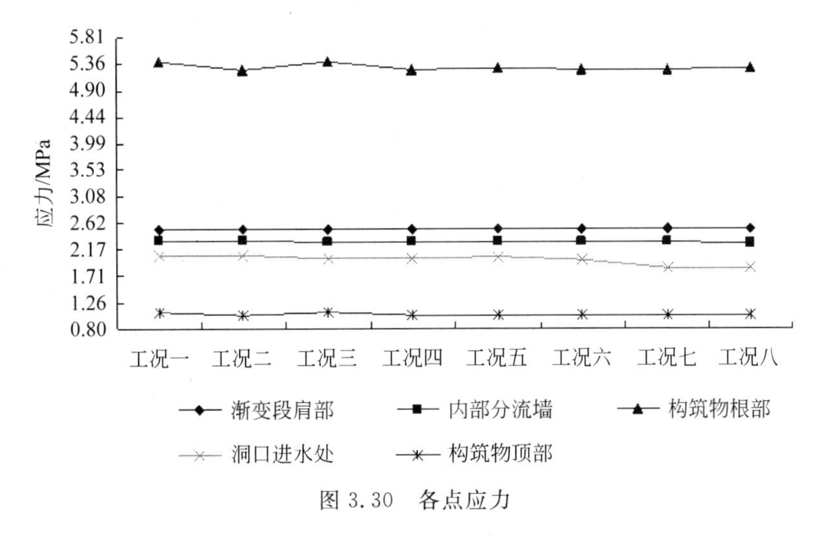

图 3.30 各点应力

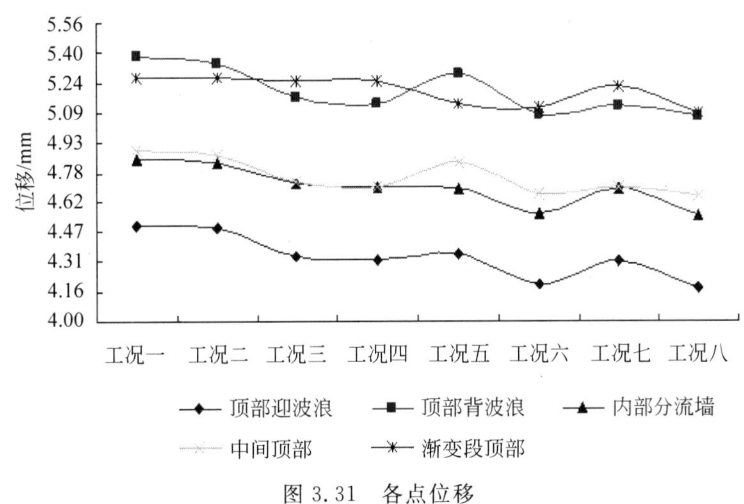

图 3.31 各点位移

参考文献

[1] 芮勇勤,金生吉,赵红军. AutoCAD、SolidWorks 实体仿真建模与应用解析[M]. 沈阳: 东北大学出版社,2010.

[2] 陶连金,张悼元,付小敏. 在地震荷载作用下的节理岩体地下洞室围岩稳定性分析[J]. 中国地质灾害与防治学报,1998,9(1): 32-40.

[3] 舒哲. 辽东湾取水建筑物动力响应分析及流场仿真分析[D]. 沈阳: 沈阳工业大学,2013.

[4] 金生吉,舒哲,鲍文博. 基于 Midas-GTS 的核电站取水建筑物地震响应分析[J]. 东北大学学报,2012,33(S2): 207-210.

[5] 吴艳娟. 辽东湾核电站取水导流工程施工阶段空间力学特性研究[D]. 沈阳: 东北大学,2010.

[6] 王博,潘文,崔辉辉,等. 弹性时程分析时地震波选用的一种方法[J]. 河南科学,2010,28(8): 91-93.

[7] 刘晶波,谷音,杜义欣. 一致粘弹性人工边界及粘弹性边界单元[J]. 岩土工程学报,2006,9(28): 1070-1075.

[8] 石根华.数值流形方法与非连续变形分析[M].北京：清华大学出版社，1997.

[9] 许增会，宋宏伟，赵坚.地震对隧道围岩稳定性影响的数值模拟分析[J].中国矿业大学学报，2004，33(1)：41-44.

[10] 朱荣生，王韬，付强，等.基于CFD技术的核电站上充泵全流场数值模拟[J].排灌机械工程学报，2012(1)：30-34.

[11] 马行东，李海波，肖克强，等.动荷载作用下地下岩体洞室应力特征的影响因素分析[J].防灾减灾工程学报，2006，26(2)：164-169.

[12] Wei H，Garside J. Application of CFD modelling to precipitation systems. Chemical Engineering Research and Design.1997(75)：219-227.

[13] 赵杰，王桂萱，裴强.核电厂取水隧洞抗震分析[J].世界地震工程，2009，25(3)：135-139.

[14] Marcbiso D L，Barresi A A. Comparison of different modeling approaches to turbulent precipitation [C]//Proceedings of the 10 European Conferences on Mixing，Delft，the Netherlands，2001：77.

[15] Wei H，Zhou W，Garside J. CFD modeling of precipitation process in a semi-batchcry stallizer[J]. Ind Eng. Chem. Res，2001(40)：5255-5261.

第 4 章

CHAPTER 4

取水构筑物流场仿真分析

辽东湾核电站依靠海水进行冷却，足够的海水进入量是核电站能够正常运转的保障。因此，根据设计要求，泵站入口处流量必须到达 50.1m³/s。以流体力学为基础，利用 SolidWorks Flow Simulation 对取水构筑物进行了流场的仿真分析，得到其在不同水位工况下的结果，验证是否满足供水要求。

4.1 流场仿真分析方法

4.1.1 SolidWorks Flow Simulation 特性[1]

Flow Simulation 是一个建构在超过 50 多年流体研究基础上的全新理论，它排除了过程中的推测，对于描述目标，只要求最少的信息，再一步步地进行分析，得到可信赖的工程答案。SolidWorks Flow Simulation 是一款强大的计算流体力学(CFD)工具，可快速轻松地进行在那些液流、热传递和流体力间的交互作用的仿真分析，而且其功能强大之处还在于不需要转换任何数据。

SolidWorks Flow Simulation 是以目标为基础的设计。因此，其提供的向导将通过几何检查、向导设置、设置边界条件、指定目标、运行分析、查看结果等步骤来引导学者进行设置操作。

4.1.2 湍流模型[2-6]

在流体力学中，实际的流体通常是湍流，这意味着流体的流动是随机的、不稳定的、三维的运动。由于运动的复杂性，伴随着传质和传热的湍流运动很难从理论和数值上计算出来。目前计算机的存储能力和计算速度很难求解实际的湍流问题。

有很多湍流模型用来描述这种复杂流动，在模型中，黏度和热传导系数表示为

$$\mu = \mu_0 + \mu_t \tag{4.1}$$

$$k = k_0 + k_t \tag{4.2}$$

其中，μ_0 和 k_0 分别为层流的黏度和热传导系数，而 μ_t 和 k_t 分别是湍流中的黏度和热传导系数，也是模型中需要计算的。SolidWorks 提供 K-ε 湍流模型，在流体中，该模型认为

$$\mu_t = \rho c_\mu \frac{K^2}{\varepsilon} \tag{4.3}$$

$$k_t = \frac{\mu_t C_p}{\sigma_\theta} \tag{4.4}$$

其中，K 为湍动能，ε 为湍动耗散率，定义为

$$K = \frac{1}{2}\overline{v' \cdot v'} \tag{4.5}$$

$$\varepsilon = \frac{\mu_0}{\rho}\overline{(\nabla v')\otimes(\nabla v')} \tag{4.6}$$

v'表示速度的变化或者是湍流速度和平均速度的差。K 和 ε 是作为下面两个方程的未知量

$$\frac{\partial(y^a \rho K)}{\partial t} + \nabla \cdot [y^a(\rho v K - q_K)] = y^a S_K \tag{4.7}$$

$$\frac{\partial(y^a \rho \varepsilon)}{\partial t} + \nabla \cdot [y^a(\rho v \varepsilon - q_\varepsilon)] = y^a S_\varepsilon \tag{4.8}$$

其中对二维或三维流体 $a=0$，轴对称的流体 $a=1$，其他的量定义为

$$q_K = \left(\mu_0 + \frac{\mu_t}{\sigma_K}\right)\nabla K \tag{4.9}$$

$$q_\varepsilon = \left(\mu_0 + \frac{\mu_t}{\sigma_\varepsilon}\right)\nabla \varepsilon \tag{4.10}$$

$$S_K = 2\mu_t D^2 - \rho\varepsilon + B \tag{4.11}$$

$$S_\varepsilon = \frac{\varepsilon}{K}[2c_1\mu_t D^2 - c_2\rho\varepsilon + c_1(1-c_3)B] \tag{4.12}$$

$$B = \left(\mu_0 + \frac{\mu_t}{\sigma_\theta}\right)\beta g \cdot \nabla\theta \tag{4.13}$$

其中，c_μ，c_1，c_2，c_3，σ_K，σ_ε，σ_θ 是模型中给定常数，通常取值 $c_\mu=0.09$，$c_1=1.44$，$c_2=1.92$，$c_3=0.8$，$\sigma_K=1$，$\sigma_\varepsilon=1.3$，$\sigma_\theta=0.9$。K-ε 湍流模型应用在高雷诺数的流体中。

4.1.3 取水构筑物实际工况

核电站所处海域历史最高潮位 2.63m，历史最低潮位 −3.16m，重现期 20 年高潮位 2.17m。在最高潮位和最低潮位下，进行取水构筑物的流场仿真分析，如果能满足要求，说明在任何潮位下，取水构筑物可以满足核电站冷却用水量的需求。每一个入口都可以进行封闭维修，以便检查过滤装置、闸门等设施的使用情况，还可以清理杂质，以保障取水构筑物的正常使用，维修通常会选择在潮位较高的月份进行。相邻两个结构中间有连通部分，这样当一部分建筑的 4 个入口全部封闭时，可以由相邻的建筑提供流量，分别对封闭不同数量入口情况下的构筑物进行流场的仿真分析。渤海湾冬季将出现冰凌期，浮冰很有可能汇集在入口处，将水位进一步降低，根据水位不同幅度的降低，进行冰凌期的分析。

4.2 高、低潮位取水工况下流场仿真分析

4.2.1 有限元模型的建立

取出某号机取水隧洞所对应的取水构筑物作为研究对象，取 20m 长度作为入水口海水

前池,流体网格如图 4.1 和图 4.2 所示。

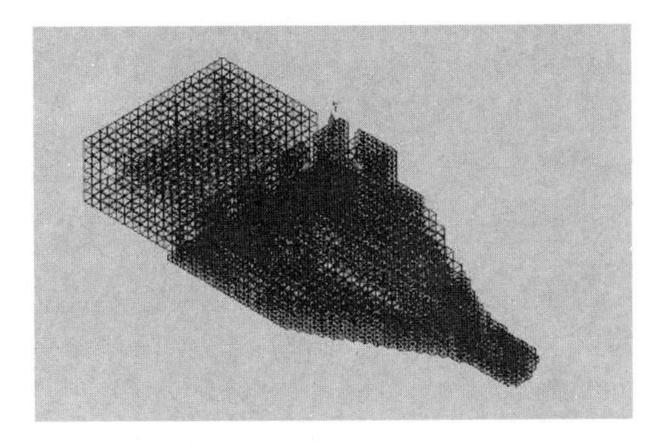

图 4.1　高潮位流体有限元模型

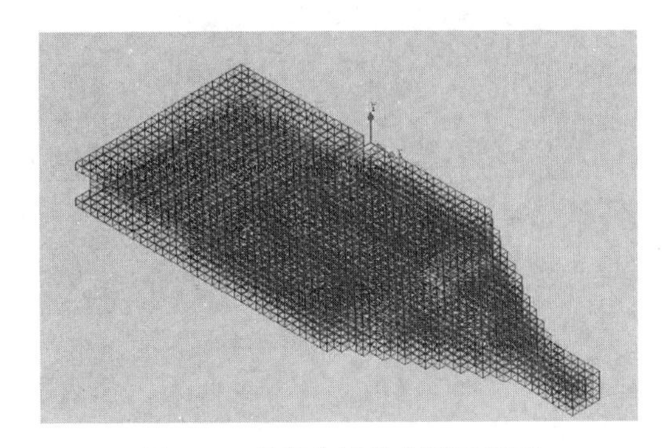

图 4.2　低潮位流体有限元模型

流场分析边界条件:海水前池上部与大气接触,取一个大气压的压力值,出口处与隧洞相连,也取一个大气压的压力值,海水流速以渤海湾海水平均流速取得,为 0.5m/s。具体流体边界条件如图 4.3 所示。

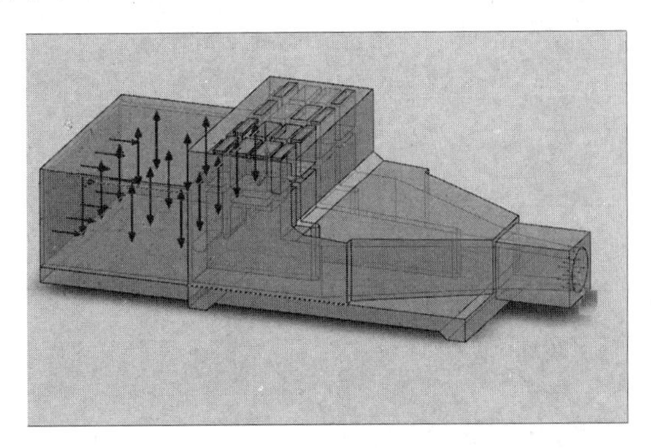

图 4.3　流体分析边界条件

4.2.2　计算结果

分别对取水构筑物在历史最高水位与历史最低水位下的情况进行了流场仿真分析,得到了不同工况下流速分布情况、压力分布情况等结果,流场分布如图 4.4 与图 4.5 所示。

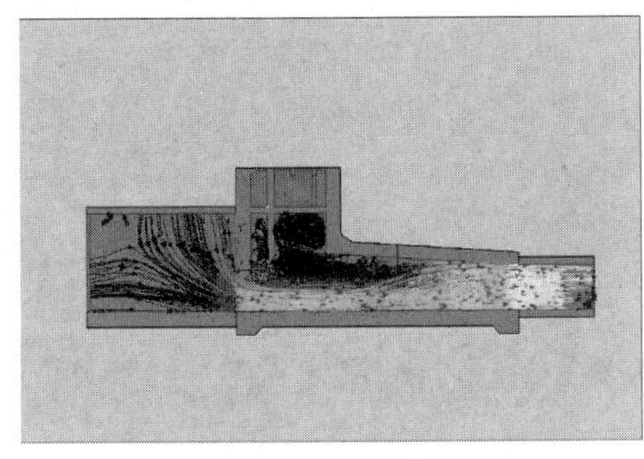

(a) 高水位流速迹线图

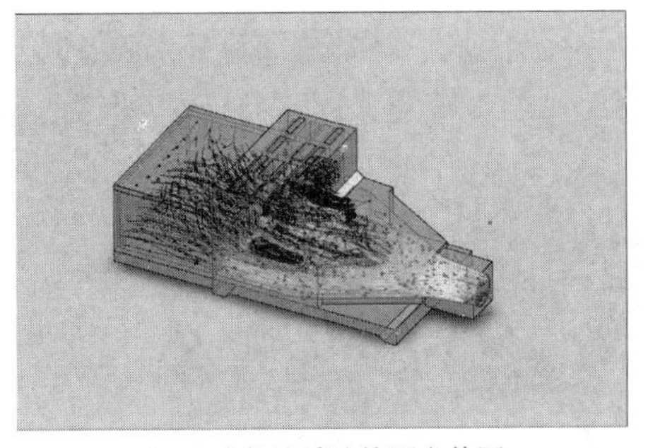

(b) 高水位流速迹线图立体图

图 4.4　高潮位流速分布

(c) 高水位局部涡流图

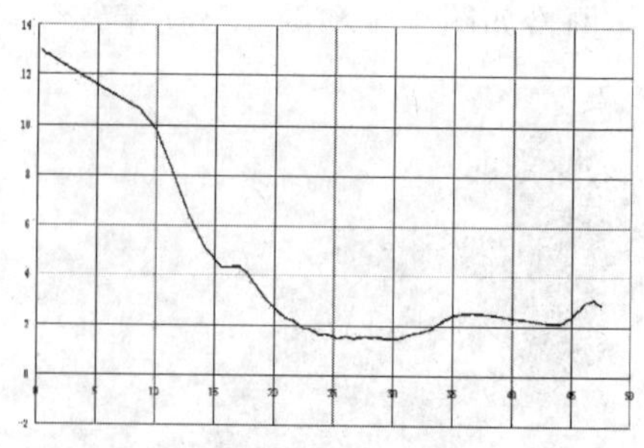

(d) 沿程速度变化曲线

图 4.4(续)

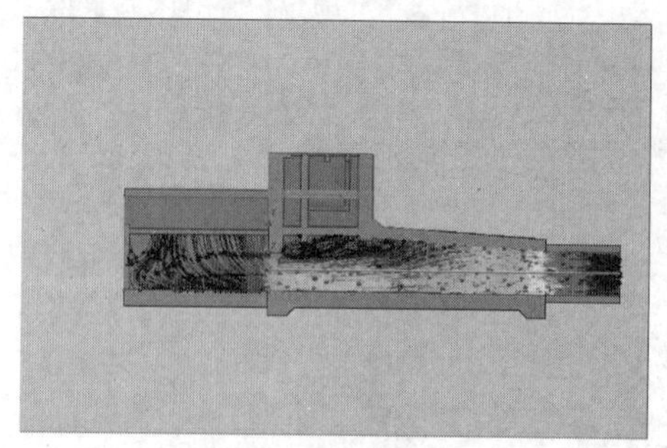

(a) 低水位流速迹线图

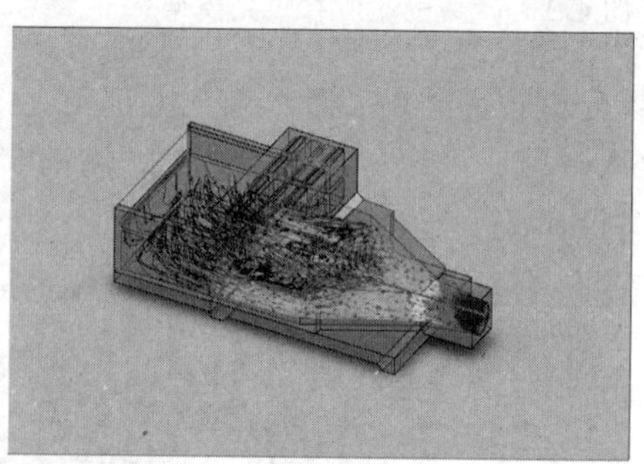

(b) 低水位流速迹线图立体图

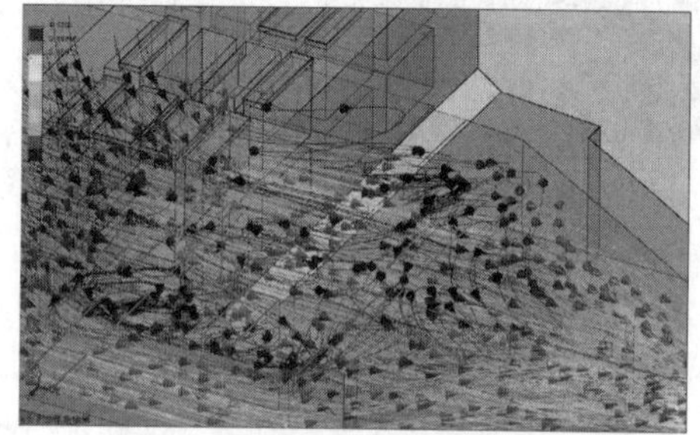

(c) 低水位局部涡流图

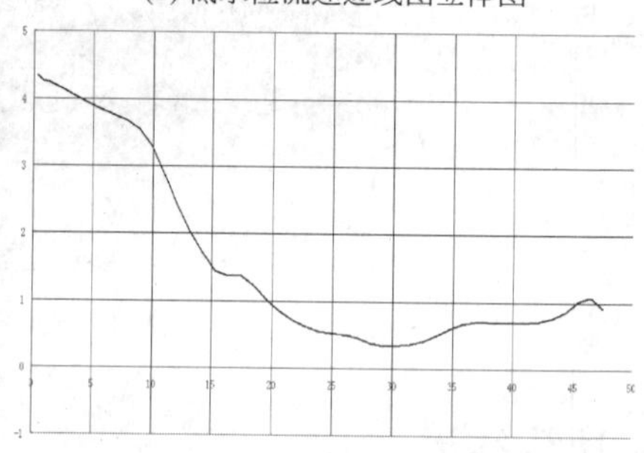

(d) 沿程速度变化曲线

图 4.5 低潮位流速分布

图 4.6 与图 4.7 分别是两种工况下的压力分布，与静水压力大致相同，这点在低潮位工况下尤为明显，但是在高潮位工况下，海水流速所产生的一定冲击压力，多少改变了压力场的分布，此时，如果考虑流固耦合分析，那么应力场就不应该按静水压力取值。

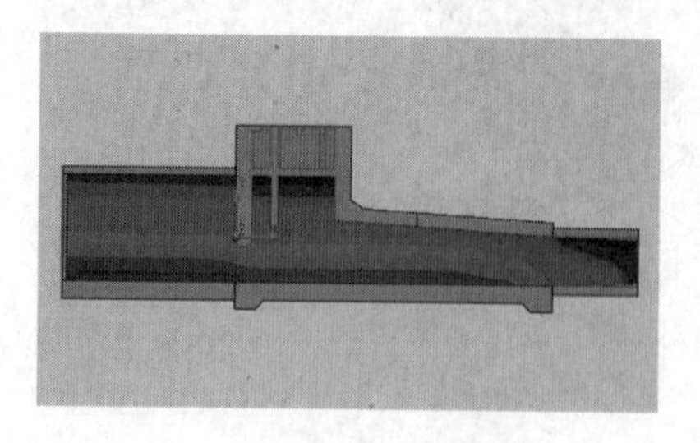

图 4.6 高潮位压力分布

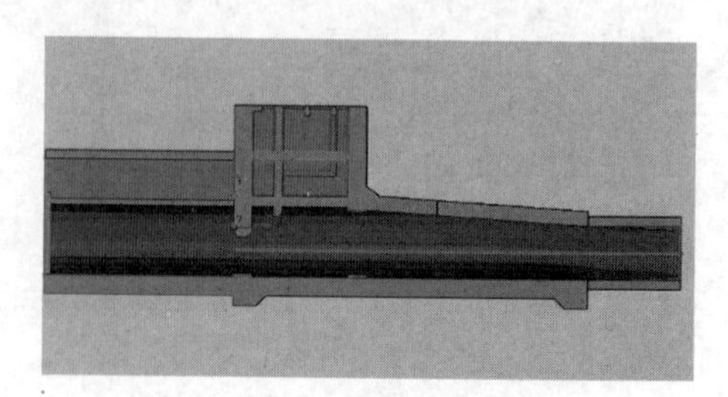

图 4.7 低潮位压力分布

表 4.1 与表 4.2 分别是两种工况下出口面的一些数值包括速度分布、压力等。

表 4.1　高潮位出口面各项数值

项　　目	最小值	最大值	平均值	总体平均值	出口面积/m^2
压力/Pa	101 325	101 325	101 325	101 325	29.9632
速度/(m/s)	10.696	14.647	12.899	13.1367	29.9632
X 方向速度/(m/s)	10.646	14.588	12.828	13.06	29.9632
Y 方向速度/(m/s)	−1.8536	−0.1744	−1.2384	−1.2751	29.9632
Z 方向速度/(m/s)	−1.1584	0.9907	0.011 41	0.012 64	29.9632
温度/K	293.175	293.186	293.18	293.179	29.9632

表 4.2　低潮位出口面各项数值

项　　目	最小值	最大值	平均值	总体平均值	出口面积/m^2
压力/Pa	101 768	146 130	124 010	123 697	29.96
速度/(m/s)	3.9225	4.4199	4.2882	4.3241	29.96
X 方向速度/(m/s)	3.9127	4.4186	4.2826	4.3183	29.96
Y 方向速度/(m/s)	−0.3322	0.2752	0.0111	−0.0239	29.96
Z 方向速度/(m/s)	−0.2714	0.3006	0.000 592	−0.000 227	29.96
温度/K	293.197	293.198	293.198	293.198	29.96

高水位工况下，出口平均速度 13.14m/s，低水位工况下，出口平均速度 4.32m/s，高水位平均速度大致是低水位平均速度的 3 倍，这与海水水位值之比差不多，这也说明了海水水位的高低是决定取水构筑物出口流速大小的关键因素。

4.3　维修工况下取水构筑物流场仿真分析

按照关闭入口的个数与关闭入口的位置，将维修工况分为 6 种，分别是：工况一，关闭中间一个入口，工况二，关闭两侧中的一个入口，工况三，关闭两侧两个入口，工况四，关闭中间两个入口，工况五，分别关闭中间与两侧的入口各一个，工况六，关闭三个入口，这里由于要与旁边的结构相连通，那么只能留下两侧的一个入口开放。图 4.8 给出了 6 种工况的流体网格。

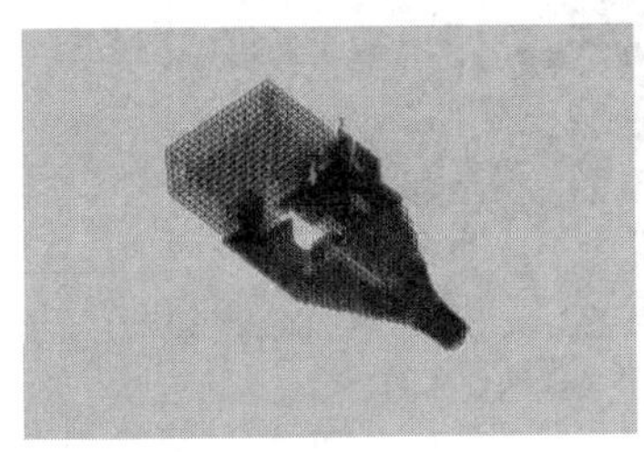

(a) 工况一

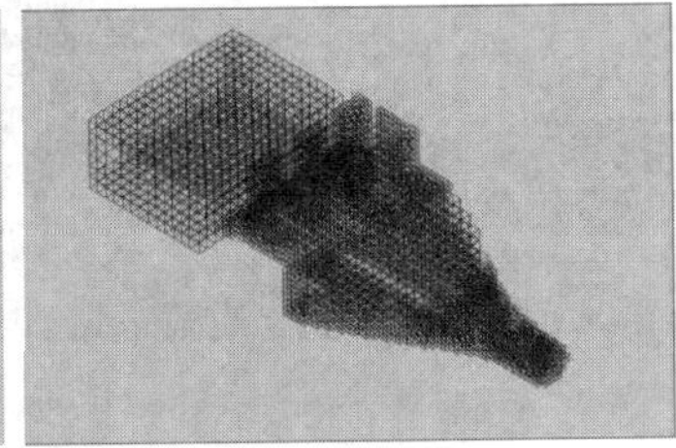

(b) 工况二

(c) 工况三

图 4.8　不同维修工况流体网格

(d) 工况四

(e) 工况五

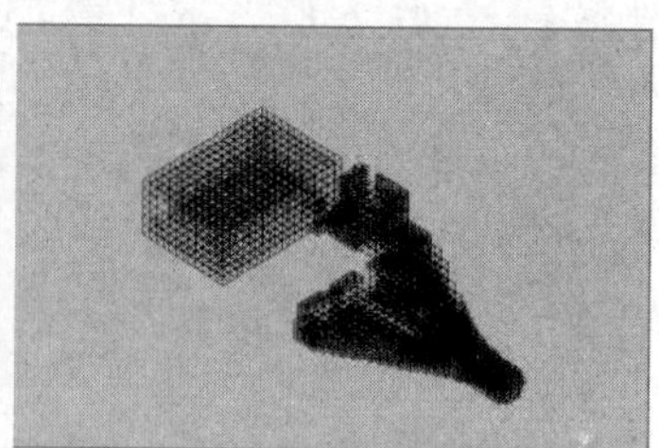

(f) 工况六

图 4.8(续)

图 4.9～图 4.14 分别是这 6 种工况下的流场分布情况。

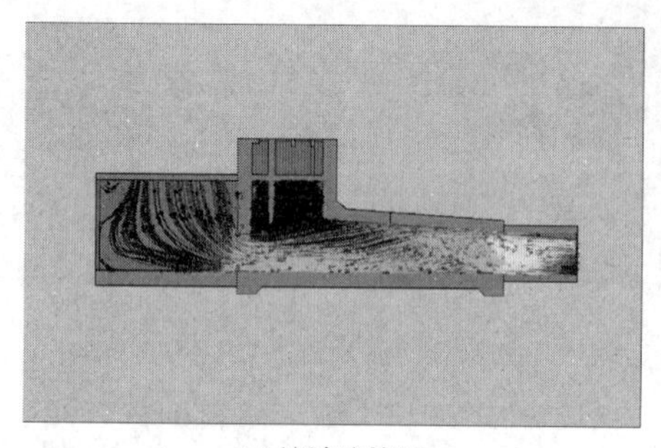

(a) 流速迹线图

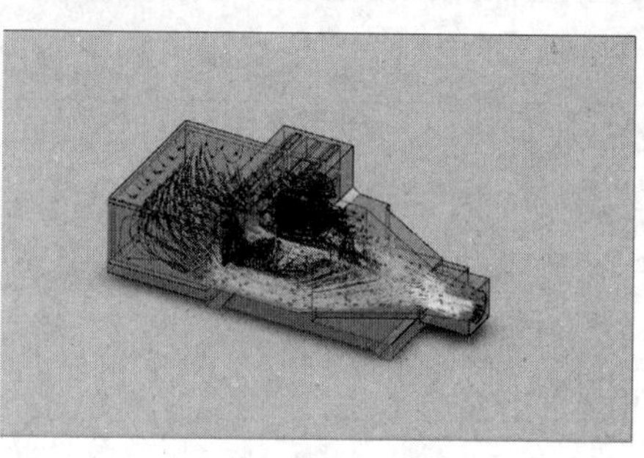

(b) 流速迹线图立体图

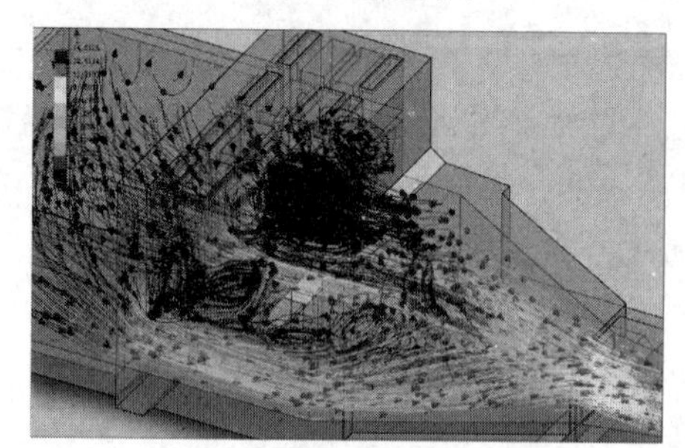

(c) 局部涡流图

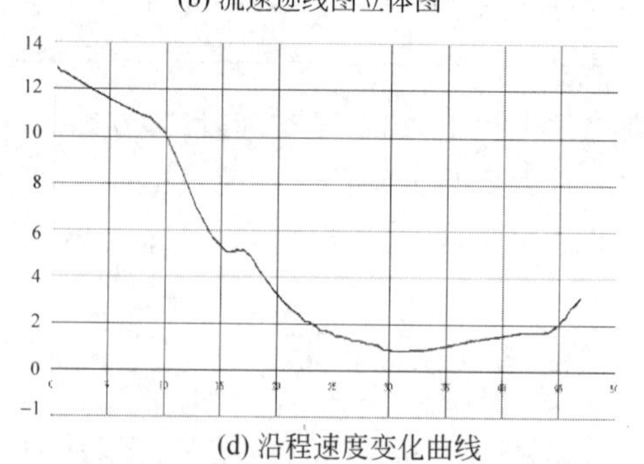

(d) 沿程速度变化曲线

图 4.9 工况一流速分布

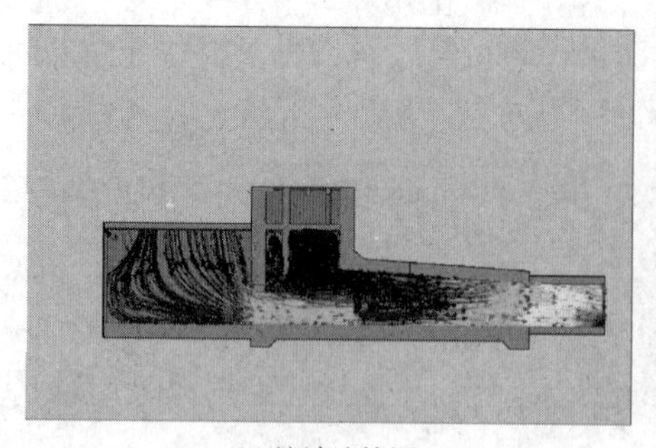

(a) 流速迹线图

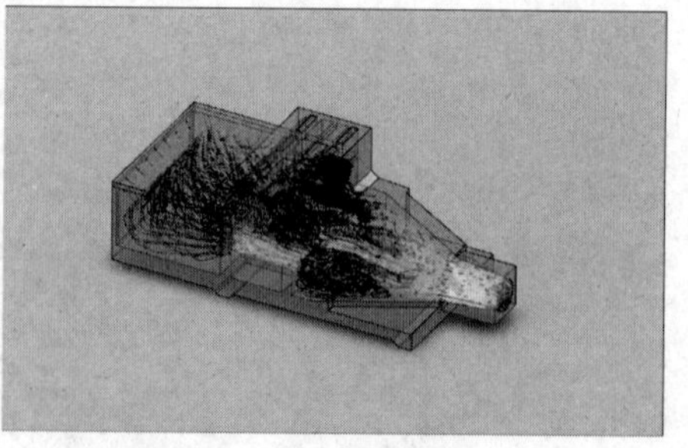

(b) 流速迹线图立体图

图 4.10 工况二流速分布

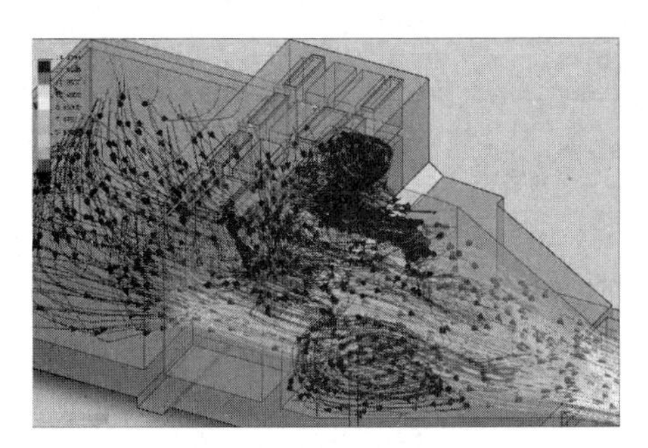

(c) 局部涡流图

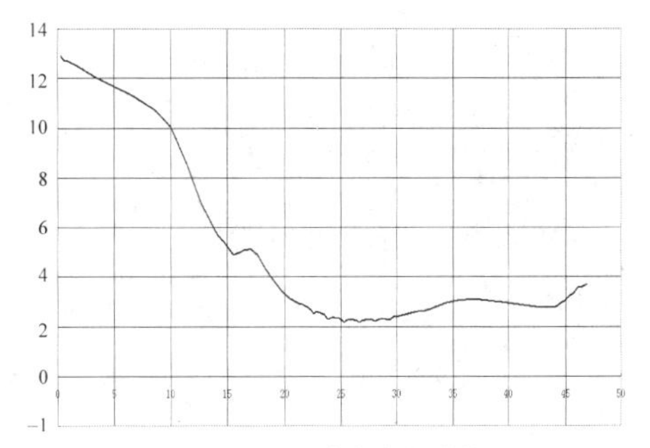

(d) 沿程速度变化曲线

图 4.10(续)

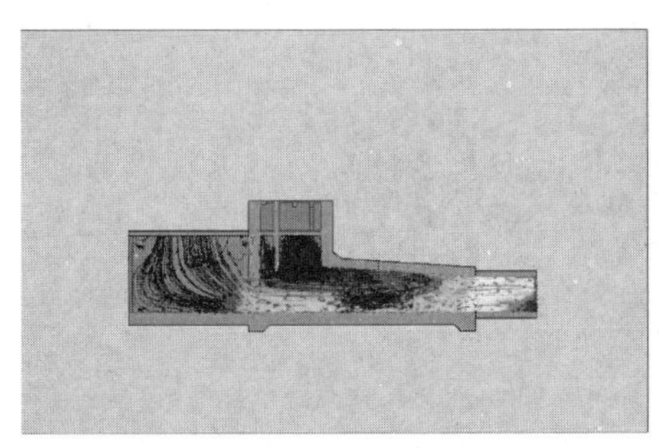

(a) 流速迹线图

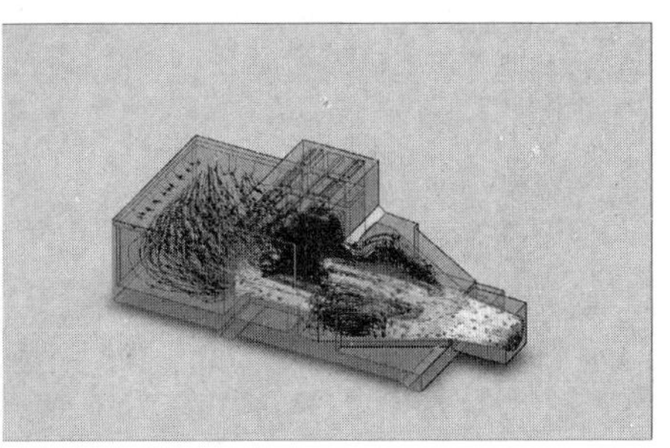

(b) 流速迹线图立体图

(c) 局部涡流图

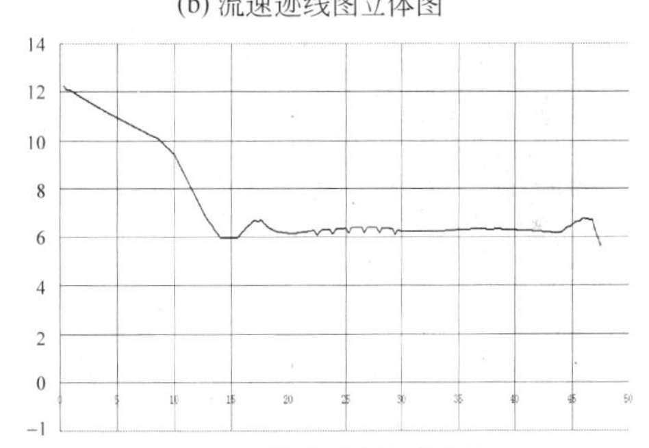

(d) 沿程速度变化曲线

图 4.11　工况三流速分布

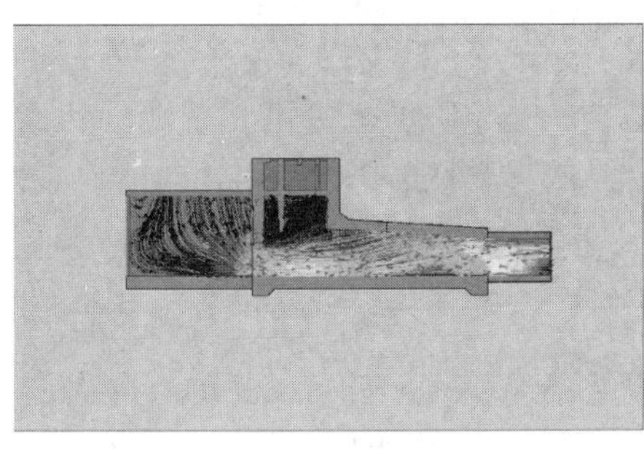

(a) 流速迹线图

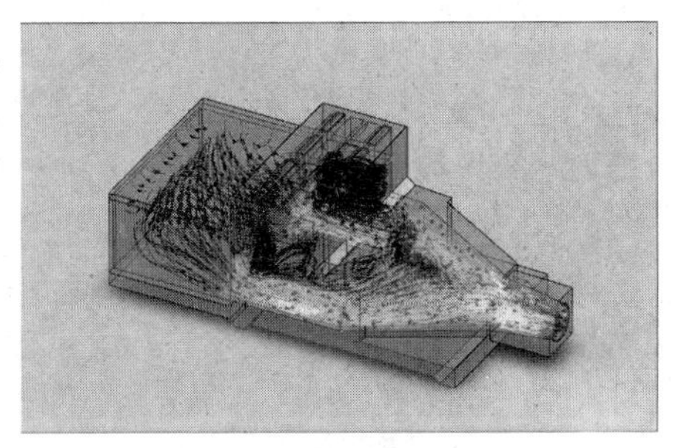

(b) 流速迹线图立体图

图 4.12　工况四流速分布

(c) 局部涡流图

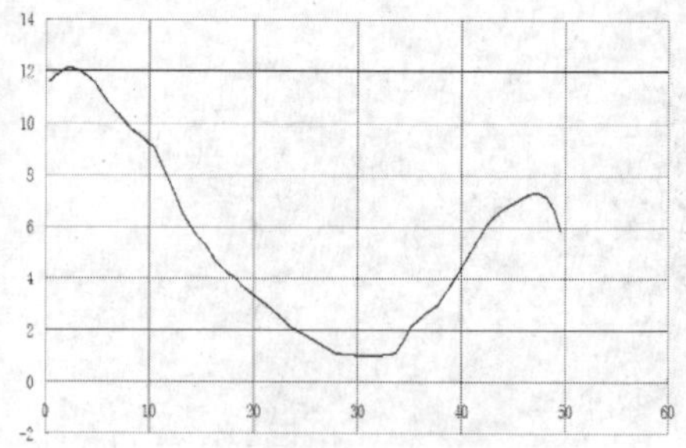

(d) 沿程速度变化曲线

图 4.12(续)

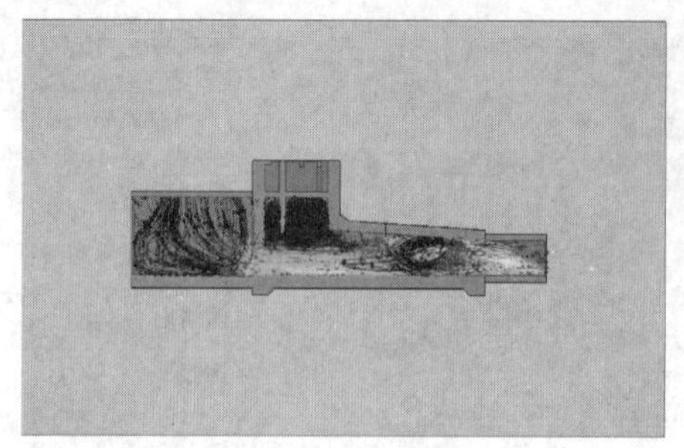

(a) 流速迹线图

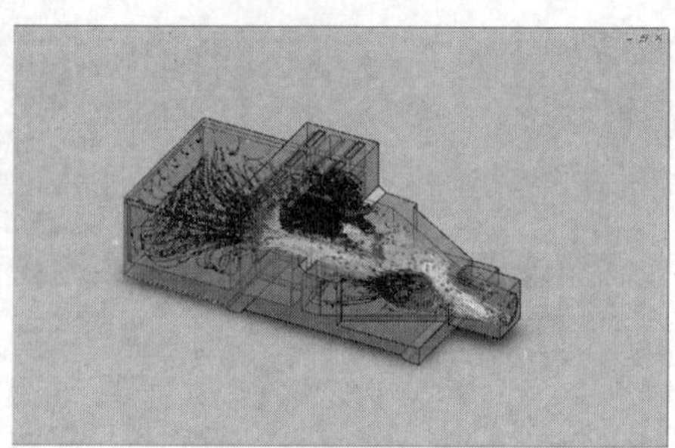

(b) 流速迹线图立体图

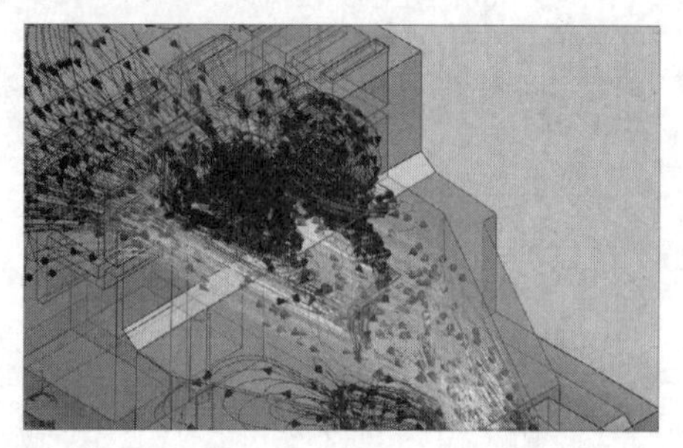

(c) 局部涡流图

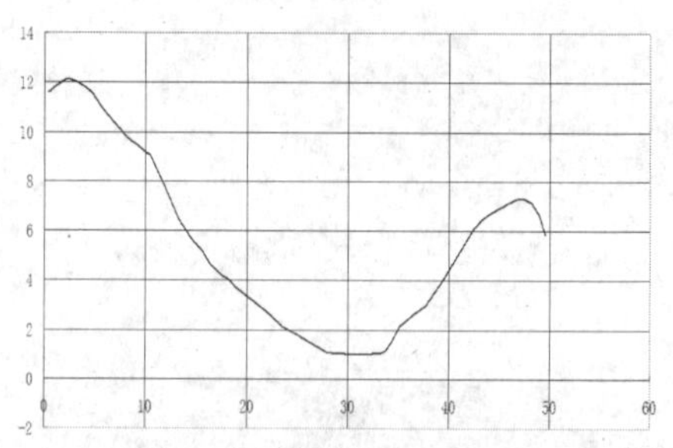

(d) 沿程速度变化曲线

图 4.13 工况五流速分布

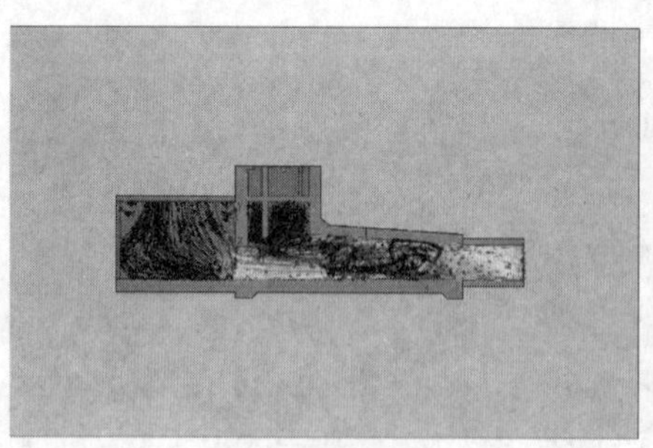

(a) 流速迹线图

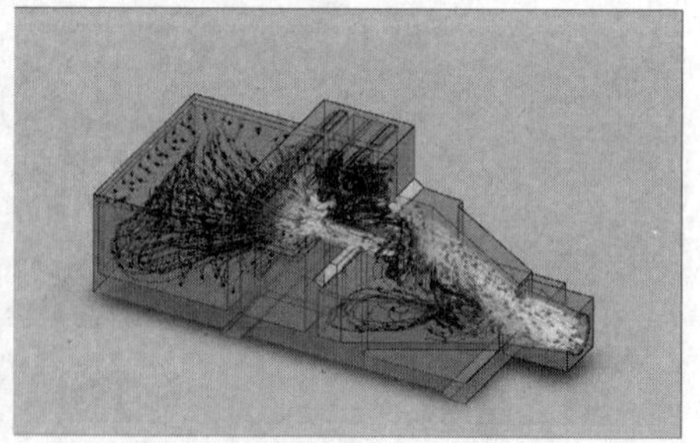

(b) 流速迹线图立体图

图 4.14 工况六流速分布

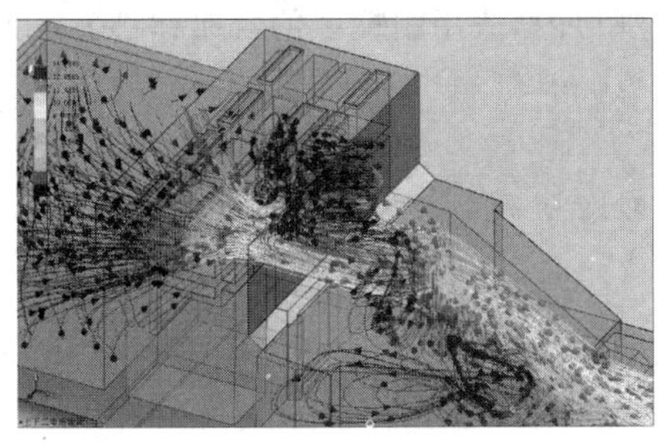

(c) 局部涡流图

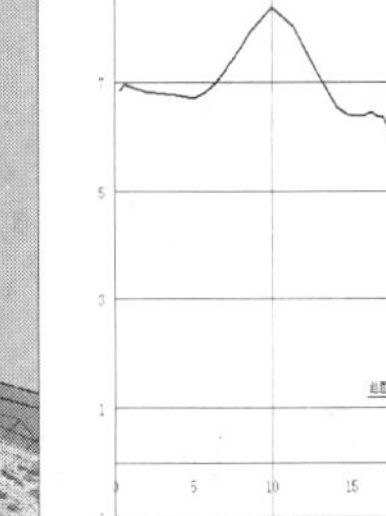

(d) 沿程速度变化曲线

图 4.14(续)

从这 6 种工况流速图中可以看出,海水进入取水构筑物的过程中的三次加速过程没有改变,依然是:第一次加速,海水进入取水构筑物内部的时候,第二次加速,海水进入收缩段,第三次的加速,海水进入渐变段,渐变段的存在使得海水流速发生很大的增强,很好地发挥了作用。

涡流出现的情况有些改变,不仅将出现在内部与海平面同一高度的空腔内,还会集中出现在入口封闭在渐变段的位置。这使得海水在进入渐变段前不再十分平稳,这会影响到入口速度。由于入口有关闭的现象,由此导致入口面积将减小,相应的每个入口的流速会增加,但是总体上会使得进入取水构筑物的流量减少,取水构筑物出口速度会小于正常工作情况。具体每种工况下的出口速度如表 4.3 所示。

表 4.3　六种工况出口流速

	工况一	工况二	工况三	工况四	工况五	工况六
流速/(m/s)	12.79	12.91	12.44	12.03	11.81	9.89

4.4　隧洞内部的沿程损失

当海水流出取水构筑物的时候,会经历 1000m 的隧洞才能到达冷却机组。不可压缩流体在流动过程中,流体之间因相对运动切应力的做功,以及流体与固壁之间摩擦力的做功,都是靠损失流体自身所具有的机械能来补偿的,这部分能量均不可逆转地转化为热能,隧洞在沿程中边界没有急剧的变化,将不考虑局部损失,只考率沿程损失[5-8]:

$$h_f = \lambda \frac{l}{d} \cdot \frac{v^2}{2g} \tag{4.14}$$

式中:λ 为沿程阻力系数,l 为管长,d 为管径,v 为断面平均流速,g 为重力加速度。

而实际工程中,这个公式将不再适用,而运用一个经验公式

$$h_f = S_H \cdot Q^2 \tag{4.15}$$

式中

$$S_H = \frac{8\left(\lambda \frac{l}{d} + \sum \xi\right)}{\pi^2 d^4 g} \tag{4.16}$$

一般 $\sum\xi=0$，λ 为沿程阻力系数，在工业管道内，适用粗糙区的希弗林松公式为

$$\lambda = 0.11\left(\frac{K}{d}\right)^{0.25} \tag{4.17}$$

式中，K 为工业管道当量糙粒高度，混凝土管一般取 0.7。

再根据能量方程

$$\frac{p_1}{\gamma}+Z_1+\frac{v_1^2}{2g}=\frac{p_2}{\gamma}+Z_2+\frac{v_2^2}{2g}+h_f \tag{4.18}$$

这里 $p_1=p_2$，$Z_1=Z_2$，又可以将上式简化成

$$\frac{v_1^2}{2g}=\frac{v_2^2}{2g}+h_f \tag{4.19}$$

这样，就可以利用取水构筑物出口速度，求得冷却机组入口的速度，看其是否满足要求。速度计算结果如表 4.4 所示。

表 4.4 速度计算结果

	出口速度/(m/s)	折算速度/(m/s)	面积/m^2	流量/(m^2/s)
高潮水位	13.14	6.53	23.75	155.08
低潮水位	4.32	2.12	23.75	50.35
工况一	12.79	5.88	23.75	139.65
工况二	12.91	5.91	23.75	140.36
工况三	12.44	5.65	23.75	134.18
工况四	12.03	5.33	23.75	126.58
工况五	11.81	5.15	23.75	122.31
工况六	9.89	4.86	23.75	115.42

从表 4.4 中可以看出，在历史最低潮位工况下，冷却机组入口流量为 50.35m^2/s，大于要求的最低流量，说明取水构筑物设计合理，正常使用情况下，任何潮水位都能满足冷却机组用水要求。

在高潮位下，6 种不同的维修工况都能满足冷却机组的用水要求，说明在海水水位足够高的情况下，可以进行取水构筑物的检修封闭工作，海水水位足够高的下限是多少有待进一步分析。

4.5 冬季冰凌工况取水构筑物流场仿真分析

研究认为当渤海湾冬季将出现冰凌期时，浮冰充分地汇集在入口处，形成一个范围很大的冰絮层，将水位进一步降低，但是冰层会给下面的海水一个压力，再加上大气压，取边界条件会与前文分析的工况边界条件略有不同。

对冰凌期工况下取水构筑物进行了流场仿真分析，得到了流速分布情况结果如图 4.15 所示。

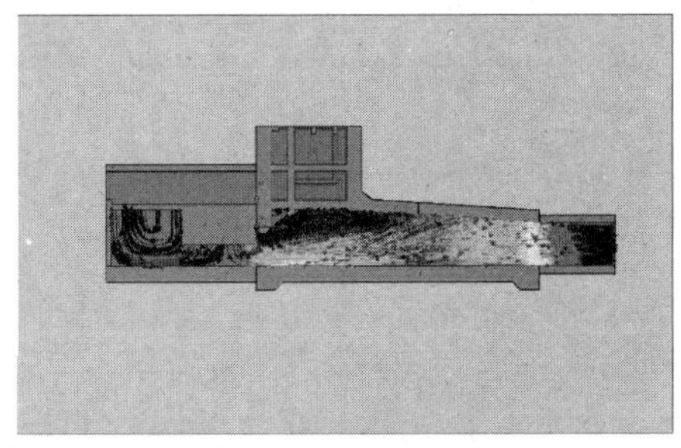

(a) 冰凌期流速迹线图

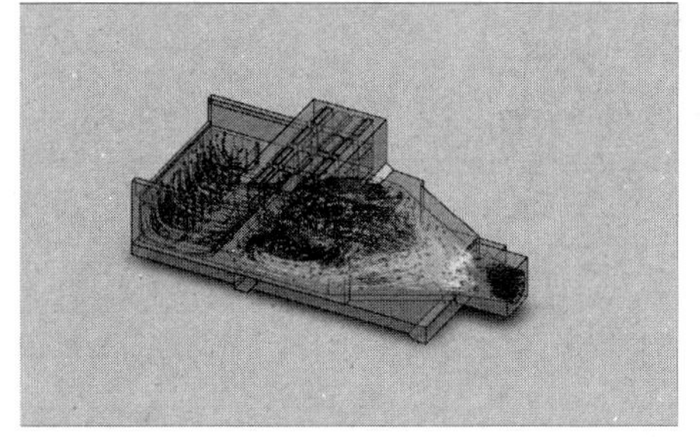

(b) 冰凌期流速迹线图立体图

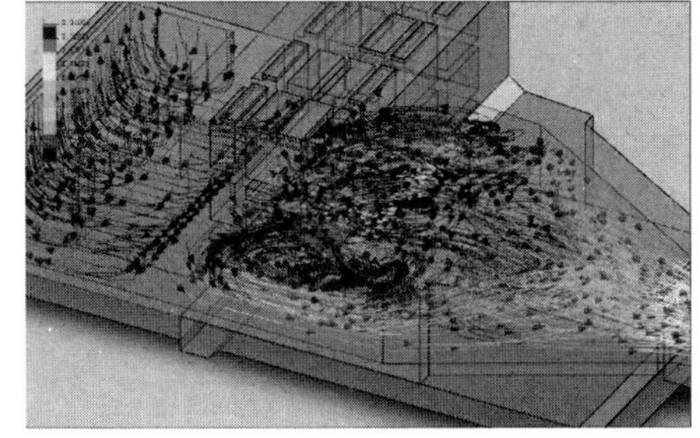

(c) 冰凌期局部涡流图

(d) 沿程速度变化曲线

图 4.15　冰凌期流速分布

冰凌期取水构筑物出口速度 3.93m/s，按照前文给出的公式计算得冷却机组入口速度为 1.93m/s，流量 45.8m^2/s，略小于规定值，存在一定的隐患。因此，需要采取一些措施保证冰絮不聚集在取水构筑物的入口前，不影响冷却机组的正常工作。

参考文献

[1]　舒哲.辽东湾取水建筑物动力响应分析及流场仿真分析[D].沈阳：沈阳工业大学，2013.

[2]　金生吉，舒哲，鲍文博.基于 Midas-GTS 的核电站取水建筑物地震响应分析[J].东北大学学报，2012，33(S2)：207-210.

[3]　蔡增基，龙天渝.流体力学泵与风机[M].北京：中国建筑工业出版社，2006.

[4]　石根华.数值流形方法与非连续变形分析[M].北京：清华大学出版社，1997.

[5]　Piton D，Fox R O，Marcant B. Simulation of fine particle formation by precipitation using computational fluid dynamics[J]. Canadian Journal of Chemical Engineering，2000(78)：983-993.

[6]　王远成，吴文权，黄远东，等.建筑物周围绕流流场的三维数值模拟[J].工程热物理学报，2004(2)：235-237.

[7]　党彦.九甸峡水电站泄洪建筑物的流场模拟[D].西安：西安理工大学，2006.

[8]　劳尔平.水下淹没建筑物局部流场及河床冲刷坑的数值模拟[D].北京：北京交通大学，2007.

第 5 章

CHAPTER 5

腐蚀对取水构筑物的影响

5.1 海洋腐蚀环境

海洋腐蚀环境包括海洋大气腐蚀环境和海水腐蚀环境，钢材及混凝土在海洋环境中的具体位置不同其腐蚀机理和腐蚀类型也各不相同。包括海洋大气腐蚀、海水腐蚀、潮差区腐蚀、浪溅区腐蚀、全浸区腐蚀等[1]。

5.1.1 海水腐蚀环境

海水是一种复杂的多组分水溶液，海水中各种元素都以一定的物理化学形态存在。海水是一种含盐量相当大的腐蚀性介质，表层海水含盐量一般在 3.20%～3.75%之间，随水深的增加，海水含盐量略有增加。相互连通的各大洋的平均含盐量相差不大，太平洋为 3.49%，大西洋为 3.54%，印度洋为 3.48%。盐分中主要为氯化物，占总盐量的 88.7%。由于海水总盐度高，所以具有很高的电导率。海水中 pH 通常为 8.1～8.2，且随海水深度变化而变化。若植物非常茂盛，CO_2 减少，溶解氧浓度上升，pH 可接近 10；在有厌氧性细菌繁殖的情况下，溶解氧量低，而且含有 H_2S，此时 pH 常低于 7。海水中的氧含量是海水腐蚀的主要影响因素之一，正常情况下，表面海水氧浓度随水温大体在 5～10mg/L 范围内变化。海水温度一般在－2～35℃之间，热带浅水区可能更高。海水中氯离子含量约占总离子数的 55%，海水腐蚀的特点与氯离子密切相关。氯离子可增加腐蚀活性，破坏金属表面的钝化膜[2]。

5.1.2 海洋大气腐蚀环境

大气腐蚀一般被分成乡村大气腐蚀、工业大气腐蚀和海洋大气腐蚀。海洋大气是指在海平面以上由于海水的蒸发，形成含有大量盐分的大气环境。此种大气中盐雾含量较高，对金属有很强的腐蚀作用。与浸于海水中的钢铁腐蚀不同，海洋大气腐蚀同其他环境中的大气腐蚀一样是由于潮湿的气体在物体表面形成一个薄水膜而引起的。我国许多海滨城市受海洋大气的影响，腐蚀现象是非常严重的。普通碳钢在海洋大气中的腐蚀比沙漠大气中大50～100倍。海洋大气中相对湿度较大，同时由于海水飞沫中含有氯化钠粒子，所以对于海洋钢结构来说，空气的相对湿度都高于它的临界值。因此，海洋大气中的钢铁表面很容易形成有腐蚀性的水膜。薄水膜对钢铁作用而发生大气腐蚀的过程，符合电解质中电化学腐蚀的规律。这个过程的特点是氧特别容易到达钢铁表面，钢铁腐蚀速度受到氧极化过程控制。空气中所含杂质对大气腐蚀影响很大，海洋大气中富含大量的海盐粒子，这些盐粒子杂质溶于钢铁表面的水膜中，使这层水膜变为腐蚀性很强的电解质，与干净大气的冷凝水膜比，加速了腐蚀的进行。

5.2 海水及海洋大气腐蚀的影响因素[1]

5.2.1 盐度

盐度是指100g海水中溶解的固体盐类物质的总克数。一般在相通的海洋中总盐度和各种盐的相对比例并无明显改变，在公海的表层海水中，其盐度范围为3.20%～3.75%，这对一般金属的腐蚀无明显的差异。但海水的盐度波动却直接影响到海水的比电导率，比电导率又是影响金属腐蚀速度的一个重要因素，同时因海水中含有大量的氯离子，破坏金属的钝化，所以很多金属在海水中遭到严重腐蚀。

5.2.2 含氧量

海水腐蚀是以阴极氧去极化控制为主的腐蚀过程。海水中的含氧量是影响海水腐蚀性的重要因素。氧在海水中的溶解度主要取决于海水的盐度和温度，随海水盐度增加或温度升高，氧的溶解度降低。如果完全除去海水中的氧，金属是不会腐蚀的。对碳钢、低合金钢和铸铁等，含氧量增加，则阴极过程加速，使金属腐蚀速度增加。

5.2.3 CO_2、碳酸盐的影响

海水中的CO_2主要以碳酸盐和碳酸氢盐的形式存在，并以碳酸氢盐为主。CO_2气体在海水中的溶解度随温度、盐度的升高而降低，随大气中CO_2气体分压的升高而升高。海水中的碳酸盐对金属腐蚀过程有重要影响。除CO_2水合生成碳酸根离子外，海洋生物的新陈代谢作用以及动植物死亡后尸体分解也会产生碳酸盐，某些含碳酸盐的矿物和岩石的溶解也会增加海水中碳酸盐的含量。碳酸盐通过pH的增大，在金属表面沉积形成不溶的保护层，从而对腐蚀过程起抑制作用。

5.2.4 温度影响

海水的温度随着时间、空间上的差异会在一个比较大的范围变化。从两极到赤道，表层海水温度可由0℃增加到35℃，海底水温可接近0℃，表层海水温度还随季节而呈周期性变化。温度对海水腐蚀的影响是复杂的。从动力学方面考虑，温度升高，会加速金属的腐蚀。另一方面，海水温度升高，海水中氧的溶解度降低，同时促进保护性碳酸盐的生成，这又会减缓钢在海水中的腐蚀。但在正常海水含氧量下，温度是影响腐蚀的主要因素。这是因为含

氧量足够高时,控制阴极反应速度的是氧的扩散速度,而不是含氧量。对于在海水中钝化的金属,温度升高,钝化膜稳定性下降,点蚀、应力腐蚀和缝隙腐蚀的敏感性增加。

5.2.5 海水流速的影响

海水腐蚀是借助氧去极化而进行的阴极控制过程,并且主要受氧的扩散速度的控制,海水流速和波浪由于改变了供氧条件,必然对腐蚀产生重要影响。另一方面,海水对金属表面有冲蚀作用,当流速超过某一临界流速时,金属表面的腐蚀产物膜被冲刷掉,金属表面同时受到磨损,这种腐蚀与磨损联合作用,使钢的腐蚀速度急剧增加。对于在海水中能钝化的金属,如不锈钢、铝合金、钛合金等,海水流速增加会促进其钝化,可提高耐蚀性。

5.2.6 海生物的影响

海生物在大多数情况下是加大腐蚀的,尤其是局部腐蚀。海水中叶绿素植物可使海水中含氧量增加,海生物放出的 CO_2 使周围海水酸性加大,海生物死亡、腐烂可产生酸性物质和 H_2S,这些都可使腐蚀加速。此外,有些海生物会破坏金属表面的油漆或镀层,有些微生物本身对金属就有腐蚀作用。

5.2.7 干湿交替的影响

暴露于海洋大气环境下的金属材料表面常常处于干湿交替变化的状态中,干湿交替导致金属表面盐浓度较高从而影响金属材料的腐蚀速率,干湿交替变化的频率受到多种因素的影响。空气中的相对湿度通过影响金属表面的水膜厚度来影响干湿交替的频率。日照时间如果过长导致金属表面水膜的消失,降低表面的润湿时间,腐蚀总量减小。另外降雨、风速对金属表面液膜的干湿交替频率也有一定的影响。在海洋大气区金属表面常会有真菌和霉菌沉积,这样由于它保持了表面的水分而影响干湿交替的频率从而增强了环境的腐蚀性。

5.2.8 光照条件

光照条件是影响材料海洋大气腐蚀的重要因素。光照会促进铜及铁金属表面的光敏腐蚀反应及真菌类生物的生物活性,这就为湿气和尘埃在金属表面储存并腐蚀提供更大的可能性。在热带地区金属受到日光的强烈照射,同时珊瑚粉尘和海盐混合在一起使金属的腐蚀极为严重。另外,海洋大气中的材料背阳面比朝阳面腐蚀更快。这是因为与朝向太阳的一面相比,背向太阳面的金属材料尽管避开太阳光直射,温度较低,但其表面尘埃和空气中的海盐及污染物未被及时冲洗掉,湿润程度更高,使腐蚀更为严重。

5.3 工程腐蚀产生的影响

一些国家对腐蚀成本进行过整体的和分类的统计,引用以下一些相关报道,来理解腐蚀,特别是基础设施腐蚀,对经济的巨大影响[4]。

美国腐蚀工程师协会(NACE)等几个组织联合调查表明,1999—2001 年间,美国腐蚀对经济的直接影响,平均每年达 2760 亿美元,占国民经济总产值(GDP)的 3.1%,其中交通公共设施占 34.9%,建筑业占 18%(两项合计占 52.9%),制造业占 31.5%。间接影响比直接损失大得多[5]。

美国钢筋混凝土腐蚀的修复费每年2500亿美元，其中1550亿美元花在桥梁上。加拿大如果对已经破坏的基础设施全部修复的话，其费用要超过5000亿美元。

目前，钢筋混凝土结构是建筑结构的主体，混凝土破坏很严重，钢筋腐蚀是主要因素。按美国的统计，在所有结构破坏中，钢筋腐蚀破坏可占到55%[4]。

英国30年来，腐蚀损失平均占GDP的3.5%，其中基础设施占很大部分；澳大利亚每年腐蚀损失为250亿美元，占GDP的4.2%，基础设施占主要部分。德国每年腐蚀损失为800亿美元。印度每年腐蚀损失达2400亿卢比，主要是基础设施腐蚀造成的。生产量的10%用于更换被腐蚀的材料。波兰腐蚀损失占GDP的6%～10%[2]。

当前世界面临重大问题之一是基础设施的破坏，包括海工结构、桥梁、公路，特别是受海水直接腐蚀的海工结构，如图5.1～图5.4所示。

图5.1　海水中金属的腐蚀

图5.2　某核电站海水管腐蚀实例

图5.3　俄罗斯太平洋舰队舰船的水线腐蚀

图5.4　波士顿钢桥腐蚀实例

对美、英、德、加、澳、印度、波兰等多个国家的资料统计表明[2]：

(1) 腐蚀对国民经济的影响是巨大的，技术先进国家可占到国民经济总产值的3%～5%，有些国家可能更高。

(2) 基础设施腐蚀损失，在总腐蚀损失中占有很大比例，仅与钢筋腐蚀相关联的就可能占到40%～55%，成为当今世界突出的问题。

(3) 腐蚀损失的30%～50%是可以避免和挽回的，对于基础设施而言，通过教育、法律法规和通常的防护措施，就有可能挽回可观数量的经济损失。

5.4 我国港工、水工工程腐蚀产生的影响

我国基础设施腐蚀破坏的情势不容忽视，一些科技工作者、工程技术人员，对水工、港工钢筋混凝土建(构)筑物等进行的腐蚀与耐久性方面的调查资料数据表明[2]：

我国海工、水工工程，在腐蚀和耐久性方面的确存在明显和严重问题。有的在几年、十几年内就必须修复或加固处理。我国部分水工、港工工程腐蚀与耐久性调查结果见表5.1，经常是达不到设计使用寿命而不得不拆除或重建。影响耐久性的原因虽然是复杂和多方面的，而腐蚀，特别是钢筋腐蚀，是突出的因素，这与国外相关情况相类似。腐蚀破坏和不耐久，必然造成社会影响和带来巨大经济损失。由于没有统计数据，这里很难表达出来。就经济损失而言，按比例，至少不会比技术先进国家低。

表5.1 我国部分水工、港工工程腐蚀与耐久性调查结果[2]

序号	名　称	年　限	腐蚀情况
1	华东华南27座海港、引桥	20世纪60年代调查	其中腐蚀破坏占74%
2	华南18座海港码头、引桥	使用7～25年	其中腐蚀破坏89%
3	22座混凝土水闸	使用7～15年	其中腐蚀破坏56%
4	61座混凝土水闸	使用在23年内	其中腐蚀破坏87%
5	连云港码头第一码头、引桥	使用4～20年	其中腐蚀破坏84%
6	湛江码头	1956年建 1979年检查(23年) 1988年检查(32年)	1963年明显腐蚀破坏并修复，1988年拆除 钢筋胀裂21% 钢筋胀裂91%
7	北仑港码头、引桥	1981年建成	钢筋胀裂69%～100%

5.5 提高海工耐久性的技术措施

海洋环境下导致混凝土结构中钢筋锈蚀破坏的主要因素是氯离子进入混凝土中，并在钢筋表面集聚，促使钢筋产生电化学腐蚀。海洋环境中混凝土的碳化速度远远低于氯离子渗透速度，中等质量的混凝土自然碳化速度平均为3mm/10年。

国内外相关科研成果和长期工程实践调研显示，当前较为成熟的提高海洋钢筋混凝土工程耐久性的主要技术措施有[6]：

(1) 高性能海工混凝土

低强度等级的混凝土，其抗渗性难以保证，各种侵蚀性介质容易进入，这样钢筋锈蚀后膨胀2～4倍，当破坏力超过混凝土的抗拉强度时，混凝土开裂，从而引发结构更严重的破坏。高强度混凝土有利于提高结构对破涨力的抵抗能力，还有利于桥梁结构轻型化。因此应考虑根据不同环境及功用适当提高混凝土的强度等级。交通部《海港工程混凝土结构防腐蚀技术规范》、英国BS6235—82《离岸固定式混凝土结构实施规范》均规定下部浪溅区的混凝土最低强度等级应不小于C40。

采用优质混凝土矿物掺和料和新型高效减水剂复合，配以与之相适应的水泥和级配良好的粗细骨料，形成低水胶比、低缺陷、高密实、高耐久的混凝土材料。高性能海工混凝土以较高的抗氯离子渗透性为特征，其优异的耐久性和性能价格比已受到国际上研究和工程界的认同。

(2) 提高混凝土保护层厚度

这是提高海洋工程钢筋混凝土使用寿命的最为直接、简单而且经济有效的方法。但是保护层厚度并不能不受限制地任意增加。当保护层厚度过厚时，由于混凝土材料本身的脆性和收缩会导致混凝土保护层出现裂缝反而削弱其对钢筋的保护作用。

如我国交通部在《海港混凝土结构防腐技术规范》中明确规定了混凝土保护层厚度，此外，一些国家对近海混凝土结构保护层厚度也提出了建议标准，分别见表 5.2 和表 5.3。

表 5.2　交通部《海港混凝土结构防腐技术规范》规定混凝土保护层厚度[2]　mm

结构类型 \ 所在区域		大气区	浪溅区	水位变动区	水下区
钢筋混凝土结构	北方	50	50	50	30
	南方	50	65	50	30
预应力混凝土结构		50	90	75	75

表 5.3　各国对近海混凝土结构保护层厚度的建议　mm

编号及编者	名称	钢筋保护层(c)建议厚度
美·ACI-357—84	《离岸固定式混凝土结构设计施工指南》	下部浪溅区：$c \geqslant 65$
国际预应力混凝土学会	《海洋工程混凝土结构设计与施工建议》	下部浪溅区：$c \geqslant 65$
英·BS6235—82	《离岸固定式混凝土结构实施规范》	上部浪溅区：$c \geqslant 50$；下部浪溅区：$c \geqslant 75$
日·西川和广	《日本海沿岸混凝土桥的盐害对策》	上部浪溅区：$c \geqslant 50$；下部浪溅区：$c \geqslant 70$
瑞典	《高性能混凝土结构设计手册》	下部浪溅区：使用寿命 100 年 $c \geqslant 60$ 使用寿命 50 年 $c \geqslant 45$
瑞典—丹麦	《厄勒海峡工程设计》	结构在 100 年使用寿命内不允许钢筋锈蚀下部浪溅区：$c \geqslant 75$；上部浪溅区：$c \geqslant 50$

(3) 混凝土保护涂层

完好的混凝土保护涂层具有阻绝腐蚀性介质与混凝土接触的特点，从而延长混凝土和钢筋混凝土的使用寿命。然而大部分涂层本身会在环境的作用下老化，逐渐丧失其功效，一般寿命在 5～10 年，只能作辅助措施。

(4) 涂层钢筋

钢筋表面采用致密材料涂覆，如环氧涂层钢筋在欧美也有一定的应用，其应用效果评价不一。主要不利方面是，环氧涂层钢筋与混凝土的握裹力降低 35%，使钢筋混凝土结构的整体力学性能有所降低；施工过程中对环氧涂层钢筋的保护要求极其严格，加大了施工难度；另外成本的明显增加也使其推广应用受到制约。

（5）阻锈剂

阻锈剂通过提高氯离子促使钢筋腐蚀的临界浓度来稳定钢筋表面的氧化物保护膜，从而延长钢筋混凝土的使用寿命。但由于其有效用量较大，作为辅助措施较为适宜。

（6）阴极保护

该方法是通过引入一个外加牺牲阳极或直流电源来抑制钢筋电化学腐蚀反应过程从而延长海工混凝土的使用寿命。但是，由于阴极保护系统的制造、安装和维护费用过于昂贵且稳定性不高，目前在海工钢筋混凝土结构中很少应用。

红沿河取水构筑物结构混凝土耐久性策略主要包括改善混凝土和钢筋混凝土结构耐久性需采取根本措施和补充措施。根本措施是从材质本身的性能出发，提高混凝土材料本身的耐久性能，即采用高性能混凝土；再找出破坏作用的主次先后，对主因和导因对症施治，并根据具体情况采取除高性能混凝土以外的补充措施。而二者的有机结合就是综合防腐措施。大量研究实践表明，采用高性能混凝土是在恶劣的海洋环境下提高结构耐久性的基本措施，然后根据不同构件和部位，经可能提高钢筋保护层厚度（一般不小于 50mm），某些部位还可复合采用保护涂层或阻锈剂等辅助措施，形成以高性能海工混凝土为基础的综合防护策略，有效提高混凝土结构的使用寿命[6]。

因此，红沿河取水构筑物结构的耐久性方案的设计遵循的基本方案是：首先，混凝土结构耐久性基本措施是采用高性能混凝土。同时，依据混凝土构件所处结构部位及使用环境条件，采用必要的补充防腐措施，如内掺钢筋阻锈剂、混凝土外保护涂层等。在保证施工质量和原材料品质的前提下，混凝土结构的耐久性将可以达到设计要求。对于具体工程而言，耐久性方案的设计必须考虑当地的实际情况，如原材料的可及性、工艺设备的可行性等，以及经济上的合理性。也就是说应该采取有针对性的，因地制宜的综合防腐方案。如秦山一期、秦山二期核电工程采用了核级涂料与核级专用涂料进行防腐，同时该涂料兼具美观装饰、易于去除放射性、沾污、耐辐射特点。

此外，根据设计院提出的取水构筑物主要部位构件的强度等级要求、构件的施工工艺和环境条件，充分考虑各种可变因素对钢筋混凝土结构使用寿命的影响，如环境温度、混凝土内应力、裂缝等，以建立使用寿命预测系统，为耐久性方案的设计提供指导和依据。再以使用寿命预测系统为基础，制定有针对性的耐久性解决方案。

参考文献

[1] 胡舸.海底管线腐蚀检测与腐蚀预测的研究[D].重庆：重庆大学，2007.

[2] 洪乃丰.钢筋混凝土基础设施的腐蚀与全寿命经济分析[J].建筑技术，2002，33(4)：254-257.

[3] 陈锋.中国滨海核电厂取水明渠口门布置原则[J].核安全，2009(2)：25-29.

[4] Hertlein Bernard H. Assessing the role of steel corrosion in the deterioration of concrete in the national infrastructure: a review of the causes of corrosion and current diagnostic techniques[J]. ASTM Special Technical Publication，1992(1137)：356-371.

[5] Wei H，Zhou W，Garside J. CFD modeling of precipitation process in a semi-batchcry stallizer[J]. Ind Eng. Chem. Res，2001(40)：5255-5261.

[6] 中国电力出版.水工建筑物抗震设计规范[M].北京：中国电力出版社，2001.

第 6 章

CHAPTER 6

城市立交无梁板桥设计及施工

进入 21 世纪，伴随着城市建设的高速发展，城市交通拥堵现象十分严重。为了缓解城市交通压力，城市路网建设进入了一个新的建设高潮。沈阳市迎“十二运”城市道路系统建设改造项目的实施，为沈阳城市的建设展开了一个崭新的局面。在城市路网建设中，高架桥的建设实现是城市立体交通的关键环节。

6.1 沈阳市二环路改造工程

6.1.1 改造工程设计依据和设计标准[1]

沈阳市二环路改造工程的设计主要依据包括：2011 年 3 月 2 日获沈阳市发展和改革委员会批准的《沈阳市迎“十二运”城市道路系统建设改造及环境综合改造项目可行性研究报告》;《沈阳市迎“十二运”城市道路系统建设改造及环境综合改造项目》;《沈阳市二环路改造工程设计委托书》;建设单位提供的 1∶1000 地形图；沈阳市市政工程设计研究院提供的设计人员现场勘查数据和道路纵横断面现场实地测量数据;《沈阳市二环快速路改造工程地质勘察—沿途工程勘察报告—东环高架桥》。

工程设计标准包括我国及辽宁省现行的各类公路、桥梁、城市建设及建筑材料等各类标准。沈阳市二环路改造工程设计技术指标如表 6.1 所示[2]。

表 6.1 设计技术指标

序号	项 目 名 称	设计标准	序号	项 目 名 称	设计标准
1	高架桥段设计车速	60km/h	7	高架桥最大纵坡	3.5%
2	地面道路设计车速	40km/h	8	桥下通行净空	≥4.5m
3	道路设计轴载	BZZ-100	9	高架桥设计荷载	公路-Ⅰ级
4	道路结构使用年限	15 年	10	桥梁设计安全等级	一级
5	高架桥设计车道数	双向 6 车道	11	桥梁设计基准期	100 年
6	最小平曲线半径	R=382m	12	地震基本烈度	7 度

6.1.2 沈阳市二环路改造工程概况

1. 工程位置、范围及规模[2]

沈阳市二环路按城市快速路标准进行建设，全长50.3km，以沈新路、大成桥、望花立交、新立堡立交为界，将二环分为西环、北环、东环、南环，其中西环由重工街组成，南起沈新路，北至大成桥；北环由白山路、陵北街、金山路组成；东环由观泉路、高官台街、新立堡东街组成；南环由沈水路、玉屏路、揽军路组成。如沈阳市二环路改造工程图6.1所示。本次改造将二环划分为西环、北环、东环和南环分段实施。二环采用路段高架形式，现状立交保留，部分路口设置互通立交，高架桥未跨越的局部平交路口采用中央护栏封闭限制交通，人行过街采用地下通道等措施，通过以上措施形成二环主线无信号快速直行交通系统。西环建设方案：沈新路至建设大路立交路段新建高架桥，南至揽军路高架，北接建大立交，高架桥长度约2.4km，建设大路至大成桥路段新建高架桥，南起建设大路立交北引道，北至大成桥南引道，于大成桥相连，全长3.5km；西环全段新建高架桥长约为5.9km，高架桥双向6车道。

北环建设方案：大成桥至白山立交段新建高架桥，西起大成桥北引道，东至白山立交西引道，全长约6.1km；白山立交至望花立交段新建高架桥，西起白山立交东引道，东至望花立交北引道，全长约4.9km，高架桥全线6车道。

南环建设方案：东起新立堡立交，西至玉屏路。二环主线在大堤路。和平大街、五爱街、天坛一街设互通立交。在市档案馆、明星路、丰乐二街、佳和新城、长安路设人行通道下穿二环，供行人通过。二环全线根据行人过街需求设置若干行人过街立交设施。二环全线地面道路全部实施改造，高架桥路段管网实施改造。通过二环快速路建设，二环快速直行将取消所有信号控制，大幅度提高二环路段通行能力的同时，也将缓解周边道路、交叉口以及城市中心区的交通压力。为全运会期间和沈阳未来的交通发挥重大作用。二环路改造工程高架桥路段共分为7个标段。标段一为沈抚立交至新立堡立交；标段二为沈吉铁路桥段至沈抚立交；标段三为沈铁路至沈吉铁路段；标段四为望花立交至沈铁路段；标段五为陵园街至望花立交段；标段六为自由立交至陵园街段；标段七为沈吉铁路高架桥段。标段一北起沈抚立交南引道，向南跨越新开河至南环沈水路落地，工程全长2020m。现状道路标准段机动车道宽30m，两侧为5m人非混行道。该段道路属于二环快速路，道路交通流量较大，高峰期会出现交通拥堵现象。改造工程内容包括地面道路、桥梁、排水、照明、交通设施等工程。

2. 工程场地自然条件

(1) 区域地质概况。沈阳市所处的大地构造位置是阴山东西向复杂构造带的东延部位与新华夏系第二巨型隆起带和第二巨型沉降带的交接地区。东部属于辽东台背斜，西部属于下辽河内陆断陷。两个单元基底均出太古界鞍山群老花岗片麻岩、斜长角闪片麻岩组成。下第三系地层分布在城区北部，上第三系地层不整合于前震旦系花岗片麻岩上。第四系地层不整合于基岩之上，厚度东薄西厚，北薄南厚。

沈阳地处两个构造单元的衔接地带，有明显的差异升降运动，并伴随有中更新世断裂的发育，这就是沈阳地区发生地震的地址构造背景。特别是经过城区西部的郯庐断裂带是一条仍在活动的深大断裂。它制约着两侧地壳的抬升和沉降，在其分布范围内地壳是不稳定

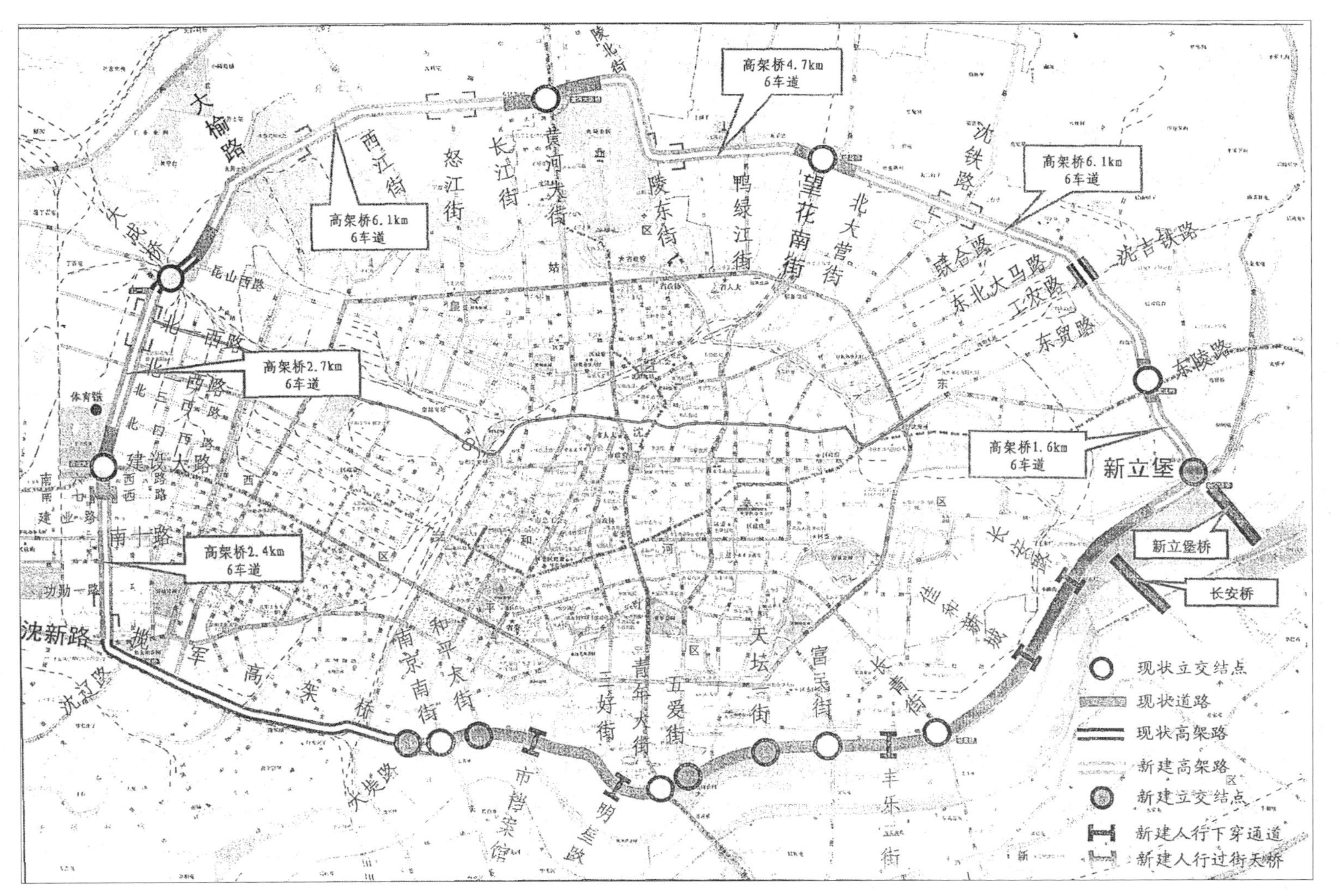

图 6.1　沈阳市二环路改造工程总平面图

的。在地震活动带划分上，沈阳市区位于华北地震区，郯庐断裂带北段。整个工程场地位于混合北岸的冲洪积阶地上，地势相对平坦，地貌类型单一。

(2) 场地的地层结构及岩性特征。经钻探揭露，本场地地层主要由杂填土、粉质黏土、粉土、中粗砂、砾砂、圆砾、泥岩、砾岩、花岗岩组成，据工程钻探地层描述、土工试验和现场原位测试，现将各地层岩性特征自上而下描述：

①杂填土：杂色，稍湿，密实，主要由碎石组成，该层在本区连续分布。②砾砂：黄褐色，湿，中密，主要由长石、石英组成，偶见少量小卵石，局部夹圆砾层，该层在场区连续分布。③圆砾：黄褐色，湿，中密，主要由长石、石英组成，中粗砂充填，卵石磨圆较好，分选一般，局部夹砾砂层，该层在场区连续分布。④中粗砂：黄褐色，湿，中密，主要由长石、石英组成，偶见少量小卵石，该层在场区连续分布。⑤泥砾：杂色，碎，砂砾石占 40%～60%，砾石已风化，手可掰碎，一般粒径 10～20mm，可见最大粒径 30～60mm，混黏性土 20%～30%，其余为中粗砂，饱和，中密。⑥花岗岩：全风化～强风化，灰白色，岩石结构基本破坏，岩块手可掰碎，锤击声哑，无回弹，有较深的凹痕，节理裂隙极发育，主要成分为长石、石英、云母，36m 以下渐变为强风化，勘察深度范围内均未穿透此层。

据野外钻探描述，室内试验结果，综合给定场地内地基土的容许承载力特征值 f_{a0} (kPa) 及钻(冲)孔桩桩侧土的摩擦力标准值 q_{lk} (kPa) 值详见表 6.2。

表 6.2 地基土指标[2]

岩土名称	容许承载力 f_{a0}/kPa	桩侧土摩擦力标准值 q_{lk}/kPa
砾砂	400	60
圆砾	500	120
中粗砂④1-4	370	50
泥砾④2	400	60
全风化花岗岩⑤3	400	70

勘察场区岩土工程条件较好，地层分布较均匀，场区相对稳定，适宜作为工程场地使用。

(3) 地震烈度。本区地震设防烈度为 7 度，设计基本加速度为 0.10g，场地类别为Ⅱ类。各土层属抗震有利地段，该场区无液化可能。

(4) 场地水文地质条件。拟建场地勘察深度范围内均见有地下水，水位约在 8.5m，为地下潜水，随着季节的变化水位会升降，年变幅 1～2m。根据水质分析结果，该地下水对钢结构有弱腐蚀性，对钢筋混凝土结构中的钢筋有微腐蚀性。

(5) 气象。沈阳市位于我国东北地区南部，坐落在辽河平原与东部丘陵的衔接地带。属北温带半湿润的季风气候，同时受海洋、大陆性气候控制，其特征据沈阳气象站观测资料记载是冬寒夏热，春季干燥多风，秋季凉爽湿润，春秋季短，冬夏季长。多年平均降水量为 727.4mm；多年平均蒸发量为 1420mm；年平均相对湿度 63.1%；多年平均气温为 7.9℃，最高气温为 39.3℃，最低气温为 −33.1℃；最大积雪深度为 28cm，冻结深度一般为 120cm，最大冻结深度为 148cm。

6.2　新立堡立交工程设计

6.2.1　总体设计

新立堡立交工程由主线高架桥与地面道路A线、B线、C匝道、D匝道、E匝道、F匝道、G线、H匝道、M线、X线、P线组成。主线设计中线主要依据现状旧路中线。工程起、终点桩号分别为K12＋740.00和K14＋760.00,工程全长2020m[2]。

地面道路部分纵断设计主要依据现状道路高程,现状地形、桥下净空要求、道路形成后的视觉效果、匝道接入平顺等因素进行。桥下净空按照桥下左转车流同行控制,路口处净空主要考虑桥梁的视觉效果,桥下左转及调头最小通行净空为4.5m。地面最大纵坡3.5%,最小纵坡0.3%。纵断设计标高为道路中线处高程。具体情况如图6.2所示。

现状二环道路横断布置为:5m(人非混行道)＋30m(机动车道)＋5m(人非混行道)＝40.0m。高架桥横断面布置:0.37m(防撞墙)＋11m(机动车道)＋0.76m(桥梁引道)＋11.5m(机动车道)＋5.0m(人非混行道)＝56.5m。桥下地面道路横断布置情况如图6.3所示。

A线横断面布置:11.5m(机动车道)＋5.0m(人非混行道)＝16.5m。B线横断面布置:5.0m(人非混行道)＋11.5m(机动车道)＝16.5m。C、D、E、F、H匝道横断面布置:0.75m(土路肩)＋8.0m(机动车道)＋0.75m(土路肩)＝9.5m。G线横断面布置:5.0m(人非混行道)＋11.5m(机动车道)＋2.0m(绿化带)＋11.5m(机动车道)＋5.0m(人非混行道)＝35m 。5.0m(人非混行道)＋30m(机动车道)＋5.0m(人非混行道)＝40m。M、P线横断面布置:0.75m(土路肩)＋11.50m(机动车道)＋0.75m(土路肩)＝13m。N线横断面布置:0.75m(土路肩)＋20.0m(机动车道)＋0.75m(土路肩)＝21.5m。

主线过度段及A、B、M、N、P线部分机动车道结构采用补强结构,加宽部分采用新建机动车道结构,人非混行道全部新建,C、D、E、F、H匝道段机动车道及G线道路全部新建。

6.2.2　立交桥工程设计

1. 上部结构

新立堡立交工程范围内共6座跨河桥,跨河桥上部结构均采用预制钢筋混凝土简支空心板结构。预制空心板长均为11.94m,板厚0.7m,1＃～6＃桥中板宽均为1.24m:1＃、2＃、5＃桥边板底宽0.99m,悬臂长0.25m;3＃、4＃、6＃桥边板底宽1.24m,悬臂长0.25m。

立交桥基本构造如图6.4所示。高架桥上部结构为预应力混凝土连续箱梁,桥宽23.5m,标准跨径为30m。预应力混凝土连续箱梁为单箱五室断面,梁高中心处2.2m。外侧腹板为圆弧曲面。标准段横坡为双向1.5%,超高段范围横坡为单项1.5%,标准段和超高段之间通过超高过渡段进行过渡,横坡及超高通过调整主梁腹板高度来形成。

2. 桥梁下部结构

1＃、2＃桥桥墩及桥台均采用桩柱形式,桥墩盖梁长20m,宽1.2m(盖梁顶宽1.6m),高1.1m;桥墩直径0.8m,高均为3.5m;桩基础直径1.0m,桩长20m。桥台盖梁长20m,宽1.2m,背墙宽0.4m,桥台盖梁高1.1m;墩柱直径0.8m,高3.5m;桩基础直径1.0m,桩长

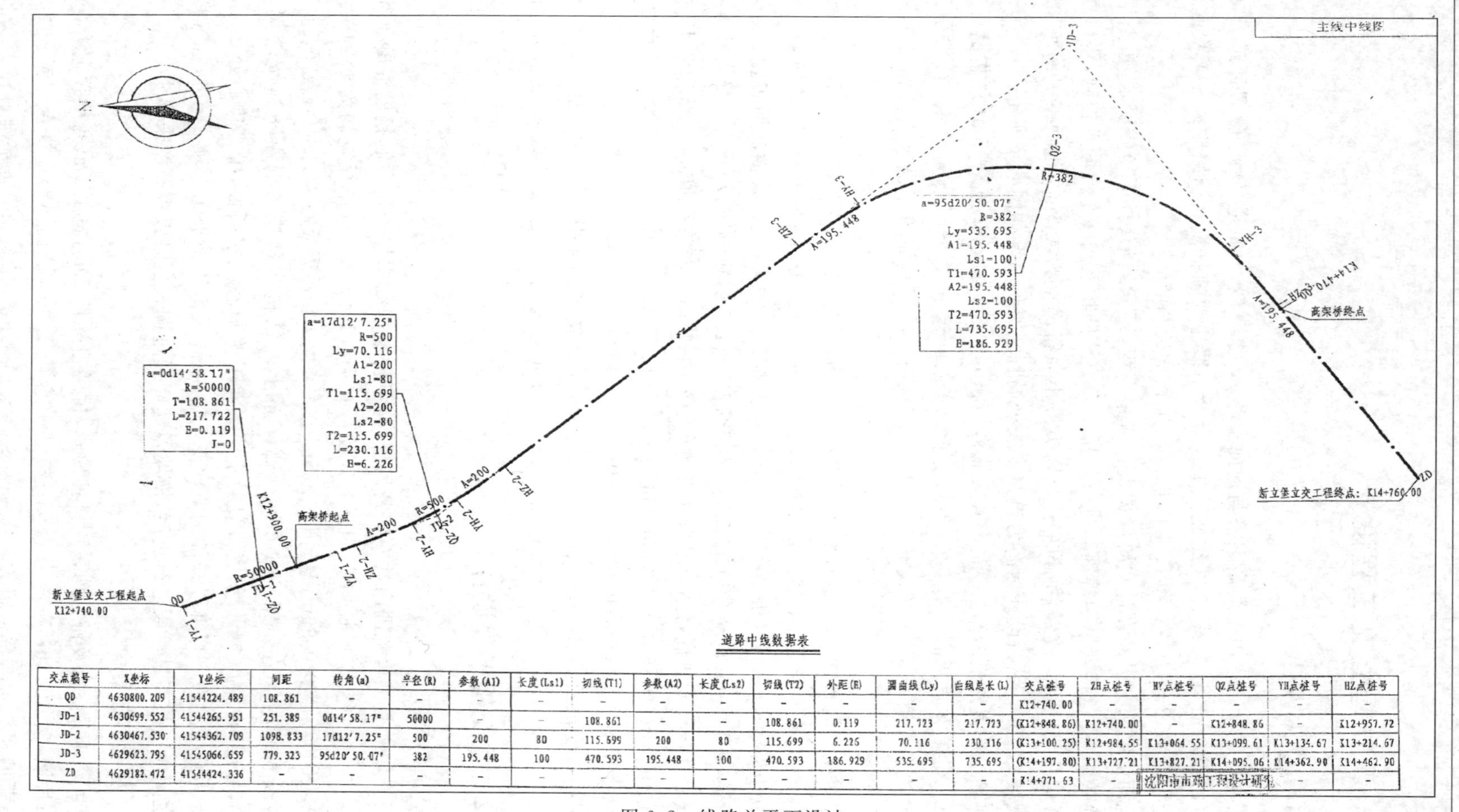

道路中线数据表

交点编号	X坐标	Y坐标	间距	转角(a)	半径(R)	参数(A1)	长度(Ls1)	切线(T1)	参数(A2)	长度(Ls2)	切线(T2)	外距(E)	圆曲线(Ly)	曲线总长(L)	交点桩号	ZH点桩号	HY点桩号	QZ点桩号	YH点桩号	HZ点桩号
QD	4630800.209	41544224.489	108.861	-	-	-	-	-	-	-	-	-	-	-	K12+740.00	-	-	-	-	-
JD-1	4630699.552	41544265.951	251.389	0d14′58.17″	50000	-	-	108.861	-	-	108.861	0.119	217.723	217.723	(K12+848.86)	K12+740.00	-	K12+848.86	-	K12+957.72
JD-2	4630467.530	41544362.709	1098.833	17d12′7.25″	500	200	80	115.699	200	80	115.699	6.226	70.116	230.116	(K13+100.25)	K12+984.55	K13+064.55	K13+099.61	K13+134.67	K13+214.67
JD-3	4629623.795	41545066.659	779.323	95d20′50.07″	382	195.448	100	470.593	195.448	100	470.593	186.929	535.695	735.695	(K14+197.80)	K13+727.21	K13+827.21	K14+095.06	K14+362.90	K14+462.90
ZD	4629182.472	41544424.336	-	-	-	-	-	-	-	-	-	-	-	-	K14+771.63	-	沈阳市市政工程设计研究		-	-

图 6.2　线路总平面设计

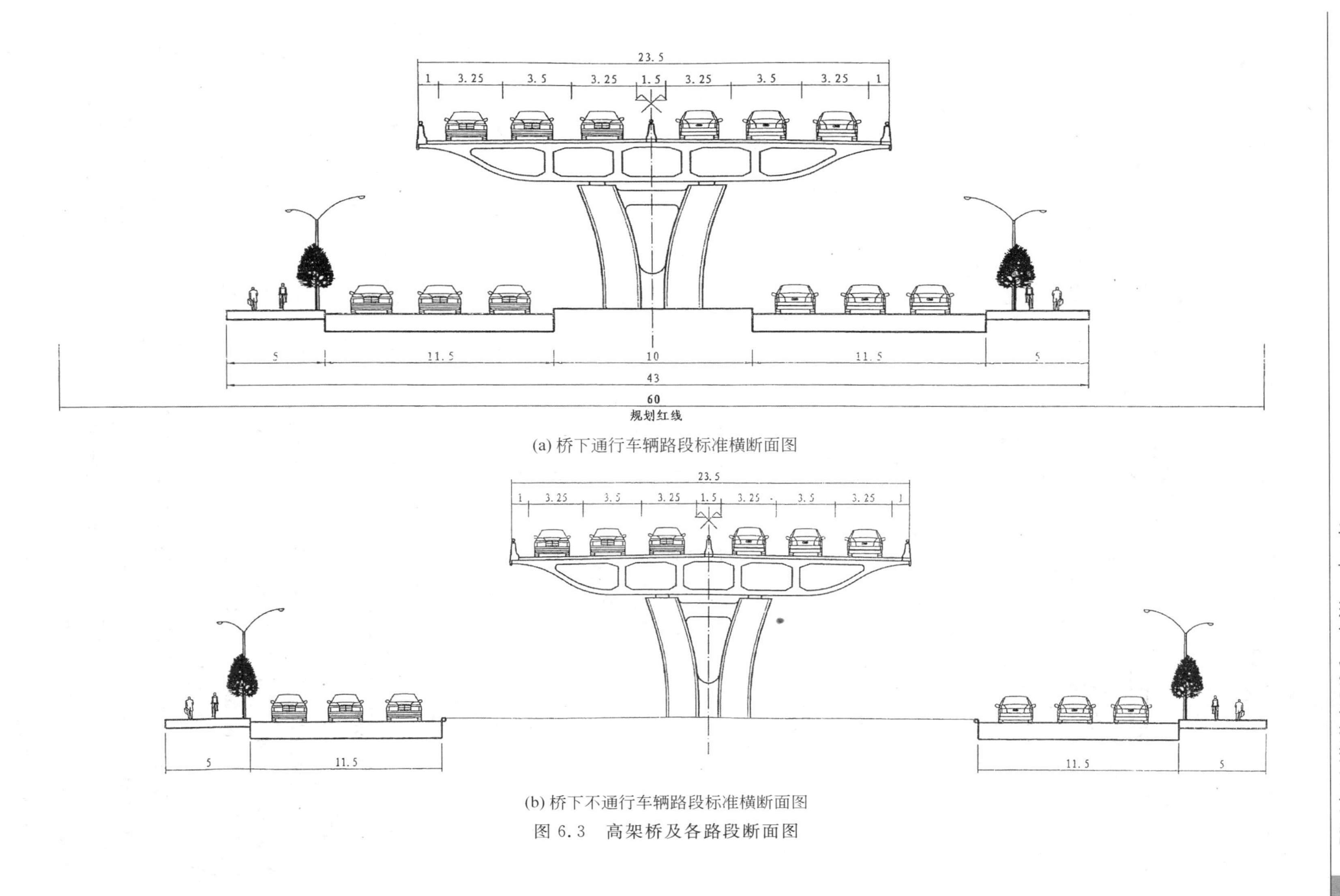

(a) 桥下通行车辆路段标准横断面图

(b) 桥下不通行车辆路段标准横断面图

图 6.3　高架桥及各路段断面图

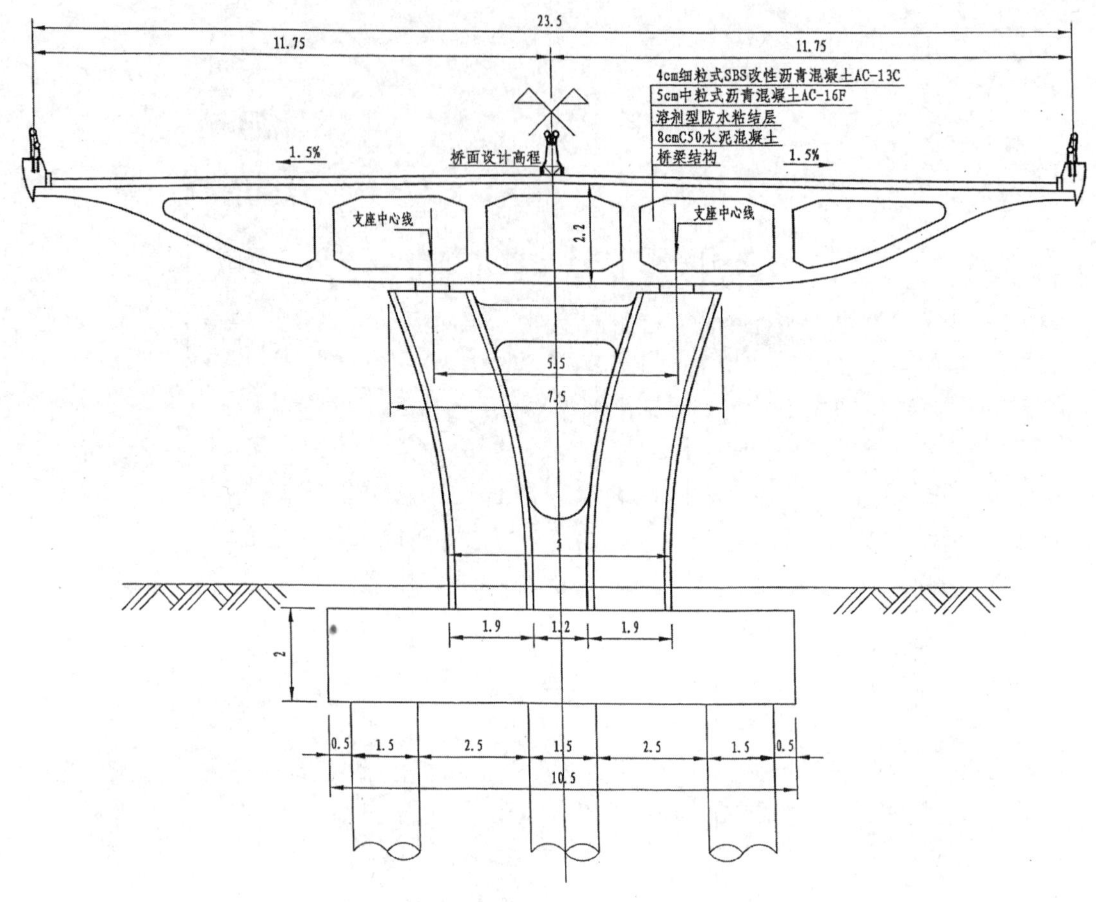

图 6.4 桥梁标准横断面图

15cm。3＃、4＃桥桥墩采用桩柱形式，桥墩盖梁长 9.68m，宽 1.2m(盖梁顶宽 1.6m)，高 1.1m；桥墩直径 0.8m，高均为 5m；桩基础直径 1.0m，桩长 16m。

3＃、4＃桥台采用一字形桥台，桥台盖梁长 9.68m，宽 1.2m，背墙宽 0.4m，桥台盖梁高 1.1m；桥台长 9.68m，宽 1.0m，桥台高 4.5m；桥台下设承台，承台长 9.68m，宽 4.5m，高 1.5m；承台下为桩基础，桩径 1.0m，纵向桩中心距为 2.5m，横向三排桩，中心距为 3.63m，桥台桩长为 13m。

5＃桥桥墩及桥台均采用桩柱形式，采用分离式，单侧桥墩盖梁长 20.3m，宽 1.2m(盖梁顶宽 1.6m)，高 1.1m；桥墩直径 0.8m，高均为 3.5m；桩基础直径 1.0m，桩长 20m。单侧桥台盖梁长 20.3m，宽 1.2m，背墙宽 0.4m，桥台盖梁高 1.1m；墩柱直径 0.8m，高 3.5m；桩基础直径 1.0m，桩长为 16m。

6＃桥桥台采用一字形桥台，桥台盖梁长 9.25m，宽 1.2m，背墙宽 0.4m，桥台盖梁高 1.1m；桥台长 9.25m，宽 1.0m，桥台高 4.5m；桥台下设承台，承台长 9.25m，宽 4.5m，高 1.5m；承台下为桩基础，桩径为 1.0m，纵向两排桩，桩中心距为 2.5m，横向三排桩，桩中心距为 3.47m，桥台桩长为 13m。

3. 桥面铺装

(1) 机动车道桥面铺装：4cm SBS 细粒式改性沥青混凝土(AC-13C)、4cm 中粒式沥青混凝土(AC-16F)、溶剂型防水黏结层、8cm C40 防水混凝土(内设 15×15cmϕ12 钢筋网)、70cm C40 普通钢筋混凝土空心板。

(2) 人行道桥面铺装：6cm 人行步道砖、3cm 水泥砂浆、轻质混凝土、溶剂型防水黏结层、8cm C40 防水混凝土、70cm C40 普通钢筋混凝土空心板。

6.2.3　主要材料要求

1. 混凝土

由于沈阳市地处严寒地区，而且冬季大量地使用除雪剂，本工程为沈阳市的重点工程，设计年限为 100 年。混凝土技术标准必须符合 JTG D62—2004 和 JTJ041—2000 的有关规定。对各个具体混凝土构件的要求如表 6.3 所示。

表 6.3　混凝土构件的要求及指标[3]

构　件	混凝土标号	最大水灰比	最大氯离子含量	最小水泥用量/(kg/m³)	最大含碱量/(kg/m³)	受力筋保护层厚度/mm	抗冻等级(≥)	抗冻耐久性指数DF(≥)
主梁、组合梁桥面板	C50	0.5	0.06%	350	1.8	40	F250	70%
桥墩、台	C40	0.5	0.15%	300	1.8	40	F250	70%
承台及桩基础	C30	0.55	0.30%	275	1.8	50(70)	F250	70%
防撞墙底座	C50	0.5	0.15%	300	1.8	40	F250	70%
伸缩缝、桥面铺装	C50	0.5	0.15%	300	1.8	20	F250	70%

2. 钢筋、钢板、型钢

普通钢筋采用 R235、HRB335 钢筋，技术标准必须符合 GB 1499.1—2008 和 GB 1499.2—2007 的有关规定。附属钢结构：采用 Q235B 钢；钢护栏：采用 Q235B 钢；普通螺栓：5.6 级 A 级螺栓。

技术标准必须符合 GB/T 700—2006 的有关规定，选用的焊接材料应符合 GBT 5117—95 或 GBT 3669—2001 的要求，并与本桥梁采用的钢材材质和强度相适应。

6.2.4　施工技术要求

1. 路基技术要求

(1) 碾压：用 12t 以上的压路机或等功效的压路机；

(2) 路基填料必须进行 CBR 试验，根据 JTGD30—2004《公路路基设计规范》要求：凡是借土填筑路段，路床以下 0～30cm，CBR≥8，填料最大粒径 10cm；30～80cm，CBR≥5，填料最大粒径 10cm；80～150cm，CBR≥4，填料最大粒径 15cm；150cm 以下，CBR≥3，填料最大粒径 15cm；零填路基，CBR≥8，填料最大粒径 10cm。

2. 水泥稳定砂砾技术要求

(1) 压实度：≥97%(重型击实法)；

(2) 强度：7d 浸水抗压强度≥3.5MPa，根据强度要求选定混合料配合比；

(3) 材料：选用终凝时间较长的普通硅酸盐水泥、矿渣硅酸盐水泥或火山灰质硅酸盐水泥，强度等级为32.5MPa。

(4) 碎石级配范围：粒径为3.15cm；

(5) 养生：从加水拌和到碾压终了的延迟时间不应超过4h，养生期不少于7d。养生结束后立即喷洒透层沥青、垫脚砂，并在5～10d内铺筑沥青面层。

3. 级配砂砾技术要求

(1) 压实度：≥96%(重型击实法)；

(2) 碾压：用12t以上的压路机或等功效的压路机；

(3) 砂砾级配范围：最大粒径为5.3cm；

(4) 塑性指数：<9 。

6.3 新立堡立交桥施工

二环路改造工程高架桥路段共分为7个标段：标段一为沈抚立交至新立堡立交高架桥上部结构施工，标段位于新立堡东街及沈水路，北起沈抚立交南引道，向南跨越新开河至南环沈水路落地，工程起点桩号为K12+700，终点桩号为K14+760，工程全长2060m。工程内容包括地面道路、桥梁、排水、照明、交通设施等工程。

高架桥上部结构分为预应力混凝土连续箱梁和钢梁两种结构形式，其中预应力混凝土连续梁桥桥宽23.5m，标准跨径为30m。钢梁桥宽23.5m，跨径有40m和50m两种。钢梁共有3跨，分别跨越新立堡街由北向南地面道路、新开河及沈水东路由东向西匝道，其中跨径40m一跨，跨径50m两跨。工期要求：计划开工日期2011年10月15日，计划竣工日期2012年1月12日。

6.3.1 工程总体施工方案

高架桥上部结构采用预应力混凝土连续箱梁和钢梁，采用满堂式支架现浇法施工，混凝土泵送入模。搭设高架桥箱梁满堂支架前，对搭设支架区域需要处理的原地面采用砂砾石底基层+混凝土垫层的方法进行处理。地基处理完成后，对地基进行检测，得出地基承载力。在地基上根据支架立柱间距，采用槽钢做平衡底梁，之后进行搭设支架、立模型作业。

钢箱梁桥宽23.5m，跨径有40m和50m两种，本标段钢梁共有3跨，分别跨越新立堡街由北向南地面道路、新开河及沈水东路由东向西匝道，其中跨径40m一跨(跨越沈水东路由东向西匝道)，跨径50m两跨(分别跨越新立堡街由北向南地面道路)。钢梁采用工厂预制，现场拼装的施工工艺，架设时采用临时支墩施工。

6.3.2 工程重难点

经对新立堡立交桥至沈抚桥段工程图纸的认真分析，综合工程特点，确定工程中的重点难点为：

(1) 本标段施工均在沈阳市主干道上进行，施工中需进行交通疏导，交通组织方案制定的优劣直接影响着施工的进度，是本工程的重点。

(2) 工程施工工期较短，如何在即定工期内保质保量地完成本工程的施工是本工程的重点所在。

(3) 本标段钢箱梁的施工时需跨越道路及河流，对钢梁的制作及架设施工要求很高，钢梁的制作及架设施工是本标段的重点、关键及难点。

6.3.3 钢结构梁桥的架设

1. 施工顺序和临时支撑设置

根据结构特征以及构件分段特点，本工程平面施工分为 3 个区，整体钢结构施工顺序为一、三、二，3 个区之间为交叉作业。第一分区为 30-31 轴线间 50m 跨跨公路段，第二分区为 35-36 轴线间 50m 跨跨新开河段，第三分区为 40-41 轴线间 40m 跨跨公路段。

钢箱梁在吊装时必须设在安全稳定的临时支撑，本工程钢箱梁吊装时按吊装分段设在格构柱作为临时支撑，并配以液压千斤顶和 150mm×150mm×6000mm 的枕木进行，确保吊装的准确定位。

2. 第一、三分区钢箱梁的吊装

根据新立堡高架桥工程的特点及构件的重量，并结合 3 个施工分段的各施工部位具体情况，来选择吊装机械设备进行钢箱梁的吊装：对于第一分区的 30-31 轴线间 50m 桥跨，第三分区为 40-41 轴线间 40m 桥跨，这两个桥跨均为跨公路段，构件最大重量约为 83t，选用 1 台 250t 汽车吊，汽车吊车臂长 20.7m，最大起重量 96t，进行吊装；对于第二分区的 35-36 轴线间 50m 跨跨新开河段，选用 1 台 500t 汽车吊进行二区钢箱梁的吊装。另外，选用 1 台 25t 汽车吊进行临时支撑，安装平台及安全通道的安装。对于第一、三分区的钢箱梁，在吊装前将路面支架架设就位，按照先内(弧线内侧)后外(弧线外侧)的顺序，依次从 31 轴(41 轴)向 30 轴(40 轴)进行吊装，具体吊装顺序可以分为 6 个步骤进行，如图 6.5 所示。

(a) 钢梁吊装第1步

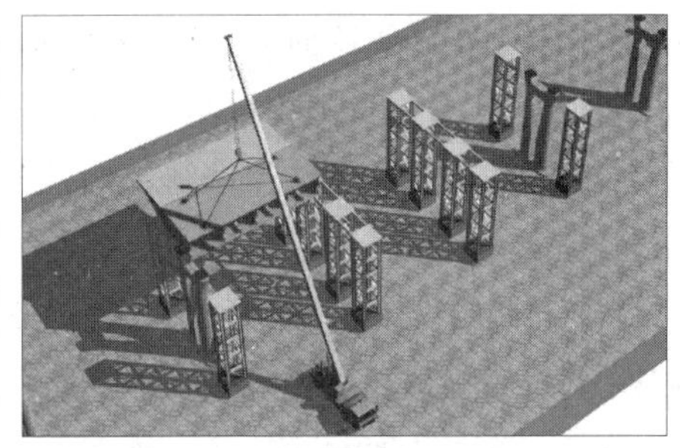

(b) 钢梁吊装第2步

(c) 钢梁吊装第3步

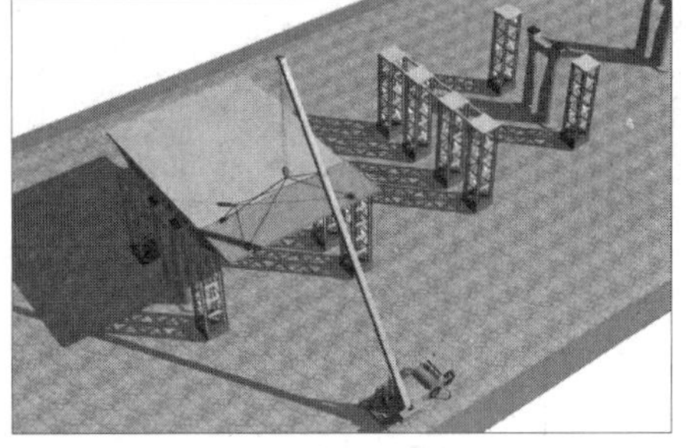

(d) 钢梁吊装第4步

图 6.5 钢梁吊装步骤

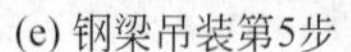

(e) 钢梁吊装第5步

(f) 钢梁吊装第6步

图 6.5(续)

3. 第二分区(跨河)钢箱梁吊装

该分区钢箱梁采用单元累积滑移方法进行安装,将该部分构件分约 6m 一段进行吊装,构件最大质量约为 82t,选用 1 台 500t 汽车吊进行吊装,汽车吊车臂长 31.7m,旋转半径为 16m。

采用单元积累滑移法进行桥箱安装,首先用全站仪按照支架图纸对柱顶支承位置打好坐标,固定好柱顶支承。在两侧支撑上安装滑移轨道,在 35 轴和 36 轴桥柱外侧各搭设 6m×24m 的支撑台架。36 轴方向的平台负责钢箱梁的对接,35 轴方向的平台放置人工绞磨通过轨道对钢箱梁进行滑移。先将钢箱梁第一段吊装到平台轨道上,用人工绞磨通过轨道向 35 轴方向滑移 6m;然后再将钢箱梁第二段吊装到平台上与第一段进行焊接,焊接完毕后用人工绞磨通过轨道将第一段和第二段向 35 轴方向滑移 6m;再将第三段吊装至平台轨道上与第二段进行连接并道向 35 轴方向滑移 6m。以此方法对 8 段钢箱梁进行累计滑移。滑移完毕后,在安装第九段钢箱梁与第八段进行连接。在检查施工合格后撤去轨道、支撑台架和平台。根据现场施工条件和钢结构的外形特点,采用了液压同步累积+旋转滑移安装的施工工艺,具体施工流程如图 6.6 所示。

通过合理选择施工工艺和合理安排施工工序,确保该梁桥吊装安全、控制较易实现、省时省力,并且就位精度高。

(a) 跨河箱梁吊装第1步

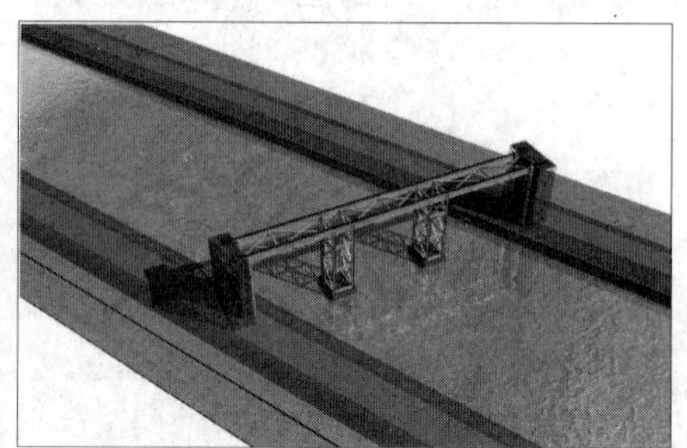

(b) 跨河箱梁吊装第2步

图 6.6 跨河箱梁吊装步骤

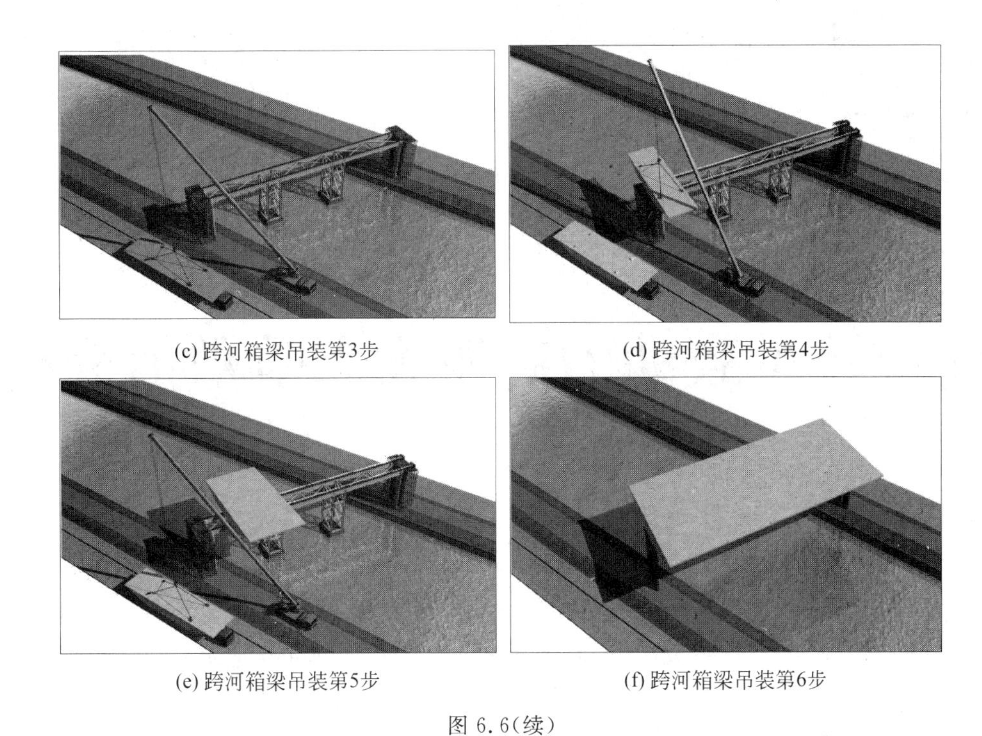

(c) 跨河箱梁吊装第3步　　(d) 跨河箱梁吊装第4步

(e) 跨河箱梁吊装第5步　　(f) 跨河箱梁吊装第6步

图 6.6(续)

参考文献

[1] 沈阳市发展和改革委员会. 沈阳市迎“十二运”城市道路系统建设改造及环境综合改造项目可行性研究报告[R]. 沈阳：辽宁科技出版社，2011.

[2] 沈阳市市政工程设计研究院. 沈阳市二环快速路改造工程地质勘察——沿途工程勘察报告[R]. 沈阳：辽宁科技出版社，2010.

[3] 金生吉，舒哲，鲍文博. 城市立交桥地震响应分析[J]. 东北大学学报，2012，33(S2)：277-281.

第 7 章

CHAPTER 7

地震及车载动力对桥梁影响数值分析

地震是造成桥梁破坏的主要因素，地震引起的塌方、岸坡滑动以及山石滚落，造成桥梁出现各种破坏形式[1-3]。地震发生时，促使桥梁产生突然、不确定性的水平和竖直振动，可以造成桥梁构件的损坏，甚至倒塌。地震还可能造成桥梁上部和下部结构间相对位移过大而导致桥梁破坏。本章运用 SolidWorks 有限元软件对新立堡立交桥进行数值仿真分析，开展地震对桥梁响应研究。

7.1 数值仿真模型建立

7.1.1 数值分析模型

沈阳新立堡立交桥是比较典型城市跨线立交桥，研究建模选择新立堡立交桥的一部分，桩号为 K14＋183.5，高架桥上部结构为预应力混凝土连续箱梁，混凝土连续梁桥桥宽 23.5m，标准跨径为 30m。承台高度 2m、墩台高度 2.2m、支座高度 1.8m、梁高 2.2m、桥面铺装高度 0.18m。由于桥基础较深，考虑到影响范围较大，整个分析模型下部土体部分取宽度 50m 桩身长度为 12m，桩下土体深度取 17m。桥的详细尺寸及构造情况详见图 7.1 和图 7.2。

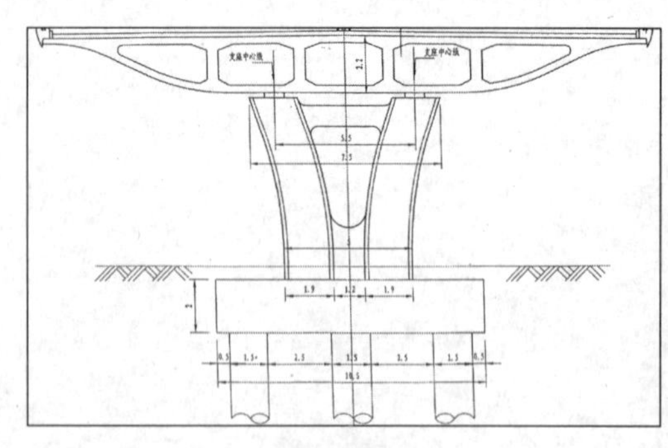

(a) 桥梁断面图

(b) 桥梁施工现场

图 7.1 桥梁结构及模型图

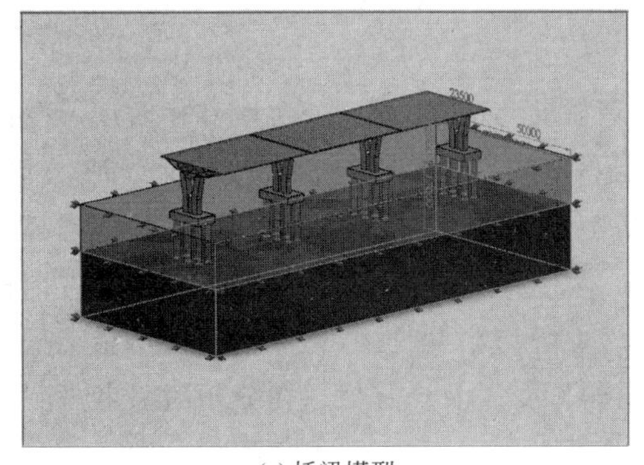

(c) 桥梁模型

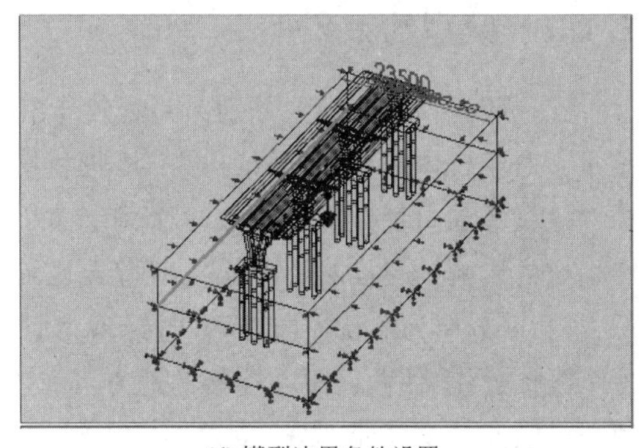

(d) 模型边界条件设置

图 7.1(续)

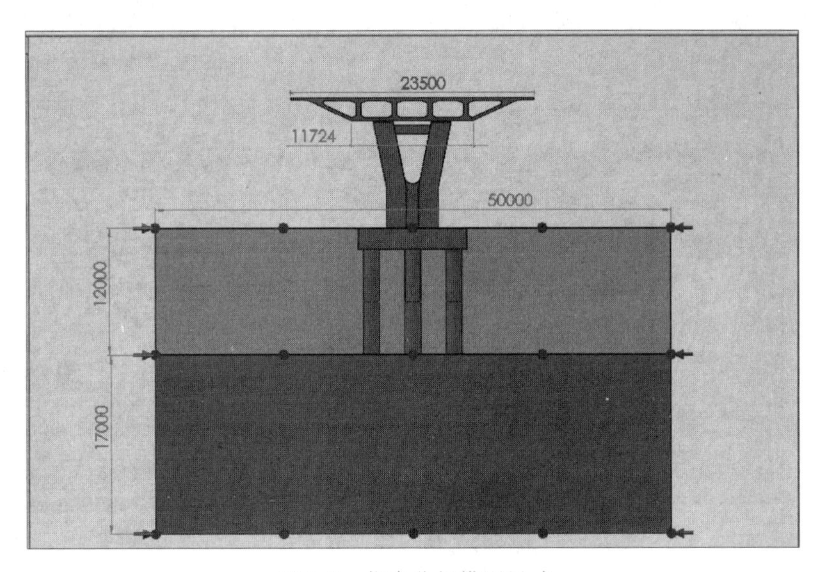

图 7.2　仿真分析模型尺寸

用来模拟钢筋混凝土的实体，一般有两种方法[4-5]。一种是整体式，即将钢筋和混凝土看作一种混合均匀的材料，实常数采用两种材料的等效值；还有一种方法是分离式，即将钢筋和混凝土采用两种不同的单元模拟，并利用结点位移的一致，使两者协调工作。由于桥结构很大，钢筋分布密集，采用分离式太复杂，而且，需要计算的是整体的位移变化，故用前者的方法比较合理[6]。立交桥为多箱室混凝土结构简支梁桥，桥梁跨越 6 车道，跨度为 30m。桥梁的横断面包括 300mm 厚的混凝土面板，考虑到沈阳市城市高架桥的结构特点，箱梁的底板和腹板在沿悬臂的方向是逐渐变化的，而且在桥墩的位置箱梁的结构比较复杂，桥墩底部是圆柱，向上双分，呈“Y”字形，为了方便建模，所以桥梁模型采用统一的梁单元。考虑到计算车辆荷载的加载问题和减少计算工作量，采用映射网格划分桥梁模型。沿桥梁纵向的单元长度为 3m，每个桥墩地面以下部分全部结点用固定端约束，桥梁有限元模型如图 7.1 所示。

7.1.2 模型约束条件

在一跨桥面的基础上分别向两侧延伸出半跨桥面，以真实地反映桥墩和桥台所承受的重量。对于桥体部分，下部结构为“Y”形桥墩，且桥墩较高，上部结构为现浇箱梁，而上部结构对该桥的动力特性影响较大，因此用全桥的结构分析模型，主要研究对象是主桥，建模忽略引桥的影响。建模时有限元模型桥台底面采用固接，桥面两侧采用对称约束，X 方向横桥方向，Z 方向为顺桥方向，Y 方向为重力方向。桥墩与箱梁铰接，在主墩墩顶与箱梁处加一个柔性连接，使两区域在连接的地方可有不同的形变以及位移值。在分析时只考虑主桥两个桥墩间一个单元部分，如图 7.3 所示。

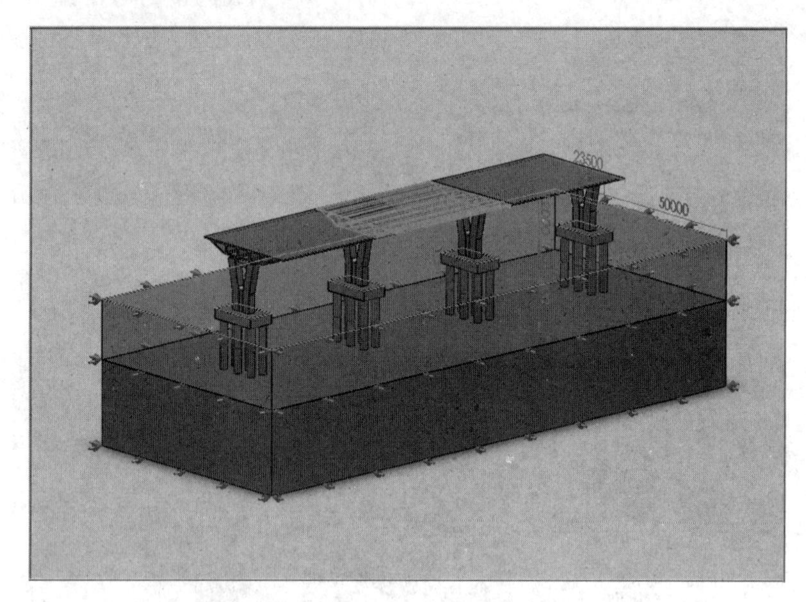

图 7.3 模型计算单元图

7.1.3 数值分析参数设置

按《公路桥梁抗震设计规则》JTG/T B02-01—2008 要求，该高架桥的桥梁抗震设防类别为 B 类。本地区地震设防烈度为 7 度，设计基本加速度值 0.10g，场地类别为Ⅱ类[7]。

对桥梁一标准跨建立了空间有限元计算模型，桥面、桥墩、桥台和橡胶支座都采用六面体的实体单元。其中桥面、桥墩和桥台采用统一的混凝土计算参数，弹性模量为 3.1E10Pa，泊松比为 0.18，容重为 25kN/m^3，橡胶支座的弹性模量为 2.06E11Pa，泊松比为 0.3，容重为 79kN/m^3。模拟桥梁的支承条件是仿真分析的一个重点，利用 MIDAS 自带的面-面接触设定，法向刚度 2E8N/m^3，剪切刚度 2E6N/m^3，内聚力 5000N/m^2，内摩擦角 40°，膨胀角 40°。模型共建立 14 664 个单元，20 932 个结点，桥体有限元计算模型如图 7.4 和图 7.5 所示。

图 7.4　模型网格划分

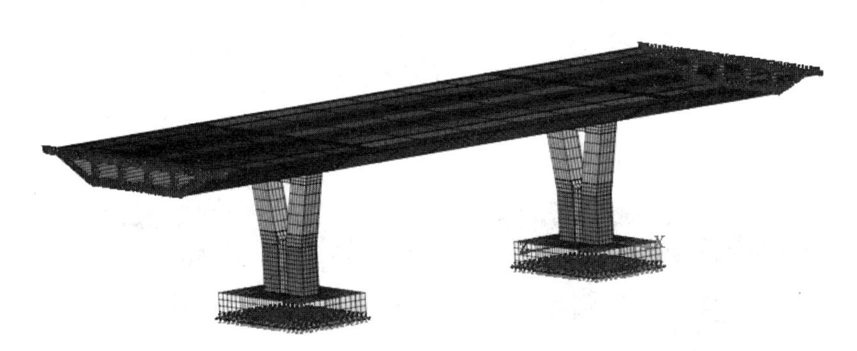

图 7.5　桥梁边界条件

7.2　立交桥仿真分析

7.2.1　模态分析

相关研究表明桥梁的结构的动力响应主要取决于外部条件的干扰类型和桥梁结构自身的动力特性[8]。使用子空间法对该桥进行模态分析，得到前 30 阶自振模态，前 10 阶模态频率、周期及振型特性见表 7.1，其中第 1 阶振型为整体横向方向平动，竖弯第一次出现在第 3 阶振型中，扭转第一次出现在第 7 阶振型中。

表 7.1　高架桥频率、周期及振型特性

模态数	频率	周期	振 型 特 性
1	2.266	0.441	整体横桥向平动
2	4.534	0.221	整体横桥向平动
3	4.637	0.215	主梁中跨一阶对称竖弯
4	5.425	0.184	边跨反对称竖弯
5	5.479	0.182	边跨反对称竖弯

续表

模态数	频率	周期	振 型 特 性
6	6.104	0.164	整桥面 1 阶反对称竖弯
7	8.172	0.122	整体扭转
8	8.624	0.116	整桥面 2 阶反对称竖弯
9	11.884	0.084	中跨、边跨反对称竖弯
10	13.560	0.074	中跨、边跨 2 阶反对称竖弯

从表 7.1 可以看出该高架桥的刚度较大，自振周期短，固有频率大，而且固有频率增长较快，模态较稀疏；前 2 阶振型均为整体桥梁横桥方向平动，而且到第 7 阶振型才出现整体的扭动，表明该桥梁抗震性能良好；结构前 10 阶振型均表现出单一的振型形态，表明低阶振型在各个方向的耦合作用不明显；表明在某一方向地震波作用下，主要引起结构该方向较大的内力反应，而其他方向的反应则较小；该高架桥主要振型均为横桥向平动，模态分析的位移云图如图 7.6 所示。

(a) 模态1X方向位移云图　(b) 模态1Y方向位移云图
(c) 模态1Z方向位移云图　(d) 模态1最大位移云图

图 7.6　桥梁模态分析位移云图

7.2.2　位移结果分析

为了更好地得到桥梁在地震作用下的动力特性，研究选用了 3 种典型的强震地震波，分别是 EI Centro 波、Taft 波和 Northridge 波，得到结构不同的地震响应[9-13]。其中，EI Centro 地震波分析位移云图(time history max)如图 7.7 所示。

采用 Taft 地震波进行仿真分析得到的 X 方向、Y 方向及 Z 方向的(time history max)位移云图如图 7.8 所示。

采用 Northridge 地震波进行仿真分析得到的 X 方向、Y 方向及 Z 方向的(time history max)位移云图如图 7.9 所示。

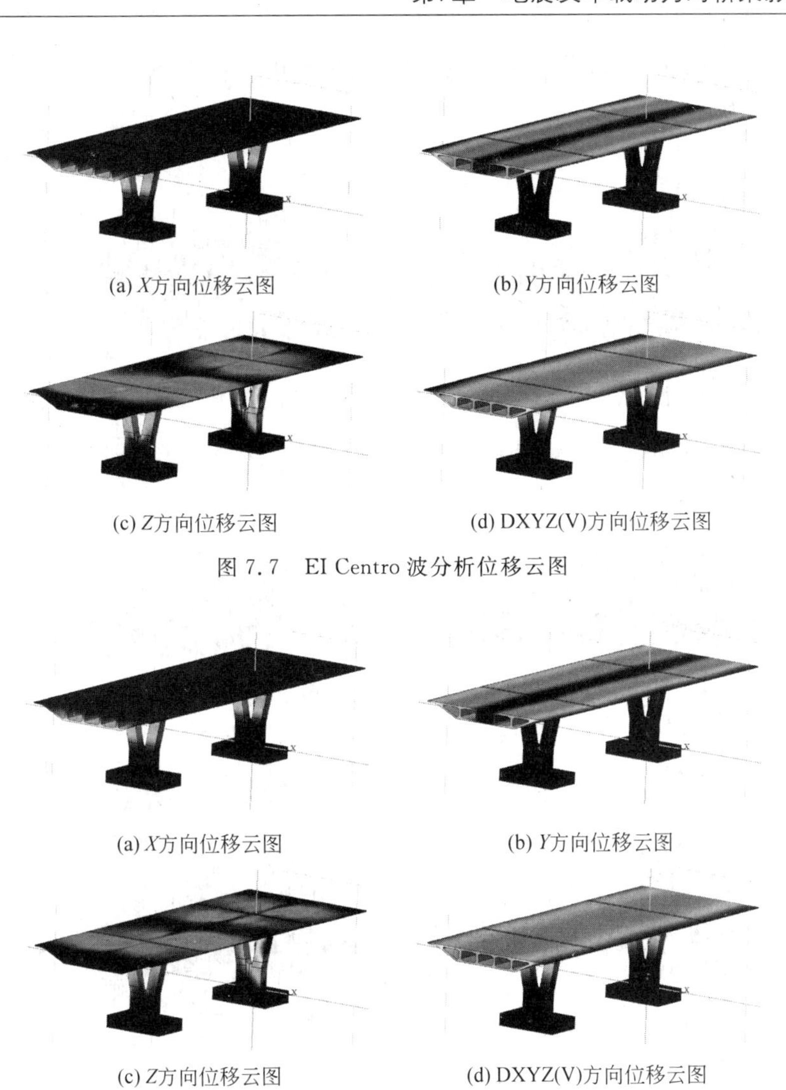

(a) X方向位移云图　(b) Y方向位移云图

(c) Z方向位移云图　(d) DXYZ(V)方向位移云图

图 7.7　EI Centro 波分析位移云图

(a) X方向位移云图　(b) Y方向位移云图

(c) Z方向位移云图　(d) DXYZ(V)方向位移云图

图 7.8　Taft 波分析位移云图

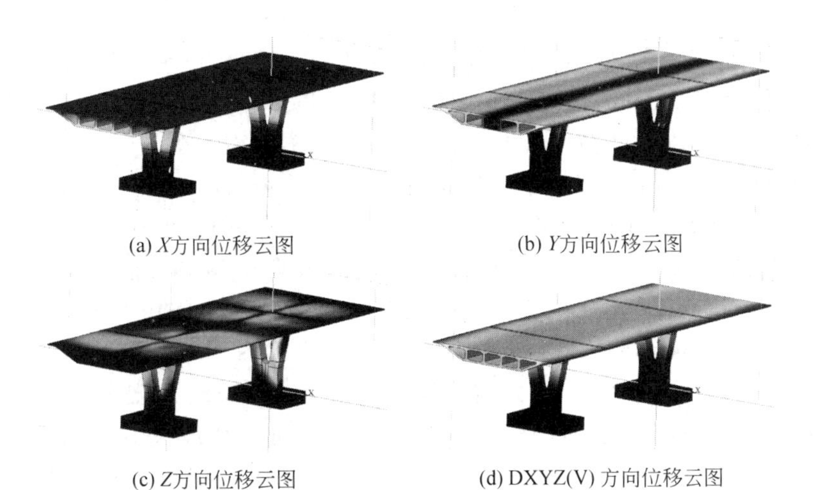

(a) X方向位移云图　(b) Y方向位移云图

(c) Z方向位移云图　(d) DXYZ(V) 方向位移云图

图 7.9　Northridge 波分析位移云图

沿横桥方向输入 EI Centro 地震波，分别得到了跨中和桥墩顶部各个方向的位移时程曲线，如图 7.10 所示。

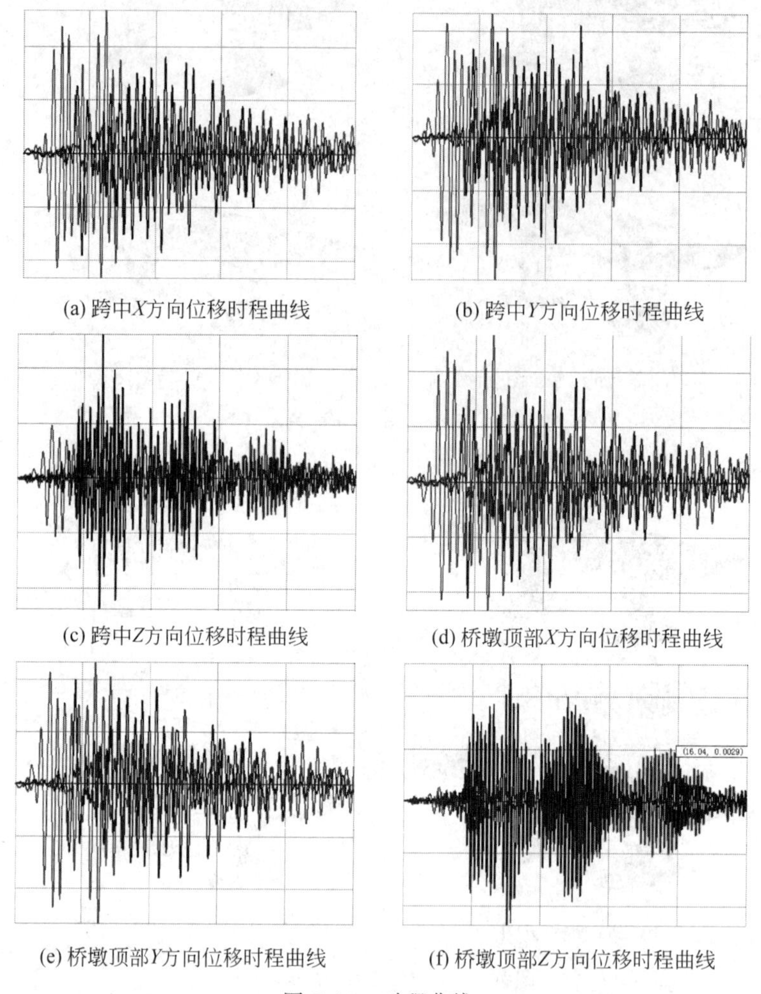

(a) 跨中X方向位移时程曲线　(b) 跨中Y方向位移时程曲线

(c) 跨中Z方向位移时程曲线　(d) 桥墩顶部X方向位移时程曲线

(e) 桥墩顶部Y方向位移时程曲线　(f) 桥墩顶部Z方向位移时程曲线

图 7.10　时程曲线

从图 7.10 中可以看出，跨中在 EI Centro 波作用下 X 方向位移最大值为 2.43cm，出现在 5.04s，最小值为－2.12cm，出现在 4.8s。跨中在 Taft 波作用下 X 方向位移最大值为 1.01cm，出现在 7.26s，最小值为－0.89cm，出现在 7.48s。跨中在 Northridge 波作用下 X 方向位移最大值为 1.65cm，出现在 8.62s，最小值为－1.74cm，出现在 3.64s。

跨中在 EI Centro 波作用下 Y 方向位移最大值为 3.69cm，出现在 5.04s，最小值为－3.22cm，出现在 4.80s。跨中在 Taft 波作用下 Y 方向位移最大值为 1.43cm，出现在 7.28s，最小值为－1.64cm，出现在 7.48s。跨中在 Northridge 波作用下 Y 方向位移最大值为 2.79cm，出现在 8.64s，最小值为－2.92cm，出现在 10.10s。

跨中在 EI Centro 波作用下 X 方向位移最大值为 1.67cm，出现在 5.04s，最小值为－1.45cm，出现在 4.8s。跨中在 Taft 波作用下 X 方向位移最大值为 0.72cm，出现在 7.26s，最小值为－0.56cm，出现在 7.48s。跨中在 Northridge 波作用下 X 方向位移最大值为 1.17cm，出现在 9.88s，最小值为－1.32cm，出现在 3.62s。

桥墩顶部在 EI Centro 波作用下 Y 方向位移最大值为 0.62cm，出现在 4.80s，最小值为 −0.72cm，出现在 5.04s。跨中在 Taft 波作用下 Y 方向位移最大值为 0.25cm，出现在 7.48s，最小值为 −0.30cm，出现在 7.26s。跨中在 Northridge 波作用下 Y 方向位移最大值为 0.54cm，出现在 3.62s，最小值为 −0.48cm，出现在 8.62s。

各点在各个工况下的 Z 方向位移非常小，可以忽略不计。无论何种工况下，跨中结点既有 X 方向位移，又有 Y 方向的位移，数值差别不大，说明箱梁桥面在地震过程中既有左右的平动，也存在上下的运动。各位置结点位移时程曲线的振荡形式与各个地震波的振荡形式类似，说明结构在同一方向上刚度连续性好，不存在奇异。

7.2.3　应力分析

每种地震波作用下，最大应力分布情况如图 7.11～图 7.13 所示，从图中可以看出每种工况下应力分布情况。

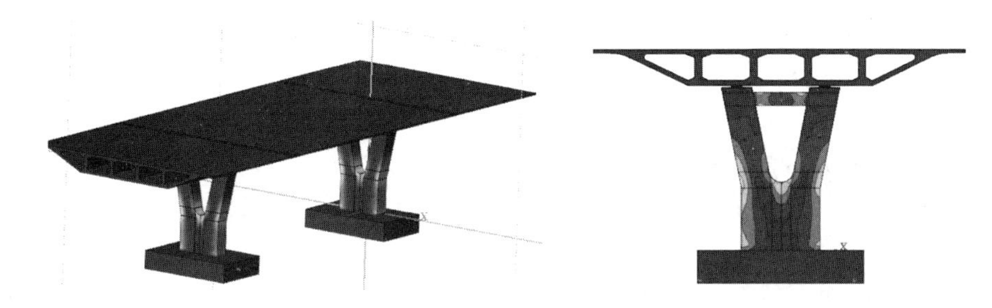

图 7.11　EI Centro 波下结构应力分布图

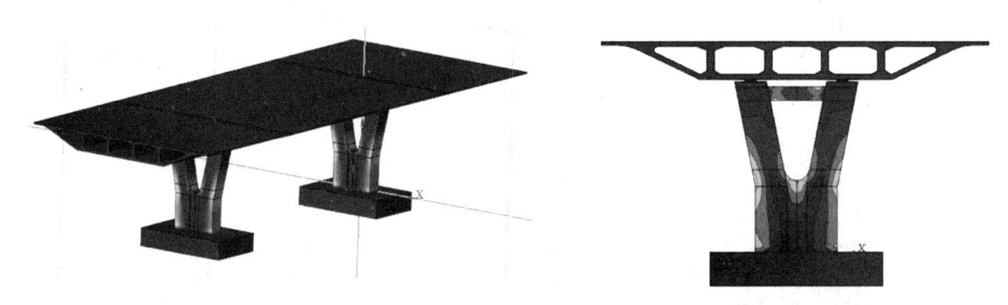

图 7.12　Taft 波作用下结构应力分布图

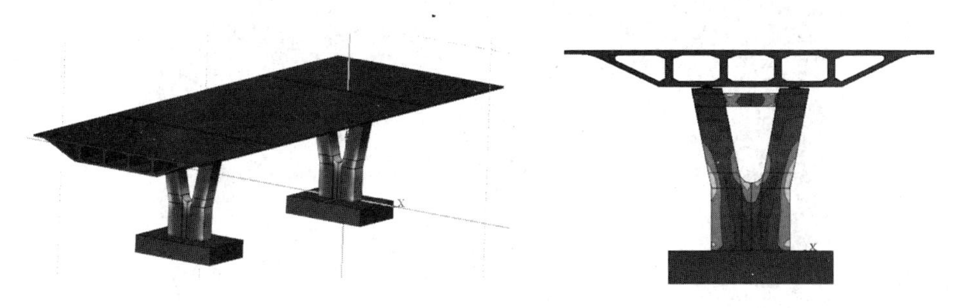

图 7.13　Northridge 波作用下结构应力分布

从应力分布云图上可以看出，桥身最大主应力，分布于桥墩两侧及分支点附近，或是桥墩中部连梁与柱墩连接处，分布特点是由下向上逐渐降低，桥墩底部最大值达33MPa，没有超过混凝土强度要求。

从等效应力分布云图上可以看出，在地震波作用下，桥身等效弹性应变呈现对称分布，与最大主应力分布有相同的趋势，在桥墩根部两侧及分支点附近及桥墩中部连梁与柱墩连接处分布最大。

从图中可以看出每种工况下都是支座处的应力最大，在EI Centro波作用下最大可达65.6MPa，在Taft波作用下最大可达20.9MPa，在Northridge波作用下最大可达50.5MPa。

混凝土桥墩应力集中出现在3处，分别是Y形桥墩上斜肢根部两侧和斜肢上部连接段处，在EI Centro波作用下最大可达20.5MPa，在Taft波作用下最大可达10.1MPa，在Northridge波作用下最大可达15.8MPa，这些值都在混凝土强度容许范围之内，结构强度是有保证的。实际工程中，为了增加结构的延性和使用寿命，对这些部位一般均做一定圆滑处理，也做一些抗震的补强，以防止混凝土的破坏[7]。

7.3 车载振动的响应分析

7.3.1 模型建立

研究借鉴以往学者关于地震荷载对桥梁影响的研究成果[14-17]，建模将钢筋和混凝土看作一种混合均匀的材料，实常数采用两种材料的等效值。立交桥为多箱室混凝土结构简支梁桥，桥梁跨越6车道，跨度为30m。桥梁的横断面包括300mm厚的混凝土面板，箱梁的底板和腹板在沿悬臂的方向是逐渐变化的，桥墩底部是圆柱，向上双分，呈“Y”字形，桥梁模型采用统一的梁单元。采用映射网格划分桥梁模型，桥梁有限元模型如图7.14所示。每个桥墩地面以下部分全部结点用固定端约束，如图7.15所示。

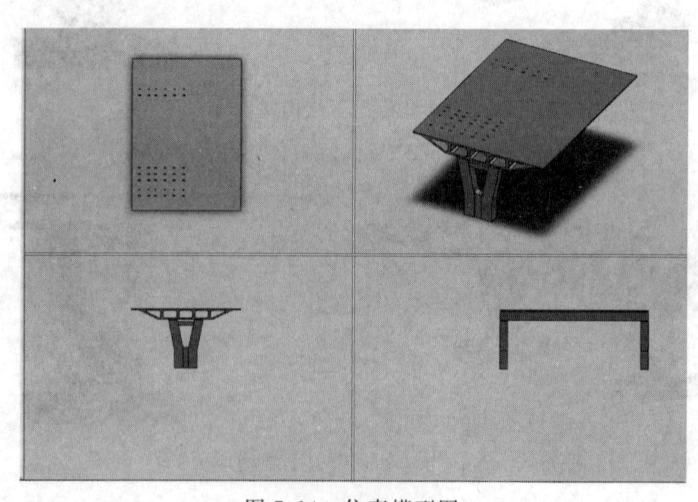

图7.14 仿真模型图

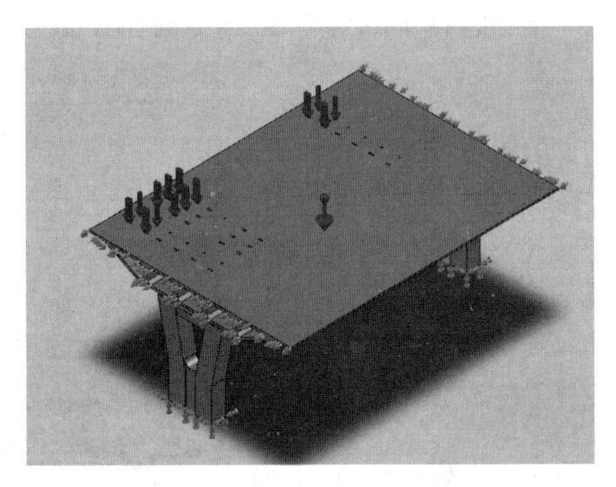

图 7.15　模型加载及边界约束

7.3.2　工况分析

对沈阳市高架桥进行车辆荷载作用下的位移响应的计算分析。由于车辆在桥上行驶都是随机的，因此给耦合系统的建立带来一些问题[13]。为了分析方便，以下将讨论各种比较典型的荷载工况组合时的情况。

模型边界及工况：每辆大车共有 5 排车轮，将每一个轮胎简化成 190mm×190mm 的正方形，每个正方形将提供均布荷载，其中第 1 排车轮与第 2 排车轮位于大车的前方，第 1 排车轮每侧各一个，车轮内侧间距 1810mm，第 1 排车轮最后方与第 2 排车轮前侧相距 1110mm，第 2 排车轮为每侧各两个车轮，它们之间间距为 190mm，两侧车轮内侧间距 1525mm；第 3、4、5 排车轮位于大车的后方，第 2 排车轮最后方与第 3 排车轮最前方间距 14 810mm，第 3、4、5 排车轮间距与第 1、2 排一样，具体情况如图 7.16 所示。

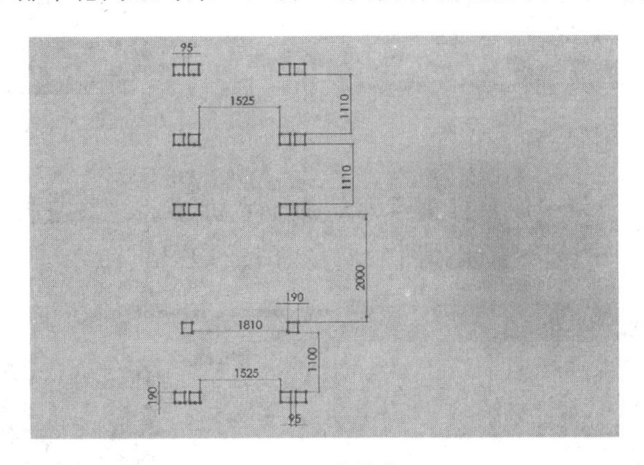

图 7.16　轮载布置

大车所承载货物不同，相应的转化成每个车轮的荷载也不同，这样考虑每个车轮荷载为 400kPa、800kPa、1200kPa。由于大车长度很长，这样，每一跨桥面上的一个车道上的大车只能出现两种情况，第一种是前车的后部分与前车的前部分同时出现在桥面上，另一种是一个整车出现在桥面上。按实际情况，大车可能 3 个车道不同组合的出现，这样将整车出现与不同车道数相组合形成工况一至九，将第二种情况与不同车道数组合形成工况十至工况十八[4]。

7.4 仿真结果分析

对于第一种工况，单排车道大车在最外车道通行时，车轮加载1200kPa，得到位移云图、Von Mises应力云图及第一主应力云图分别如图7.17～图7.20所示。

图7.17 位移云图

图7.18 Von Mises应力云图

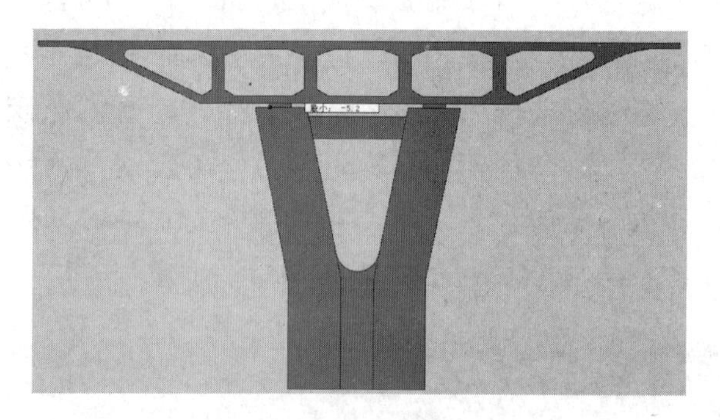

图7.19 第一主应力云图

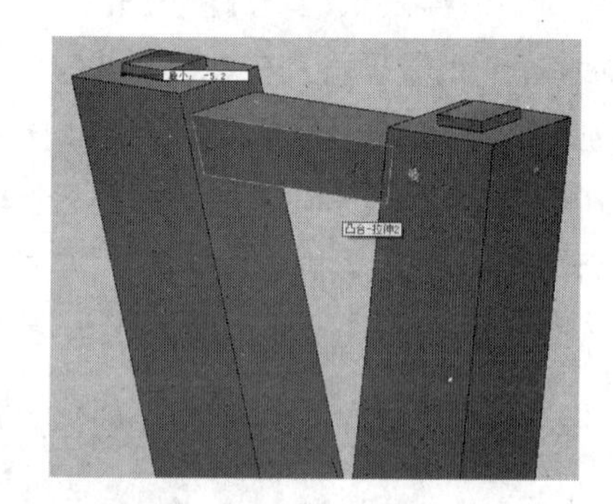

图7.20 支座处应力云图

对于第二种工况，单侧中间单排车道大车通行时，加载得到桥身各点位移、Von Mises应力云图、支座及横梁应力云图分别如图7.21～图7.24所示。

图7.21 位移云图

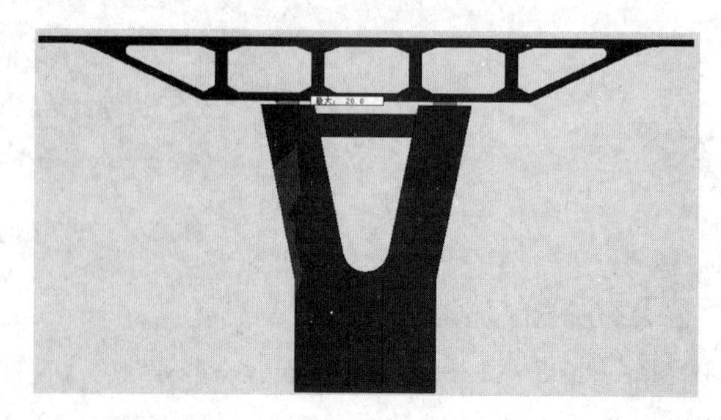

图7.22 Von Mises应力云图

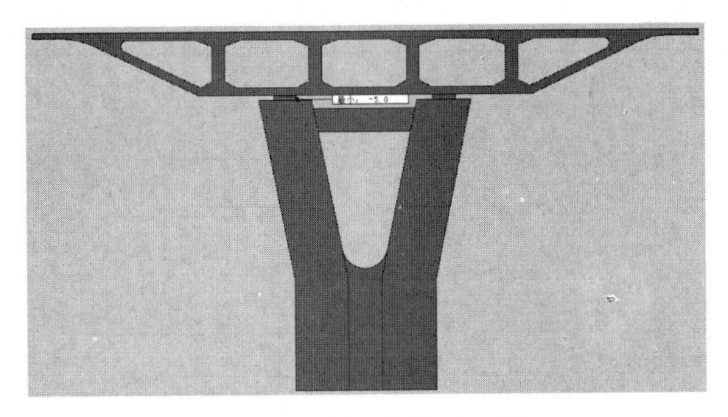

图 7.23　第一主应力云图

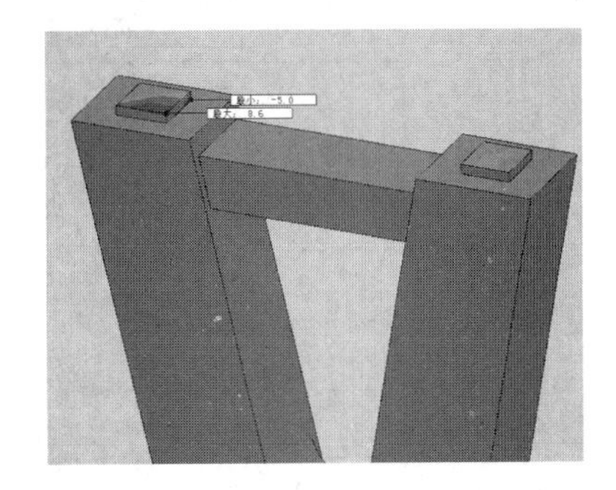

图 7.24　支座处应力分布云图

对于第三种工况，考虑单车道最内测行车情况，即桥上只有单侧最内侧车辆通过，这是对整个桥梁较为有利，也是不易出现桥梁侧翻的情况。通过加载分析得到位移云图、Von Mises 应力云图及第一主应力云图分别如图 7.25～图 7.28 所示。

图 7.25　位移云图

图 7.26　Von Mises 应力云图

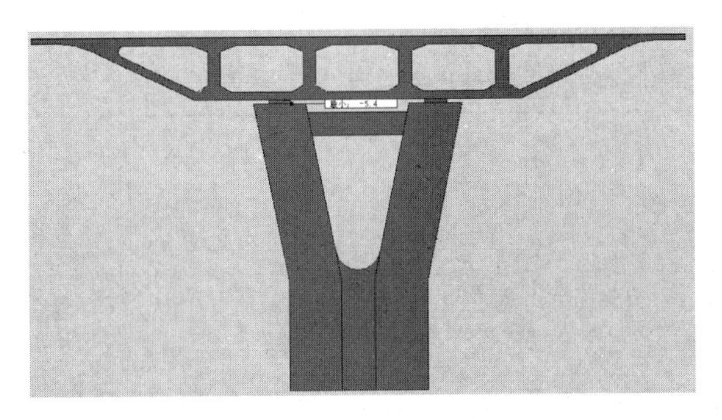

图 7.27　第一主应力云图

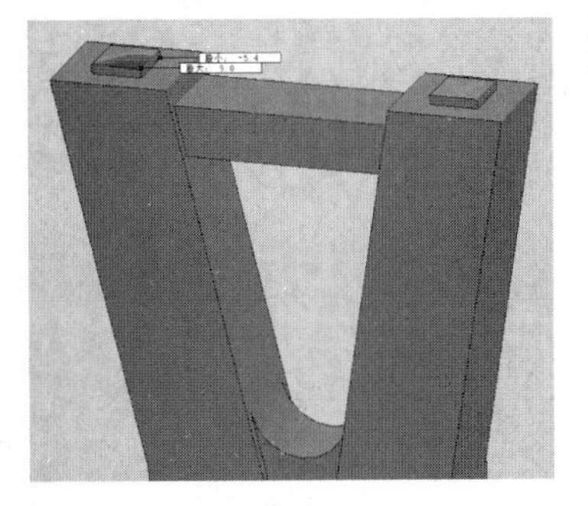

图 7.28　后车部支座及横梁第一主应力

对比前 3 种工况，尽管都是考虑单车道行车情况，但工况一是对整个桥梁是最不利的加载，也是最容易出现桥梁侧翻的情况，这对桥梁的稳定性是较大的威胁。对比 3 个位移、应力云图，可以看到在最不利行车荷载作用下，整个桥身出现了不同的位移，最大位移值出现在跨中最外侧，位移值为 10.123mm，相应的 Von Mises 应力为 23.52MPa，最大第一主应力为 11.42MPa，第一主应力最小值－5.64MPa。

工况四到九是工况一到三的车辆荷载数量的增加，运算所得位移、应力结果变化趋势与前者相同，工况四到工况九的结果如表 7.2 所示。

表 7.2　工况四到工况九运算结果汇总表

工况	最大位移 /mm	Von Mises 应力 /MPa	第一主应力最大值 /MPa	第一主应力最小值 /MPa
工况四	7.937	21.26	8.92	−5.53
工况五	9.389	24.81	10.51	−5.67
工况六	9.873	25.62	11.12	−8.33
工况七	9.056	22.47	9.94	−5.89
工况八	11.311	29.27	12.34	−6.67
工况九	12.038	30.51	13.22	−7.45

第二种比较典型的情况是一个大型货车整车出现在单跨桥面上，分别在最外车道、中间车道和内车道上只有单车道上行驶车辆时为工况十到工况十二。对这 3 种工况分别加载运算分析得到位移、应力结果如表 7.3 所示。

表 7.3　工况十到工况十二运算结果汇总表

工况	最大位移 /mm	Von Mises 应力 /MPa	第一主应力最大值 /MPa	第一主应力最小值 /MPa
工况十	9.679	24.63	12.12	−6.25
工况十一	9.483	23.41	11.51	−5.47
工况十二	7.937	21.26	8.92	−4.23

工况十三到十八是这种情况与不同车道数组合形成工况十到十二的行车车道数的组合和数量的增加，趋势与前者相同，工况十三到十八的结果如表 7.4 所示。

表 7.4　工况十三到工况十八运算结果汇总表

工况	最大位移 /mm	Von Mises 应力 /MPa	第一主应力最大值 /MPa	第一主应力最小值 /MPa
工况十三	8.82	19.25	8.63	−4.78
工况十四	10.28	20.96	9.53	−5.32
工况十五	10.94	22.03	10.01	−5.67
工况十六	10.45	20.44	9.28	−5.14
工况十七	12.64	23.36	10.61	−5.82
工况十八	13.63	24.97	11.33	−6.32

通过立交桥车载作用下的桥体位移、应力等响应的计算分析，根据车轮荷载、车辆出现位置不同、车道不同排列共讨论了 18 种比较典型的荷载工况组合时的情况。对每种工况下加载得到的位移云图、应力云图进行比较，得到如下结论：

(1) 在同一车道上，车辆行驶的不同位置对桥身结构位移和应力的影响不明显，而同一辆车行驶在不同车道上对桥身位移影响较大，同样是一辆车分别行驶在内车道和外车道上，产生的桥身位移最大值均出现在桥面跨中最外侧，而数值相差较大。

(2) 单侧布满车辆荷载时对桥结构受力最为不利，而桥面布满荷载时压应力极值出现在桥墩支座和拉应力出现在"Y"形桥墩横梁处，因而这部分的配筋设计十分关键，是最有可能出现受拉破坏的位置。

(3) 整个桥身出现了不同的位移，最大位移值出现在跨中最外侧，位移值为 13.63mm，相应的 Von Mises 应力为 24.97MPa，最大第一主应力为 11.42MPa，第一主应力最小值 −5.64MPa，均在桥的设计承载范围之内。

7.5　无梁板桥结构设计、施工及调整

7.5.1　板桥上部结构形式

新立堡立交桥上部结构均采用预应力混凝土连续箱梁，桥宽 23.5m，标准跨径为 30m。预应力混凝土连续箱梁为单箱五室断面，梁高中心处 2.2m。第一跨立面剖切图如图 7.29 所示，顶板平面图如图 7.30 所示。

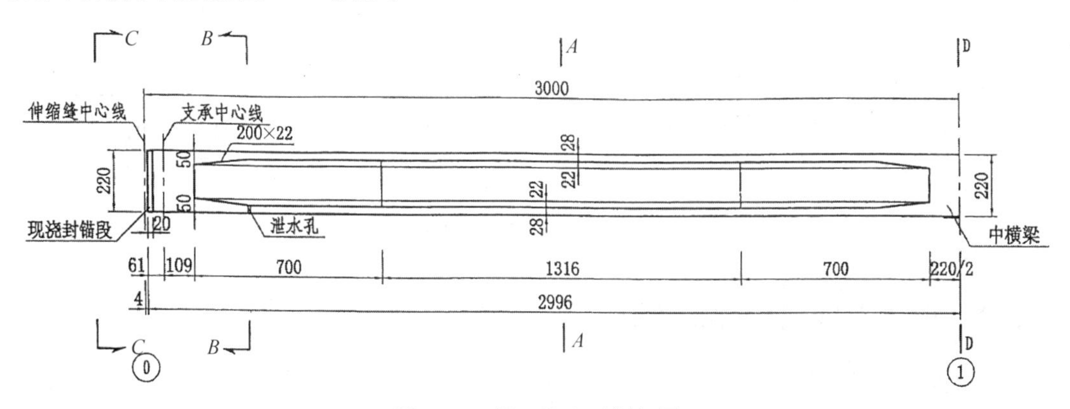

图 7.29　第一跨立面剖切图

箱梁外侧腹板为圆弧曲面。标准段横坡为双向 1.5%，超高段范围横坡为单项 1.5%，标准段和超高段之间通过超高过渡段过渡，横坡及超高通过调整主梁腹板高度形成。

由于沈阳市地处严寒地区，作为沈阳市的重点工程，桥梁设计年限为 100 年。对各个具体混凝土构件的要求如表 7.5 所示。

表 7.5　凝土构件材料要求

构　　件	混凝土标号	最大水灰比	最小水泥用量/(kg/m³)	最小保护层厚度受力钢筋/mm	抗冻等级(≥)	抗冻耐久性指数 DF(≥)
主梁、组合梁桥面板	C50	0.50	350	40	F250	70%
桥墩、台	C40	0.50	300	40	F250	70%
承台及桩基础	C30	0.55	275	50(70)	F250	70%
防撞墙底座	C50	0.50	300	40	F250	70%
伸缩缝、桥面铺装	C50	0.50	300	20(非受力筋)	F250	70%

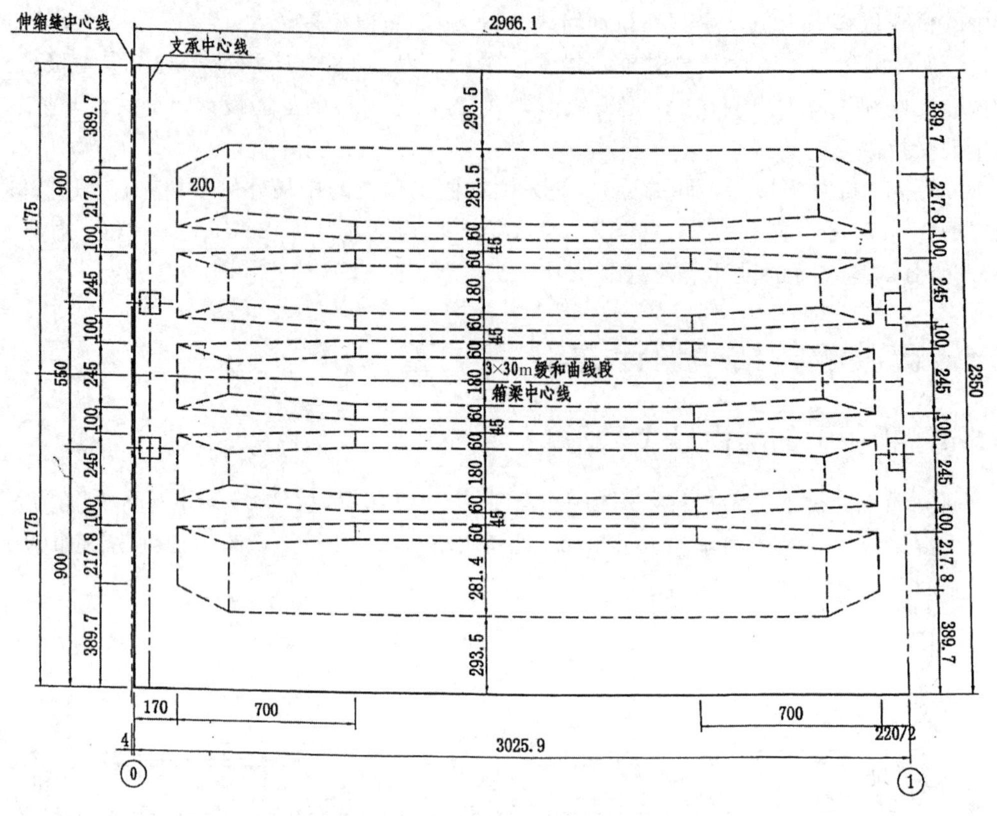

图 7.30 第一跨桥面顶板平面图

7.5.2 板桥上部结构配筋设计

单箱五室预应力混凝土连续箱梁横截面具体尺寸及配筋情况如图 7.31～图 7.36 所示。

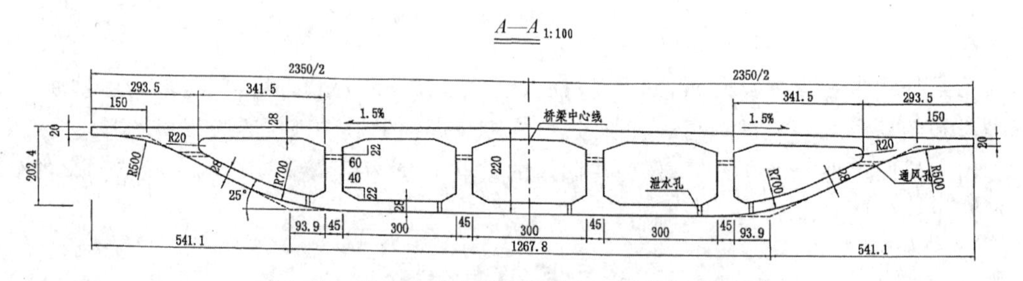

图 7.31 第一跨无梁板桥截面 A—A(跨中)剖面图

预应力混凝土箱梁部分预应力钢绞线采用 $\Phi_s=15.2$ 低松弛钢绞线，标准强度 $f_{pk}=1860$MPa，弹性模量 $E_p=1.95\times105$MPa，单根钢束的张拉控制力 1370MPa。预应力粗钢筋采用 JL32 精轧螺纹钢筋，$f_{pk}=930$MPa。沿道路设计线展开的纵向预应力钢筋束布置情况如图 7.37 和图 7.38 所示。

纵向预应力钢筋束张拉均要求引伸量与张拉力双控，以张拉力为准，通过实验测定弹性模量值，校正设计引伸量，要求设计引伸量与实测引伸量两者误差在±6%以内，对于纵向钢筋束在箱室内壁的布置及其端部螺旋筋锚固情况如图 7.39 所示。

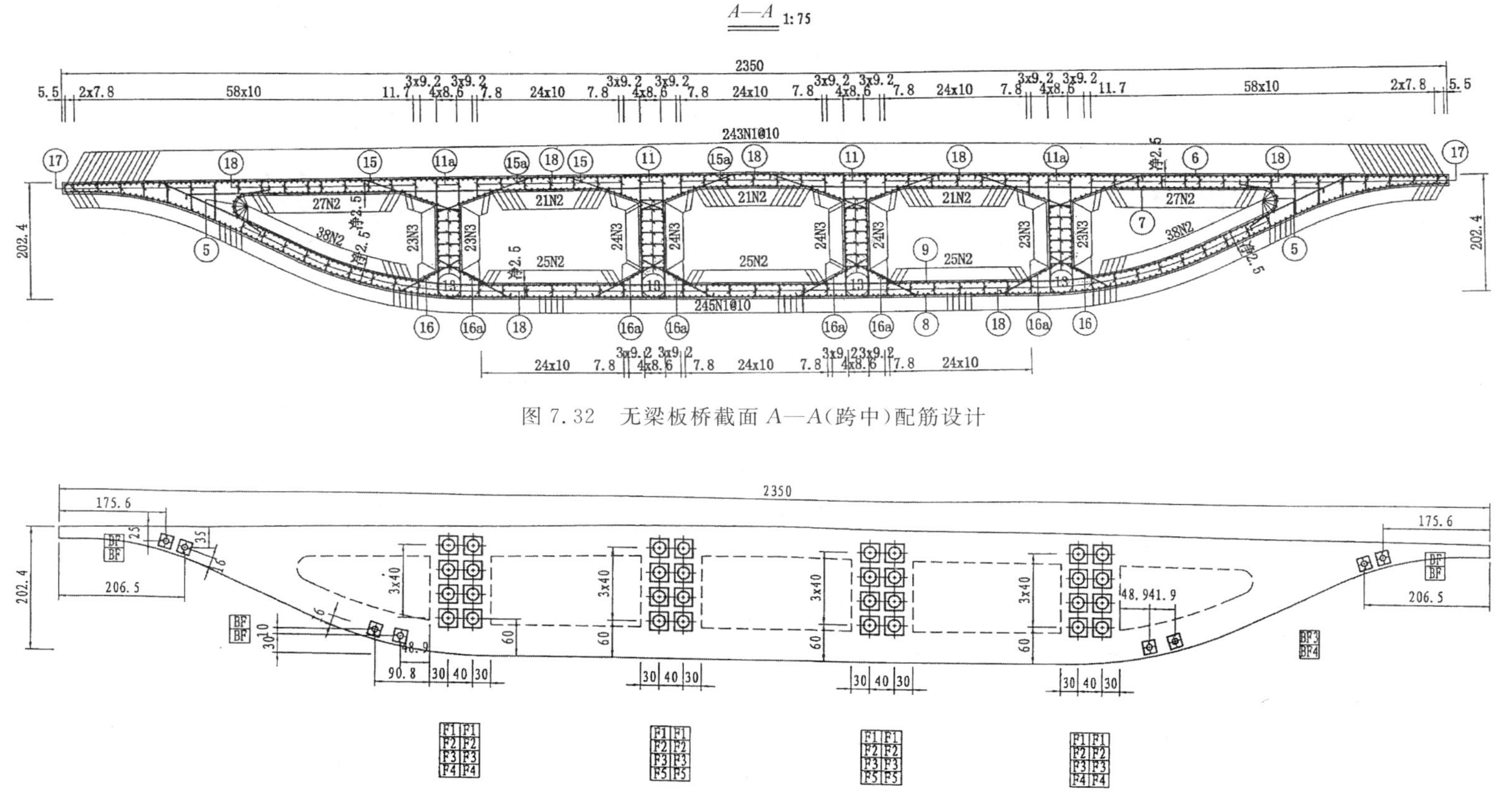

图 7.32　无梁板桥截面 A—A(跨中)配筋设计

图 7.33　无梁板桥纵向预应力配筋设计

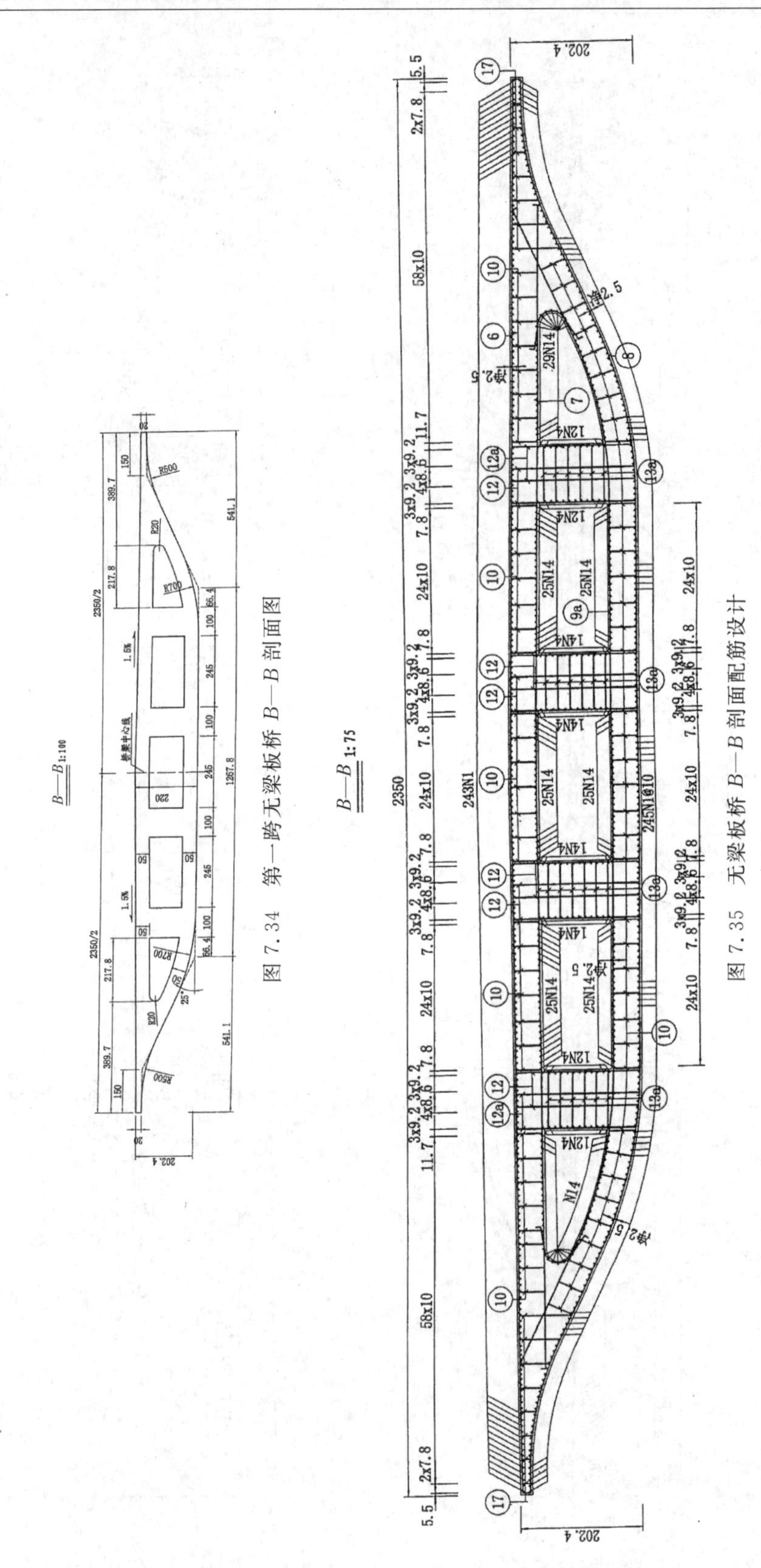

图 7.34　第一跨无梁板桥 B—B 剖面图

图 7.35　无梁板桥 B—B 剖面配筋设计

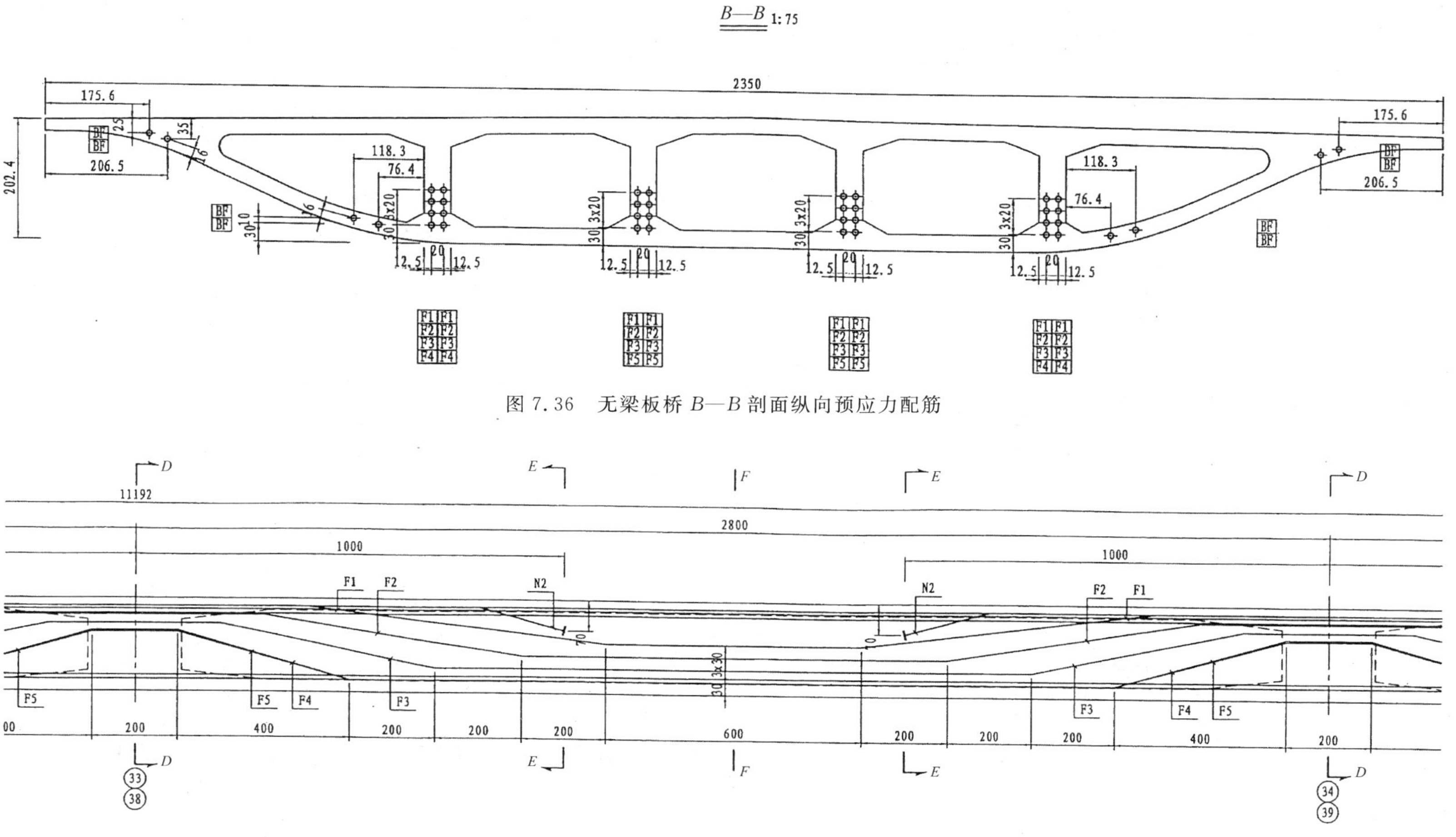

图 7.36　无梁板桥 B—B 剖面纵向预应力配筋

图 7.37　预应力钢筋束立面布置图

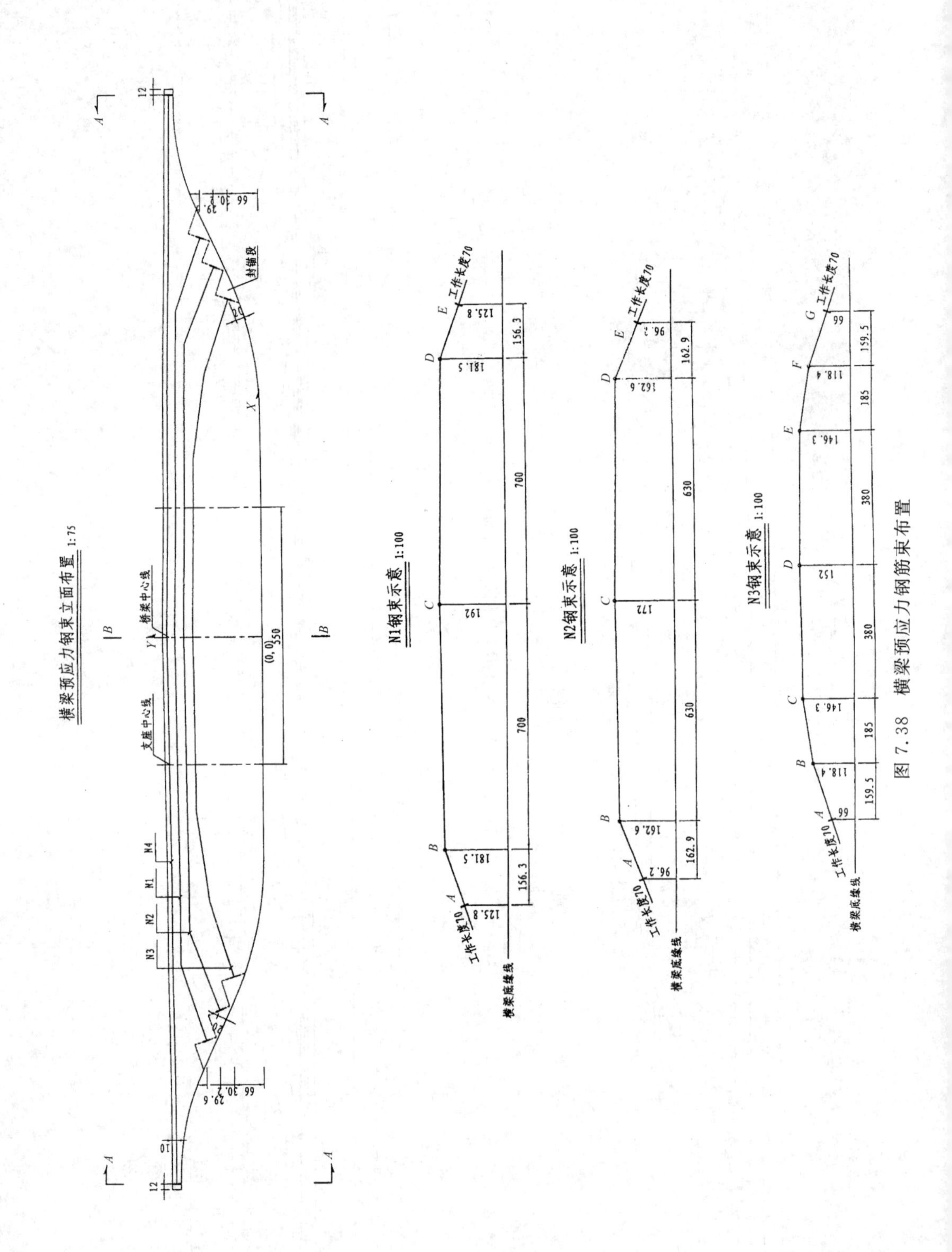

图 7.38 横梁预应力钢筋束布置

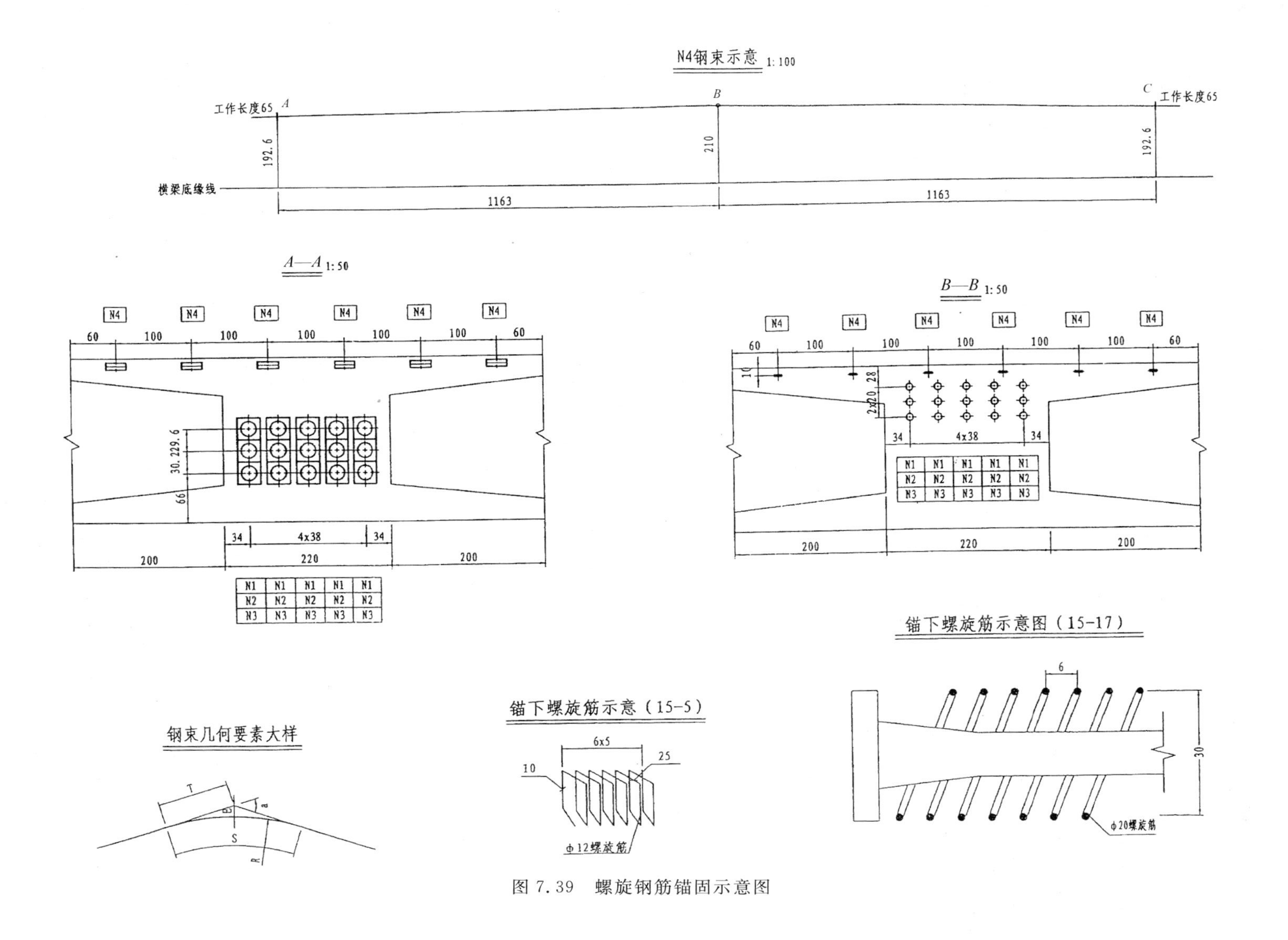

图 7.39　螺旋钢筋锚固示意图

7.5.3 桥墩配筋

立交桥桥墩横桥向呈 Y 形，上宽下窄，侧面以曲线过渡，立面呈花瓶性状。中间桥墩顺桥向为等厚度，厚度为 1.6m。过渡桥墩顶端通过曲线由 1.6m 变厚至 2.5m。桥墩基础为钻孔灌注桩基础，桩径 1.5m。桥台承台厚度 1.5m，桥墩承台厚度 2m。承台底面均设置 10cm 厚的 C15 素混凝土垫层，垫层平面尺寸自承台边缘起每侧各加大 10cm。

桥墩底部是圆柱，向上双分，呈“Y”字形。对于桥体部分，下部结构为“Y”形桥墩，且桥墩较高，上部结构为现浇箱梁，桥墩与箱梁采用普通盆式橡胶支座支撑。5＃“Y”形桥墩的具体尺寸如图 7.40 所示。其设计的配筋图如图 7.41～图 7.43 所示。

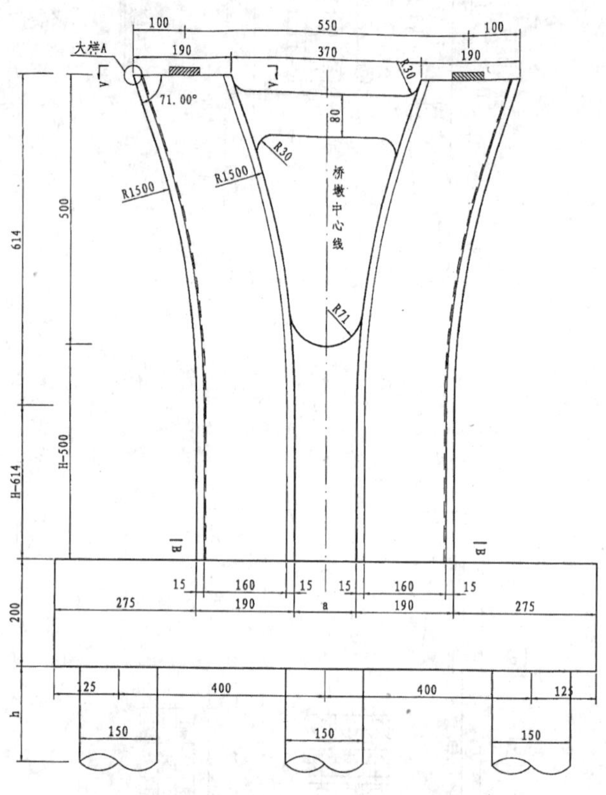

图 7.40 “Y”形桥墩的具体尺寸

根据前面地震荷载及车辆荷载对桥梁作用的应力云图分析来看，应力集中的几个主要地方分别是下部结构为“Y”形桥墩开口处、连梁处和桥墩支座处。这部分是桥梁运用时荷载作用下最容易发生损坏的位置，因此是桥梁配筋设计时需要重点注意的地方，确保这些位置的配筋能够承受地震荷载和行车荷载所产生的应力破坏作用[3-4]。

7.5.4 无梁板桥预应力钢筋的施工

对于大跨度预应力无梁板桥来说，正确的施工方法与合理的设计同样重要，由于施工方法的不当所带来的不利影响十分严重[4]。为此，在该工程施工时要确保按照以下几个方面的规定进行：

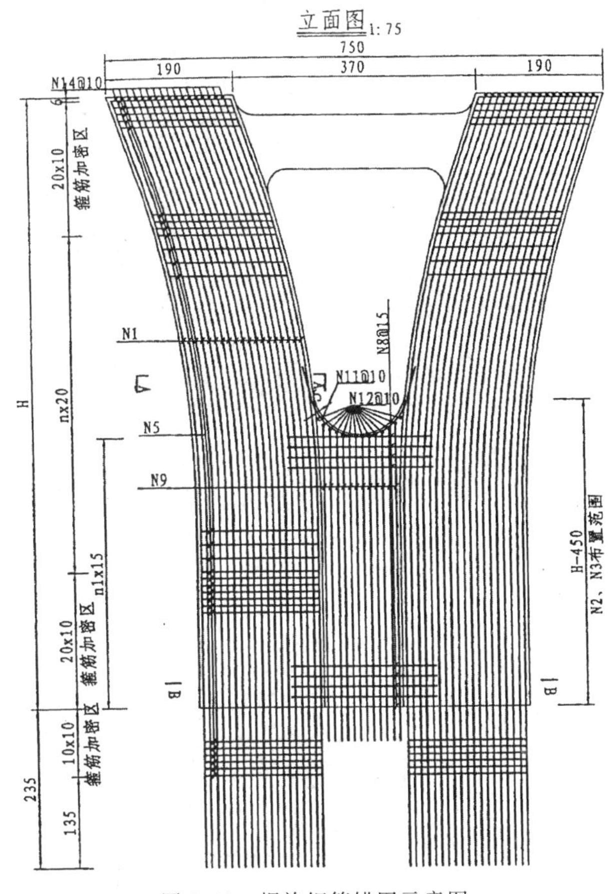

图 7.41　螺旋钢筋锚固示意图

预应力钢筋均采用标准强度 $f_{pk}=1860\text{MPa}$ 的高强度，低松弛单根钢束的张拉控制应力为 1330MPa。所有预应力张拉均要求引伸量与张拉力双控，以张拉力为准，通过实验测定弹性模量值，校正设计引伸量，要求设计引伸量与实测引伸量两者误差在±6%以内。测定引伸量要扣除非弹性变形引起的全部引伸量。对同一张拉截面，断丝率不得大于1%，每束钢绞线断丝、滑丝不得超过 1 根，不允许整根钢绞线拉断。

纵向预应力钢束采用两端张拉时，两端应保持同步。预应力钢绞线的张拉顺序为先横向后纵向，先张拉长束，后张拉短束。待混凝土龄期达到 7 天，强度达到设计强度的 90%以后方可张拉完毕，必须及时压浆。所有的预应力钢材不得焊接，钢绞线应使用圆盘切割机切割，防止脆性断裂，使用前应做好隔潮防锈工作。

当钢筋与预应力管道或其他主要构件在空间上发生干扰时，可适当移动普通钢筋的位置，以确保预应力钢筋束管道和其他主要构件位置准确。钢筋束锚固处的普通钢筋如影响预应力钢筋施工时，可适当弯折，预应力施工完毕后应及时恢复原位。施工中如发现钢筋空间位置冲突，可适当调整其布置，但应确保钢筋的净保护层厚度。如锚下螺旋筋与分布钢筋相干扰时，可适当移动分布筋或调整分布钢筋的间距。

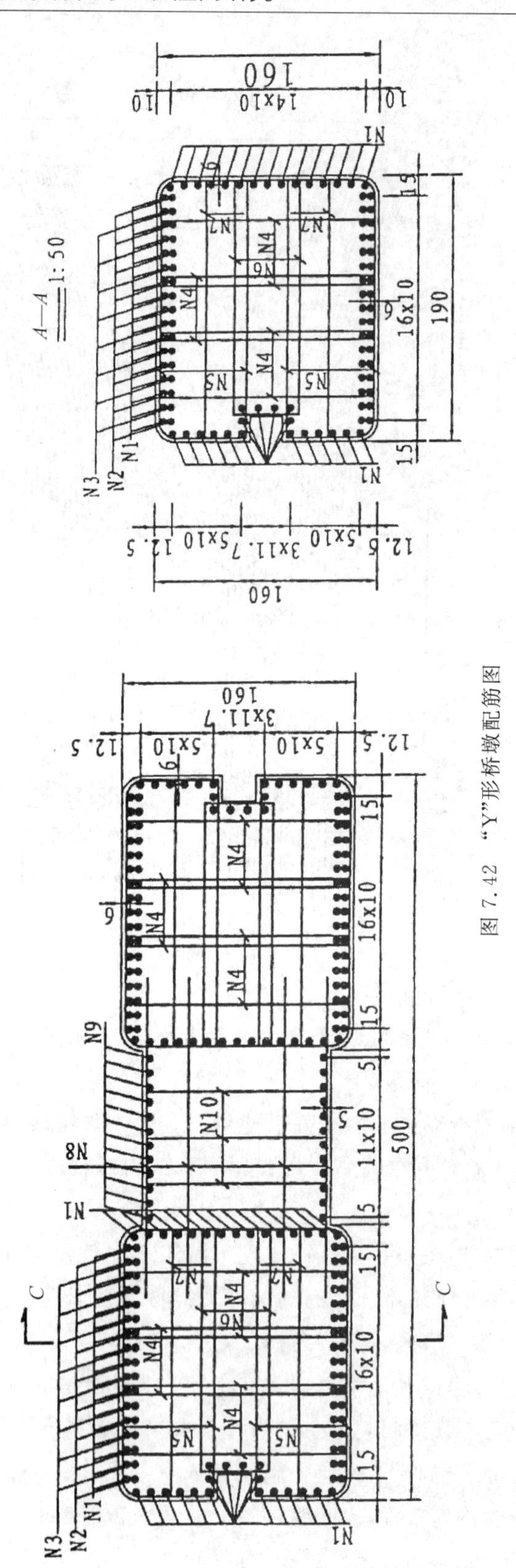

图 7.42 "Y"形桥墩配筋图

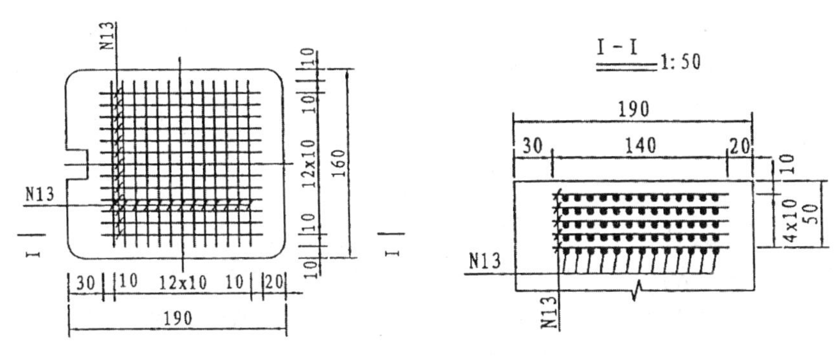

图 7.43　垫石底局部加强钢筋网设计

安装预应力管道穿钢绞线需要严格按照规定进行，先在钢筋骨架上焊好定位钢筋，定位钢筋按设计位置固定，然后人工穿波纹管，并用绑线将其定位于钢筋上，波纹管接头连接处用胶带包缠严密。波纹管的位置和防崩钢筋的绑扎方向要严格检查，以防钢筋张拉时产生水平力而将混凝土壁拉裂。每道孔道设通气管 2 道，通气孔用内径 8cm 的硬塑料管安装在波纹管上，连接处用胶带包好，钢绞线采用人工穿束，穿束前用胶布把钢绞线前端包好，以免将波纹管刺破磨伤；穿束完毕后，应细心检查波纹管，发现有损坏时，应用胶带封严以杜绝在灌注梁部砼时向波纹管内漏浆。

预应力混凝土箱梁每联分段浇筑，每段一次浇筑成型，其浇筑顺序为：底板—腹板—顶板，为保证底板混凝土密实度，在内模板的顶板开孔进混凝土，两段接头处，按规范预埋接茬筋，并凿毛冲洗干净，保证接头混凝土质量。

预应力混凝土连续梁钢绞线采用低松弛钢绞线，预埋预应力钢束管道采用 PE 塑料波纹管。当梁体混凝土强度达到设计强度 90%以上，方可进行预应力张拉，分段张拉，逐步形成连续体系。纵向预应力钢束采用两端张拉时，两端保持同步。钢绞线应预留足够的工作长度。张拉完成后，及时对管道进行压浆封端。

浇筑混凝土采用水平分层，斜向分段横桥向全断面，推进式从一个单元的一端向另一端纵向连续浇筑。孔道压浆采用真空压浆工艺，压浆工作安排在夜间进行。每一孔道先后压浆两次，其间隔时间以达到先压注的水泥浆既充分泌水，又未初凝为宜，一般 30～45min，必要时，可以人工补浆进行检查，以求得注浆饱满。掺用外加剂水泥浆泌水率较小时，亦可采用一次压浆法，其压力宜为 0.5～0.7MPa。压浆压至另一端出浆与进口一致，并稳压 0.5MPa 坚持 2min 以上为止。

不承重的侧模，在混凝土抗压强度达到 2.5MPa 时方可拆除。底模及支架在混凝土强度达到设计等级的 70%时方可拆除。考虑落架梁体的稳定，每跨落架时分两次卸载，不要一次落完，先从跨中部分开始对称实施，依次向支座方向进行，直到一孔支架落完。施工时若普通钢筋与预应力钢筋管道位置冲突可适当调整普通钢筋位置，但不能截断或减少钢筋数量，应尽量保证钢筋间距均匀。桥梁上部结构采用支架现浇施工，应保证支架具有足够的强度和刚度，对支架的变形应作充分估计，必要时应采用预压重等措施。

7.5.5　无梁板桥施工过程中的变更与加固处理

由于原设计个别桥墩承台下发现管线，而且不可迁移，需要对原桥台修改，修改方法是将原桥台旋转90°，桥墩承台横向宽度为6.5m，顺桥向长10.5m，承台厚度2.8m，由于承台厚度增加0.8m，相应桩顶标高相应降低0.8m，桩长保持不变。另外变更还包括植筋加固施工和混凝土表面裂缝加固处理、破损、剥落、露筋、空洞和蜂窝等处理。

1）植筋加固施工

植筋加固施工操作方法的基本步骤包括：划线定位、钻孔、清孔除尘、灌注胶黏剂、植入钢筋和养护固化等。设计图纸在植筋的平面位置上，用墨线或直尺划出纵横线条，确定钻孔位置；钻孔采用电锤钻钻孔而不能采用金刚石钻孔机，以保证孔的表面足够的粗糙度；采用高压机冲洗，并用丙酮或酒精清洗一遍，达到孔壁无灰尘、无油污、无有机杂质。然后，将胶黏剂搅拌均匀，然后按比例配备搅拌均匀。用专用工具将搅拌好的胶注入清洗过的孔内。用注浆枪将胶黏剂注入钻孔底部，灌入深度为孔深的2/3，再将锚固钢筋缓慢旋转插入孔内，以保证孔内的胶黏剂与钢筋、孔壁结合密实，植入的钢筋弯钩与桥面板主筋连接。植入单根抗拔力不小于25kN。钢筋植入定位后应加以保护，防止碰撞和移位，保持3天，待胶固化原材料后方可受力。

2）混凝土表面裂缝加固处理

混凝土表面裂缝加固处理的基本方法分为采用涂膜封闭法裂缝加固处理方法和低压注浆法裂缝处理。对于普通钢筋混凝土构件，当裂缝宽度小于0.15mm时，采用涂膜封闭法处理。以防止混凝土保护层的碳化和有害离子对混凝土的腐蚀。涂膜封闭法裂缝加固处理操作方法及基本步骤：

（1）清扫：混凝土表层的浮浆和起砂层要用砂轮打磨机磨去，并清扫或冲洗干净。

（2）刮腻子：混凝土表面裂缝、气孔和缺陷应用腻子填充补平，待干后用砂布进行磨平。

（3）涂刷底层涂料：可用羊毛辊子辊涂，也可用刷涂，或者边辊边刷，涂刷1遍。涂料在使用前要通过铁窗纱过滤，除去杂质和团块。

（4）涂刷主层涂料：采用刷涂和辊涂方法涂刷3遍，每遍涂刷都要等上一遍涂料表面干燥后再涂，另外，两次涂刷方向最好是互相垂直。

当裂缝宽度大于等于0.1mm时，采用低压注浆法，注入材料凝结后，铲去裂缝表面和封缝材料并清理混凝土表面。

采用封缝胶和封缝粉，按一定比例可配制粘嘴用浆和封缝用浆用于粘贴注浆嘴和封闭裂缝。先进行裂缝清理，沿裂缝两边约5cm的混凝土表面要用湿布擦去尘土，但要注意缝中不得进水。然后粘贴注浆嘴和封闭裂缝，以免注浆时漏浆。注浆前先配注浆液，在塑料杯中分别倒入TK型注缝胶甲液和乙液，按重量比甲液∶乙液＝2∶1混合均匀备用。

（5）注浆：用补缝器吸取注浆液，插入注浆嘴，用手推动补缝器活塞，使浆液通过注浆嘴压入裂缝，当相邻的嘴中流出浆液时，就可以拔出补缝器，堵上铝铆钉，将补缝器移到相邻注浆嘴重复注浆。垂直缝，一般由下往上注浆，水平缝，从一端向另一端逐个注浆。如果裂缝较细时，可以使用补缝器上的弹力装置对注浆液自动加压，此时，一个人可以同时照看若干个补缝器。为了保证浆液充满，在注浆后约半小时，可以对每个注浆嘴再次补浆。必要时跨缝钻取芯样，进行检查。

3）破损、剥落、露筋、空洞和蜂窝等处理

破损、剥落、露筋、空洞和蜂窝等处理首先凿除病害区域松散混凝土，对露空的钢筋进行除锈并处理凿除界面。当凿除后空洞较小时，采用1∶1配合比的聚合物砂浆进行修复；当凿除后空洞较大时，采用1∶1配合比的聚合物混凝土进行修复。待修补区域的材料完全硬化后对其表面进行打磨处理，采用环氧树脂并找平，混凝土修复。

（1）先用磨光机打磨裂缝两边宽5cm处，再用丙酮清洗裂缝，界面不得有油污、粉尘等。

（2）对深度小于5mm的浅表龟裂缝采用环氧树脂稀液浸透、干固后，再批刮环氧树脂胶泥。环氧树脂稀液配比为环氧树脂：稀释剂：固：化剂＝1：0.4：0.25，该配比稀料可深入裂缝根部。其结构内部强度高，可填实裂缝。

（3）对深度大于5mm的裂缝，按30～50cm的间距埋贴压浆嘴，然后用环氧树脂胶泥封闭裂缝，封闭宽度不小于5cm。环氧树脂胶泥封闭裂缝，一是为浅表龟裂缝封闭，二是为灌浆做准备。埋贴压浆嘴孔位置的选择尤为重要，这要根据混凝土裂缝的长度、深度、走向、形状等要素确定，一般要求拟在裂缝两端、空实部位选点，确保浆液能到达每一空隙部位，起到加固、防裂作用。

（4）环氧树脂胶泥完全干固后，应进行测气试验，检查进浆口、出液口、裂缝封闭的完好情况。用4kg/cm^{2}压力空气从灌浆孔输入，如果气体从出液口输出，胶泥封闭处及其他裂缝出液口不漏气，则表示该裂缝灌浆口、出液口设置正确，胶泥封闭可靠，关闭出液口，使裂缝内压力升高至4kg/cm^2，保持压力2min，如无漏气即为正常。如果通气升压后，胶泥处漏气，应重新进行封闭。如果通气升压后，2个以上出液口出气，则表示该裂纹和2条以上裂缝贯通，此时应关闭漏气出液口，直至不漏气能保压为止，并做好记录和标记。通气升压后，出液口无气体输出，可能是胶泥封闭过程将裂缝通道堵死，此时应重新在该段裂缝的适当位置，增设出液口和灌浆口，原则保证整段裂缝有进、有出、能保压、不漏段。

（5）测气合格后，再采用环氧树脂浆液进行压力灌浆，灌浆是空气压力不得小于4kg/cm^2。

（6）灌浆时注意观察压浆嘴出液状况，在确认灌满后，封闭压浆嘴出液口，升压至4kg/cm^2，保持压力不少于5min，然后待其自然干固，自然干固时间应不少于72h。并检查裂缝补裂是否有遗漏。

参考文献

[1] 吉伯海，傅中秋．近年国内桥梁倒塌事故原因分析[J]．土木工程学报，2010(43)：495-498.

[2] 王东升，郭迅，孙治国，等．汶川大地震公路桥梁震害初步调查[J]．地震工程与工程振动，2009，29(3)：84-94.

[3] 杜修力，韩强，李忠献，等．汶川地震中山区公路桥梁震害及启示[J]．北京工业大学学报，2008，34(12)：1270-1279.

[4] 金生吉，舒哲，鲍文博．城市立交桥地震响应分析[J]．东北大学学报，2012，33(S2)：277-281.

[5] Karirrl K R，Yarnazaki F. Effect of earthquake ground motions on fragility curves of highway bridge piers based on numerical sireulation[J]. Earthquake Engineering and Structural Dynamics，2001，30(12)：1839-1856.

[6] Karim K R，Yamazaki F. A simplified method of construtting fragility curves for highway bridges [J]. Earthquake Engineering and Structural Dynamics. 2003(32)：1603-1626.

[7] 贾贤盛．不同墩高桥墩结构的地震反应分析[J]．交通科技，2011，245(4)：9-13.

[8] 屈浩.高墩桥梁抗震时程分析输入地震波选择[D].大连：大连海事大学,2011.

[9] 王博,潘文,崔辉辉,等.弹性时程分析时地震波选用的一种方法[J].河南科学,2010,28(8)：91-93.

[10] Choi E, Des Roches R, Nielson B. Seismic fragility of typical bridges in moderate seismic [J]. Engineering Structures,2004(26)：187-199.

[11] Kim S H,Feng M Q. Fragility analysis of bridges under ground motion with spatial variation[J]. International Journal of Non Linear Mechanics,2003(38)：705-721.

[12] Abdel-Salam M. Nabeel, Heins Conrad P. Seismic response of curved steel box girder bridges[J]. Journal of structural engineering New York, N. Y,1988, 114(12)：2790-2800.

[13] 梁波,罗红,孙常新. 高速铁路振动荷载的模拟研究[J].铁路学报,2006,8(4)：89-94.

[14] Shinozuka M,Feng M Q,Lee J. Statistical Analysis of Fragility Curves[J]. Journal of Engineering Mechan icS, ASCE, 2000,126(2)：1224-1231.

[15] Saadeghvaziri Ala Mohammad, Foutch Douglas A. Effects of vertical motion on the inelastic behavior of highway bridges[J]. ASCE, New York, NY, United States,1989：51-61.

[16] Shinozuka M,Feng M Q, Kim H, et al. Nonlinear Static Procedure for Fragility Curve Development [J]. Journal of Engineering Mechanics,2000,126(12)：26-35.

[17] Zhang Chuhan, Yan Chengda, Wang Guanglun. Effect of earthquake ground motions on fragility curves of highway bridge piers based on numerical simulation[J]. Earthquake Engineering and Structural Dynamics,2001,30(12)：1839-1856.

第 8 章

CHAPTER 8

高速公路安全性评价标准与方法

针对高速公路道路工程安全问题开展系统的安全性评价工作，确保道路工程在服务运营时期的安全是一项十分必要和迫切的任务。这一工作不仅是进行高速公路下伏采空区路基路面病害评价的基础，而且也是提高公路服务质量，确保交通畅通，建立和谐交通的前提。

8.1 高速公路安全性评价的必要性

8.1.1 高速公路安全问题

重载车辆特别是大幅度超限车辆的日益增加，给公路带来了严峻的考验。加之公路反复承受着车轮磨损、冲击、暴风雨、洪水、风沙、冰雪、日晒、冻融等各种自然和人为因素的侵蚀破坏，以及公路施工中的各种质量缺陷，导致路基、路面、桥梁、隧道等工程产生各种各样的损伤和病害，如路基下沉、路面凹凸不平、边坡滑塌及路面裂缝、桥梁下沉、隧道渗水漏水、地下管线断裂、排水设施失效等。

8.1.2 高速公路道路工程安全性系统、规范评价的必要性

高速公路在运营过程中出现的各种路基路面病害如不能及时得到检测和维修，轻则影响行车安全和缩短高速公路的使用寿命，重则导致高速公路的某一部分，如隧道、桥梁、路基边坡突然破坏和倒塌。因此，为确保高速公路这一“生命线工程”的安全与正常运行，保证高速公路的安全性、适用性和耐久性，必须加强高速公路健康状况的监测，建立一套系统、规范的安全性评价标准和方法。这样才能及时地发现病害，并采取相应的维修和养护措施，大大节省高速公路的维修费用，避免因关闭交通、结构毁坏引起的重大经济损失和不良社会影响。

8.1.3 建立高速公路道路工程安全性评价标准与方法的迫切性

通过高速公路安全性评价工作，可将采集到的信息过滤、分解、综合、分析，然后反馈给相关部门，以便采取合理、高效、低成本的管理及维护措施。高速公路的科学及合理的评价是实现对高速公路科学管理及维修养护的重要前提。

目前高速公路劣化、损伤现象日益普遍和严重，而可以用于养护维修高速公路的资金却非常有限。因此为了将有限资金用于最迫切需要维修的地方，在保证高速公路安全、畅通前提下，使有限资金发挥最大效益，尽可能使高速公路生命周期的成本最低，这就迫切需要对既有高速公路的安全性、耐久性进行科学评定，建立一套正确、合理的高速公路安全性评价标准和方法。这对确保道路运输畅通和国民经济迅速发展有着极其重要的理论和现实意义，同时也是一项紧迫而重要的研究课题。

8.2 路基工程安全性评价

8.2.1 路基变形失稳影响因素与模式[1]

由于我国幅员辽阔，土质条件千差万别，复杂各异，变化频繁，例如采空区、岩溶区路基、软土地基等特殊地基，其地基、路基变形特性不同，沉降特性也不同。另外对高填方路堤，在工程设计和施工中都重视不够，经常造成路基的沉陷。路堤不均匀沉降，是路堤和路面在自重作用下引起的。影响公路沉降的因素是多方面的：一方面是交通量的大幅增加，大型车辆轴载的增大，超载现象的增多；另一方面，由于地基处治不当，路基填料选择不合理，压实不足等，常引起路基沉陷和不均匀沉降。这不仅与公路等级、行车速度有关，而且与路基所处环境、路堤高度等有关。

当发生均匀沉降时，路基相对来说是安全的，而通常由于路堤高度差异和地基不均匀等原因，路基各部分沉降或多或少总是不均匀的，使得路面相应产生不均匀变形。路基不均匀沉降超过一定的限度，将导致路面的功能与结构性遭到破坏，从而影响公路的正常运营。因此，高等级公路对工后沉降也有很高的要求。并且，由于高路堤本身填土荷载较大，加上施工期加载速度较快，土体除了竖向沉降外，在剪应力作用下会产生侧向变形，这部分变形也会产生附加沉降。路基的常见破坏模式与影响因素如表 8.1 所示[2]。

表 8.1　路基破坏模式与影响因素

破坏模式	路基破坏原因
路基沉陷	一是路基本身压缩沉降；二是由于路基下部天然地面承载力不足，在路基自重作用下引起沉陷或向两侧挤出而造成的
路基沉缩	由于路基填料选择不当，填筑方法不合理，压实度不足，在路基堤身内部形成过湿的夹层等因素，在荷载和水温综合作用之下，引起路基沉缩
地基沉陷	原天然地面有软土、泥沼或不密实的松土存在，承载能力极低，路基修筑前未经处理，在路基自重作用下，地基下沉或者向两侧挤出，引起路基下陷
路基沿山坡滑动	在较陡山坡填筑路基，若路基底部被水浸湿，形成滑动面，坡脚又未进行必要的支撑，在路基自重和行车荷载作用下，整个路基沿倾斜的原地面向下滑动，路基整体失去稳定
不良地质水文条件造成路基破坏	公路通过不良地质条件(如泥石流、溶洞等)和较大自然灾害(如大暴雨)地区，均可能导致路基大规模毁坏

8.2.2 路基工程安全性评价标准与方法

1）一般路基变形破坏的评价

在高速公路路基设计时，路床土的强度和压实度均应达到《公路路基设计规范》(JTG D30—2004)的要求，如表 8.2 所示。

表 8.2　高速公路路床路堤土最小强度和压实度要求

项 目 分 类	路面底面以下深度/m	填料最小强度(CBR)/%	压实度/%
填方路基	0～0.3 0.3～0.8	8 5	≥96 ≥96
上路堤	0.8～1.5	4	≥94
下路堤	1.5 以下	3	≥93
零填及挖方路基	0～0.3 0.3～0.8	8 5	≥96 ≥96

2）采空区路基安全性评价

由于高速公路涉及范围广，服务年限长，对路基的稳定性和变形有较高要求。因此，预测采空区地表在使用年限内的剩余位移变形量是稳定性评价的重要一环。

(1) 采空区稳定性分析评价方法

我国对高速公路下伏采空区稳定性方面的研究基本刚刚开始，现有稳定性评价方法主要有预计法、解析法、半预计半解析法及数值模拟等[3]，如表 8.3 所示。对采空区路基稳定性进行评价之前，首先应对采空区地表变形进行观测，如表 8.4 所示。

表 8.3　采空区路基稳定性分析评价

分析评价方法		适 用 说 明
分析方法	预计法	经验公式法，如负指数函数法、典型曲线法；波兰推广使用的 Budryk-Knothe 理论法；概率积分法；此外有灰色预测方法、稳健统计方法、采空区矢量法、模糊数学法，需实践验证
	解析法	解析法是以数学力学为基础，将空洞和地质条件等，按一定原则抽象为一个理想数学力学模型，然后按照数值方法予以求解，如结构力学方法等
	半预计半解析法	预测法和解析法的结合
	数值模拟方法	有限单元法、边界单元法、离散单元法及有限差分法等，此外还有灰箱方法、表面元法等
评价方法	计算地基承载力、剩余地表变形量、残留空洞的稳定性、地表破坏范围评定	

(2) 安全性评价标准

根据工程地质资料，对采空区工程地质条件进行综合分析，采用类比的方法对采空区稳定性及在上覆荷载作用下的稳定性进行初步评价，主要判据见表 8.5[3]。

表 8.4 采空区地表变形情况调查一览表

地表变形特征值	地表变形特征及分布规律	地表移动盆地特征 针对大面积采空区
① 最大下沉值 ② 最大倾斜值 ③ 最大曲率值 ④ 最大水平位移 ⑤ 最大水平变形	① 地表陷坑、台阶和裂缝的形状、宽度、深度、分布规律 ② 地表变形分布与地质结构(岩层产状、主要节理、断层、软弱层)关系 ③ 地表变形分布与采矿方式(开采边界、工作面推进方向、巷道分布)关系	① 均匀下沉区 ② 移动区 ③ 轻微变形区

表 8.5 采空区稳定性初步评价主要判据

判　据	对稳定有利	对稳定不利
地质构造	无断裂,褶曲、裂隙不发育	有断裂;褶曲、裂隙发育
矿层与岩层产状	岩层完整性好、强度高、厚度大	岩层破碎,为软质岩石,厚度小,有互层
地层与岩性	厚度块状,灰岩、砂岩	薄层灰岩、泥灰岩、白云质岩,有互层
顶板情况	顶板厚跨比值大,直接顶厚度与采高比值大,顶板岩层完整性好、强度高、厚度大	顶板厚度与跨度比值小,无直接顶或老顶,顶板完整性好及强度较差、分层厚度小
开采时间	较早	较晚
开采方式	长壁式	房柱式
开采层数	单层	多层
顶板管理	填充法、全垮落法	不垮落法、局部垮落法
采厚采深	采厚较小,采深较大	采厚较大,采深较小
地面变形	无明显变形迹象	裂缝、隙落坑等发育,变形速率大
物理地质现象	不发育	滑坡、崩塌等物理地质现象发育,并可能因地表变形引发
工程地质现象	不存在	近期建筑物损坏严重
地下水	无地下水	地下水活动强烈,洞内严重漏水
地震烈度	$<7°$	$\geqslant 7°$
地表施工荷载	较小	较大

然后,将高速公路路基老采空区依据剩余沉降量大小、倾斜率和水平变形量等指标,将老采空区路基按稳定性划分为 3 种类型,如表 8.6 所示[4]。

表 8.6 高速公路采空区段路基类型划分表

评价指标	路基类型		
	稳定	基本稳定	不稳定
地表下沉 W/mm	$\leqslant 200$	$200<W\leqslant 300$	>300
倾斜 $i/(\mathrm{mm\cdot m^{-1}})$	$\leqslant \pm 3$	$3<i\leqslant 6$	>6
水平变形 $\varepsilon/(\mathrm{mm\cdot m^{-1}})$	$\leqslant \pm 2$	$2<\varepsilon\leqslant 4$	>4
曲率 $K/(\mathrm{mm\cdot m^{-2}})$	$\leqslant \pm 0.2$	$0.2<K\leqslant 0.4$	>0.4

表 8.6 中稳定区剩余沉降量小于公路规范要求，对公路无大的影响，即沉降量不会导致公路损坏，也不必采取特殊的工程措施，可以直接修建。基本稳定区剩余沉降量接近公路规范要求，对公路建设有一定影响。不稳定区地表沉降量大于规程规定的沉降量或由于地质采矿条件复杂，尚不能确定是否稳定区域，必须采取工程措施才能保证公路建设安全。

3）岩溶地区路基安全性评价

在高速公路下伏岩溶洞穴时，应对其路基稳定性进行分析，常见的评价方法见表 8.7。我国铁路建设中处理基岩洞穴顶板的实践经验认为，评价洞穴顶板稳定性必须考虑两方面因素：一是内在因素包括洞穴顶板厚度、跨度及形态、岩石性质、岩层产状、节理、裂隙状况及岩石的物理力学性质指标等；二是外在因素包括洞内水流搬运的机械破坏作用等。在实践中，将上述诸因素加以概化，采用近似的办法计算。常用的几种方法如表 8.8 所示[5]。

表 8.7　岩溶区路基稳定性分析评价

平面解析法	计算较为简单，对工程设计建设具有一定的指导作用，但因为计算条件过于简化，其计算结果往往和实际情况有一定的出入
数值模拟法	较好地模拟实际岩溶洞穴的发育分布情况，能就具体问题作出较为准确的稳定性评价。工程地质领域应用数值模拟手段还存在一些局限性

表 8.8　顶板安全厚度的估算方法

类　　型	方　　法
完整顶板安全厚度	荷载传递线交汇法 厚跨比法 成拱分析法
不完整顶板安全厚度	洞穴顶板坍塌堵塞估算法 按破裂拱概念估算

当岩溶地貌位于路基两侧时，应判定岩溶对路基的影响。对于开口的岩溶地貌可参照自然边坡来判别其稳定性及其对路基影响；对于地下溶洞可按坍塌时扩散角（见图 8.1）用式（8.1）计算其影响范围。

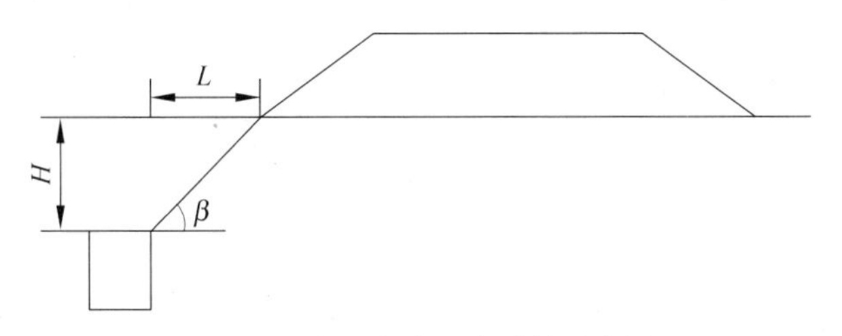

图 8.1　溶洞安全距离计算示意图

$$L = H\cot\beta;\quad \beta = \frac{45^\circ + \frac{\varphi}{2}}{K} \tag{8.1}$$

式中：H 为溶洞顶板厚度（m）；β 为坍塌扩散角（°）；K 为安全系数，取 1.10～1.25（高速公路、一级公路应取大值）；φ 为岩石内摩擦角。

如果在顶板岩层上有覆盖土层，则自土层底部用45°角向上绘斜线，求出与地面的交点，路基坡脚应在交点范围以外。若路基坡脚处于溶洞坍塌扩散的影响范围之外，那么该溶洞可不作处理。

4）软土地区路基安全性评价

高速公路工后过大不均匀沉降对国民经济的影响巨大，过大的工后沉降意味着庞大的公路维修养护费用。在美国，大约有25%的桥梁(约15 000座构造物)受到桥头跳车的影响，每年花费的维修费用高达1亿美元以上。京珠高速公路广珠段，竣工验收获广东省已建高速公路最高分，被评为优质样板工程。其软基处理质量在广东交通行业有口皆碑，但通车后因软基下沉引起路面维修费用高达2000万元/年，占总运营收入的89%。工后不均匀沉降引发桥头跳车、迫使车辆在桥头处减速、过桥后加速，司机换挡频繁，频繁的减速、加速行驶，颠簸跳跃和冲击现象极大地增加了汽车机件磨损、燃料消耗。高速公路工后不均匀沉降不仅破坏了乘车舒适性以及行车的平顺性，而且使车辆无法快速行驶，从而达不到高速公路"快速、安全、舒适"的目的[6]。

因此，当路面设计使用年限(沥青路面15年、水泥混凝土路面30年)内残余沉降(简称工后沉降)不满足表8.9所列的要求时，应针对沉降进行处治设计。

表8.9 容许工后沉降

道路等级	桥台与路堤相邻处	涵洞、通道处	一般路段
高速公路	≤0.10m	≤0.20m	≤0.30m

软土地基路堤的稳定验算一般采用瑞典圆弧滑动法中的固结有效应力法、改进总强度法，有条件时也可采用简化Bishop法和Janbu普遍条分法。验算时按施工期和营运期的荷载分别计算稳定安全系数。施工期的荷载只考虑路堤自重，营运期的荷载包括路堤自重、路面的增重及行车荷载。

8.2.3 路基边坡工程安全性评价标准与方法

1. 边坡变形失稳的影响因素与类型

1）内在因素

(1) 岩土性质：岩土成因类型、矿物成分、岩土结构和强度等是决定边坡稳定性的重要因素；

(2) 岩体结构：岩体结构类型、结构面形状及其与坡面关系是岩质边坡稳定的控制因素；

(3) 风化作用：风化作用使岩土体抗剪强度减弱，裂隙增加或扩大，影响斜坡的形状和坡度；透水性增加，使地面水容易侵入，改变地下水的动态，沿裂隙风化时，可使岩土体脱落或沿斜坡崩塌、堆积、滑移等；

(4) 地应力：开挖边坡导致坡体内岩土体初始应力状态改变，坡脚附近出现剪应力集中带，而坡顶和坡面一些部位可能出现张应力区。在新构造运动强烈地区，开挖边坡能使岩土中的残余构造应力释放，可直接引起边坡的变形破坏；

(5) 地震：地震使边坡岩土体的剪应力增大，抗剪强度降低[7]。

2）外在因素

（1）水的作用：水的渗入使岩土体的质量增加，结构软化而导致抗剪强度降低，孔（裂）隙水压力升高，地下水渗流将对岩土体产生动水压力，水位升高将会产生浮托力；

（2）人为因素：边坡不合理的设计，削坡、开挖或加载，大量施工用水渗入及爆破等都能造成边坡失稳。

3）边坡失稳类型

边坡破坏常发生在软弱结构面或风化较严重地段。破坏前常伴有一定的迹象，如边坡及其构筑物开裂、错动、歪斜、挤凸和松弛等。边坡失稳类型见表8.10。

表8.10　边坡失稳类型与破坏机理

失稳类型		破坏机理
崩塌		① 风化作用减弱节理面间的黏结力； ② 岩石受到冰胀、风化和气温变化的影响，减弱了岩体的抗拉强度； ③ 由于雨水渗入到张裂隙中，造成了裂隙水水压力作用于向坡外的岩块上，从而导致岩块崩落
滑动	平面型滑动	在自重作用下岩体内剪应力超过层间结构面抗剪强度导致顺层滑动
	圆弧型滑动	岩体内剪应力超过滑面抗剪强度，致使不稳定体沿圆弧形剪切滑移
	楔形体滑动	由两组或两组以上破裂面与临空面和坡顶面构成不稳定楔形体，并沿两破裂面的组合交线下滑
弯曲倾倒	脱离式倾倒	取决于岩块自重荷载及其空间几何条件，并与排间摩擦力无关
	错动式倾倒	倾倒时岩块排之间无脱开，沿结构面间以及倾倒底部产生一定剪切位移，且其位移量值在整个边坡上基本一致
溃曲		上部坡体沿软弱面蠕滑，下部受阻而发生岩层鼓起，拉裂等现象
拉裂	软弱基座蠕动拉裂	坡体基座产状较缓，而且有一定厚度相对软弱岩层，在上覆层重力作用下，致使基座部分向临空方向蠕动，并引起上覆层变形与解体
	坡体蠕动拉裂	缓倾结构面发育有其他陡倾裂隙时，构成坡体蠕动基本条件。缓倾结构面夹泥，抗滑力很低，坡体重力作用下会产生缓慢的移动变形
流动		边坡表层的松散碎屑物质，在流水和重力作用下，沿边坡向下流动。规模小者，可仅见于边坡局部地段；规模大者，可形成泥石流

2. 边坡工程的安全性评价标准与方法

1）边坡稳定性分析的主要方法

路基边坡滑坍是公路上常见破坏形式，为保证路基稳定性和道路行车安全性，必须对可能出现或已出现失稳的路堤路堑边坡进行稳定分析。目前边坡稳定性分析方法主要有以下几类（表8.11）[8]。

以上简要介绍了目前主要边坡稳定性分析方法。一般来讲，各种定性分析方法需要与定量分析方法联合使用。就目前的实际情况而言，极限分析法虽然概念清晰、理论严格，但难以处理外形、分层和荷载复杂的边坡。数值分析方法依据岩土体的本构关系，利用数值计算方法，虽然能算出边坡体内每一点的应力和位移，同时还能考虑边坡复杂的外形、分层和

表 8.11 边坡稳定性分析方法与原理

分析方法		主要原理
定性分析	历史成因分析法	通过边坡形成的地质历史及稳定性影响因素，对其演变和发展趋势、稳定性作出评价预测；对已发生过滑坡的边坡，判断能否复活或转化
	工程类比法	利用已有自然或人工边坡稳定性状况及影响因素、设计等方面经验，并把这些经验应用于类似所要研究的边坡稳定性分析和设计中
	图解法	图解法是在计算机和图解分析的基础上，制成图或表，用查图或查表的方法进行边坡稳定性分析，包括诺模图法和投影图法
定量分析	极限平衡分析法	极限平衡法是假定边坡在某个滑动面达到了静力极限平衡而破坏，且在该面上满足 Mohr-Coulomb 破坏准则，然后根据滑动体的静力平衡条件导出安全系数计算式
	极限分析法	假定滑动面为直线破裂面，用一个满足平衡条件且在任意点都不违背屈服准则的假想应力场确定破坏荷载的一个下限，而上限是通过一个与流动法则相容的速度场得到的
	数值分析法	数值分析方法能算出边坡体内每一点应力和位移。最常用的数值分析方法是有限单元法(FEM)和边界单元法(BEM)
随机理论分析法		首先通过现场调查，获得影响边坡稳定性影响因素的多个样本，然后进行统计分析，求出它们各自的概率分布及其特征参数，再利用某种可靠性分析方法来求解边坡岩土体的破坏概率即可靠度
物理模型分析法		形象地模拟边坡中应力大小及其分布和变形破坏机制及其发展
现场监测分析法		通过现场监测所获得的信息如位移、位移速度、应力、地下水等有关特征，对公路边坡岩土体稳定性作出评价和预测

荷载情况；但是由于岩土体的复杂性，已有模型中参数多、参数获取困难，有时不能与实际情况相符合。随机理论分析法在我国起步较晚，尚处于探索与发展阶段。物理模型试验方法是一种形象直观的边坡稳定分析方法，其成功取决于模型尺寸与实际状况间的关系。现场监测分析方法的结果直观可靠，监测结果用于边坡稳定分析，成为边坡稳定性评价中极其重要的一种方法。

极限平衡法虽然没有考虑岩土体应力历史、材料非线性、边坡体材料特性变化和加载过程等因素，而且不能反映滑动面上安全系数的变化和预测边坡失稳的发展过程，但由于其计算模型简单、计算方法简便、计算结果能基本满足工程需要等优点，仍然被认为是边坡工程分析与设计中最主要且最有效的实用分析方法。

2）路堤稳定性分析

路堤稳定性分析包括：路堤堤身稳定性、路堤和地基整体稳定性、路堤沿斜坡地基或软弱层带滑动的稳定性等。对于路堤的堤身稳定性、路堤和地基的整体稳定性，宜采用简化 Bishop 法进行分析计算，计算图示见图 8.2，稳定安全系数 F_s 按式(8.2)计算。

$$F_s = \frac{\sum K_i}{\sum (W_i + Q_i)\sin\alpha_i} \tag{8.2}$$

式中，W 为第 i 土条重力；α 为第 i 土条底滑面的倾角；Q 为第 i 土条垂直方向外力；K 为系数，

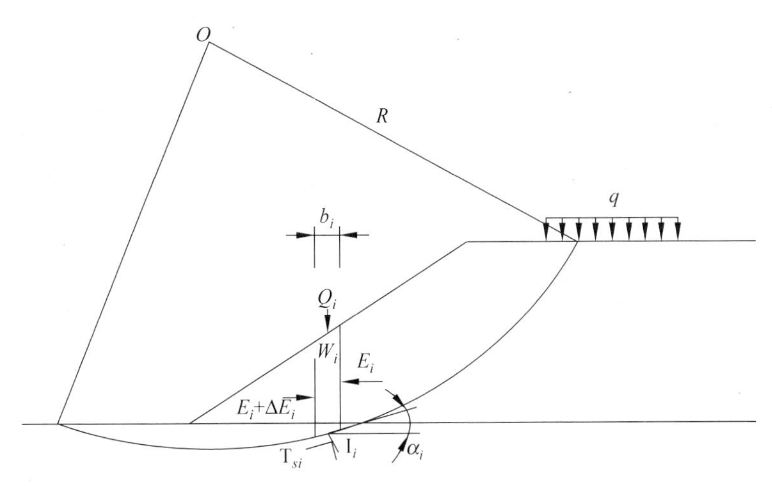

图 8.2 简化 Bishop 法计算图示

由土条滑弧所在位置确定。分别按《公路路基设计规范》(JTG D30—2004)中式(3.6.7-2)和式(3.6.7-3)计算。

路堤沿斜坡地基或软弱层带滑动的稳定性：可采用不平衡推力法进行分析计算(图 8.3)，稳定安全系数 F_s 按式(8.4)计算。

$$E_i = W_{Qi}\sin\alpha_i - \frac{1}{F_s}(c_i l_i + W_{Qi}\cos\alpha_i\tan\varphi_i) + E_{i-1}\psi_{i-1} \tag{8.3}$$

$$\psi_{i-1} = \cos(\alpha_{i-1} - \alpha_i) - \frac{\tan\varphi_i}{F_s}\sin(\alpha_{i-1} - \alpha_i) \tag{8.4}$$

式中，W_{Qi} 为第 i 土条重力与外加竖向荷载之和；α_i、α_{i-1} 分别为第 i、第($i-1$)土条底滑面的倾角；c_i、φ_i 分别为第 i 土条底的黏结力和内摩擦角；l_i 为第 i 土条底滑面的长度；E_{i-1} 为第($i-1$)土条传递给第 i 个土条的下滑力。

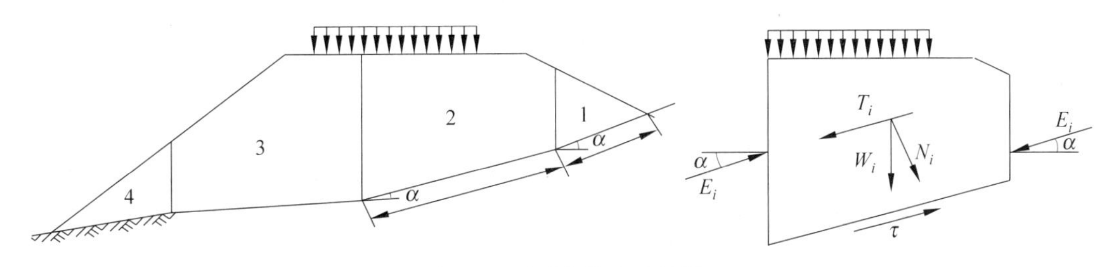

图 8.3 不平衡推力法计算

用式(8.3)和式(8.4)逐条计算，直到第 n 条剩余推力为零，由此确定稳定安全系数 F_s。路堤稳定性计算分析得到稳定安全系数不得小于表 8.12 所列数值。

3) 路堑边坡稳定性分析

边坡稳定性分析宜综合采用工程地质类比法、图解分析法、极限平衡法和数值分析法进行。边坡稳定性计算应考虑边坡可能的破坏形式，按下列方法确定。

(1) 规模较大的碎裂结构岩质边坡和土质边坡宜采用简化 Bishop 法计算；

(2) 对可能产生直线形破坏的边坡，宜采用平面滑动面解析法进行计算；

(3) 对可能产生折线形破坏的边坡宜采用不平衡推力法计算；

表 8.12 推荐的稳定安全系数

分析内容	计算方法	地基情况	地基平均固结度及强度指标	安全系数
路堤稳定性	简化 Bishop 法			1.35
路堤和地基的整体稳定性	简化 Bishop 法	地基土渗透性较差、排水条件不好	取 $U=0$,地基土采用直剪固结快剪或三轴固结不排水剪指标	1.20
			按实际固结度,采用直剪固结快剪或三轴固结不排水剪指标	1.40
		地基土渗透性较好、排水条件良好	取 $U=1$,采用直剪固结快剪或三轴固结不排水剪指标	1.45
			取 $U=1$,地基土采用快剪指标	1.35
路堤沿斜坡或软弱层滑动	不平衡推力法		采用直剪快剪或三轴不排水剪指标	1.30

(4) 对结构复杂岩质边坡,可配合采用赤平投影法和实体比例投影法分析以及楔形滑动面法进行计算;

(5) 当边坡破坏机制复杂时,宜结合数值分析方法进行分析。

边坡稳定性计算应分成以下 3 种工况:

(1) 正常工况:边坡处于天然状态;

(2) 非正常工况Ⅰ:边坡处于暴雨或连续降雨状态;

(3) 非正常工况Ⅱ:边坡处于地震等荷载作用状态。

边坡稳定性验算时,其稳定安全系数应满足表 8.13 的要求,否则应对边坡进行支护。

表 8.13 路堑边坡安全系数

公路等级	路堑边坡安全系数	
高速公路	正常工况	1.20～1.30
	非正常工况Ⅰ	1.10～1.20
	非正常工况Ⅱ	1.05～1.10

流变力学认为,公路边坡岩土体的变形破坏是一个过程,公路边坡工程由稳定状态向不稳定状态的转变也必然有某种前兆。捕捉这些前兆信息,并对其进行分析和解释,可更好地认识边坡岩土体变形的发展过程和失稳的征兆及其判据。

所以,对于路堑边坡(滑坡),可以通过现场监测来分析边坡的稳定性。利用现场监测所获得信息如位移、位移速度、应力、地下水等有关特征,来对公路边坡岩土体稳定性作出评价和预测,路堑边坡或滑坡的监测见表 8.14 所列。

4) 边坡工程安全性评价体系的构建

边坡工程的安全性评价,首先利用地质分析确定出边坡安全性的影响因素,再通过力学和数值计算方法确定出边坡安全系数,最后参照表 8.12 和表 8.13 的安全系数标准判断该边坡工程是否安全。其安全性评价流程如图 8.4 所示。

表 8.14　路堑边坡或滑坡监测

监测内容		监测方法	监测目的
地表监测	水平位移监测	全站仪、光电测距仪	观测地表位移、变形发展情况
	垂直变形监测	水准仪	
	裂缝监测	标桩、直尺或裂缝计	观测裂缝发展情况
地下位移监测		测斜仪	探测相对于稳定地层地下岩体位移，证实和确定正在发生位移的构造特征，确定潜在滑动面深度，判断主滑方向，定量分析评价边(滑)坡的稳定状况，评判边(滑)坡加固工程效果
地下水位监测		人工测量	观测地下水位变化与降雨关系，评判边坡排水措施的有效性
支挡结构变形、应力		测斜仪、分层沉降仪 压力盒、钢筋应力计	支挡构造物岩土体的变形观测，支挡构造物与岩土体间接触压力观测

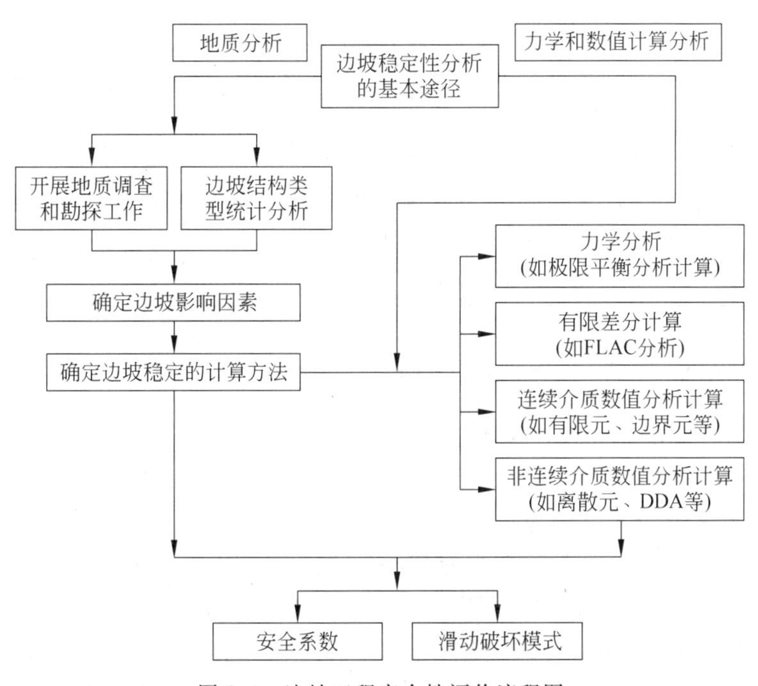

图 8.4　边坡工程安全性评价流程图

8.3　路面工程安全性评价

8.3.1　路面常见病害类型与影响因素

沥青路面和水泥混凝土路面常见病害与影响因素如表 8.15 所示。

表 8.15　路面常见病害与影响因素

路面类型	病害类型	产生原因
沥青路面	路面不均匀沉陷	主要发生在软土地基或路基压实度不足的路段，前者由于堆载预压时间不足或处理效果不理想，在铺筑路面和开放交通后，软土地基继续沉陷；后者因路基压实度不足，产生不均匀沉陷
	裂缝	荷载型裂缝主要由行车荷载作用产生，常发展为较宽网状裂缝或龟裂，是路面结构强度不能满足交通状况的表现；非荷载型裂缝影响因素：路面结构组合、路基路面材料性质、环境因素（气温、干湿状况、冰冻等）、道路使用年限、施工因素等
	车辙	柔性路面的车辙与路面各结构层及路基的抗变形能力有关，而半刚性基层沥青路面车辙主要取决于沥青面层高温稳定性
	平整度较快变差	路基不均匀沉陷、面层热稳定性不足产生推挤和拥包，面层或基层施工水平较低导致材料或厚度存在较大变异性等
	抗滑能力不足	面层混合料抵抗行车荷载磨光作用的能力较差，随着运营时间增长，道路表面很快变得光滑
水泥混凝土路面	板块开裂	对混凝土路面开裂起主要作用因素有路面结构组合、混凝土板抗弯拉能力、荷载水平、特殊环境条件等。早期路面大量开裂一般反映路面材料与结构设计不合理或整体施工质量较差
	接缝处破损	包括接缝材料损坏或散失、接缝张开、边角剥落、唧泥、错台、拱起等
	表面破损	表面网状细裂缝、层状剥落、起皮、露骨、集料磨光、坑洞等。通常反映出混凝土材料性能存在缺陷
	板块沉陷	通常由路基沉陷引起

8.3.2　沥青路面行驶安全性的评价

现代交通条件下的高等级公路沥青路面的功能应体现在满足运输车辆在一定设计使用时限内高速、安全、经济、舒适地行驶。

1）安全性评价指标体系的建立

沥青路面安全性评价涉及面广、内容多，评价指标选取需要考虑的因素也多。评价指标体系的建立必须首先将影响沥青路面安全性的因素进行收集、整理、分类，弄清各影响因素与沥青路面整体安全性之间的关系，建立一套系统、科学、全面的综合评价指标体系。由于路面结构承载能力是路面结构抵抗外部荷载以及环境因素作用，保持自身状况完好的能力，即路面结构强度；而路面的抗滑性能是车辆行驶安全性重要保证，是为满足各种气候条件下安全行车需要，为车辆受制动沿其表面滑移时提供足够摩阻力，使车辆在一合理距离内制动。路面抗滑能力不足（特别是路面湿润状态）时，容易产生滑溜、水漂等现象，导致车辆失控，酿成行车事故；对于路面状况的影响主要取决于平整度，路面平整度与车辆行驶速度、油耗、部件磨损、雨后行驶安全等也有密切关系；路面破损状况既反映了路面结构的完好程度，又直接影响道路的服务水平。一方面，破损产生与路面承载能力下降两者相互推动，造成路面结构寿命呈加速衰减的趋势；另一方面，多数破损现象直接对车辆行驶的舒适性和安全性产生不良影响。因此，对路面破损必须进行评价和控制。

综合路面行驶安全性主要影响因素，从沥青路面承载能力(强度)、抗滑性能、平整度和路面破损状况等几方面进行评价，建立评价指标体系(图8.5)。

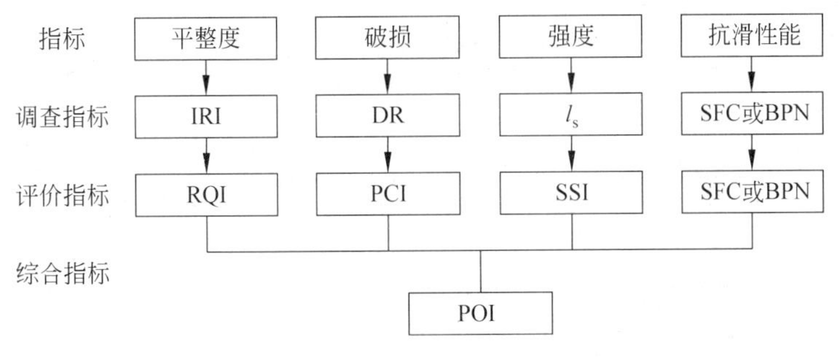

图8.5 评价指标关系

参照《公路沥青路面养护技术规范》(JTJ 073.2—2001)，现将获取沥青路面调查指标所需要的设备列于表8.16。

表8.16 路面状况调查设备表

调查内容	调查设备	备注
路面破损状况	直尺等直观调查设备	可配备路况摄影车
路面结构强度	贝克曼梁弯沉仪及弯沉车	可配备自动弯沉仪或落锤式弯沉仪
路面平整度	路面平整度仪或3m直尺	
路面抗滑能力	摩擦系数仪	可配备横向力系数仪
路面车辙深度	路面车辙测试仪	

2) 沥青路面安全性评价

(1) 路面结构承载能力评定

路面结构强度调查指标为路面弯沉值(L_S)。目前对沥青路面承载能力的评价，从设计所依据弯沉标准出发，一般可采用结构强度系数(SSI)作为指标。对路面使用期内的任一年，定义路面结构强度系数为

$$SSI=\frac{L_T}{L_S} \tag{8.5}$$

式中，L_T为该年不利季节的容许弯沉值；L_S为实测弯沉代表值。

路段实测代表弯沉值可依据现行《公路沥青路面设计规范》(JTG D50—2006)的有关规定进行计算。参照我国《公路沥青路面养护技术规范》(JT J073—2001)对结构强度的要求，列出我国高等级公路沥青路面结构强度分级评价标准(表8.17)。

表8.17 结构强度评价标准

评价指标	评价等级				
	优	良	中	次	差
SSI	≥1.0	[0.83,1.0)	[0.66,0.83)	[0.5,0.66)	<0.5

(2) 抗滑性能评定

路面抗滑能力调查指标为横向力系数(SFC)和摆值(BPN)，参照我国《公路沥青路面养

护技术规范》(JTJ 073—2001),路面的抗滑性能采用抗滑系数作为评价指标,抗滑系数以横向力系数(SFC)或摆式仪的摆值(BPN)表示。评价标准见表 8.18。

表 8.18 路面抗滑能力评价标准

评价指标	评价等级				
	优	良	中	次	差
横向力系数 SFC	≥50	[40,50)	[30,40)	[20,30)	<20
摆值 F_b(BPN)	≥42	[37,42)	[32,37)	[27,32)	<27

(3) 路面平整度评价

目前建立的反映路面平整度指标较多,如由反应类测试设备给出的平均调整坡(ARS),由断面类测试结果可以得到直尺指数(SEI)、竖向加速度均方根(RMSVA)、功率谱密度(PSD)等。为统一起见,常以国际平整度指数(IRI)作为通用调查标准标定其他平整度指标。路面全面调查宜采用车载式检测设备快速检测,小范围抽样调查可采用连续式平整度仪或 3m 直尺检侧。例如,对连续平整度仪测试得到路面平整度标准差 σ 指标。目前,已建立标定关系

$$\sigma = 0.5926\text{IRI} + 0.013 \tag{8.6}$$

路面平整度采用行驶质量指数(RQI)作为评价指标,而行驶质量指数由国际平整度指数(IRI)计算。RQI 与 IRI 的关系为

$$\text{RQI} = 11.5 - 0.75 \times \text{IRI} \tag{8.7}$$

式中,RQI 为行驶质量指数,数值范围为 0~10。如出现负值,则 RQI 值取 0;如计算结果大于 10,RQI 取值 10。

参照我国《公路沥青路面养护技术规范》(JTJ 073—2001)对平整度的养护质量标准要求,如表 8.19 所示。

表 8.19 沥青路面平整度标准

评价指标	评价等级				
	优	良	中	次	差
RQI	≥8.5	[7.0,8.5)	[5.5,7.0)	[2.0,5.5)	<2.0

(4) 路面破损状况评价

沥青路面破损分为裂缝类、松散类、变形类及其他类 4 大类,各类破损类型及其严重程度描述见表 8.20,路面破损的调查指标为综合破损率(DR),而评价指标为路面状况指数(PCI),其计算公式如下:

$$\text{DR} = \frac{\sum\sum D_{ij} \cdot K_{ij}}{A} \times 100\% \tag{8.8}$$

式中,DR 为路面综合破损率,以百分数计;D_{ij} 为第 i 类损坏、第 j 类严重程度的实际破损面积(m^2);如为纵、横向裂缝,破损面积为:裂缝长度×0.2;车辙破损面积为:长度×0.4;K_{ij} 为第 i 类损坏、第 j 类严重程度换算系数,可从《公路沥青路面养护技术规范》(JTJ 073—2001)中表 2.5.2-1 查得;A 为调查路段路面总面积(m^2)。

表 8.20　沥青路面破损分类分级

破损类型		分级	外观描述	分级指标	计量单位
裂缝类	龟裂	轻	初期龟裂,缝细、无散落,裂区无变形	块度 20～50cm	m^2
		中	裂块明显,缝较宽,无或轻散落或轻变形	块度＜20cm	
		重	裂块破碎缝宽,散落重,变形明显待修理	块度＜20cm	
	不规则裂缝	轻	缝细,不散落或轻微散落,块度大	块度＞100cm	m^2
		重	缝宽,散落,裂块小	块度 50～100cm	
	纵裂	轻	缝壁无散落或轻微散落,无或少支缝	缝宽≤5mm	m^2
		重	缝壁散落重,支缝多	缝宽＞5mm	
	横裂	轻	缝壁无散落或轻微散落,无或少支缝	缝宽≤5mm	m^2
		重	缝壁散落多,支缝多	缝宽＞5mm	
松散类	坑槽	轻	坑浅,面积小(＜$1m^2$)	坑深≤25mm	m^2
		重	坑深,面积较大(＞$1m^2$)	坑深＞25mm	
	麻面		细小嵌缝料散失,出现粗麻表面	—	m^2
	脱皮		路面面层层状脱落	—	m^2
	啃边		路面边缘破碎脱落,宽度 10cm 以上	—	m^2
	松散	轻	细集料散失,路面磨损,路表粗麻	—	m^2
		重	粗集料散失,多量微坑,表面剥落	—	
变形类	沉陷	轻	深度浅,行车无明显不适感	深度≤25mm	m^2
		重	深度深,行车明显颠簸不适	深度＞25mm	
	车辙	轻	变形较浅	深度≤25mm	m^2
		重	变形较深	深度＞25mm	
	搓板		路面产生纵向连续起伏、似搓板状的变形	高差≤25mm	m^2
	波浪	轻	波峰波谷高差小	高差≤25mm	m^2
		重	波峰波谷高差大	高差＞25mm	
	拥包	轻	波峰波谷高差小	高差≤25mm	m^2
		重	波峰波谷高差大	高差＞25mm	
其他类	泛油	路表呈现沥青膜,发亮,镜面,有轮印		—	m^2
	磨光	路面原有粗构造衰退或丧失,路表光滑		—	m^2
	修补损坏面积	因破损或病害而采取修复措施进行处治,路表外观上已修补的部分与未修补部分明显不同		—	m^2
	冻胀	路基下部水分向上聚集并冻结成冰引起路面结构膨胀,造成路表拱起和开裂		—	m^2
	翻浆	因路基湿软,路面出现弹簧、破裂、冒浆现象		—	m^2

$$PCI = 100 - 15\,DR^{0.412} \tag{8.9}$$

根据路面破损情况，可将路面质量分为优、良、中、次、差 5 个等级(表 8.21)。

表 8.21　路面破损状况评价标准

评价指标	评价等级				
	优	良	中	次	差
PCI	≥85	[70,85)	[55,70)	[40,55)	<40

(5) 路面综合评价

路面的综合评价采用 PQI 作为评价指标，PQI 用分项指标加权计算得出。

$$PQI = PCI' \times P_1 + RQI' \times P_2 + SSI' \times P_3 + SFC' \times P_4 \tag{8.10}$$

式中，P_1、P_2、P_3、P_4 分别为相应指标的权重，按 PCI′、RQI′、SSI′、SFC′(或 BPI)的重要性确定。建议值见表 8.22，PCI′、RQI′、SSI′、SFC′的赋值如表 8.23 所示。

表 8.22　P_1、P_2、P_3、P_4 权重建议值

道路等级	P_1	P_2	P_3	P_4
高速公路	0.25	0.35	0.1	0.3

表 8.23　PCI′、RQI′、SSI′、SFC′的赋值

权重值	PCI、RQI、SSI、SFC(或 BPN)评定结果				
	评价等级				
	优	良	中	次	差
相应指标的赋值	92	80	65	50	30

路面综合评价的评价标准参考《公路沥青路面养护技术规范》(JTJ 073—2001)，应符合表 8.24 的有关规定。

表 8.24　路面综合评价标准

评价指标	评价等级				
	优	良	中	次	差
综合评价指标 PQI	≥85	[70,85)	[55,70)	[40,55)	<40

8.4　隧道工程安全性评价

8.4.1　隧道工程安全性影响因素及其破坏形式

1) 隧道工程安全性的影响因素

由于地质条件、地形条件、气候条件和设计、施工、运营过程中各种因素影响，隧道建成后在长期的使用过程中出现各种各样的病害，部分隧道甚至在开始使用的几年就出现比较严重的病害，如衬砌裂损、隧道渗漏水、基底下沉和底鼓等。

这些病害既影响隧道作为快速安全交通通道的功能，在加固维修时又花费大量资金，这显然是与建设隧道的初衷相违背。因此，通过在一定时期内连续监测部分典型高速公路隧道支护的力学形态来研究高速公路隧道结构安全性，从而对隧道的长期安全性进行评估，广泛而系统地积累隧道长期安全性研究方面的经验，在隧道还未产生较大病害前采取措施进行防治，防患于未然，具有重要意义。

2）隧道破坏模式[9,10]

隧道一般具有支护衬砌结构，对新奥法施工的隧道，不仅有锚喷初期支护，且常设有二次衬砌，因此支护结构是隧道工程一个重要组成部分，它和隧道围岩共同构成一个隧道工程实体，相互作用，共同受力。支护结构不是被动承受荷载，而是避免围岩过分松动和强度降低，保持围岩具有较好自身稳定性，从这个意义上来说，支护结构不会自己破坏，它的破坏是围岩造成的，其破坏是被动的，即有荷载才会造成支护结构破坏。因初期支护与二次衬砌作用不同，其破坏模式也不同。

（1）围岩的破坏方式与破坏机制：围岩的破坏方式也有脆性和延性破坏，其破坏机制与围岩的特征有密切关系。常见围岩的破坏方式和破坏机制如表 8.25 所示[11]。

表 8.25 隧道围岩的破坏方式

破坏方式	破坏机制	破坏形式说明
脆性	张裂	应力超过抗拉强度，层状围岩在顶部、侧墙折断，沿结构面拉裂
延性	剪切	应力超过抗剪强度，沿结构面滑移，侧墙产生剪切破坏
	塑性流动	围岩遇水膨胀，产生塑性流动延性破坏

（2）初期支护的破坏模式：初期支护主要为锚喷结构，混凝土喷层结构破坏模式主要是拉裂、冲切破坏。锚杆破坏主要表现为拉断和剪断，主要起悬吊作用的锚杆，锚杆抗拉力不足以悬吊块体重量时发生拉断或拔出，如图 8.6(a)所示；当块体沿结构面滑动时则可能将锚杆剪断(图 8.6(b))[12]。当锚杆用于加固拱顶沿结构面滑动的块体时，锚杆既受拉又受剪，则可能拉断，也可能剪断。

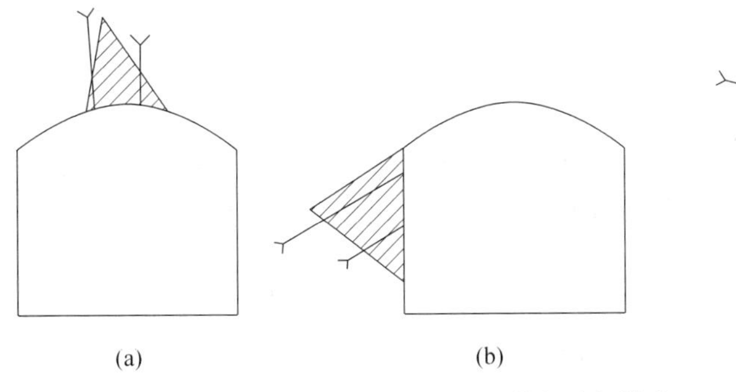

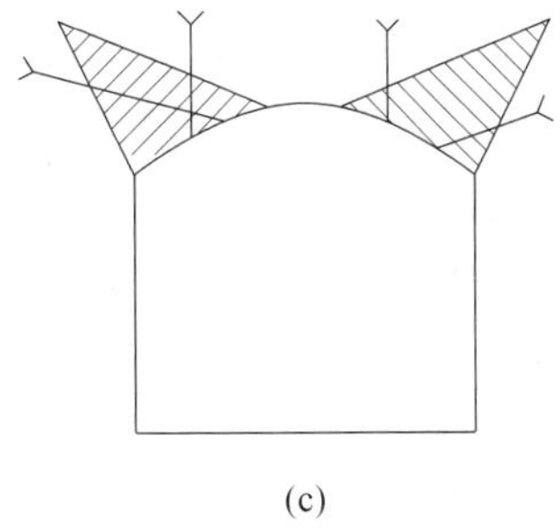

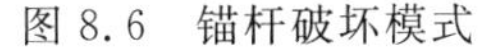

(a) (b) (c)

图 8.6 锚杆破坏模式

二次衬砌的破坏模式：二次衬砌一般为模注混凝土，有配筋的也有不配筋的，在新奥法隧道中，二次衬砌常常是用作安全储备，但隧道中二次衬砌的荷载分担率肯定要提高，且在必要时发挥其最大容许承载能力。在荷载作用下，二次衬砌的破坏表现为拉裂破坏、剪切破坏、冲切破坏及变形破坏，见表 8.26 所示[12]。

表 8.26　二次衬砌的破坏模式

破坏模式	原　理
拉裂	拱顶或高边墙在较大压力作用下弯曲变形产生较大的拉应力而导致拉裂，另外，在较弱围岩中隧洞仰拱也可能出现拉裂破坏
剪切	指围岩压力及地基附加应力作用下产生的应力状态超过抗剪强度，如达到 Mohr-Coulomb 屈服准则规定的破坏
冲切	局部不稳定块体压力作用或地基附加应力作用下产生的冲切破坏
变形	围岩压力下产生过大变形致侵入隧道建筑限界或其他附属设施损害

值得指出的是，由于拱形的受力承载性能优越于其他形状，因此隧道顶部多为拱形支护结构。工程界传统的弹性石拱力学将压力线限制在拱轴线内外 1/6 范围内，即“1/3 核拱法则”；当压力线超出这个范围时，拱圈石受拉开裂；当荷载增加时，压力线逐步移到拱圈石的边缘形成塑性铰。根据结构力学原理，拱圈出现 3 个铰时结构是静定的；若再增加 1 个铰（即 4 个铰），拱圈便失去平衡，形成机构而破坏。塑性石拱力学认为，石拱圈刚开始出现 4 个铰时即为极限破坏模式[13]。因此，可以认为支护拱的极限破坏模式是具有 4 个铰时的机动结构状态。

8.4.2　隧道工程稳定性判据与安全性评价

根据上述破坏模式，总体来说，隧道稳定性判据应包括围岩及地下结构的强度和变形两方面的稳定判据。强度指标包含结构性允许损伤值和隧道其他设施的允许破坏度，变形包含允许变形和隧道的建筑限界值。

1. 围岩稳定性判别

对于围岩的失稳判据，因受影响因素较多（如开挖支护情况、洞室形状及大小、岩体性质等），到目前为止对其判据还没有一个统一标准。但由于这个问题很重要，而且有着巨大的实用意义，一些国家有关部门都在进行这方面的总结工作，并为了适应某种需要提出一些相应规定。一般来讲，主要有以下 3 种基本判据[14-17]：

1）围岩强度判据

围岩强度判据的理论基础是强度破坏准则如 Drucker-Prager 准则或 Mohr-Coulomb 准则等，即在低约束压力条件下，当岩体内某些截面的剪应力超过破坏理论规定的滑动界限范围时，岩体就发生剪切屈服破坏。

2）围岩极限应变判据

极限应变也叫界限应变，是岩体破坏极限时的应变，一般由岩石单轴压缩试验获得。试验证明，室内试验和原位试验结果基本一致，即可以通过室内试件的实验求取原位岩体的极限应变值。

岩石的应力-应变曲线一般可拟合成双曲线形式（见图 8.7），即有

$$\sigma = \frac{\varepsilon}{a + b\varepsilon} \tag{8.11}$$

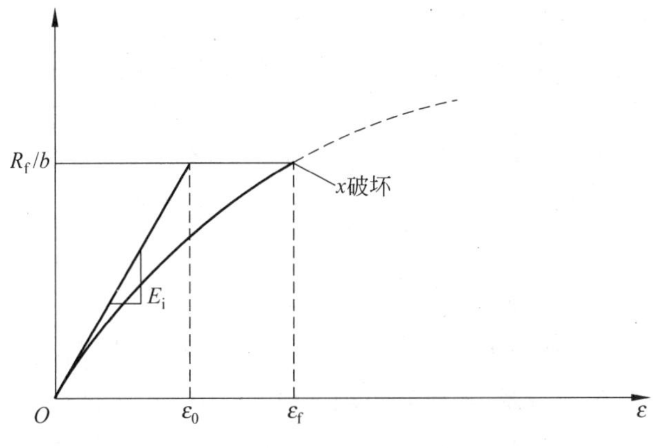

图 8.7 岩石的应力-应变关系

式中，$a=1/E_i$，E_i 为初始弹性模量；$b=1/\sigma_n$，σ_n 为极限应力值。

设 σ_c 为岩石单轴抗压强度，则极限应变：

$$\sigma_c = \frac{R_f}{b}, \quad \varepsilon_0 = \frac{\sigma_c}{E_i} \tag{8.12}$$

式中，R_f 为岩石破坏比。对于岩石，ε_0 取 0.1%～1.0%(下限为硬岩，上限为软岩)。

3) 围岩位移判据

隧道结构失稳前特别是临界状态下，其应力、应变、位移、声发射等物理量要发生有别于稳定时期的变化，这种变化可用于失稳预测。各种方法在以往的工程实践中都有应用，有成功的，也有不成功的。应力、应变和位移量测属于直接法，而岩体声发射量测属于间接法。由于直接法提供的信息较丰富，应用价值较高，是现场监测的主要方法。在直接法中，应力-应变量测较复杂而且数据的可靠性差，故工程中多采用位移量测。在位移量测中以量测岩体表面两点间收敛位移最方便，因此实际工程中通常根据现场洞周量测结果统计分析，确定围岩允许的最大收敛值。隧道围岩稳定状态体现为隧道围岩变形速率呈递减趋势，并逐渐趋近于零，而失稳状态表现为围岩变形速率呈递增趋势并最终超过极限位移。目前隧道施工监测动态以位移为判据的方法分别是容许极限位移、位移加速度和变形速率比值判别。

容许极限位移，是指保证隧道不产生有害松动和保证地表不产生有害下沉的条件下，自隧道开挖起到变形稳定为止在起拱线位置的隧道壁面间水平位移总量的最大容许值，也有用拱顶的最大容许下沉量表示的。在隧道开挖的过程中，若发现量测到的位移总量超过容许极限值，或者根据已测位移加以预测围岩稳定时的位移将超过极限值，则意味着围岩位移超限，支护系统必须加强，否则有失稳危险。

由于为防水和减少二次衬砌混凝土收缩而产生的裂缝，在初期支护和二次衬砌之间，一般需敷设不同类型的防水隔离层，隧道围岩位移不能超过预留变形量。

以围岩位移为判据关键和难点在于围岩容许位移或极限位移的确定。实际上，在有些情况下，围岩位移达几十毫米情况下(未达到容许位移值)，隧道就出现了塌方，而在有些情况下，围岩位移达数百毫米，也未见塌方。目前容许极限位移量的确定国内外尚无统一标准。在预定最适宜极限位移量的问题上，随着新奥法发展产生了几种不同的观点[15]。有的人认为容许变形量可以预定得小些，而有的人认为容许变形量可预定得大一些。现将目前应用的几种方法分述如下：

(1) 奥地利的 J. Golser 博士认为：城市地下铁道因通过城市建筑群，要求地表下陷量不能超过 5～10mm，容许变形量应当预定得尽量小些；山岭隧道对地表下陷没有严格要求，容许变形量可以预定得大些；覆盖层厚度为数百米山岭隧道或井巷隧道，又是处于能产生塑性变形岩质条件下，其容许变形量可预定得更大些。经验表明，上述情况隧道容许变形量在 20～30mm 时，围岩仍不会产生有害松动，这时如果把变形量定得很小，支护结构参数就要大，这样设计较保守，会使工程很不经济。

(2) 日本根据施工经验和对已建工程的量测资料分析认为：在硬岩中开挖隧道，最适宜的容许变形量可预定为数毫米，若围岩节理裂隙发育，最适宜的容许变形量可预定为十多毫米至数十毫米，但是在施工中应密切注意，当开挖工作面前进到距量测断面 1～2 倍隧道直径时，内空变位速度应有明显的收敛趋势；在没有较大塑性流动软岩中开挖隧道时，最适宜容许变形量可预定为数毫米至十多毫米；在有较大塑性流动的地层或膨胀性地层中开挖隧道时，容许变形量可预定为数十毫米至数十厘米，但施工中，当开挖工作面前进到距量测断面为 3～4 倍隧道直径时，内空变位速度应有明显收敛趋势；在土沙质地层或硬岩断层破碎带地层中开挖隧道时，容许变形量可预定为数毫米至数十毫米，但在施工中，在构筑仰拱使断面闭合后的数天之内，内空变形速度应有明显的收敛趋势。在上述各种情况下，如果内空变形速度没有明显收敛趋势，则说明会出现超过预定容许变形量范围的较大内空变形，甚至造成崩塌事故。

(3) 法国的 M. Louis 提出最大容许位移随埋深而异，约为埋深的 1‰。奥地利阿尔贝格隧道，净空变化允许值为隧道半径的 10％或锚杆长度的 10％，最好控制在 30mm 以内。法国工业部在横断面 50～100mm^2 的坑道中以拱顶绝对位移为准，规定了拱顶最大允许下沉值如表 8.27 所示，美国某些部门也有允许变形量不得超过 12.7mm 的规定。

表 8.27　法国工业部拱顶绝对位移标准

埋深/m	拱顶下沉值/mm	
	硬质岩石	塑性岩石
10～50	10～20	20～50
50～500	20～60	100～200
＞500	60～120	200～400

(4) 苏联学者通过大量观测数据，得出用于计算洞室周边容许最大变形值的近似公式

$$\text{拱顶：}\delta_1 = \frac{12b_0}{f^{1.5}}$$
$$\text{边墙：}\delta_2 = \frac{4.5H^{1.5}}{f^2} \tag{8.13}$$

式中，f 为普氏系数；b_0 为洞室跨度；H 为边墙自拱脚至底板的高度(m)；δ_2 为一般从拱脚 $(1/3\sim1/2)H$ 段内测定。

(5) 我国公路隧道施工技术规范(JTJ 042—1994)中第 9.3.4 条规定隧道周壁任意点

的实测相对位移值或用回归分析推算的总相对位移值均应小于表 8.28 所列数值。当位移速率无明显下降，而此时实测位移值已接近该表所列数值或者喷层表面出现明显裂缝时，应立即采取补强措施，并调整原设计参数或开挖方法。我国国家标准《锚杆喷射混凝土支护技术规范》(GB 50086—2001)也做了相应的规定。

表 8.28　隧道周边相对位移允许值　%

围岩类别	覆盖层厚度/m		
	<50	50～300	>300
Ⅳ	0.10～0.30	0.20～0.50	0.40～1.20
Ⅲ	0.15～0.50	0.40～1.20	0.80～2.00
Ⅱ	0.20～0.80	0.60～1.60	1.00～3.00

表 8.28 中数据说明：①相对位移值是指实测位移值与两测点间距离之比或拱顶位移实测值与隧道宽度之比；②脆性围岩取表中较小值，塑性围岩取表中较大值；③Ⅳ、Ⅴ、Ⅵ类围岩可按工程类比初步选定允许范围；④表所列位移值可在施工过程中通过实测和资料积累适当修正。

综上所述，前面提到的容许极限位移值是针对隧道开挖时围岩稳定性的要求而提出的，因此地基开洞模式的地基围岩稳定性容许极限位移可直接参考选定，因为洞室地基应有更严格沉降控制，具体量值宜选小值。而对于开洞地基来说，因地面荷载影响新增隧洞拱顶位移取值宜更小。目前围岩极限位移量一般通过理论分析、数值计算、现场量测和室内试验确定。

位移变化率(容许位移速率、位移加速度、收敛比)：容许位移速率指的是在保证围岩不产生有害松动条件下隧道壁面间水平位移速度的最大容许值，同样与隧道围岩、隧道埋深及断面尺寸和施工方法等因素有关。容许位移速率无统一标准，一般根据经验选定。

岩体处于失稳状态时加速度为正，因此可用位移加速度正负号区分稳定与否。在围岩变形全过程中，在围岩不失稳的情况下，只有在开挖工作面通过量测断面前与通过后的极短时间内变形是加速的；另外在已掘进的地段，量测断面附近再次受施工扰动时，也会出现短时间加速，但只要扰动停止，变形就变为减速。以上两种情况的加速属于正常加速，其他情况属于异常加速。异常加速是围岩失稳的征兆，如果异常加速持续发展，表明围岩与支护体系处于失稳征兆已很明显，这时需采用紧急处理措施。奥地利 Arlberg 隧道以洞周位移速度为标准(表 8.29)。

表 8.29　奥地利 Arlberg 隧道洞周位移速度标准

经历时间	位移速度/(mm·d^{-1})	稳定性
开挖后 10d 以内	>10	需增加支护刚度
100～130d 以后	<0.23	基本稳定

我国学者则使用“收敛比”作为判据。所谓收敛比，指隧道内收敛位移与隧道开挖宽度比值。一般情况下，当收敛比≥2%时隧洞稳定。对于流变性洞体，洞室围岩变形是动态变化的，因而，根据位移变化的速度来判定围岩的稳定。一般认为当收敛率 δ(mm/d)→0 时，

位移呈现减速收敛的趋势，最终趋于稳定；当收敛率 δ = 常数，而收敛比 $\leqslant 2\%$ 需施作支护；当收敛加速度 $\delta > 0$，位移呈加速变化趋势，这种情形只允许在开挖面通过此处时短暂出现，否则开挖面通过时 $\delta > 0$，意味着围岩将急速失稳。

2. 隧道稳定性位移判别

从理论上讲，找到围岩特征曲线与支护特征曲线交会点，就可得出支护与围岩保持平衡时位移和支护抗力，将其与允许位移和支护极限承载力相比较，即可知该支护体系的安全状况。但是，岩体性质复杂性（非匀质性、不连续性、各向异性、非线性、时间相关性等）和岩体构造复杂性（节理、裂隙、断层等）使得难以很科学地确定其围岩特征曲线和支护特征曲线。

众所周知，结构位移的发生和发展是该结构力学行为动态的综合反映。隧道是隐蔽工程，只能看到支护结构的内表面，从近距离处才能看到隧道内表面的细裂缝，难以观察到破坏全貌。而内表面位移则可通过专门测量仪器测得。不管隧道的作用机理如何复杂，其经受各种作用后反应可用周边位移体现出来。通过周边位移观测以了解隧道力学动态是比较直观也易于实施的办法，隧道稳定性也应该从周边位移变化和发展得到体现。

实际上，以锚喷初期支护为主要技术背景的"新奥法"的推行，提供了在隧道开挖和支护过程中及时对围岩及支护结构变形进行监测，对围岩稳定性作出判断的可能性。用位移判别隧道的稳定性，就是从隧道出现的各种极限状态入手，找出在某种极限状态下各控制点的位移，即所谓极限位移，作为稳定性判据。

隧道稳定性位移判别，可以根据隧道施工实测位移 u 与隧道极限位移 u_0 之间建立判别准则，即 $u < u_0$ 时隧道稳定；$u > u_0$ 时隧道不稳定。除此之外，还应结合现场观测和位移发展变化规律，依据隧道开挖掌子面状态、支护状态观测结果、位移速率和位移速率的变化率等作出判别。隧道失稳经验先兆主要有：局部块石坍塌或层状劈裂，喷层的大量开裂；累计位移量已达极限位移的 2/3，且仍未出现收敛减缓的迹象；每日位移量超过极限位移的 10%；洞室变形有异常加速，即在无施工干扰时变形速率加大。围岩和初期支护基本稳定条件主要有：位移速率有明显减缓趋势；已产生位移量已占总位移量 80%以上，水平净空变化（拱脚附近）小于 0.2mm/d。

8.5 桥梁工程安全性评价

8.5.1 桥梁工程安全性影响因素

由于桥梁结构复杂性，决定桥梁状况因素多种多样，大体上可从产生桥梁上部结构和下部结构病害方面进行分析。主要分两类：一类是设计、施工、材料等造成的内部因素，另一类是环境、荷载等外部因素。这些因素在桥梁上的综合影响决定桥梁健康状况，必须充分考虑到各因素之间相互关系及相对独立性。桥梁主要病害及成因如表 8.30 所示[18]。

表 8.30　桥梁主要病害及其成因

<table>
<tr><th colspan="2">部　位</th><th>主 要 病 害</th><th>产 生 原 因</th></tr>
<tr><td colspan="2">上部结构</td><td>① 桥面表层的缺陷与病害
② 水平、竖向和网状裂缝
③ 支座的病害
④ 桥头跳车等</td><td>① 设计不当：主要包括结构不合理、计算上出现差错以及图纸不完善等几个方面，由此造成结构强度不足，稳定性不好，刚度不足
② 施工不当：主要指施工质量不好，施工中使用材料的规格与性能不符合要求，操作违反规程等
③ 营运方面：主要指交通流量的增加，运载重量的增大，地震、洪水、泥石流等自然灾害的影响，以及海水，污水的侵蚀作用</td></tr>
<tr><td rowspan="2">下部结构</td><td>墩台基础</td><td>① 不均匀沉陷
② 滑移和倾斜及基底局部冲空
③ 基础结构物异常应力和开裂</td><td rowspan="2">在桥梁使用过程中，墩台除有和施工过程中一样蜂窝、麻面、漏筋、孔洞、缝隙夹层和缺棱掉角等质量病害外，由于墩台暴露在自然界中，再加上车辆荷载、水的冲刷、冬季冻融化学作用等其他因素的作用，这些缺陷还会加深、发展</td></tr>
<tr><td>墩台结构</td><td>① 水平、竖向和网状裂缝
② 剥落、空洞、老化
③ 钢筋外露、锈蚀
④ 结构变形、移位等</td></tr>
</table>

8.5.2　桥梁工程的安全性评价标准与方法

1）常用桥梁安全性评价方法

桥梁评估工作日益受国内外专家学者重视，人们对桥梁评估方法进行了大量的研究。在模糊数学、人工神经网络理论基础上逐步发展起来的各种桥梁评估技术、桥梁评估计算模型和桥梁评估专家系统，数理分析、系统工程以及计算机科学等领域知识应用扩大了桥梁评估工作内涵及外延。目前常用的评估方法如表 8.31 所示。

表 8.31　常用桥梁评价方法

方　　法	原　　理
层次分析法	影响桥梁结构状况因素很多，且有主有从、相互制约。有些因素影响虽小，但积累到一定程度就会发生质变，从而危及整个结构使用。所以桥梁综合评价不能单纯地考虑重要构件，应兼顾次要构件，但也不能主次不分，使评价工作量大而繁杂
模糊综合评估法	该方法是以模糊数学为基础，应用模糊关系合成的原理，将一些边界不清、不易定量的因素定量化，对实际问题进行评估的方法
模糊神经网络法	采用神经网络结构和模糊逻辑推理机制，将神经网络和模糊系统有机结合在一起，模糊技术和神经网络技术融合，可有效地发挥各自的优势并弥补各自的不足

2）安全性评价指标的选取

桥梁安全性评价涉及面广，内容多，评价指标选取需考虑因素较多。因此应将桥梁评价指标层次化、系统化、合理化，科学客观地对桥梁进行综合的整体或局部性能评价[19]。评价指标体系的建立必须首先将影响桥梁安全性因素进行整理，弄清每一个影响因素与桥梁整体安全性之间的关系，建立一套系统、科学、全面的综合评价指标体系。指标的选取依照以下几个原则：

(1) 全面。指标必须能涵盖桥梁的各主要部位,包括所有对桥梁的稳定性影响因素,可据之对桥梁性能及伤损情况作出整体评价。

(2) 有代表性。所选指标应典型、有针对性,根据桥梁结构特性,从不同侧面反映桥梁的"健康"情况及发展状况。

(3) 适用性。在能真实、准确地评估桥梁损伤性能的前提下,指标应该便于采集,方便评价实施,并能有效地反映桥梁安全状况,以确定桥梁安全状态。

(4) 层次关系明确。指标应分出评价层次,在每一层次的指标选取中突出重点,对影响较大的桥梁结构部件进行重点分析。

根据层次分析法基本思想,分别从桥梁的承载能力、承重结构损伤和外观缺损 3 个方面进行考虑,建立了桥梁安全性评价指标体系,如图 8.8 所示。

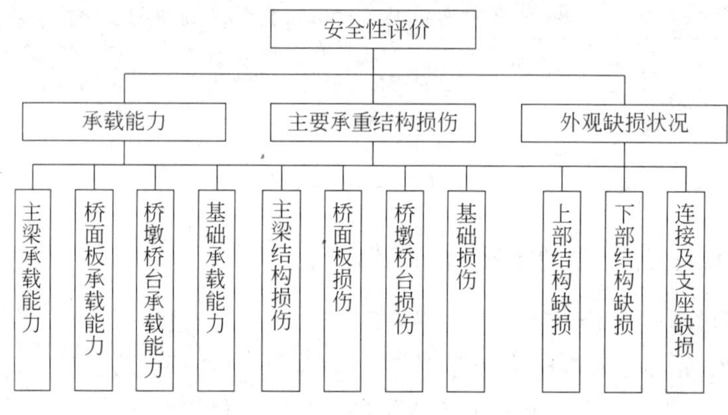

图 8.8 桥梁安全性评价指标体系

3) 承载能力评价指标和评价标准

美国联邦公路总署 1989 年颁布的桥梁耐荷(荷载)评估准则[20]采用强度折减和荷载加成的观念,评估桥梁在极限状态下承载力,其基本前提为:

(1) 在计算断面的标称强度时,需考虑材料的劣化现象;

(2) 在计算荷载时,要能反映现场交通状况。为了真实地反映现场的状况,以耐荷系数 RF(rating factor)作为桥梁耐荷能力的指针,RF 的定义为

$$\mathrm{RF}=\frac{\varphi R_{\mathrm{n}}-\gamma_{\mathrm{D}} D}{\gamma_{\mathrm{L}}(1+I) L} \tag{8.14}$$

式中,R_{n} 为断面的标称强度(nominal strength);D 为静荷载所造成的断面力;L 为活荷载所造成的断面力;φ 为强度系数(capacity reduction factor);γ_{D} 为静荷载系数(dead load factor);γ_{L} 为活载系数(live load factor);I 为冲击系数。

根据我国现有规范和规程,借鉴《民用建筑可靠性鉴定标准》[21]中混凝土结构构件承载能力等级的评定方法,用指标 $R/(\gamma_0 S)$(γ_0 为结构重要性系数,R 表示抗力,S 表示作用效应),代替《公路养护技术规范》[22]中的承载能力与设计值之比(与承载能力比设计降低率相对应),各等级安全性要求基本保持不变,并将二类结构构件的承载能力降低率调整在 5% 以内[23]。承载能力等级评定标准以及相应的处理对策见表 8.32。

表 8.32 承载能力评定标准

承载能力等级	《公路养护技术规范》中的规定	$R/(r_0 s)$	处理对策
一类(完好状态)	承载能力没有比设计降低	≥1	不需加固
二类(较好状态)	承载能力比设计降低5%以内	≥0.95,且<1	小修,不需加固
三类(较差状态)	承载能力比设计降低5%~10%	≥0.90,且<0.95	中修,不需加固
四类(坏的状态)	承载能力比设计降低10%~25%	≥0.75,且<0.90	特殊检查后大修、加固或更换
五类(危险状态)	承载能力比设计降低25%以上	<0.75	特殊检查后确定处治对策

4) 承重结构损伤评价

桥梁结构构件的损伤包括裂缝、钢筋锈蚀、变形、表面缺损等。其中裂缝包括受力裂缝、锈蚀裂缝、变形裂缝;表面缺损指构件表面露筋、蜂窝、麻面、剥落等;变形包括墩台位移、拱圈及梁体位移等。鉴于变形和表面缺损最终表现在受力裂缝和钢筋锈蚀上,而变形裂缝和锈蚀裂缝将最终表现在钢筋锈蚀上,所以结构安全性主要取决于受力裂缝开展程度和钢筋锈蚀程度,即用裂缝开裂度和钢筋锈蚀率作为承重结构损伤的评价指标,其评价标准见表8.33。

表 8.33 桥梁主要承重构件结构损伤评定等级标准

项目	评价等级				
	优	良	中	差	劣
裂缝开裂度(d/D)	≤0.4	(0.4,0.7]	(0.7,1.0)	[1.0,1.3)	≥1.3
钢筋锈蚀率(s/S)	≤0.01	(0.01,0.05]	(0.05,0.1)	[0.1,0.2)	≥0.2

注:d为构件最大裂缝宽度;D为构件允许最大裂缝宽度;s为主筋锈蚀面积;S为原全截面主筋面积。

5) 外观缺损评价

桥梁缺损状况是指桥梁各分部结构以及各构件材料缺陷、裂缝、变形、位移等损伤或缺陷的严重程度。它是衡量桥梁技术状况重要指标,与桥梁安全性息息相关。桥梁缺损状态评价就是量测和评价桥梁构件状态并用功能参数来表征这些状态。

桥梁缺损状况评价方法目前主要有两种:一是对桥梁各构件缺损状况进行分级评定,然后按主要构件中缺损最严重的等级作为整个桥梁缺损等级;二是根据桥梁各构件或各分部结构缺损状况进行评分,然后依其相对重要性给定权重进行叠加,从而得出整个桥梁的评分值[24],桥梁缺损状况评定等级标准见表8.34。

所建立的桥梁安全性评价模型是面向目标与面向过程的统一,除了最终可得到桥梁结构总体安全性评定等级外,在由低到高的逐级评价过程中,还可以依次得到:

(1) 结构构件各影响因素安全性等级,如主梁承载能力、裂缝等安全性评定等级;

(2) 各结构构件安全性评定等级,分析桥梁结构的安全性下降的原因,进而对结构(构件)局部维修、加固作出决策。从而确保桥梁管理者将有限资金用于维修加固安全性最差的构件。

表 8.34 桥梁缺损状况评定等级标准

等级	特征
优	重要部件功能与材料均良好,结构基本无缺损现象
良	结构基本完好,材料有少量(≤5%)轻度缺损或污染;裂缝宽度小于《规范》限值;整体无明显变形
中	重要部件功能良好,材料局部(≤5%)轻度缺损或污染;裂缝宽度接近《规范》限值;次要部件有较多(≤10%)中等缺损或污染
差	重要部件材料较多(≤10%)中等缺损,裂缝宽度超过限值;或出现轻度功能性病害,但发展缓慢;次要构件有大量(10%～25%)严重缺损,并进一步恶化
劣	重要构件材料有大量(10%～20%)严重缺损,裂缝宽度严重超过限值;或出现中等功能性病害,且发展较快;次要构件有25%以上严重缺损,严重影响正常使用

说明:①表中《规范》指交通部《公路养护技术规范》(JTJ 073—1996)。

②本表特征描述主要从结构整体考虑,涉及具体细部构件,其特征描述可以参考交通部《公路养护技术规范》(JTJ 073—1996)中桥梁技术状况评定标准表2.2.23。

参考文献

[1] 陈明芳.高等级道路工程的安全性评价与InSAR监测、GIS管理系统研究[D].长沙:长沙理工大学,2007.

[2] 邓学均,张登良.路基路面工程[M].北京:人民交通出版社,2000.

[3] 杨文孝.高速公路下伏煤矿采空区勘察与处治方法研究[D].西安:长安大学,2005.

[4] 童立元,刘松玉,等.采空区对高速公路危害性特征与评价方法研究[J].公路交通科技,2005,22(11):1-5.

[5] 程晔.岩溶区高速公路路桥基础稳定性评价方法与应用研究[D].长沙:湖南大学,2005.

[6] 宫晓飞,刘佑荣.高速公路工后不均匀沉降造成病害及危害特点[J].西部探矿工程,2004,16(9):193-194.

[7] 包承纲,王清友.土坡稳定性分析[M].北京:清华大学出版社,1988.

[8] 周传敏.高陡路堤路堑边坡降雨渗流地震动力影响分析[D].长沙:长沙理工大学,2006.

[9] 黄波,吴江敏.运营隧道状态的综合评判[J].世界隧道,2000(1):58-60.

[10] 方利成,等.隧道工程病害防治图集[M].北京:中国电力出版社,2000.

[11] 张强勇.岩土工程强度与稳定性计算及工程应用[M].北京:中国建筑工业出版社,2005.

[12] 张永兴,王桂林,胡居义.岩石洞室地基稳定性分析方法与实践[M].北京:科学出版社,2005.

[13] 周一勤.半圆石拱桥承载能力的讨论[J].中南公路工程,1991 (3):50-53.

[14] 勒晓光,等.高地应力区山岭公路隧道围岩稳定性分析位移判据探讨[C]//2001年全国公路隧道会议论文集[A].北京:人民交通出版社,2001,9-13.

[15] 李晓红.隧道新奥法及其监控量测技术[M].北京:科学出版社,2002.

[16] 朱永全.隧道稳定性位移判别准则[J].中国铁道科学,2001,22(6):80-83.

[17] 孙钧.地下工程设计理论与实践[M].上海:上海科学出版社,1995.

[18] 贺利锋.混凝土梁桥常见病害分析及加固技术[J].石家庄铁路职业技术学院学报,2006,5(1):42-44.

[19] Stewart M G, Rosowsky D V, Val Di V. Reliability-based bridge assessment using risk-ranking decision analysis[J]. Structural Safety, 2001(23): 397-405.

[20] AASHTO. Guide Specifications for Strength Evaluation of Existing Steel and Concrete Bridges [S]. 1989.

[21] 四川省建设委员会. GB 50292—1999. 民用建筑可靠性鉴定标准[S]. 北京: 中国建筑工业出版社,1990.

[22] 人民交通. JTJ 073—1996 公路养护技术规范[S]. 北京: 人民交通出版社,2004.

[23] 徐鸿儒. 钢筋混凝土梁桥安全性评估[D]. 济南: 山东大学,2001.

[24] 陆亚兴,殷建军,姚祖康,等. 桥梁缺损状况评价方法[J]. 中国公路学报,1996,9(3): 55-61.

第 9 章

CHAPTER 9

采空区地基承载力理论与方法

经典的强度计算理论有极限平衡理论、滑移线场理论和极限分析理论。采空区地基承载力问题属于岩土力学中强度计算中的经典问题之一。采用正确的地基极限承载力理论是进行采空区地基承载力分析的关键。

9.1 增量加载有限元法

有限元法中使计算达极限平衡状态有两种方法[1]：一是通过逐渐加载使其达到极限平衡状态，叫做有限元增量加载法；另一种是通过降低材料强度使其达到极限平衡状态，叫做有限元强度折减法。地基极限荷载问题宜采用有限元增量加载法。

采用极限分析有限元法，即在极限平衡状态下进行有限元计算，可以自动获得滑移线及速度矢量方向，也可获得极限荷载。由此也可进一步证明，当前滑移线场理论中采用非关联与关联流动法则的理论解是否正确。

9.1.1 增量加载

岩土体破坏是渐进性的，岩土地基是由最初线性弹性状态逐渐过渡到塑性流动极限状态，有限元增量加载法可以较好地实现这一过程。随着荷载逐步增加，岩土地基逐渐达到极限状态，此时对应荷载即为地基的极限荷载。在增量加载的过程中还可以追踪分析每一步加载后地基的状态。研究采用的有限元软件 ANSYS 通过自动荷载步长（二分法）加载技术实现这一力学过程。

9.1.2 屈服准则的选用

地基极限承载力问题，运用理想弹塑性模型即可获得较理想解答，但极限荷载大小与所选用的屈服准则密切相关。由于摩尔-库伦（Mohr-Coulomb，M-C）屈服准则可以很好地描述岩土材料强度特性，与经典岩土极限分析方法一样，通常采用 M-C 屈服准则

$$F=\frac{1}{3}I_1\sin\varphi+\left(\cos\theta_\sigma-\frac{1}{\sqrt{3}}\sin\theta_\sigma\sin\varphi\right)\sqrt{J_2}-c\cos\varphi=0 \tag{9.1}$$

式中，I_1、J_2、θ_σ 分别为应力张量第一不变量、应力偏量第二不变量和洛德角(Lode)，c、φ 为岩土黏聚力和内摩擦角。由于 M-C 准则屈服面为不规则六角形截面角锥体表面，存在尖顶和棱角，给有限元计算带来很大的不便。

工程上常采用屈服面为圆形的德鲁克-普拉格(DP)准则，DP 系列屈服准则包括以下几种(见图 9.1)[2-3]：

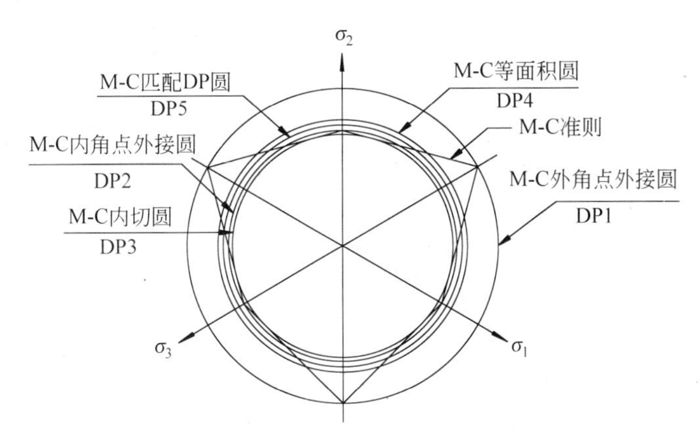

图 9.1　各屈服准则在 π 平面上的曲线

①外角点外接圆准则(DP1)；②内角点外接圆准则(DP2)；③M-C 等面积圆准则(DP4)；④对于关联法则是内切圆准则(DP3)，研究表明，对于平面应变问题存在两个与 M-C 匹配的 DP 圆准则；⑤对非关联法则是摩尔-库伦匹配圆准则(DP5)。对平面应变问题采用这两个准则，可以得到良好的计算精度。由于它们在 π 平面上是一系列圆，这为数值计算提供了极大方便，在实际有限元计算中获得广泛应用。其中，M-C 匹配 DP 圆准则(DP5)是在平面应变条件下基于非关联流动法则得出的，而 M-C 内切圆准则(DP3)是在平面应变条件下基于关联流动法则推导出来的[4]，是平面应变条件下精确匹配的 M-C 准则。

表 9.1　各准则参数换算表

编号	准则种类	α	k
DP1	M-C 外角点外接圆	$\dfrac{2\sin\varphi}{\sqrt{3}(3-\sin\varphi)}$	$\dfrac{6c\cos\varphi}{\sqrt{3}(3-\sin\varphi)}$
DP2	M-C 内角点外接圆	$\dfrac{2\sin\varphi}{\sqrt{3}(3+\sin\varphi)}$	$\dfrac{6c\cos\varphi}{\sqrt{3}(3+\sin\varphi)}$
DP3	M-C 内切圆	$\dfrac{\sin\varphi}{\sqrt{3}\sqrt{3+\sin^2\varphi}}$	$\dfrac{3c\cos\varphi}{\sqrt{3}\sqrt{3+\sin^2\varphi}}$
DP4	M-C 等面积圆	$\dfrac{2\sqrt{3}\sin\varphi}{\sqrt{2\sqrt{3}\pi(9-\sin^2\varphi)}}$	$\dfrac{6\sqrt{3}c\cos\varphi}{\sqrt{2\sqrt{3}\pi(9-\sin^2\varphi)}}$
DP5	M-C 匹配 DP 圆	$\dfrac{\sin\varphi}{3}$	$c\cos\varphi$

研究所用软件 ANSYS 采用的是广义 DP 准则，其通式为

$$\alpha I+\sqrt{J_2}=k \tag{9.2}$$

其中，α、k 为与 c、φ 有关岩土参数，不同 α，k 在 π 平面代表不同圆（见图 9.1），变换 α，k 值就可在有限元中实现 DP 系列屈服准则（见表 9.1）。

9.2 塑性势面、屈服面与破坏面

在研究材料本构关系时，学者们常会依据材料特性对岩土采用非关联流动法则，而对于金属材料采用关联流动法则。广义塑性理论[5]表明，关联流动法则是非关联流动法则中的一种特殊情况，它只适用于塑性势面与屈服面相同的材料，例如金属材料。但是在滑移线场塑性理论中，无论是对岩土材料还是金属材料，一般都采用关联流动法则。近年来有一些文章研究滑移线场中非关联流动法则，例如郑颖人等在文献[6]中指出，在求地基极限荷载时，基于关联法则 Prandl 理论解求得的滑移线场及其极限荷载，与基于非关联法则的理论解是一样的，只是其速度矢量方向不同，关联法则情况下速度矢量方向与破坏面（应力滑移线）成 φ 角（内摩擦角），而在非关联情况下成 $\varphi/2$ 角，因而两者的速度场是不同的。

要弄清关联与非关联法则在滑移线场理论中的区别，首先应该搞清塑性势面、屈服面与破坏面的含义。塑性势面的法线方向表征材料流动方向，即速度矢量方向，对于金属材料，不产生体积变形，因而一定在剪切变形流动方向，即剪切应变方向或者剪应力 q 方向，所以塑性势面是与 p 轴平行的面（见图 9.2）。屈服面是材料应力状态达到屈服状态的面，对于金属材料也是平行 p 轴的面，因此屈服面与塑性势面重合，因而可采用关联法则。对于岩土材料，屈服面与 p 轴不平行而成为 $\bar{\varphi}$ 角（$\bar{\varphi}=3\sin\varphi/(\sqrt{3}\cos\theta_\sigma-\sin\theta_\sigma\sin\varphi)$）的斜面（见图 9.2），因此金属材料与岩土材料屈服面是不同的。对于岩土材料，当假设材料为无体积变形理想弹塑性体时，显然塑性势面仍是一个与 p 轴平行的面，即与金属塑性势面相同，流

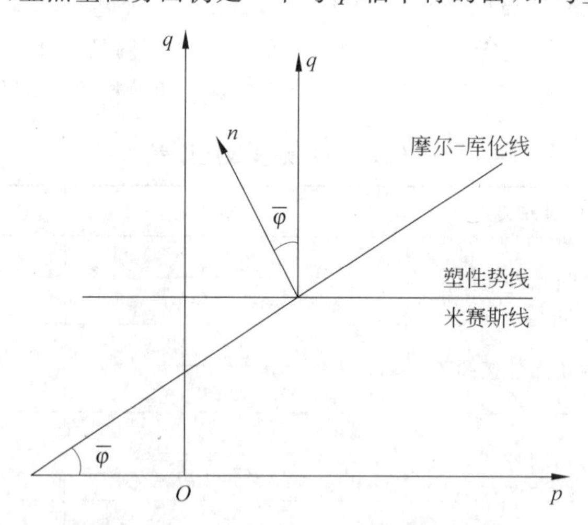

图 9.2 塑性势面与摩尔-库伦屈服面的关系

动方向仍是 q 方向。由于经典塑性力学的习惯影响，在岩土滑移线场理论中，通常假定对岩土材料关联流动法则成立。由于此时，已假设塑性势面与屈服面相同，塑性势面被假设与 p 轴成 $\bar{\varphi}$ 角的斜线，因而流动方向与 q 方向成 $\bar{\varphi}$ 角。破坏面（应力滑移线）与屈服面是不同的，它表征材料中真正破坏的面，即应力滑移线。对于金属材料，它是一条与 σ 轴成 45°的斜线（见图 9.3），其方向为 q 方向。它与屈服面与塑性势面的法线方向相同。由此可知，金属材

料的速度矢量方向必与破坏面完全重合。而对于岩土材料破坏面是一条与 σ 轴成 $45°+\varphi/2$ 角斜线，与 q 轴成 $\varphi/2$ 角(见图 9.4)。由此可见，对于岩土材料，速度矢量方向必与破坏面处处成 $\varphi/2$ 角。由关联法则情况下的滑移线场理论得知，在关联流动法则下，速度矢量方向与破坏面成 φ 角。

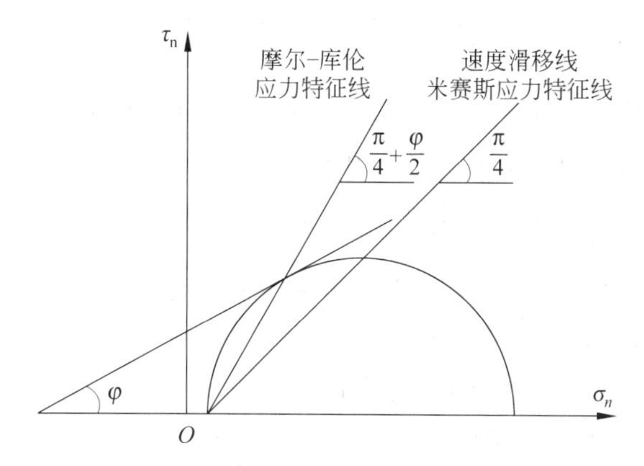

图 9.3 速度滑移线与应力特征线的关系

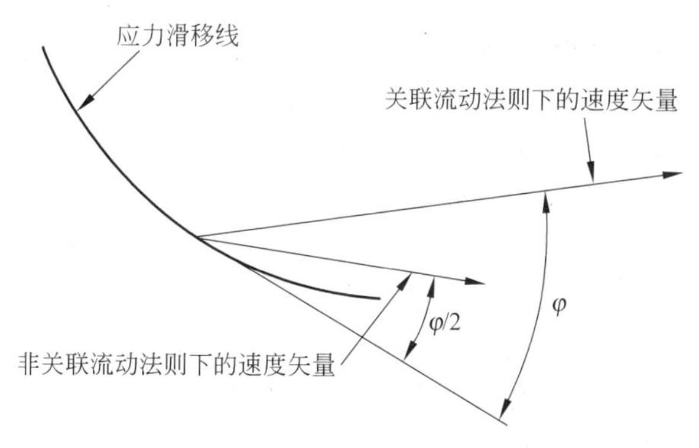

图 9.4 非关联与关联速度矢量方向

9.3 非关联法则下平面应变问题的速度滑移线场

本节介绍了文献[6]中的非关联法则下平面应变问题的速度滑移线场，其目的是要证明在非关联法则下，不仅速度矢量与应力滑移线(破坏面)成 $\varphi/2$ 角，而且此时体积变形必为零。

1) 平面应变问题的特点

在平面应变条件下，由于 z 方向的无限延伸，相当于刚性约束，则有

$$\varepsilon_z = \gamma_{xz} = \gamma_{yz} = 0 \tag{9.3}$$

根据式(9.3)，平面应变问题变形具有下列特征：① 变形方向平行于某一固定平面，该平面为垂直于 z 方向的 xy 平面；②流动与垂直该平面的坐标 z 无关。

由此我们可取具有代表性的模型，沿长度方向任取一个与 xOy 面平行且为单位厚度来进行分析，在 xOy 平面上变形为

$$\varepsilon_x = \frac{\partial u}{\partial x},\quad \varepsilon_y = \frac{\partial v}{\partial y},\quad \gamma_{xy} = \frac{\partial u}{\partial y} + \frac{\partial v}{\partial x} \tag{9.4}$$

由于应力分量只是 x、y 的函数，在平面 xOy 上的本构方程为

$$\begin{cases} \sigma_x = 2G\varepsilon_x + \lambda(\varepsilon_x + \varepsilon_y) \\ \sigma_y = 2G\varepsilon_y + \lambda(\varepsilon_x + \varepsilon_y) \\ \tau_{xy} = G\gamma_{xy} \end{cases} \tag{9.5}$$

基本方程式(9.5)中不包含 σ_z，它不是独立未知量，只有在求得 σ_x 和 σ_y 后，通过式 $\sigma_z = \nu(\sigma_x + \sigma_y)$ 单独求解。此外在平面应变问题中，物体变形必须满足应变协调方程，

$$\left(\frac{\partial^2}{\partial x^2} + \frac{\partial^2}{\partial y^2}\right)(\sigma_x + \sigma_y) = -\frac{1}{1-\nu}\left(\frac{\partial F_x}{\partial x} + \frac{\partial F_y}{\partial y}\right) \tag{9.6}$$

如果体力 F 为常数，则式(9.6)可写成 $\nabla^2(\sigma_x + \sigma_y) = 0$，$\nabla^2$ 称作拉普拉斯算子。

2) 平面应变问题的速度滑移线方程

在讨论速度滑移线与速度场之前，首先作如下几点说明：

(1) 假设材料为理想刚塑性体，故 $\varepsilon_{ij}^{p} = \varepsilon_{ij}$，$\dot{\varepsilon}_{ij}^{p} = \dot{\varepsilon}_{ij}$，简记 ε_{ij}^{p}、$\dot{\varepsilon}_{ij}^{p}$ 为 ε_{ij} 和 $\dot{\varepsilon}_{ij}$；

(2) 讨论速度场与塑性流动速度方向时将采用与速度有关的应变率记法，即 $\dot{\varepsilon}_{ij} = \partial\varepsilon_{ij}/\partial t$，而不再采用塑性应变增量 $d\varepsilon_{ij}$ 的记法。

速度滑移线是理想塑性体达到极限状态时，塑性流动方向迹线。理想塑性体在塑性流动阶段，塑性区域中一点塑性应变率和塑性流动方向，由屈服函数和与其相关联的塑性势面及流动法则决定。按广义塑性理论，对于岩土材料，剪切屈服面常取为 M-C 屈服面，与之相对应的塑性势面应为 $Q = q = \sqrt{3}\left[\left(\frac{\sigma_x - \sigma_y}{2}\right)^2 + \tau_{xy}^2\right]^{\frac{1}{2}}$ 的等值面[6]。当达到极限状态时，塑性流动将沿着主剪应力势面梯度方向(q 方向)发生流动，而不像传统塑性势理论中塑性势面与屈服面相同，即沿屈服面梯度方向(σ_n 方向)发生流动。若记塑性区中一点的位移速度 V 在 x 和 y 方向的分量分别为 $V_x = \frac{\partial u_x}{\partial t}$，$V_y = \frac{\partial u_y}{\partial t}$，其中 u_x，u_y 分别为 x 和 y 方向的位移分量(图 9.5)。

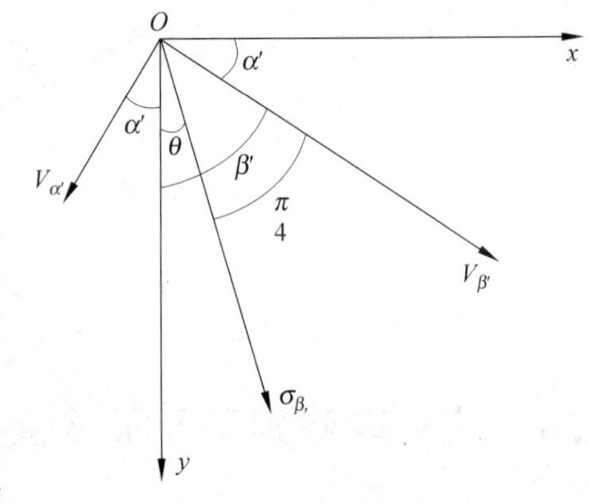

图 9.5　位移速度分解

由符合广义塑性理论的非正交流动法则有

$$\begin{cases} d\varepsilon_x = \frac{\partial V_x}{\partial x} = \dot{\lambda}\frac{\partial q}{\partial \sigma_x} = -\frac{\sqrt{3}}{2}\dot{\lambda}\cos 2\theta = \frac{\sqrt{3}}{2}\sin 2\alpha \cdot \dot{\lambda} \\ d\varepsilon_y = \frac{\partial V_y}{\partial y} = \dot{\lambda}\frac{\partial q}{\partial \sigma_y} = \frac{\sqrt{3}}{2}\dot{\lambda}\cos 2\theta = -\frac{\sqrt{3}}{2}\sin 2\alpha \cdot \dot{\lambda} \\ d\gamma_{xy} = \frac{\partial V_x}{\partial y} + \frac{\partial V_y}{\partial x} = \dot{\lambda}\frac{\partial q}{\partial \tau_{xy}} = \sqrt{3}\dot{\lambda}\sin 2\theta = \sqrt{3}\cos 2\alpha \cdot \dot{\lambda} \end{cases} \tag{9.7}$$

将式(9.7)中第一式与第二式相减与相加得

$$\begin{cases} \dfrac{\partial V_x}{\partial x} - \dfrac{\partial V_y}{\partial y} = -\sqrt{3}\cos 2\theta \cdot \lambda \\ \dfrac{\partial V_x}{\partial y} + \dfrac{\partial V_y}{\partial x} = 0 \end{cases} \tag{9.8}$$

式(9.8)中第二式即为极限分析中体应变为零的基本假设。由此可知，在非关联法则下，当采用塑性势面为米赛斯准则时，此时即设体应变为零。

现设 $V_{\alpha'}$，$V_{\beta'}$ 是塑性区内任一点 p 的速度矢量沿滑移线 α' 及 β' 方向速度分量，则速度矢量沿直角坐标系 x 与 y 方向分量 V_x、V_y 与 $V_{\alpha'}$、$V_{\beta'}$ 的关系为

$$\begin{cases} V_x = -V_{\alpha'}\sin(45^\circ - \theta) + V_{\beta'}\cos(45^\circ - \theta) \\ V_y = -V_{\alpha'}\cos(45^\circ - \theta) + V_{\beta'}\sin(45^\circ - \theta) \end{cases} \tag{9.9}$$

将式(9.9)代入式(9.8)，并令 x、y 沿 β'、α' 方向，即 $\alpha' = 45^\circ - \theta = 0$，$\theta = 45^\circ$，则可得出

$$\begin{cases} \dfrac{\partial V_{\beta'}}{\partial s_{\beta'}} + V_{\alpha'} \dfrac{\partial \theta}{\partial s_{\beta'}} = 0 \\ \dfrac{\partial V_{\alpha'}}{\partial s_{\beta'}} - V_{\beta'} \dfrac{\partial \theta}{\partial s_{\alpha'}} = 0 \end{cases} \tag{9.10}$$

即沿 β' 线有

$$\mathrm{d}V_{\beta'} + V_{\alpha'}\mathrm{d}\theta = 0 \tag{9.11}$$

沿 α' 线有

$$\mathrm{d}V_{\alpha'} - V_{\beta'}\mathrm{d}\theta = 0 \tag{9.12}$$

这就是服从广义塑性理论时沿滑移线方向速度方程。由于塑性流动沿塑性势面梯度方向进行的，与屈服条件 $F(\sigma_{ij})$ 无关，所以它对金属材料与岩土材料都适用。

3）在非关联流动法则平面应变 M-C 匹配准则下，体应变为零剪胀角必为 $\varphi/2$ 证明

如上所述，对岩土材料，当塑性势面采用米赛斯准则，屈服面采用摩尔-库伦准则时，由于两个面不重合，因而应采用非关联流动法则。并按式(9.8)可知，其体应变为零。其实，塑性势面为米赛斯准则时，就意味着土体处于剪切流动状态，速度矢量方向就在 q 方向，由此也可直观得知其体应变必为零。同时，由 9.2 节所述，对岩土材料，在非关联法则下，其速度矢量方向与破坏面(应力滑移线)成 $\varphi/2$ 角，因而也就证明了在非关联法则下平面应变摩尔-库伦匹配准则情况下，其体应变为零及剪胀角为 $\varphi/2$。因通常非关联准则中把速度矢量与破坏面夹角称为剪胀角。所以在采用非关联平面应变摩尔-库伦准则时，应取剪胀角 $\varphi/2$，而不是目前经常采用的零。由此还可推论，剪胀角从 $\varphi/2$ 到 φ，体应变从零逐渐体胀。

4）非关联法则下平面应变摩尔-库伦匹配准则 α、k 值的另一种推导方法

文献[2]已推出非关联流动法则下 D-P 准则中 α、k 的公式，下面再给出一种更为简便的推导方法。

已知摩尔-库伦准则可表达如下[5]：

$$F = \frac{1}{3}I_1\sin\varphi + \left(\cos\theta_\sigma - \frac{1}{\sqrt{3}}\sin\theta_\sigma\sin\varphi\right)\sqrt{J_2} - c\cos\varphi = 0 \tag{9.13}$$

但当已知塑性势面为米赛斯准则时，即塑性流动方向为 q 方向时，体应变为零，土体处于纯剪状态。由于纯剪状态洛德角 θ_σ 为零，将此代入式(9.13)，可得

$$\begin{cases} a_\varphi = \dfrac{\sin\varphi}{3} \\ k = c\cos\varphi \end{cases} \tag{9.14}$$

这里应当说明的是，此处在非关联法则的推导中，假定体变为零，并非说明非关联法则下体变必须为零，非关联法则可以有不同的体变，前述公式只是体变为零的一种特殊情况。

9.4 计算实例

对于一承受均匀垂直刚性条带荷载的半无限刚塑性无重土地基，Prandtl 于 1920 年根据关联法则塑性理论得到其地基承载力的精确解[2,7,8]为

$$q_u = cN_c \tag{9.15}$$

其中，c 为黏聚力，N_c 为承载力系数，其表达式如下：

$$N_c = \cot\varphi\left[\exp(\pi\tan\varphi)\tan^2\left(45^\circ + \frac{\varphi}{2}\right) - 1\right] \tag{9.16}$$

其滑动区域由 Rankine 主动区Ⅰ、径向剪切区Ⅱ和 Rankine 被动区Ⅲ组成（见图 9.6）。文献[9]指出，采用非关联法则时，极限荷载与应力滑移线和上述完全相同，但速度矢量方向不同（见图 9.6）。

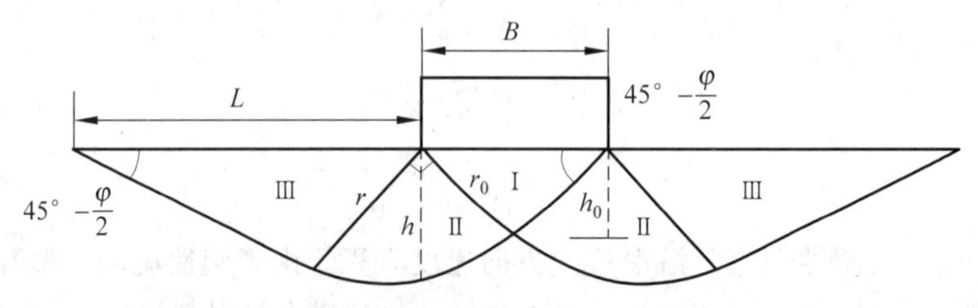

图 9.6 Prandtl 理论解的几何模型

1）模型建立

极限承载力计算采用有限元增量加载法，网格剖分如图 9.7 所示。进行有限元计算时，采用不同屈服准则将得到不同计算结果，ANSYS 软件采用外角点外切圆准则（DP1）准则，所以，在采用不同的屈服准则时，必须进行屈服准则间的等效转换。

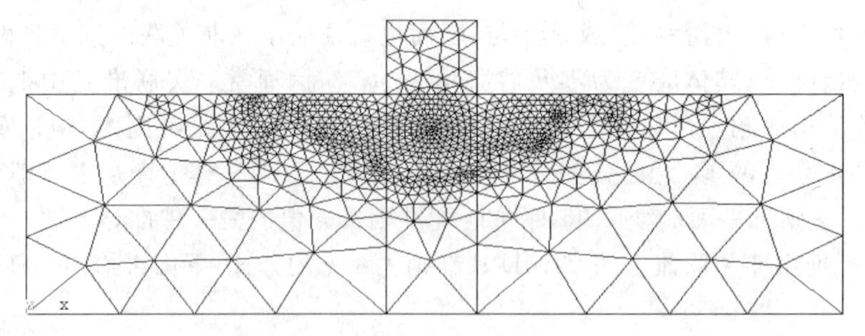

图 9.7 有限元网格划分

2）计算结果

采用关联与非关联流动法则在两个平面应变 DP 屈服准则条件承载力计算结果如表 9.2 所示。图 9.8(a)所示为采用关联流动法则（剪胀角 $\psi=\varphi$）时，在 $c=10\text{kPa}$，$\varphi=15^\circ$时在极限状态条件下的塑性区图，图 9.8(b)所示为采用非关联流动法则 $\psi=\varphi/2$ 时得到的塑性区图，图 9.8(c)所示为采用非关联流动法则（$\psi=0$）时的塑性区图。与这三种情况相对应的位移矢量图，分别如图 9.9(a)、(b)、(c)所示。塑性区中应力滑移线各参数可以直接量出，如

表 9.3 所示。

表 9.2　Prandtl 解与有限元解对比计算结果

岩土参数	Prandtl 解	DP3($\psi=\varphi$)（关联流动法则）		DP5($\psi=0$)（非关联流动法则）		DP5($\psi=\varphi/2$)（非关联流动法则）	
		荷载	计算误差	荷载	计算误差	荷载	计算误差
$\varphi=0°$	51.4	52.2	1.6%	52.2	1.6%	52.2	1.6%
$\varphi=15°$	109.8	111.9	1.9%	110	0.3%	112.4	2.3%
$\varphi=25°$	207.2	212.1	2.4%	201.7	−2.7%	210	1.3%

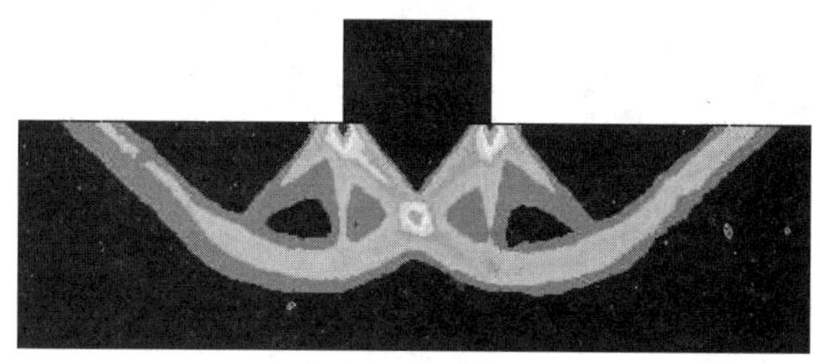

(a) $\psi=\varphi$(关联流动法则)

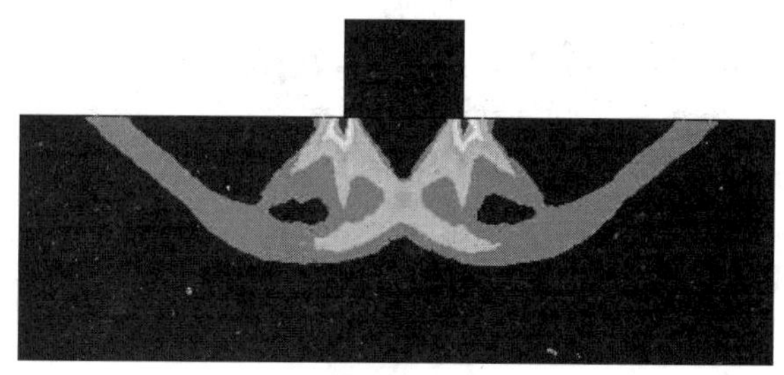

(b) $\psi=\varphi/2$(非关联流动法则)

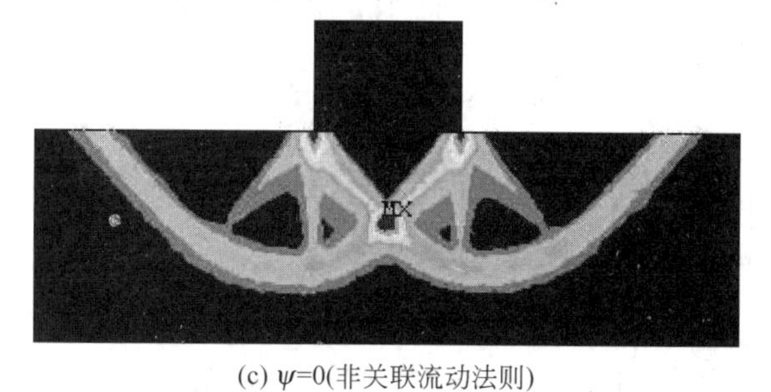

(c) $\psi=0$(非关联流动法则)

图 9.8　极限状态时的破坏滑动面

表 9.3　Prandtl 解与有限元解对比计算结果

对比项目	Prandtl 解	DP3	DP5	DP5
		$\psi=\varphi$	$\psi=0$	$\psi=\varphi/2$
主动 Rankine 区破裂面与水平面夹角	52.5°	52°	52°	53°
被动 Rankine 区破裂面与水平面夹角	37.5°	36.5°	45°	37°
被动 Rankine 区破裂面与水平面夹角	37.5°	37°	46°	37.5°

续表

对比项目	Prandtl 解	DP3	DP5	DP5
		$\psi=\varphi$	$\psi=0$	$\psi=\varphi/2$
水平向塑性区范围 L	$1.99B$	$2B$	$1.61B$	$2B$
竖向塑性区范围 h	$0.98B$	$1.05B$	B	$0.94B$
主动 Rankine 区深度 h_0	$0.65B$	$0.67B$	$0.64B$	$0.66B$
对数螺旋线 r/r_0	1.52	1.55	1.5	1.54

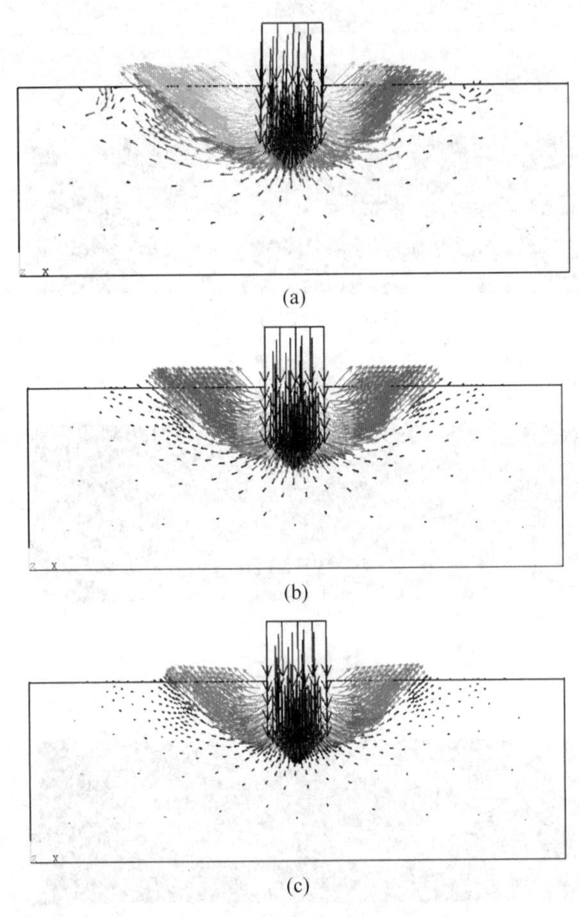

图 9.9　极限状态时的位移矢量图

由表 9.3 可见，无论采用关联或非关联流动法则($\psi=\varphi/2$)，所得应力滑移线各参数值与 Prandtl 解在数值上十分接近，表明极限分析有限元计算所得塑性区图与 Prandtl 理论解一致。由表 9.2 可见，两种情况下极限荷载计算误差也在 3%以内。这一方面说明了 Prandtl 解的正确性，另一方面也强有力地说明有限元增量加载法用于计算地基承载力时的准确性。然而两种情况所得速度矢量方向不同，速度矢量方向不仅可以从剪胀角看出，也可以从计算机中打印出来。其结论与文献[6]所得结论完全一致。由表 9.2、表 9.3 和图 9.9 还可以看出，当采用 $\psi=0$ 计算时，所求极限荷载与理论解也很接近，但滑移线场与理论解有较大差异。

3）地基荷载-位移响应曲线

在地基增量加载过程中，随荷载逐渐施加，地基顶部位移也逐渐增大。当地基局部进入塑性状态后，位移增大得越来越快。当地基处于极限塑性状态时，位移将发生突变。表 9.4 为 $\varphi=0°$时用 M-C 内切圆屈服准则（DP3）求得地基顶部中心点在增量加载过程中的荷载-位移关系。整个增量加载过程共 11 步，荷载增量大小是由 ANSYS 程序本身利用二分法选取的，当然这也可以人为定义。从表 9.4 可以看出，随荷载步增加，每步荷载增量逐渐减小，特别是地基快接近极限塑性状态时，荷载增量很小，然而位移增量越来越大。当地基处于极限塑性状态（荷载步第 10 步后）时，非常小的荷载增量（荷载步第 11 步）引起的位移增量却是急剧突变，位移突变标志着地基土体已呈流动状态并向地面挤出。图 9.10 非常形象地说明了增量加载全过程中地基荷载-位移响应。计算表明，位移突变发生在计算不收敛时，由此可推断位移突变与计算不收敛均可作地基失稳破坏判据。

表 9.4　地基在增量加载过程中的荷载-位移关系

荷载步数	1	2	3	4	5	6	7	8	9	10	11
荷载步大小	11.0	11.0	11.0	11.0	4.95	1.513	0.759	0.539	0.2805	0.1485	0.055
总荷载大小	11.0	22.0	33.0	44.0	48.95	50.463	51.222	51.761	52.041	52.190	52.245
中心点位移	−0.04	−0.08	−0.14	−0.32	−0.50	−0.58	−0.63	−0.68	−0.80	−1.39	−11.50

注：表中的位移值为相对值。

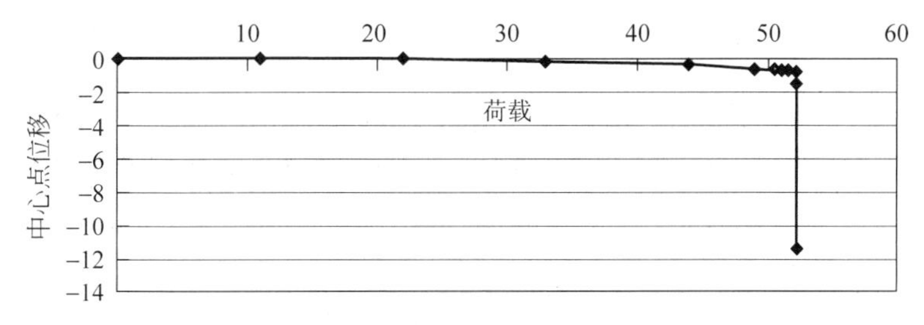

图 9.10　地基在增量加载全过程中的荷载-位移响应

9.5　有限元强度折减法求解地基稳定安全系数

我国现行《公路桥涵地基基础设计规范》虽然列出了各类岩土地基容许承载力表[10]，但上、下限范围很宽，在实践中需凭经验确定，不利于工程应用。文献[11～13]分别对非饱和土、砂土和复合地基及斜坡上的地基进行了有限元分析，但未能算出地基承载力安全系数。在计算机和计算方法不断发展背景下，以有限元为代表数值分析方法在 20 世纪 70 年代已逐步在岩土工程中推广应用，并发展为一种强有力的计算分析工具。然而传统数值分析方法一般只是得出边坡应力、位移、塑性区等，不能直接与地基承载力建立定量关系。

有限元强度折减法在边坡稳定分析方面已经取得了一定的成果[14]，但是在地基承载力中的应用较少，研究提出有限元强度折减法同样适用于求地基承载力的安全系数。有限元强度折减法基本原理，就是在理想弹塑性有限元计算中将地基岩土体抗剪切强度参数（黏聚力和内摩擦角）逐渐降低直到其达到极限破坏状态，此时程序可以自动根据其弹塑性有限元计算结果得到地基破坏滑动面，同时得到地基承载力强度储备安全系数。

地基承载力的安全系数的定义方法有多种[15,16]，其中较为典型的一般有两种：一种是地基的极限承载力与地基在使用阶段所能承受的最大荷载之比，另一种方法就是基于强度储备的安全系数，即地基本身所具有的承载力与承受荷载所需承载力之比，土力学中土坡稳定安全系数即按此定义。土工结构安全系数的计算，特别是土坡稳定安全系数的计算，一般采用基于极限平衡理论的方法，这种方法包括两个方面：一是对设定的破坏滑移面计算安全系数，这方面的计算方法有 Bishop 法、Janbu 法、Spencer 法等；二是寻找真正的破坏面以给出最小安全系数，这方面最简单的方法是取不同的破坏面进行计算比较。极限平衡方法的一个局限是对较复杂的土层及土工结构，计算较困难。随着有限元法在岩土工程中的广泛应用，它也逐渐被用来求解边坡稳定安全系数，但把有限元法用于求解地基承载力稳定性安全系数尚未见报道。研究应用这一方法，直接求出桥基岩体承载力的安全系数及其破裂面的位置，比当前桥基承载力设计中的经验方法更为准确可靠。

9.5.1 计算原理

目前，地基承载力确定有两种较可靠的方法：试验法和力学计算法。现场进行基底土体的载荷试验可直接确定允许承载力，但现场荷载试验费用较昂贵，且由于荷载点较少时，因地质环境条件不同就不能代表整个地基有效范围内土体承载力。而力学计算法一般多采用基脚土体的极限平衡条件计算其承载力，但由于基脚土体破坏模式的复杂性和多样性，承载力计算难度较大，给不出通用公式。为此，引入有限元强度折减法求地基承载力的安全系数。

与传统极限平衡方法相比，用有限元强度折减法求解地基承载力安全系数具有下列优点[17]：①求解安全系数时，不需要假定滑移面的位置和形状，也无须进行条分，程序会自动地找到滑动面位置；②可采用不同的强度准则（比如 Mohr-Coulomb、Drucker-Prager、Hoek-Brown 等）进行分析，不像传统极限平衡方法仅限于 Mohr-Coulomb 强度准则；③能够对复杂地貌、地质地基进行计算，不受边坡几何形状以及材料的不均匀性限制；④能够模拟地基的渐进破坏过程，提供应力、应变的全部信息等。

9.5.2 屈服准则的转换

在有限元计算中采用理想弹塑性模型。考虑地基承载力问题实质上是强度问题和力平衡问题，因而采用理想弹塑性模型已有足够精度。大型有限元分析软件 ANSYS、MARC、NASTRAN 等均采用了 D-P 准则。

应当说明的是，ANSYS 软件中只有 D-P 准则中的 DP1 外角圆屈服准则，本章研究采用摩尔-库伦等面积圆屈服准则(DP4)。采用不同屈服条件得到的安全系数不同，但是这些屈服条件间可以相互转换。采用外角圆屈服准则与采用摩尔-库伦等面积圆屈服准则的比值 η 值只与内摩擦角有关，其表达式[5]为

$$\eta=\sqrt{\frac{2\pi}{3\sqrt{3}}\times\frac{3+\sin\varphi}{3-\sin\varphi}} \tag{9.17}$$

求得 η 值后即可将外角圆屈服准则求得的安全系数转换成摩尔-库伦等面积圆屈服准则条件下的安全系数。表 9.5 列出了不同内摩擦角时的 η 值[8]。

表 9.5　不同内摩擦角时的 η 值

$\varphi/(°)$	10	15	20	25	30	35	40
η	1.165	1.199	1.233	1.267	1.301	1.334	1.367

9.5.3　计算步骤

计算采用具有较强前处理和后处理功能的有限元软件 ANSYS，弹塑性分析中采用 6 结点二次三角形平面单元，计算桥基承载力安全系数的具体计算过程如下：①首先进行系统建模、加载，荷载采用最不利荷载组合；②初始强度参数选用岩基本身的黏聚力和内摩擦角，进行弹塑性有限元求解；③对外角圆屈服准则 DP1 中 α、k 值采用二分法进行折减，若收敛，则继续折减进行计算；如果不收敛，则在所取最后两个折减系数间继续折减，直至求得满足精确要求的折减系数。取此时的折减系数值为承载力标准控制下折减系数值 F_{s1}；④如果桥墩控制点处水平和竖向位移在岩基破坏之前变形已经达到或超过容许值，则取此时折减系数为变形标准控制下的折减系数值 F_{s2}，否则取 $F_{s2}=F_{s1}$；⑤取两个折减系数中的较小值，除以式(9.17)中相应的转换系数，即可得到桥基岩体承载力安全系数值。

9.5.4　与 Prandtl 理论解的比较

对于一承受均匀垂直刚性条带荷载的半无限刚塑性无重土地基(见图 9.6)，Prandtl 根据塑性理论得到其精确解为

$$q_{ult} = cN_c \tag{9.18}$$

其中，c 为土的黏聚力，N_c 为承载力系数，其表达式如下：

$$N_c = \cot\varphi\left[\exp(\pi\tan\varphi)\tan^2\left(45° + \frac{\varphi}{2}\right) - 1\right] \tag{9.19}$$

有限元的网格划分如图 9.7 所示，采用非关联流动法则。假设荷载 $q=51.42$，进行具体计算时，$c=10$、$\varphi=0$，应用有限元强度折减法可得安全系数为 1.01。误差为 1%。其极限状态的水平位移等值云图如图 9.11 所示。由图可见，地基的破裂线(即滑移线)位于水平位移突变的地方，它与 $\varphi=0$ 时的 Prandtl 解的滑移线一致。

图 9.12 给出了 $c=10$，$\varphi=15°$时极限状态下的塑性区图。求解时采用了非关联流动法则，取剪胀角为 0 及 $\varphi/2$。

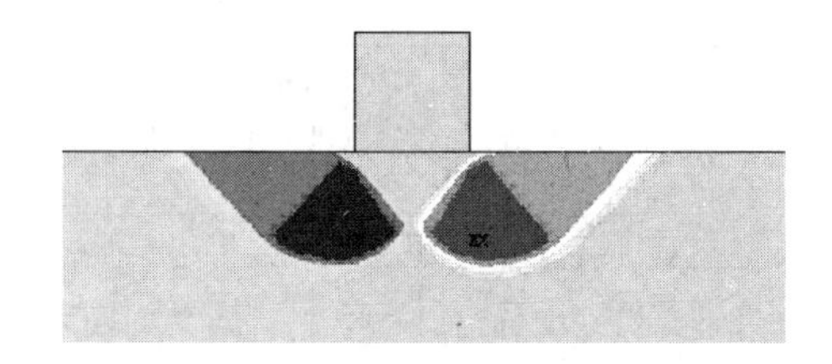

图 9.11　水平位移等值云图

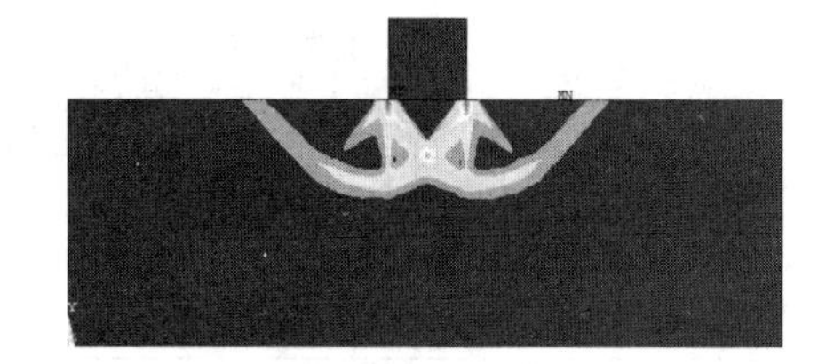

图 9.12　极限状态时的破坏滑动面

由塑性区图 9.12 可以看出，地基破坏属典型的整体剪切破坏，当采用 $\psi=0$ 时，它与 Prandtl 理论解的破坏面的形态不完全一致。两者比较如下：①在 Prandtl 解中，主动朗肯区(Ⅰ区)破裂面与水平面夹角为 $45°+\varphi/2$，即 52.5°，得到解为 53°；②在 Prandtl 解中，被

动朗肯区(Ⅲ区)破裂面与水平面夹角为 $45°+\varphi/2$，即 37.5°，而本文得到的解为 45°和 47°；③由 Prandtl 解得到的水平向塑性区范围为基础两侧 1.99B，而计算结果为 1.69B；④由 Prandtl 解得到的竖向塑性区范围为基础底部 0.98B，而本文计算结果为 1.03B(表 9.6)，但两者求得的安全系数是一致的。当采用 $\psi=\varphi/2$ 时，在安全系数与破坏面形态方面，与 Prandtl 理论解基本一致，其理由已在 9.2 节中详细说过。

表 9.6　Prandtl 解与有限元强度折减法对比

对比项目	Prandtl 解	非关联流动法时有限元解	
		$\psi=0$	$\psi=\varphi/2$
主动朗肯区破裂面与水平面夹角 $a'ab$	52.5°($45°+\varphi/2$)	53°	52°
被动朗肯区破裂面与水平面夹角 adc	37.5°($45°-\varphi/2$)	45°	37°
被动朗肯区破裂面与水平面夹角 dac	37.5°($45°-\varphi/2$)	47°	37°
水平向塑性区范围 L	1.99B	1.69B	2B
竖向塑性区范围 h	0.98B	1.03B	0.95B
主动朗肯区深度 h_0	0.65B	0.69B	0.66B
安全系数	1.0	1.01	1.006

9.5.5　安全系数的比较

在进行安全系数的比较时，仍选用 9.4 节中有精确解的算例(见图 9.6)，强度参数取 $c=10\text{kPa}$，$\varphi=15°$，由式(9.15)求得其极限承载力为 $q_u=109.8\text{kPa}$。为比较增量加载与强度折减有限元法所求得的安全系数，此处取施加在地基上的荷载 $p=50\text{kPa}$。此时问题转化为在 $p=50\text{kPa}$ 荷载作用下，分别用两种方法求解地基的承载力安全系数。在进行具体求解时，分 3 种情况：①采用关联流动法则下内切圆屈服准则(DP3)；②采用非关联流动法则条件下匹配圆屈服准则，剪胀角 ψ 取为 0；③采用非关联流动法则条件下的匹配圆屈服准则，剪胀角 ψ 取为 $\varphi/2$。在上述 3 种情况下，分析采用两种方法进行有限元计算，求得相应安全系数(表 9.7)。

表 9.7　两种有限元方法计算的安全系数对比值

计算方法	安全系数		
	DP3($\psi=\varphi$) (关联流动法则)	DP5($\psi=0$) (非关联流动法则)	DP5($\psi=\varphi/2$) (非关联流动法则)
增量加载有限元法	2.254	2.24	2.25
强度折减有限元法	1.596	1.605	1.601
两者比值	1.41	1.40	1.41

由表 9.7 看出，本例采用增量加载有限元法得到安全系数是强度折减有限元法得到的安全系数值的 1.4 倍。

参考文献

[1]　郑颖人，赵尚毅，孔位学，等. 岩土工程极限分析有限元法[J]. 岩土力学，2005，26(1)：163-168.

[2]　孔位学. 水对库区岩体的弱化及地基承载力稳定性研究[D]. 重庆：后勤工程学院，2005.

[3]　孔位学，邓楚键，芮勇勤，等. 滑移线场理论中非关联与关联流动法则极限分析有限元求解[J]. 东北大学学报(自然科学版)，2007，28(3)：430-433，453.

[4]　王家柱. 三峡工程及其几个岩石力学问题[J]. 岩石力学与工程学报，2001，20(5)：597-602.

[5]　郑颖人，沈珠江，龚晓南. 广义塑性力学——岩土塑性力学原理[M]. 北京：中国建筑工业出版社，2002.

[6]　郑颖人，王敬林，朱小康. 关于岩土材料滑移线理论中速度解讨论[J]. 水利学报，2001 (6)：1-7.

[7]　张学言. Prandtl 和 Terzaghi 地基承载力塑性力学滑移线解[J]. 天津大学学报，1987，20(2)：22-29.

[8]　孔位学，郑颖人，赵尚毅，等. 地基承载力的有限元计算及其在桥基中的应用[J]. 土木工程学报，2005，38(4)：95-100.

[9]　陈惠发. 极限分析与土体塑性[M]. 詹世斌，译. 北京：人民交通出版社，1995.

[10]　JTGD63—2007 公路桥涵地基与基础设计规范[S]. 北京：人民交通出版社，2007.

[11]　陈兴冲，朱晞. 桥墩地基极限承载力的三维弹塑性有限元分析[J]. 兰州铁道学院学报，1998，17(1)：1-5.

[12]　杨庚宇，赵少飞. 非饱和土地基承载力有限元法分析[J]. 中国矿业大学学报，1999，28(6)：523-525.

[13]　王晓谋，徐守国. 斜坡上的地基承载力的有限元分析[J]. 西安公路学院学报，1993，13(3)：13-17，57.

[14]　赵尚毅，郑颖人，时卫民. 有限元强度折减法求边坡稳定安全系数[J]. 岩土工程学报，2002，24(3)：343-346.

[15]　宋二祥. 土工结构安全系数的有限元计算[J]. 岩土工程学报，1997，19(2)：1-7.

[16]　郑宏，李春光，李焯芬，等. 求解安全系数的有限元法[J]. 岩土工程学报，2002，24(5)：626-628.

[17]　赵尚毅. 有限元强度折减法及其在土坡与岩坡中的应用[D]. 重庆：后勤工程学院，2004.

第10章

CHAPTER 10

采空区路基路面变形研究

地下开采后，路基路面移动除出现连续移动盆地外，在大多数情况下，路基路面还将会产生地表裂缝、台阶、塌陷坑、塌陷槽、滑坡和路基路面开裂等非连续破坏现象[1]。公路与普通建(构)筑物不同，是大范围延伸条形整体构筑物，不仅采动沉陷位移变形对它有较大的影响，采空区剩余沉陷对它的影响也不允忽视。因此，研究采空区路基路面变形基本规律与协调设计就显得极为重要，本章根据路基路面变形失稳类型，结合采空区路基路面变形影响因素，运用同济曙光 GeoFBA@V3.0 软件[2]对采空区路基变形基本规律进行研究。

地下煤层采出后引起的路基沉陷是一个时间和空间过程[3,4]。随着工作面推进，不同时间的回采工作面与路基点的相对位置不同，开采对路基的影响也不同。路基移动经历一个由开始移动到剧烈移动，最后到停止移动全过程。在生产实践中经常会遇到下述情况，即仅仅根据稳定后(或静态)的沉陷规律还不能很好地解决实际问题，必须进一步研究移动变形的动态规律。例如，在超充分采动条件下，地基下沉盆地出现平底，在次平底范围内的地基下沉相同，地基变形等于或接近于零(仅有极微小变形)，但不能认为在此区域的公路不经受变形，不受到破坏，因为在工作面推进过程中该区域内每个点均要经受动态变形的影响，虽然这种动态变形是临时性的，但它同样可以使公路遭到破坏。在公路下采煤时，需要随时确定公路受采动影响的开始时间和在不同时期路基移动变形量，以便对公路采取适当措施。在进行协调开采时，根据动态变形规律可更合理安排回采工作面之间相互关系等。[5]

10.1 采空区煤层预留保安矿柱对路基的影响

高速公路下开采矿层应当预留保安矿柱，为了更深入地了解采空区预留保安矿柱对路基的影响，运用同济曙光 GeoFBA@V3.0 软件分析如下[7-9]：

10.1.1 煤层采空区预留保安矿柱对路堤的影响

有限单元网格生成方法为多区域加密，单元网格采用四节点四边形单元，网格分布从井工开采区域向外逐步发散，路堤考虑分级边坡和 2m 平台。

从图 10.1 最大剪应力等色云图看出，开采后最大剪应力集中分布于左、右两侧保安矿柱边缘和采空区顶板处，且路堤坡角下部剪应力也较大，最大剪应力对路基稳定产生影响；从图 10.2 屈服(破坏)等色云图看出，上覆岩体出现大范围屈服区，高填路堤的左右两侧坡角下方及岩层顶板处屈服破坏严重，上覆岩体塑性区域分布不连续。

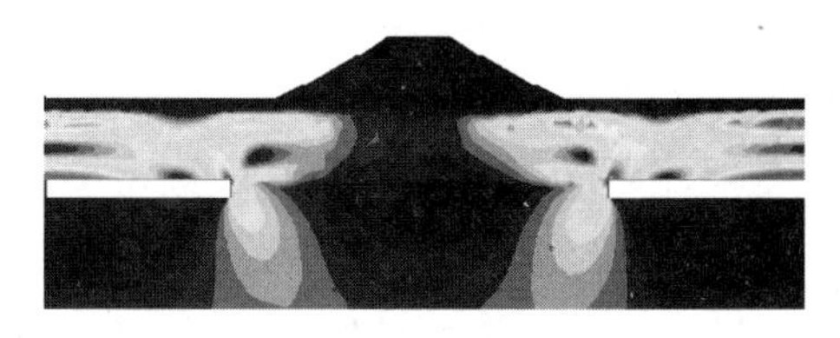

图 10.1　路基最大剪应力等色云图

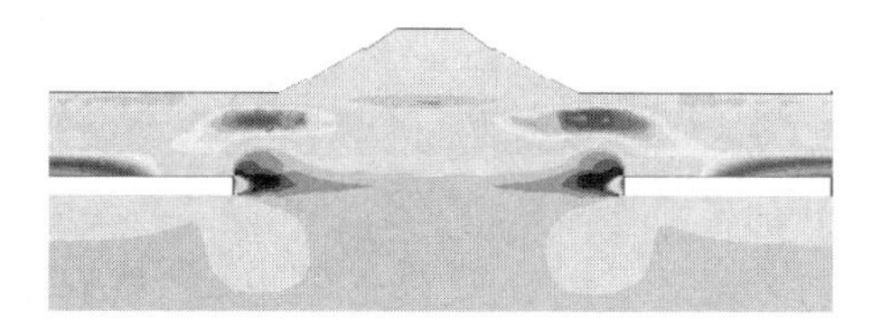

图 10.2　路基屈服等色云图

从图 10.3 开采后路基地基水平位移、沉降曲线看出，采空区顶板位移最大，向上逐步减小，由开采所产生的位移对路堤和地表影响较小，水平距离 0m 处为路基中心线。

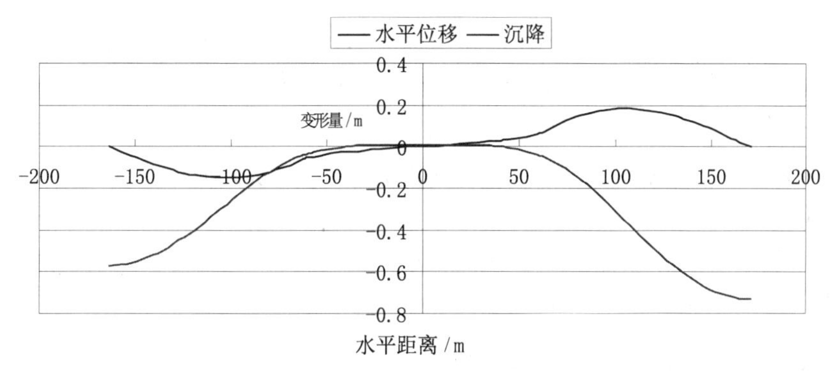

图 10.3　开采后路基地基水平位移、沉降曲线

10.1.2　煤层采空区预留保安矿柱对路堑的影响

有限单元网格生成方法为多区域加密，单元网格采用四节点四边形单元，网格分布从井工开采区域向外逐步发散，如图 10.4 及图 10.5 所示。

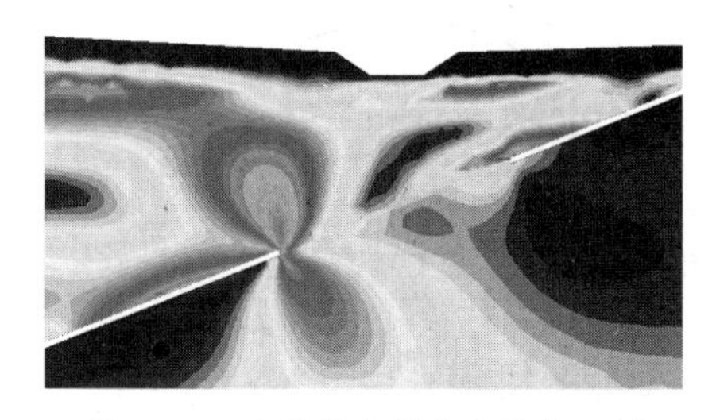

图 10.4　路基最大剪应力等色云图

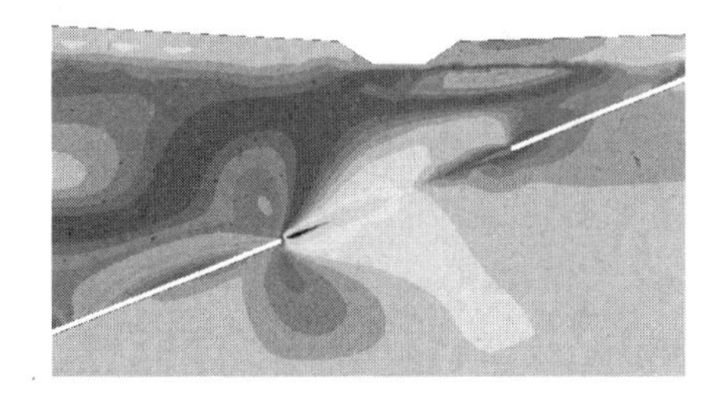

图 10.5　路基屈服等色云图

从图 10.4 最大剪应力等色云图可看出，开采后最大剪应力集中分布于左、右两侧保安矿柱边缘，右侧路堑边坡下部也有最大剪应力分布，地基受到最大剪应力影响；从图 10.5 屈服(破坏)等色云图看出，采空区顶板上部和路堑右坡角下部进入塑性区，其中路堑右侧坡角下部和左侧采空区顶板处屈服程度最大，上覆岩体塑性区没有呈拱型分布；从图 10.6 开采

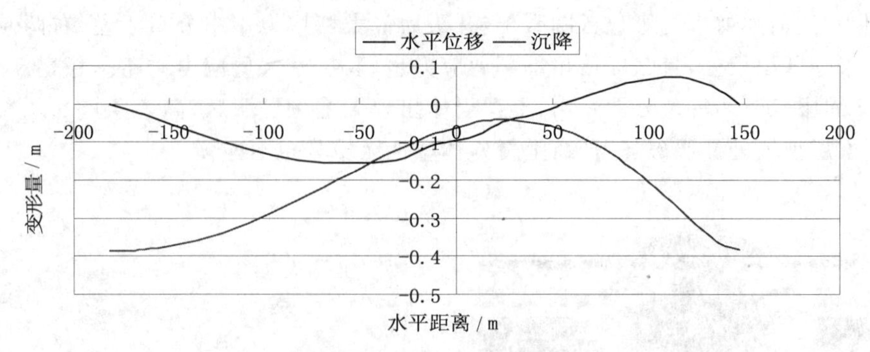

图 10.6 路基地基水平位移、沉降曲线

后路基地基水平位移、沉降曲线看出，采空区顶板位移最大，向上逐步减小，地表位移大小如图 10.6 所示，路基中心线处水平位移约 0.1m，沉降为 0.07m，路堤右侧的沉降较大。

10.1.3 煤层采空区预留保安矿柱对停车区路堤的影响

有限单元网格生成方法为多区域加密，单元网格采用四节点四边形单元，网格分布从井工开采区域向外逐步发散，中间为公路路基，两侧为停车服务区路基。

根据对煤层采空区预留保安矿柱对停车区路堤的影响仿真分析，得到路基最大剪应力等色云图、路基屈服等色云图及开采后路基地基水平位移、沉降曲线分别如图 10.7、图 10.8 和图 10.9 所示。

图 10.7 路基最大剪应力等色云图

图 10.8 路基屈服等色云图

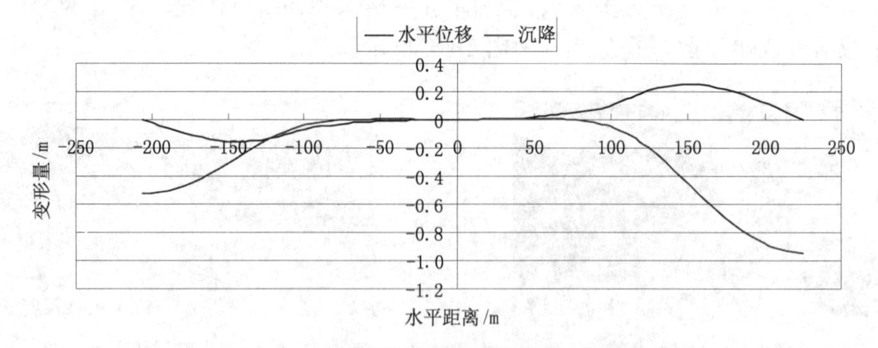

图 10.9 开采后路基地基水平位移、沉降曲线

从图 10.7 最大剪应力等色云图看出，开采引起周围岩体原有的应力平衡状态受到破坏，出现应力集中现象，采空区上覆岩体及保安矿柱两侧处主应力矢量集中，最大剪应力集中分布于采空区顶板处以及保安矿柱两侧，地基受最大剪应力的影响较小；从图 10.8 屈服（破坏）等色云图看出，采空区顶板上部和停车区路堤坡角下部进入塑性区，上覆岩体塑性区

域没有呈拱型分布；从图 10.11 开采后路基地基水平位移、沉降曲线看出，采空区顶板位移最大，向上逐步减小，由开采所产生的位移对地表影响较小，地表位移大小如图 10.9 所示，水平距离 0m 处为路基中心线。

10.2 煤层采空区保安矿柱按不同回采率开采对路基的影响

选取刘碑寺停车区 K77＋400 路基横断面进行有限单元分析，有限元网格生成方法为多区域加密，单元网格划分采用四节点四边形单元，网格分布从井工开采区向外逐步发散。模型中间为高速公路路基，两侧为停车区路基，保安矿柱的回采率分别为 40％、60％、85％和 90％，计算结果见图 10.10～图 10.17。

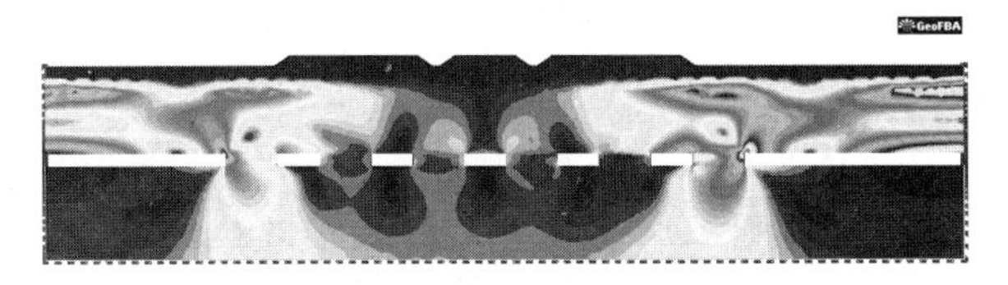

图 10.10　40％回采时路基最大剪应力等色云图

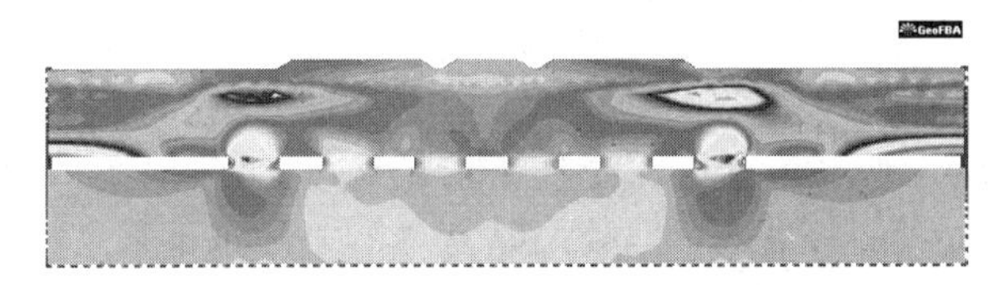

图 10.11　40％回采时路基屈服等色云图

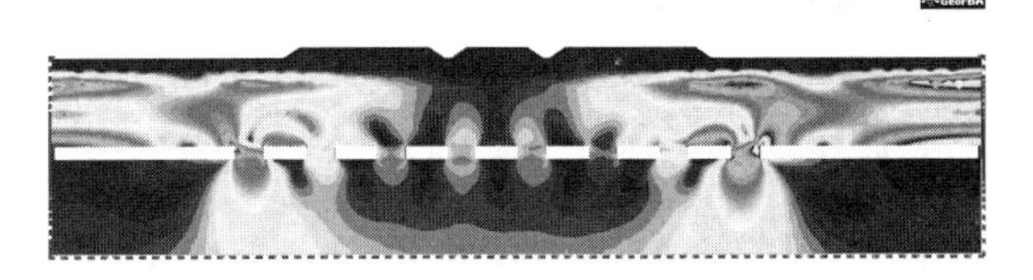

图 10.12　60％回采时路基最大剪应力等色云图

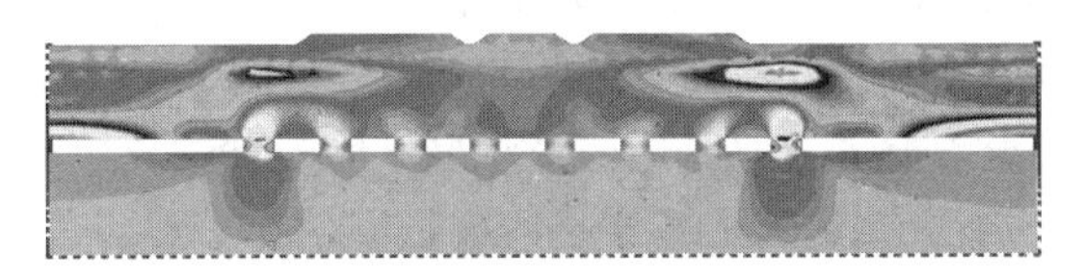

图 10.13　60％回采时路基屈服等色云图

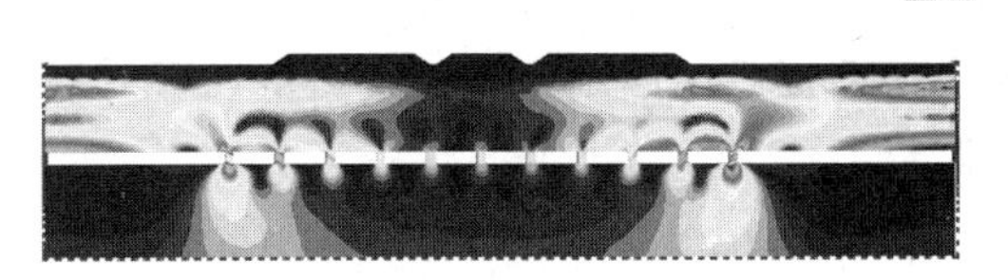

图 10.14　85％回采时路基最大剪应力等色云图

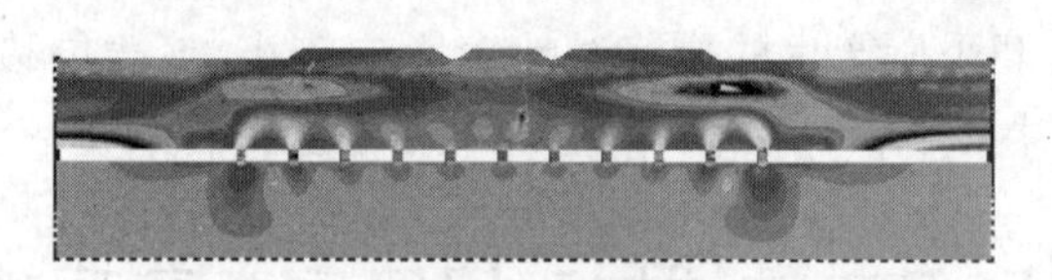

图 10.15　85%回采时路基屈服等色云图

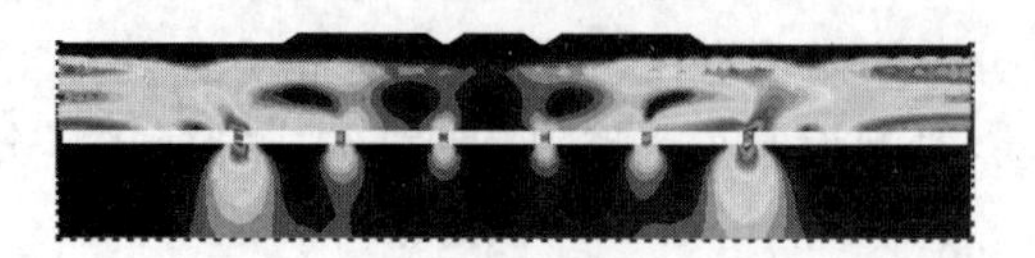

图 10.16　90%回采时路基最大剪应力等色云图

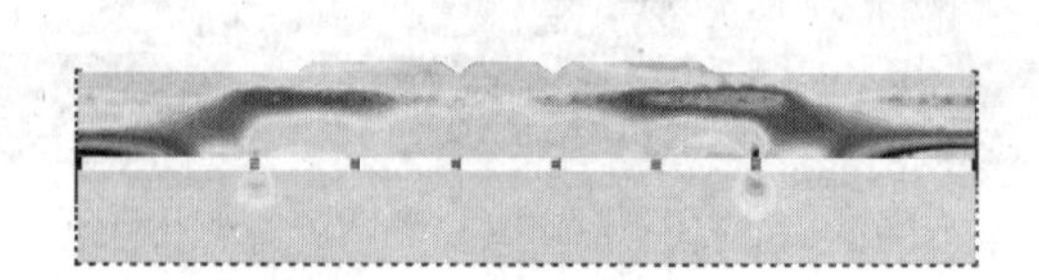

图 10.17　90%回采时路基屈服等色云图

从回采 40%时最大剪应力等色云图(见图 10.10)看出，开采后最大剪应力集中分布于采空区顶板处和第一保安矿柱边缘以及停车区路堤坡角下部，停车区路堤受到最大剪应力影响；当回采率为 60%时(见图 10.12)，最大剪应力集中分布于采空区顶板处、第一保安矿柱、第一第二保安矿柱之间岩层顶板处以及停车区路堤坡角下部，停车区路堤仍受最大剪应力影响；当回采率为 85%时(见图 10.14)，最大剪应力集中分布于采空区顶板处、第一第二保安矿柱上、第一第二第三保安矿柱之间的岩层顶板处以及停车区路堤坡角下部，停车区路堤仍然受最大剪应力的影响；当回采率为 90%时(见图 10.16)，最大剪应力集中分布于采空区顶板处、第一、第二保安矿柱上、第一、第二和第三保安矿柱间岩层顶板处以及停车区路堤坡角下部，停车区路堤仍受最大剪应力影响。

从回采率为 40%时屈服(破坏)等色云图(见图 10.11)看出，矿层开采后，采空区顶板上部和停车区路堤坡角下部及第一保安矿柱处进入塑性区，上覆岩体塑性区域没有呈拱型分布；当回采率 60%时(见图 10.13)，停车区路堤部分进入塑性区，采空区上覆岩体以及停车区路堤受力状态都为单向受拉，部分停车区路堤已屈服；当回采率为 85%时(见图 10.15)，停车区路堤部分进入塑性，塑性区逐步向高速公路路堤下延深。采空区上覆岩体及停车区路堤受力状态都为单向受拉，停车区路堤部分已经屈服，路堤以下部分岩体也已经屈服；当回采率为 90%时(见图 10.17)，采空区顶板上部和停车区路堤下部及保安矿柱多处进入塑性区，保安矿柱已完全屈服，上覆岩体塑性区域接近拱型分布，停车区路堤部分进入塑性区，塑性区逐步向高速公路路堤下延深。采空区上覆岩体以及停车区路堤和高速公路路堤受力状态都为单向受拉，部分停车区路堤已经屈服。高速公路路堤以下部分岩土也已经屈服，屈服范围增大，其宽度已超出路堤宽度。

回采率为 40%、60%、85%和 90%时路基地基水平位移、沉降曲线依次如图 10.18～图 10.21 所示。

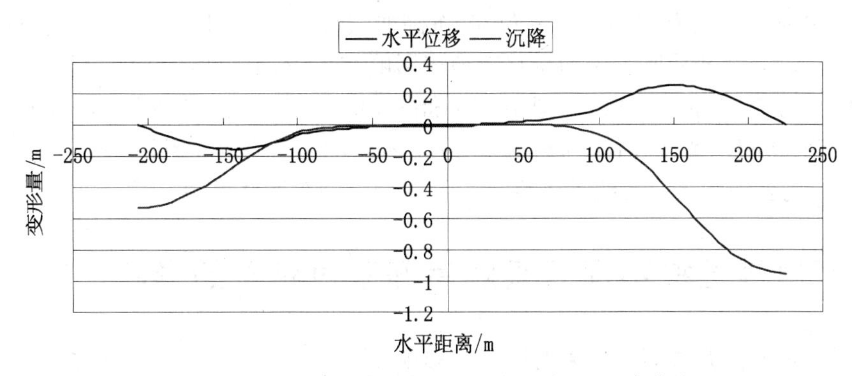

图 10.18　40%回采时路基地基水平位移、沉降曲线

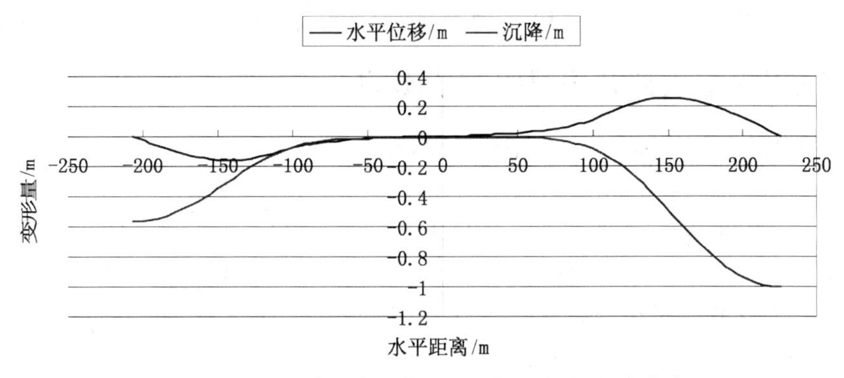

图 10.19　60%回采时路基地基水平位移、沉降曲线

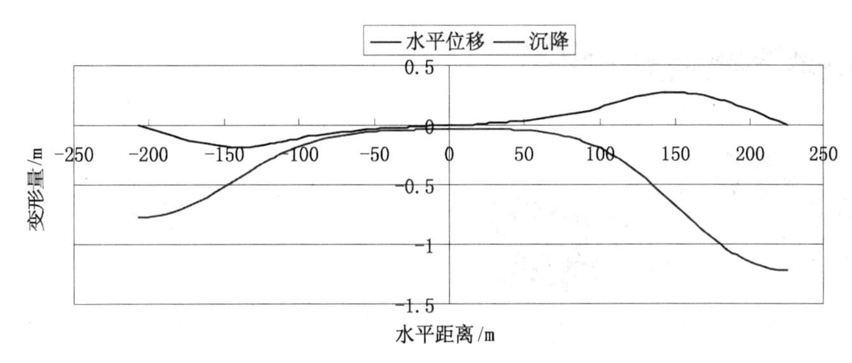

图 10.20　85%回采时路基地基水平位移、沉降曲线

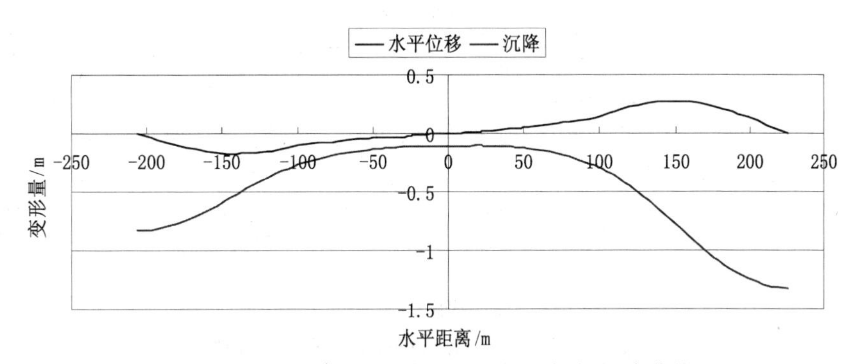

图 10.21　90%回采时路基地基水平位移、沉降曲线

从回采率为40%时路基地基水平位移、沉降曲线看出(见图10.18),采空区顶板位移最大,向上逐步减小,由开采所引起的位移对地表影响较小,水平距离0m处为路基中心线;随着回采率增大为60%和85%时(见图10.19和图10.20),高速公路路堤中心线和停车区路堤中心线沉降量不断增大,回采对停车区路堤的影响也越显著;当回采率为90%时(见图10.21),高速公路路堤中心线处沉降量大约0.2m,停车区路堤中心线处沉降量0.4m。

10.3 倾斜煤层按不同开采顺序开采对路基的影响

倾斜煤层按不同开采顺序开采对路基的影响是不同的[3,4],开采顺序选择不当,则对路基的危害较大;反之,改变各矿层各工作面的先后开采顺序也可以达到协调开采的目的,当同时开采Ⅰ、Ⅱ层矿时地基变形较大,如同时开采Ⅰ、Ⅱ、Ⅲ层矿,则变形可抵消一部分。

10.3.1 倾斜煤层上部开采对路基的影响

选取禹登高速公路K70+180路基横断面,有限元网格生成方法为多区域加密,单元网格采用四节点四边形单元,网格分布从井工开采区域向外逐步发散。

从图10.22看出,开采后最大剪应力集中分布于右侧保安矿柱边缘,右侧保安矿柱边缘处剪应力最大,路基受最大剪应力的影响较小;从图10.23看出,采空区顶板上部进入塑性区,上覆岩体塑性区没有呈拱型分布,路堤下部岩体只有小部分进入塑性区;采空区顶板位移最大,向上逐步减小,地表位移的大小如图10.24所示,路基中心线处水平位移约0.18m,沉降为0.1m,路堤右侧的水平位移和沉降都较大。

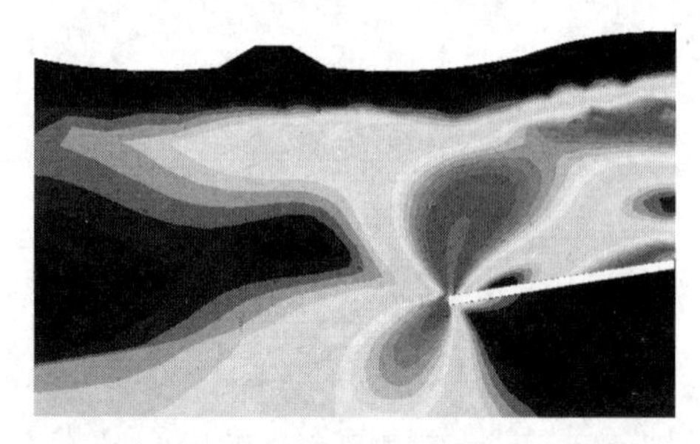

图10.22 路基最大剪应力等色云图

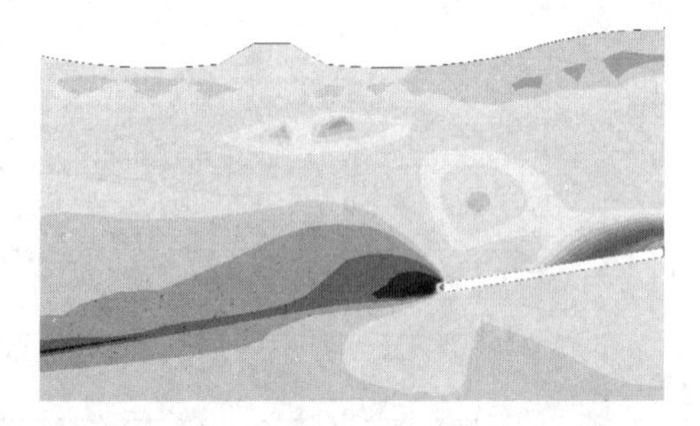

图10.23 路基屈服(破坏)等色云图

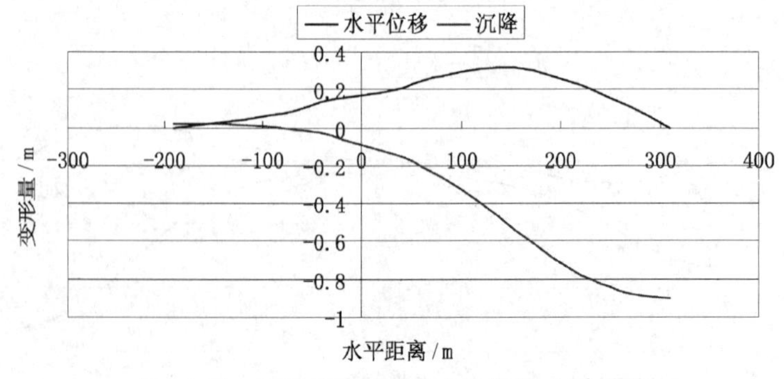

图10.24 开采后路基地基水平位移、沉降曲线

10.3.2　倾斜煤层下部开采对路基的影响

选取禹登高速公路 K76+560 路基横断面，有限元网格生成方法为多区域加密，单元网格采用四节点四边形单元，网格分布从井工开采区向外逐步发散。由于煤层倾角较大埋深较浅，煤层与黏土层相交。从图 10.25 看出，开采后最大剪应力集中分布于左侧顶板处和左侧保安矿柱边缘，左侧保安矿柱边缘处剪应力最大，路基受最大剪应力的影响较小；从图 10.26 可知，采空区顶板上部进入塑性区，上覆岩体塑性区域没有呈拱型分布，路堤下部岩体部分进入塑性区。

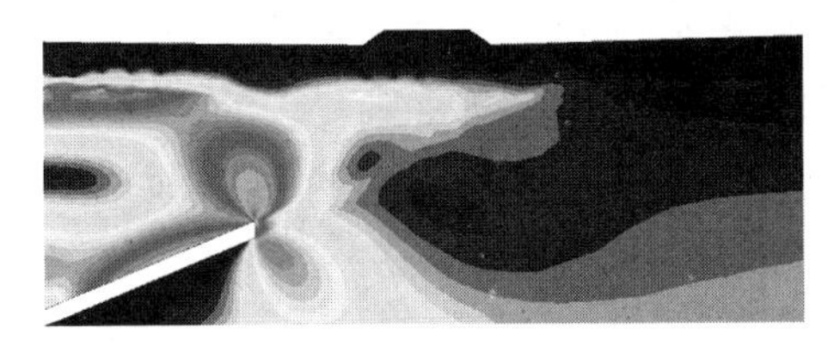

图 10.25　路基最大剪应力等色云图

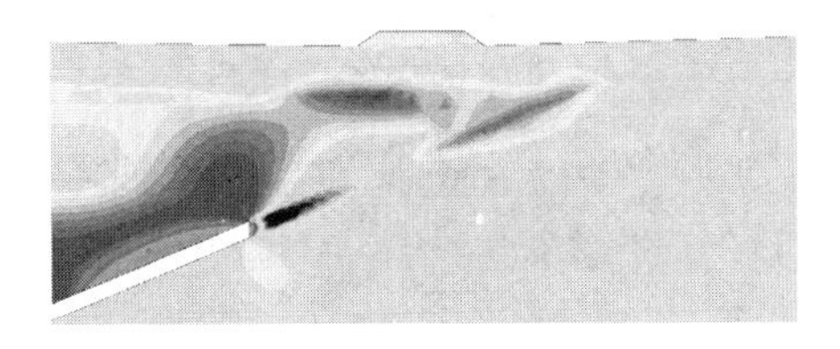

图 10.26　路基屈服等色云图

从图 10.27 开采后路基地基水平位移、沉降曲线看出，采空区顶板位移最大，向上逐步减小，由开采所产生的位移对地表影响较小，地表位移的大小如图 10.27 所示，水平距离 0m 处为路基中心线，左侧地表的位移明显大于右侧。

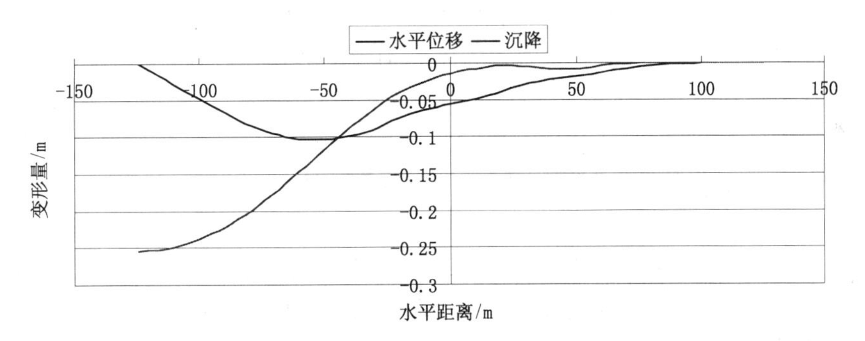

图 10.27　开采后路基地基水平位移、沉降曲线

10.3.3　倾斜煤层上下部同时开采对路基的影响

选取禹登高速公路 K78+700 路基横断面，有限元网格生成方法为多区域加密，单元网格采用四节点四边形单元，网格分布从井工开采区向外逐步发散，由于埋深和倾角的关系，煤层与黏土层相交。最大剪应力等色云图、路基屈服等色云图、开采后路基地基水平位移、沉降曲线如图 10.28～图 10.30 所示。

从图 10.28 最大剪应力等色云图看出，矿层开采后，上部岩体失去支撑，平衡条件被破坏，出现应力集中现象，最大剪应力集中分布于采空区顶板处和保安矿柱两侧，采空区顶板岩层、底板岩层及保安矿柱两侧出现剪应力矢量集中，路基受最大剪应力影响较小；从图 10.29 屈服（破坏）等色云图看出，采空区顶板上部和路堤坡角下部进入塑性区，保安矿柱右侧部分已经完全屈服[10-11]。

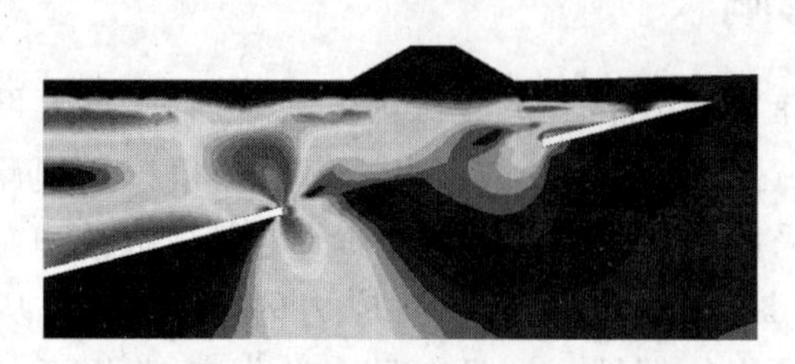

图 10.28 路基最大剪应力等色云图

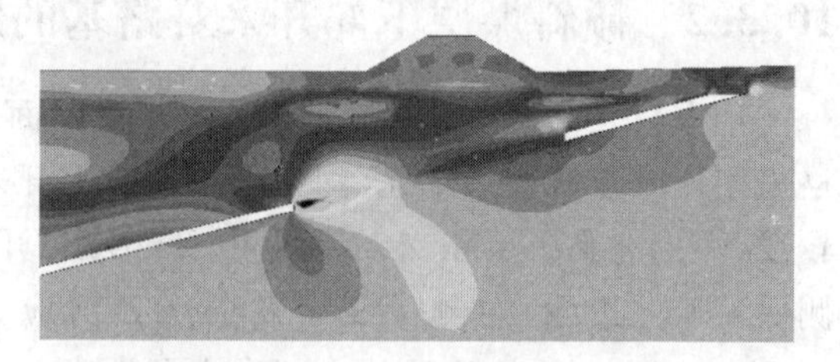

图 10.29 路基屈服等色云图

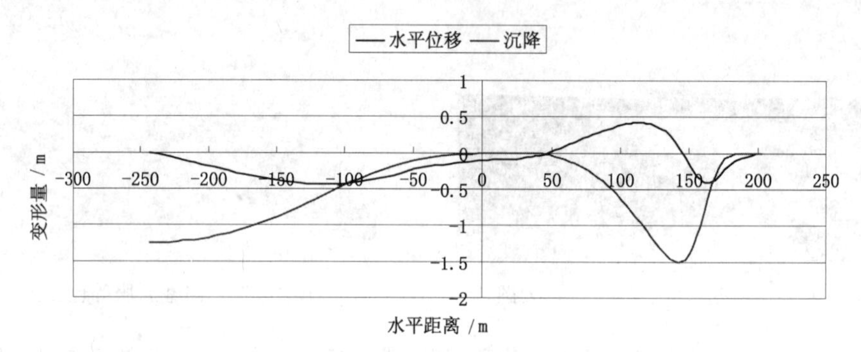

图 10.30 开采后路基地基水平位移、沉降曲线

从图 10.30 开采后路基地基水平位移、沉降曲线看出，采空区顶板位移最大，向上逐步减小，左侧煤层的开采所产生的位移较右侧大，地表位移大小如图 10.30 所示，开挖引起上部地基在水平方向产生位移，在竖直方向发生不均匀沉降，路基中心线处水平位移约 0.1m，沉降为 0m。

10.4 在复杂地质情况下开采对覆岩的影响

断层作为岩体介质中的软弱结构面[12]，其力学强度远低于周围岩体的强度，在地下开采影响下，使位移、应力在该区不连续，出现台阶和裂缝，使岩体及地表移动不连续，造成禹登高速公路地表、路基损坏。

10.4.1 断层上盘开采对覆岩的影响

选取 K71＋015 横断面，有限元网格的生成方法为多区域加密，单元网格划分采用四节点四边形单元，网格分布从井工开采区向外逐步发散，高速公路位于断层面上方，分析结果如图 10.31～图 10.33 所示。

从图 10.31 路基最大剪应力等色云图看出，开采后最大剪应力集中分布于采空区的中部和保安矿柱的左侧，最大剪应力对路基的影响较小；从图 10.32 屈服(破坏)等色云图看出，采空区顶板上部和路堑右坡角下部进入塑性区，上覆岩体塑性区域没有呈拱型分布。

从图 10.33 开采后路基地基水平位移、沉降曲线看出，采空区顶板位移最大，向上逐步减小，地表位移的大小如图 10.33 所示，路基中心线处水平位移约 0.15m，沉降为 0.07m。由于只右侧开采，路堤左侧的水平位移和沉降较小。

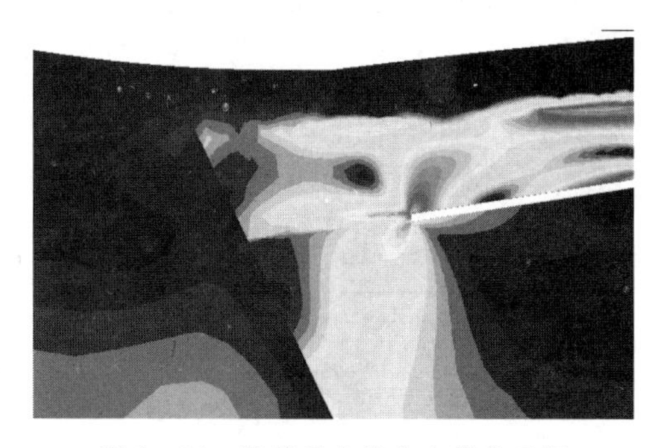

图 10.31 路基最大剪应力等色云图

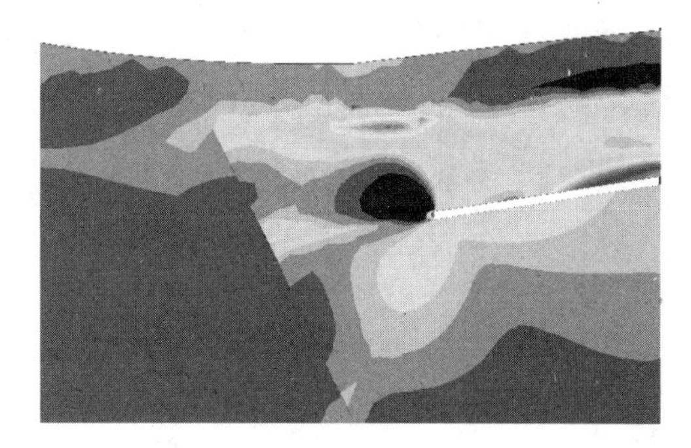

图 10.32 路基屈服(破坏)等色云图

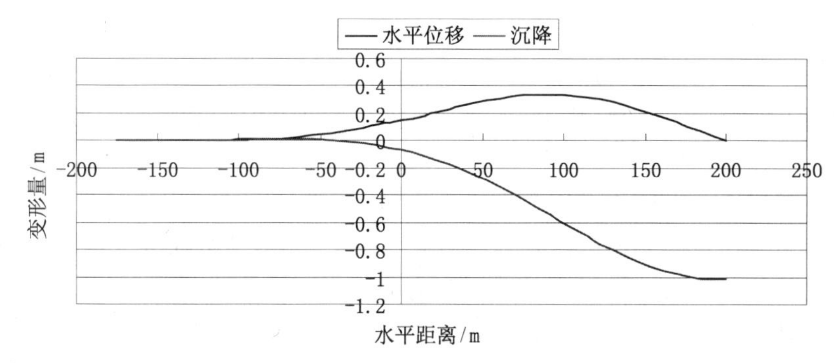

图 10.33 开采后路基地基水平位移、沉降曲线

10.4.2 断层上下盘同时开采对覆岩的影响

选取禹登高速公路 K69＋450 横断面，有限单元网格生成方法为多区域加密，单元网格为四节点四边形单元，网格分布从井工开采区域向外逐步发散，此处断层为逆断层，高速公路位于断层面上方，分析结果如图 10.34～图 10.36 所示。

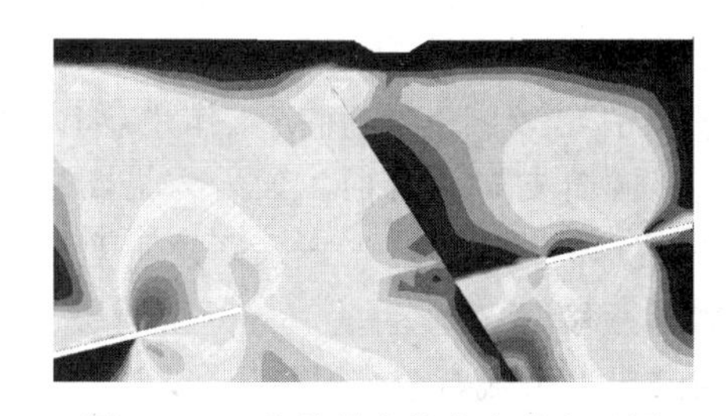

图 10.34 路基最大剪应力等色云图

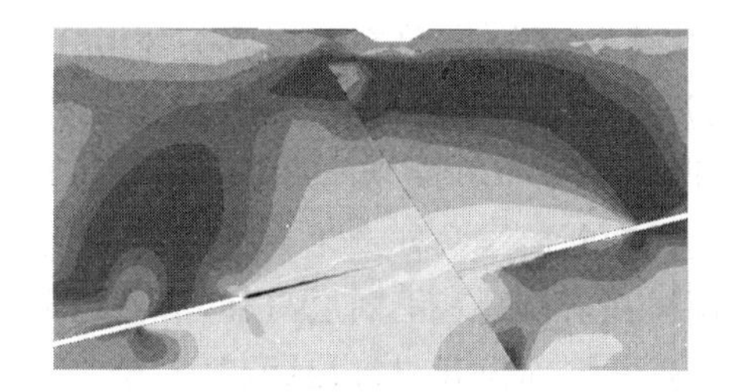

图 10.35 路基屈服等色云图

从图 10.34 最大剪应力等色云图看出，开采后最大剪应力集中分布于采空区的中部和路堑下部的断层面上；从图 10.35 屈服(破坏)等色云图看出，上覆岩体中出现大范围屈服区，采空区中部顶板及路堑下部的断层面上屈服破坏严重，塑性区呈拱型分布，上覆岩体塑性区域呈拱型分布，右侧岩体的屈服程度较大；从图 10.36 开采后路基地基水平位移、沉降曲线看出，采空区顶板位移最大，向上逐步减小，地表位移的大小如图 10.36 所示，左侧煤层的开挖对路堑影响较大，路基中心线(水平距离 100m 处)水平位移约 0.069m，沉降为 0.75m。

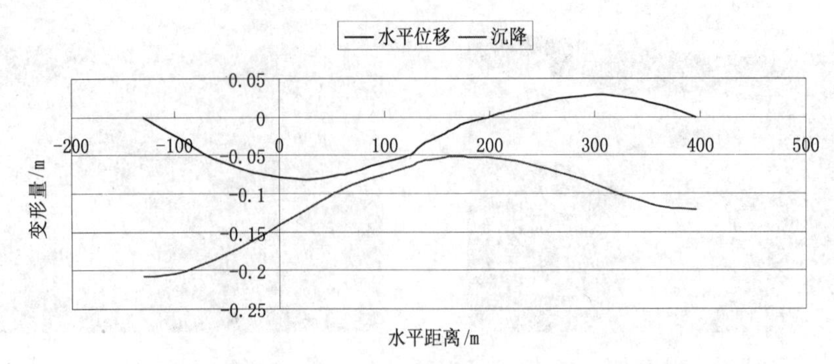

图 10.36 开采后路基地基水平位移、沉降曲线

从模拟结果可以看出：采用非线性平面应变模型对开采沉陷中断层的影响进行研究是可行的。地下煤层开采后，上覆岩层的应力重新分布，且断层的存在对应力的分布有强烈阻隔作用，断层增大了岩体的变形值，而且断层面的存在打破了水平移动、下沉变形的对称性。模拟分析结果具体如下：

①煤层开挖后在采空区正上方存在着一个压力平衡拱，这与理论结果吻合；②由于断层存在使主应力分布在断层面两侧有强烈的应力集中现象，使分布在采空区中部上覆岩层中最大主应力变小；③由于断层的存在对应力分布有强烈阻隔作用，在断层面外侧主应力较无断层侧岩体主应力小；④由于断层面的存在，打破了上覆岩体下沉的对称性，表现为冒落向断层侧偏移，冒落范围向断层偏移；⑤由于煤层倾斜、断层面的存在打破了最大主应力和最大剪应力分布对称性；⑥煤层开采后，最大剪应力在断层面两侧有应力集中现象；⑦由于断层的存在对应力分布有强烈的阻隔作用，而且随着开采范围的增大，这种对应力分布的阻隔作用就越强烈。

当岩体内不存在断层时[12]，岩层及地表移动可看成是梁板的弯曲，移动是连续的，不会形成台阶状移动盆地。当有断层存在时，断层处成为移动的界面，当断层倾向与煤层倾向相反时，若先开采断层下盘的煤层，断层面受拉而张开，断层下盘失去支撑，下盘岩体移动可看成是悬臂梁式弯曲，易在断层露头处形成台阶状移动盆地，此时上盘不移动或微小移动。如果先开采断层上盘的煤层，由于上盘岩体在移动过程中，受到下盘岩体挤压作用，如果岩体不沿断层面滑移，则在断层露头处不会产生台阶，形成简支架式弯曲。如岩体沿断层面滑移，则会在断层露头处产生台阶。当断层倾向与煤层倾向相同时，先开采断层上盘的煤层时，同样视岩体是否沿断层滑移，滑移时出现台阶，不滑移，不产生台阶。当开采断层下盘的煤层时，断层面拉开，形成悬臂梁式弯曲，易在断层露头处形成台阶[13]。

以上分析说明，无论断层倾向与煤层倾向相同还是相反，先开采断层上盘煤层，比先开采断层下盘煤层产生台阶的可能性小，根据以上分析，如果断层上下盘同时开采，断层两翼同时移动，则在断层露头处不会产生台阶状移动盆地。

如所采煤层的上覆岩层中有断层存在，就可能引起断层的上下盘沿断层面相对移动。当断层倾角大于 20°，断层落差大于 10m 时，断层对开采沉陷便有明显影响。主要表现在两方面：一是断层露头处地表产生台阶状的裂缝，二是改变沉陷的影响范围。下面分别为在垂直断层走向和沿断层走向剖面上的影响情况[3-4,14]。

1）在垂直断层走向的剖面上

根据断层面倾角和工作面基岩移动角之间的相对关系分 3 种情况：

（1）层面倾向和工作面基岩移动角倾向一致，断层面倾角小于基岩移动角，如图 10.37 所示。

此时，断层位于工作面影响范围之外。在采空区上方岩层移动过程中，在某些因素影响下促使断层面的极限平衡遭到破坏时，则岩层沿着断层面发生滑动，其结果在断层露头处地表产生台阶，同时地表移动范围增大。

（2）断层面倾向与基岩移动角倾向一致，断层面倾角大于基岩移动角（图 10.38）

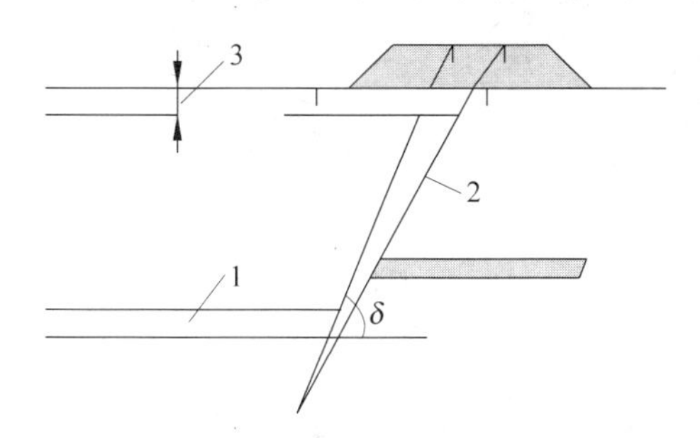

图 10.37　断层面倾角小于移动角

1—采空区；2—断层面；3—下沉台阶

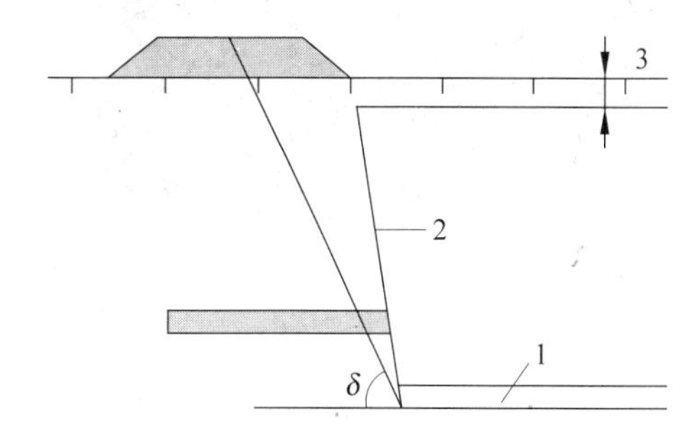

图 10.38　断层面倾角大于移动角

1—采空区；2—断层面；3—下沉台阶

此时整个断层位于工作面开采后覆岩移动范围内。当井下工作面开采后，由于断层两侧的岩层在移动过程中发生滑动，致使断层露头处地表很快形成台阶（一般快于正常采动影响的时间），所形成的台阶与台阶的高差一般也大于第一种情况的台阶。同时，采空区上方地表移动范围缩小。

（3）断层面倾向与工作面移动角倾向相反

此时断层面与移动角的影响线相交，断层面的上部位于工作面的采动影响范围内，断层面的下部位于工作面的采动影响范围外。

2）在断层走向的剖面上

在沿断层走向剖面上，断层露头处的台阶是以主断面为中心向两侧逐渐变小，断层的破坏作用逐渐衰减。其影响范围 l 按下式计算

$$l = H_0 \cot\sigma_0 \tag{10.1}$$

式中，l 为影响范围；H_0 为平均采深；δ_0 为走向边界角。

断层作为岩体介质中的弱面，在地下开采附加应力作用下，“活化”的过程有 3 个方面：①在拉应力作用下，当拉应力超过断层面的抗拉强度时，使断层面拉开，在断层处形成张开裂缝；②在剪应力作用下，当剪应力超过断层面的抗剪强度后，使断层滑移，在断层露头处形成台阶状移动；③在压应力作用，使断层带内充填的材料压缩，在断层露头处产生小的移动盆地。具体出现哪一种情况下移动，取决于断层与采空区的位置及采矿条件。当岩体内不存在断层时，岩层及地表移动可看成是梁板的弯曲，移动是连续的，不会形成台阶状移动盆地。

断层对地表移动的影响主要表现在以下 3 方面：①断层露头处地表产生台阶状裂缝；②断层处地表变形增大；③使地表移动范围增大或缩小。

10.5 井露采动、井工联采对路基影响分析

选取禹登高速公路 K70+488 路基横断面，网格生成方法为多区域加密，单元网格采用三节点三角形单元，分析结果如图 10.39～图 10.44 所示。

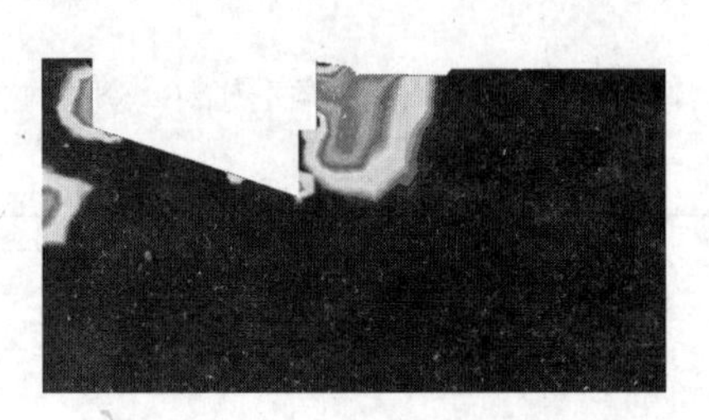

图 10.39　最大剪应力分布图

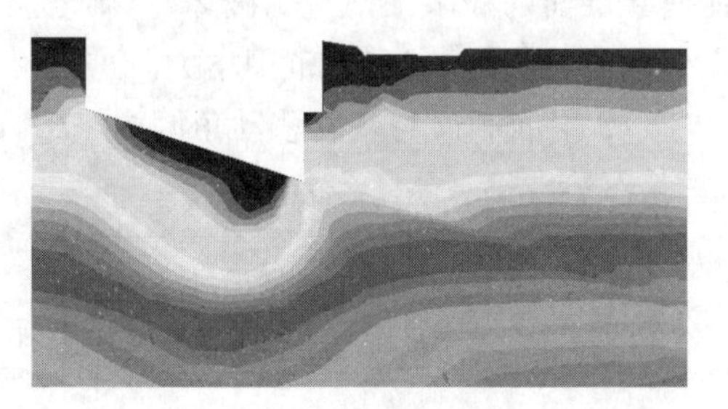

图 10.40　屈服接近度填色图

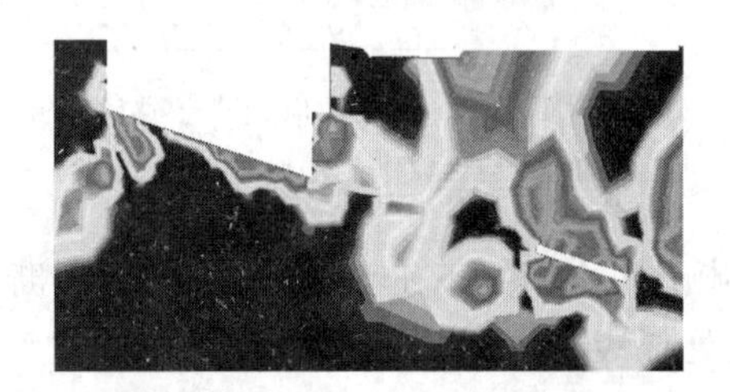

图 10.41　最大剪应力分布图

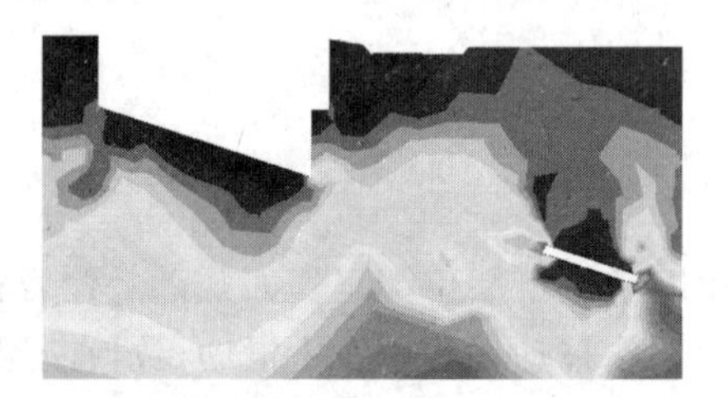

图 10.42　屈服接近度填色图

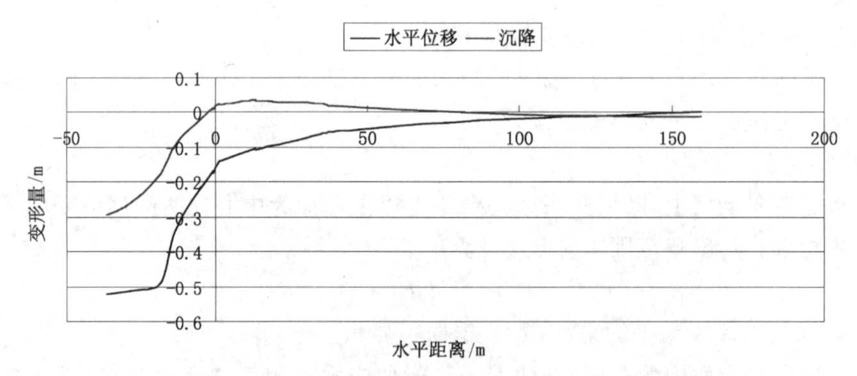

图 10.43　井露开采路基地基水平位移、沉降曲线

从图 10.39 井露采动剪应力分布图可知，最大剪应力出现在模型的底部，从下向上逐渐减小；而井工联采时(图 10.41)，最大剪应力出现在模型的底部和采空区保安矿柱两端，最大剪应力从下向上逐渐减小；由图 10.40 知，路堤以下材料进入塑性屈服，露天开挖两侧开挖面上屈服最严重，路基及以下材料都进入塑性区；井工联采时(图 10.42)，路堤以下材料进入塑性屈服，屈服区逐渐变大，露天开挖两侧开挖面上和采空区上下表面及路基右侧材料屈服最严重，路基及其以下材料都进入塑性区。

由图 10.43 井露采动路基地基水平位移和沉降曲线知，地基在水平方向上产生位移，在

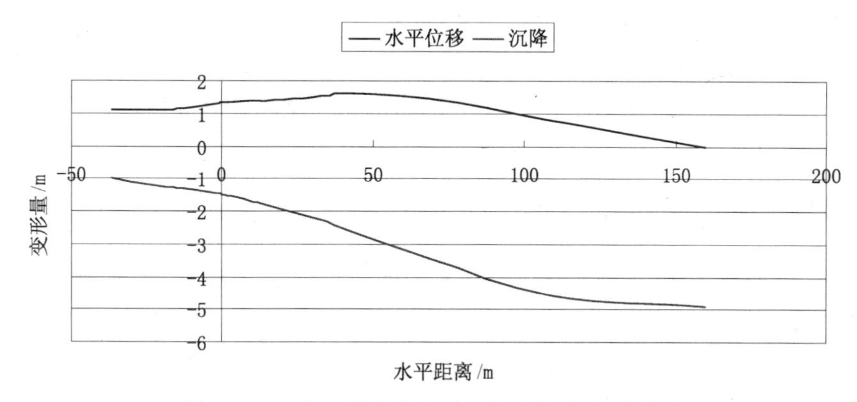

图 10.44　井工联采路基地基水平位移、沉降曲线

竖直方向上发生不均匀沉降，路基左侧开挖边缘处最大水平位移为 0.52m，沉降 0.29m，已经塌陷，开挖过程中需进行必要的支护；井工联采时(图 10.44)，路基左侧开挖边缘处最大水平位移 1.12m，沉降 0.99m，沉降最深处达 5m，地基受水平和竖向方向位移叠加影响，出现拉裂破坏，在采空区上部由于地表沉陷而形成塌陷盆。

10.6　采空区路基路面设计方法

研究采空区路基路面变形基本规律及协调设计方法具有重要意义，前面根据路基路面变形失稳类型，对采空区路基变形基本规律进行了研究。在此基础上，归纳总结采空区路基路面一般处治方法和相应协调设计方法。

采空区开采沉陷区对高速公路的危害已经成为采空区高速公路建设中急需解决的难题[15]。根据开采沉陷影响区移动变形特点及高速公路安全运行的设计标准，应用系统协同作用原理，分析路基、路面与基础间协同作用关系，给出采空区新建高速公路协同设计原理和有关参数修正计算及抗变形路基设计方法，为确保采空区高速公路安全正常运行提供合理、经济的设计依据。

在开采沉陷区，公路设计的基本条件发生了变化，除在正常条件下设计所考虑问题外，详细调查和分析探讨下列问题是解决此类特殊条件下公路设计的关键。

(1) 详细分析调查影响区地质及采矿条件，例如开采范围、深度、厚度，开采方法，开采时间，水文地质条件，工程地质条件，浅部是否存在空区(洞)等；

(2) 预计开采引起地表移动变形和剩余移动变形，根据预计计算结果确定开采引起地表损坏的类型(连续移动变形和非连续移动变形)及损坏级别分区；

(3) 应用协同作用思想设计能够适应采空沉陷区移动变形的高速公路；

(4) 采空区影响范围公路基础及浅部空洞处治方法。

10.6.1　选线原则及勘察要点

采空区公路选线必须通过认真勘察、全面比较，采取避重就轻、防灾兴利原则。避开局部严重的、大型的或复杂的采空区地段[16]。

采空区路线方案的合理选定，应采取有针对性的路基病害防治措施，并且进行全面的勘察工作。勘察要点包括：收集资料；调查；测绘（对路线方案地段及路基影响范围内采空区，应测绘大比例尺地形图）；勘探（以路基设计为目的的采空区勘探，其任务在于了解地下采空区规模和分布规律，查明路基基底的工程地质条件，对路基稳定性和所选择的防治措施作出评价）。

10.6.2 采空区路基路面一般设计方法

采空区路基路面设计，主要是对影响路基路面稳定的采空区进行预防和处理。

1. 采空区处治设计

1）采空区处治方案选择程序和原则

目前，在地下采空区处治技术方面，国内外尚没有相对完善的技术规程或规范，但在处治构筑物下伏空洞方面，已经有一些成功的工程案例。高速公路下伏采空区加固方案的选择，不但要考虑采空区的埋深、规模、成因、水文地质工程地质条件、矿山开采方式、开采时间等诸多因素，而且还与经济条件、地基条件、道路条件、施工技术等密切相关。所以各采空区处理方案不具通用性和可比性[17]。

采空区治理原则是：根据工程的具体特点，充分考虑采空区的地基条件、道路条件及施工条件等，通过对待选的几种处治方法在技术上、经济上以及施工进度等方面综合比选，选择一个或几个技术上可行、经济上合理，又能满足施工进度要求的处治方法。高速公路下伏采空区处治方案的选择，可按图 10.45 所示步骤进行。

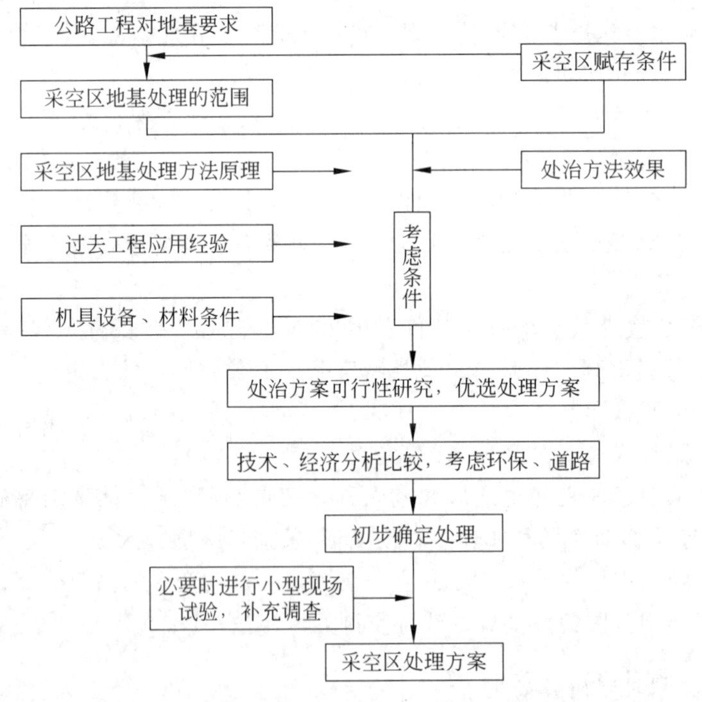

图 10.45 采空区处治方法选择程序图

采空区处治方案选择原则如下：

(1) 对于煤矿采空塌陷区，经过实地调查，工程地质勘察和计算分析之后，认为安全度不能满足路基工程要求时，就应该进行加固处理[17]。

（2）从地质采矿因素出发，下列指标可作为参考：①对于近水平（倾角小于25°）煤层，当其采深小于110m（页岩类上覆层）或150m（砂岩类上覆层），采深H与采厚m比$H/m \geqslant 40$，采矿方式为壁式，顶板为全部垮落法管理顶板，停采时间已达5年以上老采空区，可视为稳定场地，可不对采空区进行直接处理，采用加强路堤自身抗变形能力的处治措施；②对于缓倾斜岩层（倾角$25° < \alpha \leqslant 50°$），采深$H$与采厚$m$比$H/m \geqslant 40$，采矿方式为壁式，顶板为全部垮落法管理顶板，停采时间达3～5年老采空区，应视上覆岩层压密程度，确定其是否稳定再采取相应处治措施；③对于急倾斜煤层（倾角大于50°），当存在可能"活化"因素时，应对采空区进行处理，同时加强路基自身抗变形能力；④对于必须处理深部采空区（埋深>300m），当采空区存在可以利用大巷时，尽量利用大巷或开拓必要的辅助巷道进行井下充填处理；⑤对于必须处理浅部采空区（埋深<300m），可考虑采用地面注浆方法进行处理；⑥高速公路应列为一级工程构筑物，岩土工程勘察规范（GB 50021—2001）中关于高速公路对地基的要求，作为验算场地稳定性试用标准。

（3）采空区处治方案首先要确保工程质量的可靠；同时也应注意施工设备、施工技术可行性和技术经济上的合理性等。

2）采空区处治方法

公路采空区地基处治设计应根据采空区形成时间、埋深、采空厚度、采煤方法、顶板岩性及其力学性质、水文地质、工程地质条件等选择治理方案。采空区地基的处治应从地基处治、开采协调两个方面来进行[18-21]。从地基处治角度来说，主要有几种方法：

（1）开挖回填：对于路基挖方边坡采空区宜采用开挖回填方案。对埋深小于4m采空区宜从地表开挖，一直挖至采煤空洞，然后采用干砌或浆砌方式回填并夯实。对于浅层采空区，采空区采深采厚比不大于40，可以采用巷道回填或者部分挖出再回填夯实等方法进行处治。此方案工艺简单，施工质量易于控制。

（2）充填：采空区充填能有效地减小地表沉陷破坏程度。在有条件时采用水砂充填，能保证公路安全无损。在采深不大时，可采用覆岩离层充填，加固采动覆岩破坏区，限制地表沉陷破坏。

充填法分地面充填和井下充填。灌填材料有水泥浆、砂砾、混凝土、黏土以及化学添加剂等。①地表充填法。对于变形要求较低、安全等级较低、服务年限短的构筑物，宜采用地面打孔向采空段内充填砂砾以及泥浆。根据顶板岩性、顶板上覆岩层荷载设计充填孔口径及密度，钻孔口径为110～150mm。②井下充填法。对于采空时间短，采空面积小、顶板变形小的采空区可以利用原有巷道采用井下充填，充填材料以毛石、砂土为主。充填前应将采空区内有害气体及积水进行排放，同时做好顶板支护。这是一种简单、经济且实用的方法。

对于煤层开采后顶板尚未垮落的采空区，可以采用非注浆充填方案，包括干砌片石、浆砌片石、井下回填、钻孔干湿料回填等方案。干砌（浆砌）片石方案适于采空区未完全塌落、空间较大、埋深小、通风良好，并且具备人工作业和材料运输条件的采空区治理。一般路段的路基用干砌片石回填，抗压强度不应低于10MPa，对有构造物的路段，应用浆砌片石，抗压强度不应低于15MPa。

（3）浆砌、锚杆、喷射混凝土等方法：对于部分正在使用中的巷道，巷道片帮已脱落，或砌碹块石松动、砂浆和块石间产生缝隙，或煤矿只作简单圆木支护巷道。

(4) 钻孔灌注桩穿越空洞法：利用大于设计桩径的机械钻孔将煤洞击穿以后，用卷扬机将钢护筒放入桩孔内，使煤洞与桩孔隔离(目的是使钻孔内浆液不从煤洞流走，便于成桩孔)，再利用设计桩径的钻孔钻至设计桩底后，经过清洗至桩孔内无残留物时，将预先制作好的钢筋笼放入桩孔内，浇筑混凝土振捣成桩。这一方法桩端持力层宜选择在中微风化岩体上，以桩基形式消除了煤洞对上部建筑的影响，适用范围较广，但钻进成孔中在遇煤洞时易发生孔内垮塌埋钻事故。

(5) 碎石桩挤密填实法：利用碎石体自然塌落及在外力作用下扩展较大的特性，使其在人力作用下在一定范围内形成满足工程设计需要的堆积体。这一方法只能对煤洞局部进行临时处理，而不能彻底解决煤洞对上部永久性构筑物的影响，因而，该方法使用具有局限性，但具有处理费用较低的优点。

(6) 注浆法：采空区上覆岩层在有条件时会出现离层，离层经历产生、发展、达到最大高度及最终离层闭合移动过程。在离层带中注浆减缓地表沉降，控制地表总下沉量，减缓地表动态变形值，以达到保护公路的目的。

注浆法分全面灌注和点式灌注：①全面灌注法：对安全等级高、变形要求严的构筑物或重要设施，地下采空区情况复杂，宜采用全面注浆法。在地面打注浆孔，注入流动性较好浆液，用注浆泵有压注入。先在灌注范围边界进行帷幕灌注，同时增加浆液稠度及添加速凝剂达到快速帷幕，也可在浆液中投添适量砂砾，减少浆液的流动性以达到快速帷幕的目的。一般钻孔口径 75～110mm，注浆管口径≥50mm，注浆管与孔口管密封连接，并安装压力表，浆液水固比为 1∶1.2～1∶1.5。如有 2 层或 2 层以上，采空区可以采用分层灌注和同时灌注两种方法。同时灌注法可以在上层采空区段下入花管式套管，同时灌注。同时灌注法缺点是上层采空区灌注因为花管阻挡压力较小，可能出现花管堵塞，不易达到预期效果。②点式灌注法：适于采空深度小、处理面积小、采空区顶板稳定的地基，根据荷载和顶板上覆岩层质量设计灌注点密度及强度，灌注孔口径 250～300mm，灌注材料多为混凝土，必要时可以在采空段下入钢筋笼。混凝土灌入宜采用泵送法，亦可采用人工倒入法，但是有时出现堵孔。对于煤层开采规模较大、开采深度(埋深)小于 250m 采空区，宜采用全充填注浆方法。对于埋深大于 250m 的采空区，宜根据其开采特征、水文地质、工程地质条件及其对公路工程的危害程度等因素，确定是否采用全充填注浆方案。采空区注浆处理设计主要涉及采空区治理范围、注浆量预测、注浆布孔原则、注浆材料选择、注浆参数优选、富水采空区注浆排水设计等方面。采用注浆充填法处理采空区时，注浆量预测不仅是一个重要设计参数，而且直接涉及工程处理费用。

综合采矿调查、水文地质工程地质勘察、地质测绘、变形观测等资料，可取得采空区三维空间分布形态特征资料，并计算不稳定治理范围后，可以对注浆量进行预测。目前设计上预测方法如下：

(a) 采空区注浆量预测：假设采空区在煤层采出后一定时间塌陷冒落，现存空洞体积为 V，则

$$V = V_0 - \Delta V \tag{10.2}$$

式中，V_0 为煤层采出后的采空区体积；ΔV 为处理前为止已沉降变形的体积。其中，V_0 可以用下式计算

$$V_0 = S \times H \times K \tag{10.3}$$

式中，S 为采空区面积；H 为煤层采厚；K 为回采率。

（b）岩土体裂隙、洞穴注浆量预测：煤层采出后，由于三带即冒落带、裂隙带、弯曲变形带的形成，在采空区上方裂隙带岩土体中往往发育大量裂隙，而且在灰岩发育地区可能有溶洞存在，这些都会造成注浆时浆液在非采空区部位的消耗。因此，必须对这部分的注浆量进行预测。假设采空区治理范围平面面积为 S，裂隙带高度为 H'，裂隙、溶洞体积发育率为 α（即占总体积百分率），注浆时实际可能充填率为 β，则该部分灌注量 V' 为

$$V' = S \times H' \times \alpha \times \beta \tag{10.4}$$

（c）浆液实际消耗量计算：假设浆液结石率为 $\acute{o}$，①和②两部分设计充填率为 ζ，则浆液实际消耗量 V'' 为

$$V'' = [(\nu + \nu') \times \zeta]/\acute{o} \tag{10.5}$$

以上计算方法是针对单层采空区无水情况，对于多层富水采空区，情况就复杂得多。如果富水，由于地下水对浆液的黏滞阻力，必然影响浆液的流动性能及其扩散半径，最终影响浆液的充填情况，这时就要结合室内外试验，确定注浆量。

注浆量预测的准确度与前期地质调查、勘察工作及不稳定治理范围界定有很大关系，特别是采空区三带分布特点、高度，裂隙发育程度及粗糙度，岩体碎胀特性，采空区冒落充填情况调查等。

注浆压力是给予浆液扩散、充填、压实能量，在保证注浆效果的前提下，注浆压力大，则有利于浆液扩散，减少注浆孔数量，同时提高可灌性，其注浆压力（P）从理论上应为

$$P = r_n h_0 / 100m \quad (\mathrm{MPa}) \tag{10.6}$$

式中，r_n 为受注岩层的容量；h_0 为注浆管的嵌入深度；m 为浆液通过裂隙或孔隙流动时的阻力；$m=0.4\sim0.5$；结合施工经验，建议选用：注浆压力 1.0～1.5MPa；注浆结束压力≥1.5MPa。

（7）爆破局部切槽放顶法：爆破局部切槽放顶法处理采空区最经济、耗时最短。

（8）冲击强夯：强夯法是将重锤提升到一定高度后脱钩下落而压密土体的一种地基处理方法。巨大冲击能量使地基产生强烈的振动和很高的应力，并以波的形式从锤底向四周传播。强夯时，单击夯击能为 2000kJ，单位面积夯击能为 500～600kJ/m^2，每夯点 5～8 击，施工时采用一夯一平，夯击中心点间距 4m，终止条件为最后两击夯沉量差值不大于 5cm。

（9）不处理方案：在充分论证的基础上，对已稳定的煤矿采空区塌陷可以采用不处理方案，或将处治的费用用于公路的后期养护。

（10）部分路段缓建方案：在不稳定局部路段，可根据工期情况，在不影响总体建设工期情况下，局部路段暂时缓建。特别是采空区处于地表移动活跃阶段，缓建方案既有利于提高处治的效果，又节约治理的费用。

（11）综合处理技术：针对具体情况可采取组合式的多种处治技术相结合的处理方法。当采空区仍处在急剧变形期，或者地质条件复杂（如急倾斜煤层等），必须对其进行处理，但因其埋深较大，采用地面注浆等方法难以解决时，可以考虑如下方法：①利用原来煤矿的设施（如永久性港口等）对其深部进行注浆等处理，浅部可考虑采用地面注浆，路堤可考虑加筋处理。这样会增加处治费用和施工技术难度，但处治效果能够得到保证；②根据具体煤矿采矿条件和工程需要，仅对浅部采空区进行处治，并采取措施加强路堤抗变形能力；③对于同一采空区的不同地段，不同层位上的采空区，根据其稳定情况和具体采矿条件，组合选用

不同方式进行治理，提高处理效率降低费用。

3）采空区处治范围确定

采空区治理范围包括沿公路轴线方向上治理长度、垂直轴线方向上治理宽度及垂向上的治理深度[22]。目前，根据国内《建筑地基基础设计规范》(GB 50007—2011)、《岩土工程勘察规范》(GB 50021—2001)等，尚不能对采空区等空洞不稳定治理范围进行定量计算，只能进行定性分析。根据《工程地质手册》以及地质出版社《工程地质分析原理》，可以通过地面变形观测、地面调查测绘圈定或参考同类型采空区的裂缝角用类比法来预测采空区沉陷不稳定范围。这些方法主要是针对采空区地表构筑物而言的，至于公路路堤下采空区不稳定范围的界定尚缺乏完善的方法。参照目前国内已实施工程及相关规范，采空区治理范围多采用如下确定方法：治理长度一般取沿公路轴线上采空区及其覆岩上、下山方向移动角影响长度、抽水巷道以及水仓等的影响长度之和。处治宽度由路基底面宽度、围护带宽度、采空区覆岩影响宽度 3 部分组成。

采空区不稳定范围的确定必须充分重视现场地质测绘、变形观测工作。在取得采空区空间分布范围以及三带分布特征基础上，结合变形数值模拟工作进行。是否进行处治，处治范围多大，注满采空区，还是在采空区上方岩土层中形成硬壳层等，均要在计算时予以考虑。而且必须研究水平煤层、缓倾斜煤层（倾角＜25°）、倾斜煤层（倾角 25°～50°）、急倾斜（倾角＞50°）煤层条件下的不稳定范围计算预测方法。

4）采空区处治设计要求

公路下伏采空区处理设计，要满足道路、地基强度及沉降变形等要求，同时，又要经济合理，这是一个复杂的系统问题，涉及采空区采矿特点、水文地质工程地质条件及公路工程特殊要求等因素。要根据采空区具体特点，运用概率积分法、有限单元法等稳定性评价方法对设计要求进行分析、评价及验算，或通过现场沉降观测及现场试验来确定。采空区处理设计总原则：处治后路基承载力与变形稳定性，应能满足高速公路工程的施工要求，且保证在公路设计使用年限内不发生超过高速公路规定的允许地基变形界限值和强度破坏[22]。

由于目前公路部门尚未有采空区处治后地表变形以及承载力的安全标准，参照相关规范及已实施工程的经验，地基处理后在设计基准期内，采空区地表变形建议应满足下列指标：地表倾斜值 $T \leqslant 3 \sim 10\text{mm/m}$；地表曲率 $K \leqslant (0.2 \times 10.3 \sim 0.6 \times 10.3)/\text{m}$；水平变形 $\zeta \leqslant 2 \sim 6\text{mm/m}$；各指标低值对应分布有构筑物的路段，高值对应一般路段。

参照《公路软土路基设计规范》，路基工后沉降桥头路段小于 10cm，涵洞通道部位应小于 20cm，一般路堤小于 30cm。地基承载力应满足：$P \leqslant [P^{1/4}]$，其中$[P^{1/4}]$为用弹塑性理论计算地基塑性变形区的最大深度相应于路基宽度 b 的 1/4 时的荷载，P 为地基受到的实际工程荷载。

2. 采空区路基设计

(1) 采用加筋技术，提高路堤抗变形能力。现代加筋土技术的应用已经超过 40 年。土工织物用于加固公路地基和路堤，可提高路堤整体稳定性，减少路堤不均匀沉降，且施工简便、施工质量容易控制，是一种具有广阔前景的方法。由聚乙烯/聚丙烯为主要原料共聚而成土工合成材料作为加筋材料，主要品种有：土工布(geotextile)、土工膜(geomembrane)。

20 世纪 80 年代，出现了一种新型立体加筋材料——土工格室(geocell)，这是一种由高分子聚合物经强力焊接而成的三维网状结构，运输时可以缩叠起来，使用时张开，并在格室中填充砂、石、土等填料，构成一种立体的蜂窝状结构。

土工格室具有一定高度(5cm 以上)，聚合物片材较厚(1mm 以上)，强度和模量很大，焊接强度大，与填筑于其中填料一起组成板状结构，在荷载作用下具有一定抗弯作用，从而分散上部结构竖向应力。作为韧性结构，它能很好地调整地基不均匀沉降。

土工格室搭板法：该方法适用于对路基的稳定性构成重大隐患，埋深范围在 25m 左右的小煤窑采空区。小煤窑走向范围及煤层开采情况较难确定，加之工期紧，利用注浆填充方法不但工程量大，造价高，而且工期长，因此注浆填充法受到制约。结合路段特点，深层小煤窑的坑道都是路基稳定性隐患，综合比较各种因素，建议除用注浆填充法外，采用路基土工格室搭板法处理小煤窑采空区。

土工格室是一种新型土工合成材料，它是高强度的工程材料，在国外已被广泛使用在铁路、公路以及边坡病害防治等土建工程中。该种材料由厚 1.25mm 高密度乙、丙共聚物片材料制成，可抵抗紫外线辐射，并且有很高抗化学腐蚀性能。接缝用超音波焊接，产品可折叠，打开后形成三维蜂窝格室结构，材料均质，断面矩形，拉伸强度 25.6MPa，拉伸模量为 675MPa，焊缝剥离强度为 117.4N/m^2，低温脆点为－25℃，使用寿命在露天情况下 41 年。土工格室直接作为柔性板状的路基结构层，埋置于路槽部位，使用现有路基填料粒径≤5cm，与原压实度要求不变。

小煤窑变形基本类型为塌洞或塌陷，其次是开裂。塌洞面积较小，深度较大，一般发生巷道埋深 20～25m 以内地段。当埋深 60m 时，一般地表发生开裂，对路基无太大影响。针对小煤窑采空区的具体情况，考虑到各种因素，采用两种方案土工格室规格。第一方案：焊距 68cm，格室高度 15～20cm，格室填料仍采用现有路基填料，填料的压实度应按现有设计标准，填料的最大粒径≤10cm；第二方案：焊距 40cm，格室高度 15～20cm，格室填料压实度同第一方案，但填料的最大粒径≤5cm。

(2) 浆盖法：浆盖法是在采空区上方地表挖方 1.5～2.0m，用水泥黏土浆液充填固结厚 1.0m 的浆盖。考虑到地形起伏不平采用台阶式充填固结的方法。该法主要适用于地表以下 0～10m 深度路基部分。治理目的：一是提高其承载力，二是可以提高其密实程度以期达到注浆封压，扩大注浆影响范围作用。

(3) 连续配筋混凝土板跨越补强处理法：该法主要适于对高速公路采空区路基工程地质情况掌握得不够全面，为安全起见，采用连续配筋混凝土板跨越进行补强处理，将连续板置于沥青混凝土路面层之下。

(4) 路基与基础间设置滑动层：在路基与基础之间设置滑动层减小路基与基础之间摩擦力。滑动层是有效减小采动路基变形关键技术，滑动层下部基础顶层应用混凝土找平，滑动层效果取决于滑动材料介质，常用滑动层材料及结构如表 10.1 所示。

表 10.1　基础滑动层材料及其摩擦系数

滑动层材料	摩擦系数	滑动层材料	摩擦系数
油毡＋油毡	0.400～0.500	4～2.5 粒径砂＋石墨粉	0.393
油毡＋(滑石粉：石墨粉＝1：1)＋油毡	0.236	石墨：碳黑：聚乙丁烯(1：1：1)混合物	0.150
油毡＋石墨粉＋油毡	0.200～0.230	柔性石墨＋混凝土块	0.199
油毡＋云母片＋油毡	0.075	聚乙烯＋聚乙烯	0.100

(5) 桥跨：对于煤层开采规模较小、开采深度小于 100m 采空区，可采用桥跨方案，桥墩台应在采空区不会影响到稳定岩体。但因该方法对下伏采空区有一定的要求，且造价较高，一般较少采用。

3. 采空区路面设计

1) 采空区 CRCP 路面设计

主要包括调整路面板接缝宽度和设置双层连续配筋混凝土结构(简称 CRCP)。设置路面板接缝可减少混凝土板变形受约束影响而产生的内应力，增加路面板抵抗各种变形能力。对于采深与采厚比较大且地表变形连续时，设置 CRCP 以增强整个路面抗变形能力，这对于等级较高的道路比较适用[23]。

(1) 连续配筋混凝土板作用：①采空区路面底基层设置 CRCP，可以增强路面整体抗变形能力；②采空区路面连续配筋混凝土板不仅要兼顾普通 CRCP 作用，更要确保采空区路基稳定性，其设计方法和理论与普通 CRCP 存在本质的不同。

(2) 连续配筋混凝土板构造要求：①厚度设计，厚度设计采用普通水泥混凝土路面设计方法。对于路面基层下的连续配筋混凝土板，主要是增强路基整体刚度，以刚性路面进行设计[24]。②纵向配筋率，应保证混凝土干缩时引起内应力不超过混凝土的极限拉应力，以保证混凝土路面在容许裂缝间距范围内不再产生新裂缝；应保证混凝土在温度下降时引起的收缩内应力不超过混凝土的极限拉应力，以保证混凝土路面在容许裂缝间距范围内不再产生新的温度收缩裂缝；应保证混凝土已有裂缝位置钢筋最大应力不超过钢筋屈服应力，以使路面在已有裂缝位置紧密接触，裂缝宽度不会拓宽。采空区路面连续配筋混凝土板根据所受弯矩大小，确定配筋率。③钢筋布置，将纵向钢筋分两层沿中面对称布置，横向钢筋也分两层布置，钢筋间距取 1.2m，设计在纵向钢筋之下，两层钢筋之间应保持联系，可在横纵向钢筋交错处焊接，钢筋布置的其他要求同规范。④端部处理，可选用矩形地梁锚固、混凝土灌注桩锚固、宽翼缘工字钢接缝或连续设置胀缝等，端部应使用土工布进行防渗防裂处理。

(3) 连续配筋混凝土板设置部位：①路堤填筑高度在 8m 以下时，宜采用单层连续配筋混凝土板；②路堤填筑高度在 8m 以上时，采用双层连续配筋混凝土板；③采空区路面底基层采用双层连续配筋混凝土板；④填挖交界处宜采用双层连续配筋混凝土板。

2) 采用柔性路面结构

通过采空区路段，路基可能产生沉降变形，较适宜采用柔性路面，且便于养护和维修。路基先期填筑完成，观测沉降情况，第二年再安排路面施工。若沉降继续发展，建议先修筑沥青表处路面维持通车，待沉降稳定后再做高等级路面。采空区设计应做好地质勘测钻探等工作，再进行方案比选，慎重设计。

10.7 采空区路基路面变形协调设计

采空区开采沉陷对高速公路的危害已成为采空区高速公路建设中急需解决的一个难题，根据开采沉陷影响区移动变形的特点及高速公路安全运行的设计标准，本章应用系统协同作用原理，分析路基、路面与基础间的协同作用关系，给出采空区新建高速公路的协同设计原理和有关参数的修正计算及抗变形路基的设计方法。为确保采空区高速公路安全正常运行提供合理、经济的设计依据。

随着西部开发建设和经济发展，采空区高速公路建设项目持续增加。高速公路是典型的超长线性构筑物，车辆密度大、运行速度高、承受动载大，对安全可靠性要求高。高速公路受采空区影响有它的特殊性，主要表现为：影响面积和范围一般很大，少则几百平方米，多则几平方千米；路面、路基基础受开采沉陷影响复杂，从设计方面考虑，主要是横向几何变形、纵向几何变形、路基基础承载能力和边坡稳定性几个方面；按采空区影响类型分将要开采影响区和已开采沉陷影响区两类。建设安全可靠的采空区高速公路的关键技术是分析开采引起地表移动变形的特点及其对路基、路面的影响，分析路面、路基与基础间的协同作用关系，确定适应于采空区开采影响区特殊条件下的经济合理的高速公路设计方法。

在开采沉陷区，公路设计基本条件发生了变化，除在正常条件下设计所考虑的问题外，详细调查和分析研究成为解决此类特殊条件公路设计的关键：①调查分析影响区地质和采矿条件，例如开采范围、深度、厚度，开采方法，开采时间，水文地质条件，工程地质条件，浅部是否存在空区(洞)等；②预计开采引起地表移动变形和剩余移动变形，根据预计计算结果确定开采引起地表损坏的类型(连续移动变形和非连续移动变形)及损坏级别分区；③应用协同作用理念设计能够适应采空沉陷区移动变形高速公路[25-26]；④采空影响范围公路基础及浅部空洞处治方法。

10.7.1　变形协调设计方法

1. 采空区路基路面协同作用设计方法

(1) 公路纵断面设计：在开采地表连续沉陷区范围内，剩余沉陷将会导致公路沿纵断面发生移动变形，使得某些指标超出公路设计规范的极限值[25-26]。主要表现：①公路沿轴线方向的倾斜变化；②公路竖向曲线的曲率半径变化；③降低了公路与公路或铁路交叉处的最小高差；④在高潜水位条件下，降低了地表标高，引起路基承载能力的减小及道路局部排水困难等。

如果采空区引起公路的上述变化在限定的范围之内，公路设计中不需考虑采空区的影响，否则必须考虑采空区剩余沉陷引起移动变形影响。是否影响及影响程度如何，在设计中应采取什么措施，必须通过公路设计规范和采空区影响间关系进行分析确定，即系统的协同作用关系分析方法。根据系统协同作用的关系，按照叠加原理，重新分析确定公路设计中允许的一些极限值。

沿公路纵断面的倾斜坡度为

$$i_w = [i_p + 0.1T],\ i_{\min} \leqslant i_w \leqslant i_{\max} \tag{10.7}$$

式中，T 为预计采空区引起地表的倾斜值(mm/m)；i_w 为开采后沿公路纵断面方向的坡度(%)；i_p 为沿公路纵断面方向的设计坡度(%)；$i_{\max}$ 为公路允许的最大坡度(%)；$i_{\min}$ 为公路允许最小坡度(%)。最小坡度由排水坡度要求确定，最大坡度由车辆运行速度确定。

根据曲线几何关系可以得出开采后沿公路纵断面的竖向曲率半径

$$R_w = \frac{R_p R_g}{R_g \mp R_p} \tag{10.8}$$

式中，R_w 为开采后沿公路纵向剖面的曲率半径(km)；R_p 为沿公路纵向剖面设计的曲率半径(km)；R_g 为开采沉陷盆地曲率半径(km)。

从式(10.8)可知,当公路原设计坡度与沉陷盆地曲率符号相同时,开采以后公路纵向曲率半径将小于原设计曲率半径,从而导致高速行驶车辆腾空,甚至发生翻车事故,因此要求设计公路的曲率半径满足下列条件

$$R_w \geqslant R_{\min},\quad R_p = \frac{R_g R_{\min}}{R_g - R_{\min}} \tag{10.9}$$

式中,$R_{\min}$为正常条件下公路设计中允许纵向最小曲率半径。

根据预计开采地表沉陷引起倾斜(T)、曲率半径(R)所达到的损坏级别。按式(10.8)计算采空区影响高速公路设计坡度与纵向曲线曲率半径列于表10.2。

表10.2 采空区公路纵向剖面参数设计限定值

采空区地表沉陷损坏级别	采空区公路坡度设计限定值 i_p	竖向曲线半径设计限定值 R_p
Ⅰ	$i_p < i_{\max} - 0.2$	$R_p > 5R_{\min}/(5 - R_{\min})$
Ⅱ	$i_p < i_{\max} - 0.6$	$R_p > 2.5R_{\min}/(2.5 - R_{\min})$
Ⅲ	$i_p < i_{\max} - 1.0$	$R_p > 1.67R_{\min}/(1.67 - R_{\min})$

对于高速公路、一级公路的最大纵坡(i_p)可按表10.3和表10.4取值,最小曲率半径可按表10.5取值。

表10.3 高速公路、一级公路坡长不受限制的最大纵坡

计算行车速度/(km·h^{-1})	120		100	80	60
坡度 i_p/%	2	3	4	5	

表10.4 高速公路、一级公路纵坡坡长限制的最大纵坡

计算行车速度/(km·h^{-1})	120		100		80		60		
坡度 i_p/%	3	4	4	5	5	6	5	6	7
坡长限制/m	800	500	700	500	600	500	700	500	400

表10.5 高速公路、一级公路最小曲率半径

公 路 等 级	高 速 公 路			一 级 公 路	
地形	平原微丘	重丘	山岭	平原微丘	山岭重丘
凸形竖曲线半径极限最小值 R_p/m	11 000	6500	3000	6500	1400
凹形竖曲线半径极限最小值 R_p/m	4000	3000	2000	3000	1000

(2) 公路横断面设计:开采地表沉陷会引起公路沿横向倾斜,这种倾斜可归结为直线部分和平面曲线(弯道)部分。直线段路面横向倾斜将会导致高速运行车辆重心偏移,引起倾覆翻车事故,弯道部分横向倾斜的变化相应地改变了运行车辆在弯道位置的向心力与离心力的平衡,也会导致车辆运行事故的发生[25-26]。

设允许弯道部分横向最大坡度和最小坡度分别为 $S_{\max}^0$ 和 $S_{\min}^0$(参照公路设计有关规范);T 为沉陷盆地沿该方向的倾斜值,则按协同作用关系得出在开采沉陷影响区公路横向坡度设计值 S^0,S^0 可按表10.6计算。

表 10.6　沉陷区公路横向坡度设计限定值

沉陷区地表损坏级别	公路横向断面坡度设计值	
	T 与 S^0 方向相反时	T 与 S^0 方向相同时
Ⅰ	$S^0_{min}+0.2\leqslant S^0$	$S^0\leqslant S^0_{max}-0.2$
Ⅱ	$S^0_{min}+0.4\leqslant S^0$	$S^0\leqslant S^0_{max}-0.4$
Ⅲ	$S^0_{min}+0.6\leqslant S^0$	$S^0\leqslant S^0_{max}-0.6$

2. 抗变形路基设计原理

大量研究与开采实践证明，开采引起地表水平变形是损坏公路路基主要因素，其损坏形式表现为：路基的承载能力随时间逐渐降低；公路路基、路面和基础间的非协调水平位移，引起基础与路基路面间产生水平摩擦力，形成附加应力导致路基、路面破坏。为了控制这种损坏，在采空区沉陷区范围公路路基设计中应采用抗变形结构，控制相应的水平应力和垂直应力在公路许可范围内。

对于公路路基基础应力应变情况计算，应同时考虑公路车辆流量、运行速度的动载荷、开采引起地表(路基基础)承载能力下降和水平拉伸变形影响，具体可以借助数值模拟软件(FLAC、ANSYS 等)进行分析，以确定采用路基各分层抗变形结构。

对于开采沉陷区公路路基基础承载能力的降低导致公路服务年限缩短可借助于比较路基垂直压应力 $\acute{o}_z$ 和路基本身允许的垂直应力 $\acute{o}_{zd}$ 来完成，计算公式如下：

$$\acute{o}_z \leqslant \acute{o}_{zd} \tag{10.10}$$

$$\sigma_{zd}=\frac{0.003\,46E_p}{1+0.71\log N_c} \tag{10.11}$$

式中，E_p 为路基基础的弹性模量，依赖于开采影响程度和季节变化；N_c 为公路单向运行车道数目。

通过计算、观测统计、比较分析给出不同开采损坏级别条件对公路路基基础的寿命影响(表 10.7)。数据表明，开采沉陷一般导致公路使用寿命降低 30%～50%，影响十分明显。

表 10.7　未加固路基条件下开采地表沉陷对公路寿命的影响

开采损坏等级	未受损坏	Ⅰ	Ⅱ	Ⅲ	Ⅳ
公路寿命/a	20	12	10	8	6

根据协同作用原理，在开采沉陷区范围的公路路面、路基设计中，采用与基础(地表)相适应的抗变形结构，能够经济有效预防开采沉陷移动变形的影响。这种抗变形结构设计可以借助于开采沉陷区常用的建筑设施抗变形的设计思路，一是在路基与基础间设置滑动层减小路基与基础间的摩擦，二是改变路基、路面的结构与材料性质。下面根据常用的公路路基、路面结构，给出适于Ⅰ、Ⅱ、Ⅲ级开采影响的抗变形路基设计原理(图 10.46)。

图中网状钢筋混凝土抗变形层强度应大于 40kN/m，钢筋加强层强度应大于 20kN/m。滑动层是有效减小采动路基变形的关键技术，滑动层下部基础顶层应用混凝土找平，滑动层的效果取决于滑动材料介质，常用的滑动层材料及结构如表 10.8 所示。

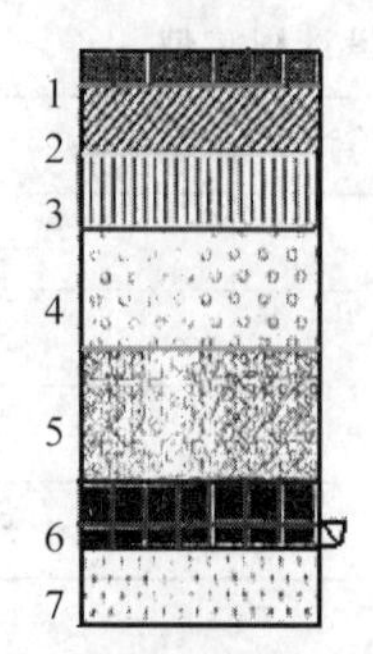

(a) 非采空区影响条件下路基路面结构

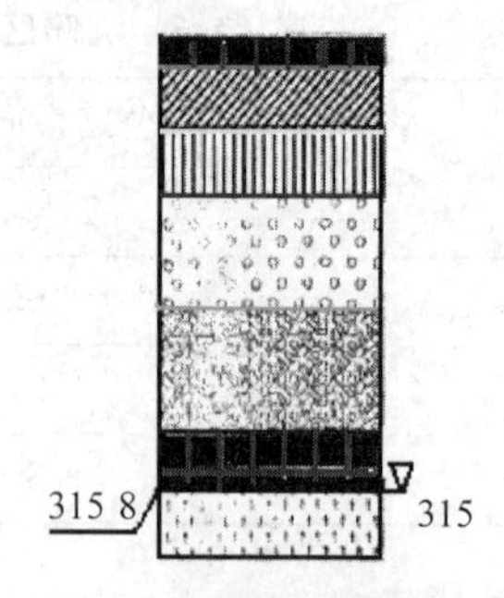

(b) Ⅰ级采动影响条件下路基路面结构

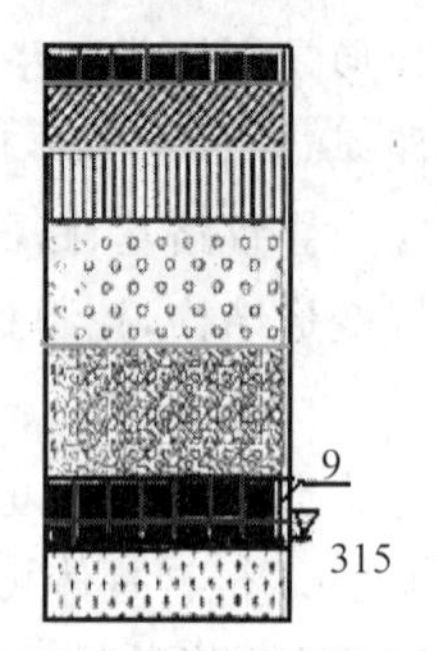

(c) Ⅱ级采动影响条件下路基路面结构

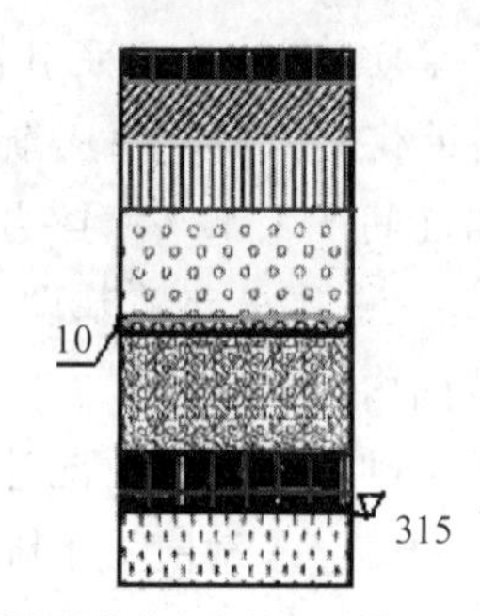

(d) Ⅲ级采动影响条件下路基路面结构

图 10.46 采空区抗变形公路路基基础设计原理图

1—沥青水泥路面；2—碎石沥青混凝土路面底层；3～6—不同材料路基层；
7—基础土层；8—滑动层；9—网状钢筋混凝土抗变形层；10—纤维(钢筋)网加强层

表 10.8 基础滑动层材料及其摩擦系数

滑动层材料	摩擦系数	滑动层材料	摩擦系数
油毡＋油毡	0.400～0.500	4～2.5 粒径砂＋石墨粉	0.393
油毡＋(滑石粉：石墨粉＝1：1)＋油毡	0.236	石墨：碳黑：聚乙丁烯(1：1：1)混合物	0.150
油毡＋石墨粉＋油毡	0.200～0.230	柔性石墨＋混凝土块	0.199
油毡＋云母片＋油毡	0.075	聚乙烯＋聚乙烯	0.100

3. 采动地表移动变形预计

开采引起地表移动变形是一个非常复杂的问题，涉及的影响因素很多，我国在开采沉陷损害控制理论技术方面处于国际先进水平[27-28]，在高速公路下伏采空区影响预计方面也进行了一些研究，在预计理论中，概率积分法应用最为广泛，但是预计与实际还存在一定误差，因此在应用协同方法设计中必须考虑这种误差，确保公路设计的安全可靠性。应用概率积分法预计的误差值可借助式(10.12)来修正。

$$\varepsilon_m = \bar{\varepsilon} + t_a \sigma \tag{10.12}$$

式中，ε_m 为采动地表移动变形值；$\bar{\varepsilon}$ 为预计采动地表移动变形均值；t_a 为安全系数，对于高速公路取 1.5～2.0；σ 为预计地表移动变形的标准偏差。

4. 采动区地表剩余变形对高速公路影响预计分析

高速公路建设中经常遇到公路穿越采空区采动影响区问题。采动引起地表移动变形是确定路基稳定性、分析采空区影响程度的主要依据。采动地表移动变形可分为连续移动变形与非连续移动变形两大类。在地表连续变形条件下，得出预计地表剩余沉陷引起移动变形理论方法，由地表剩余变形等值线图形分析，划分为不同的影响区，根据不同影响区位移变形特点，给出适应于采动区移动变形要求的抗变形路基路面结构方法。保证公路路基具有足够的承载能力、路面结构完好、路面位移变形在允许范围内，是公路安全、正常运行重要保证。地下开采后，地表移动变形要经历起动阶段、剧烈阶段和衰减阶段3个过程。视采矿地质条件不同，采动引起地表移动变形剧烈期一般要持续0.5～1.0a，要使地表移动变形完全稳定，一般需要2.5～5.0a的时间。在采动影响区建造高速公路应尽量避开地表移动变形危险期，以减小工程地质处治难度，降低工程费用。由于高速公路特殊性，地表剩余移动变形对一般构筑物可能不会产生大的影响，而对高速公路的影响仍会很大[29]。

大量观测实践表明，采动影响区地表沉陷速度随时间呈负指数曲线衰减，主要与开采深度、覆岩岩性、开采速度等因素有关。同时它又是各开采块段在不同时间、不同的采矿地质条件下应用不同开采方法等因素对地表产生影响的综合。采动覆岩与地表剩余移动变形是一个空间时间函数，对于地表可简化为平面时间函数问题，对工程问题可以将全面积预计值转化为地表剩余移动变形等值线图。地表剩余移动变形等值线图中能反映移动变形值大小、范围和方向，在工程评价分析中应用移动变形等值线图，能够清楚地表明危害影响的关键位置，以确定工程处治对策与方法。

在采深较大的条件下，采空区充填加固成本高且技术难度大，而通过地表剩余移动变形图分析，在关键影响区采取与地表移动变形相适应路基、路面结构，将会事半功倍。分析可知，在大范围开采区内下沉盆地盆底部分尽管下沉值大，但引起变形值很小，基本是以整体下沉形式移动的，只要不受潜水位的影响造成公路积水，就不影响公路安全正常使用。对公路影响的区域主要是盆地边缘拉伸变形影响区、压缩变形影响区、倾斜变形影响区。只要对这些影响区采取相应的措施，即可预防或减轻采动影响，达到保护公路的目的。在变形影响区可采取以下抗变形结构措施：

(1) 对于水平拉伸区，可以采用改性沥青(SBS、BSR)技术。当水平拉伸变形超过改性沥青混合料允许值范围时，可以采用设变形缝的水泥混凝土路面结构并在路基、路面间设滑动层。水泥混凝土路面应设与地表变形方向一致的钢筋骨架，增强抗变形能力，根据地表变形和摩擦力确定由变形缝分割的路面板块尺寸。

(2) 对于水平压缩区，采用设变形缝与滑动层水泥混凝土路面结构，这种路面结构可以有效地吸收水平变形，防止路面出现波浪起伏不平的情况。变形缝的大小应根据地表水平压缩变形的大小计算确定。

(3) 对于最大倾斜区，影响公路正常运行主要是横向倾斜及弯道位置横向倾斜。车辆稳定、安全运行的条件可以根据行车速度、车辆倾斜度，确定车辆重心偏心距、向心力与离心力的平衡条件，评价影响程度。

(4) 设计处治方法的判据。据国外研究一般地表位移对于高速公路限制Ⅰ～Ⅱ级变形破坏以内，即允许水平变形值$\zeta \leqslant \pm(2\sim4)$mm/m；允许的倾斜变形值$T_0 \leqslant 3.0\sim6.0$mm/m；对于一般公路限制在Ⅲ级变形破坏以内，即允许水平变形值$\zeta \leqslant \pm6$mm/m，允许的倾斜

变形值 $T_0 \leqslant 10\mathrm{mm/m}$。地表变形值在允许值范围以内时，公路路基路面可不做处理，超出此范围应采取抗变形结构来保护公路。

(5) 对于采动影响区内的桥梁及高架桥设置变形缝及滚动调斜装置，能够有效地抵抗地表移动变形的破坏。且能根据变形、移动情况随时做相应的调整。国外某高速公路桥应用这种结构，在地表发生水平变形达 $\zeta=5\mathrm{mm/m}$，桥体长 20m 条件下，保证了道路安全正常使用[29]。

采空区开采沉陷引起地表移动变形损坏是高速公路建设中遇到的难题之一，为能够使公路设计安全、可靠、经济，本节分析开采引起地表连续沉陷对公路沿轴线纵、横两个方向及对路基、基础影响特点、损坏形式及相互作用关系，应用协同作用原理确定采空区高速公路设计中几何参数的修正计算方法，给出了沉陷区抗变形路基设计原理和方法，为采空区高速公路设计提供参考依据。

10.7.2 采空区高填路基设计

为减轻路基自重所产生荷载对地基作用，选用轻质材料粉煤灰做路基填料[30]。

(1) 路基形式：双向四车道整体式断面。按《公路粉煤灰路堤设计与施工规范》要求自路基底面以下每隔 5m 处设置一道边坡平台，宽 2m，平台上边坡率为 1∶1.5，下边坡率为 1∶1.75。两侧采用黏土包边和水泥混凝土空心圆边坡防护。在路槽标高以下 30cm 设置土质封顶层。路堤底部和土质边坡中每隔 15m 设置一道排水盲沟，盲沟断面尺寸为 40cm×50cm。为隔离毛细水及地表水影响，粉煤灰路堤底部设置砂砾隔离层。厚度高于地面积水 50cm，隔离层横坡为 3%。采用重型压实标准压实。

(2) 材料：本着因地制宜、就地取材的原则，选用当地电厂粉煤灰，各项指标应符合规范要求。建议安排施工顺序时，注意将此段高填路基先期填筑完成，观测沉降情况，第二年再安排路面施工。如果沉降继续发展，建议先修筑沥青表处路面维持通车，待沉降稳定以后再做高等级路面。通过采空区路段，路基可能产生沉降变形，采用柔性路面较适宜，而且便于养护和维修。采空区设计应当充分做好地质勘测、钻探等工作，再进行方案比选，慎重设计，设计应因地制宜、安全、经济。

10.7.3 采空区连续配筋混凝土路面设计方法

对采空区路基进行适当处理十分必要，在缺少详细地质资料前提下，采用连续配筋混凝土板对采空区路基进行补强处理是一种有效、经济而安全处理方法。连续配筋混凝土板处理采空区路基，其作用与普通连续配筋混凝土路面存在本质区别。它不仅兼顾普通连续配筋的作用，而且必须确保采空区路基稳定性，因此设计方法与理论也将存在本质不同[23]。

1. 连续配筋混凝土路面现状

连续配筋混凝土路面(简称 CRCP)是指通过纵向配置足够的钢筋，取消横向接缝的一种路面形式。与普通路面相比，可大大提高路面的平整度和行车舒适性，并且具有耐久性好、养护费用少及增加路面板整体强度等优点。CRCP 在国外已有较长发展历史，近年来在我国逐步推广应用。

传统的连续配筋混凝土板设计抗弯承载能力不足，其纵向钢筋一般布置在面板厚度 1/2 处，不能充分发挥钢筋抗拉强度高的优势。因此，对于采空区地段，传统连续配筋混凝土板无法抵抗由于采空区的存在而带给混凝土板的弯矩。

2. 设计模型建立

传统连续配筋混凝土路面设计以维托(Vetter. C. P.)解析方法为基础,在确定纵向配筋率时需考虑以下因素:①混凝土干缩时引起的内应力不得超过混凝土极限拉应力,以保证混凝土路面在容许的裂缝间距范围内不再产生新的裂缝;②混凝土在温度下降时引起的收缩内应力不得超过混凝土的最大极限拉应力,以保证混凝土路面在容许的裂缝间距范围内不再产生新的温度收缩裂缝;③混凝土已有裂缝位置钢筋最大应力不得超过钢筋屈服应力,以保证路面在已有裂缝位置紧密接触,裂缝宽度不再拓宽。据此,纵向钢筋配筋率 β 可按式(10.13)计算

$$\beta = \frac{f_{ct}}{f_{sy} - nf_{ct}}(1.3 - 0.2\mu) \times 100 \tag{10.13}$$

式中,f_{ct} 为混凝土极限抗拉强度(MPa);f_{sy} 为钢筋屈服强度(MPa);n 为钢筋与混凝土弹性模量之比,即 $n=E_s/E_c$;μ 为路面板与地基之间的摩阻系数,一般取 1.5。

若取 $f_{ct}=0.5f_{cm}$(一般为 $0.4\sim0.5f_{cm}$,f_{cm} 为混凝土设计弯拉强度),则

$$\beta = \frac{E_c f_{cm}}{2E_c f_{sy} - E_s f_{cm}}(1.3 - 0.2\mu) \times 100 \tag{10.14}$$

由此可见,传统设计方法没有考虑路面板受弯的情况。本节从考虑受弯入手,根据所受弯矩大小,确定配筋率。

3. 设计过程

通过设计模型分析,即可进行连续混凝土板的设计。设计包括厚度设计、配筋计算、钢筋布置以及端部处理等。

(1) 厚度设计:采用普通水泥混凝土路面的设计方法。对于沥青层下连续配筋混凝土板,主要是增强路基整体刚度,但考虑到连续板上覆沥青层较薄,仍以刚性路面进行设计。

首先,初拟路面厚度,通过交通分析和基层顶面当量回弹模量计算,计算荷载疲劳应力 σ_p 为

$$\sigma_p = K_r K_f K_c \sigma_{sp} \tag{10.15}$$

式中,σ_{sp} 为有限元计算的标准轴载作用下在临界荷位产生的最大应力;K_f 为疲劳应力系数,$K_f=N_e^{0.0516}$;N_e 为交通分析中得到的设计使用年限内设计车道的标准轴载累计作用次数;K_r 为纵缝传递系数;K_c 为综合系数,对于承受重交通的路面,取 1.35。

温度疲劳应力 σ_{tm} 为

$$\sigma_{tm} = \frac{E_c \alpha_t T_{gm} h}{2} K_s \tag{10.16}$$

式中,E_c 为混凝土弹性模量;α_t 为温度变形系数;T_{gm} 为最大温度梯度;K_s 为温度应力系数;h 为板厚。若 $\sigma_p+\sigma_{tm}\ll f_{cm}$ 则符合要求,否则应增厚路面板厚度。

(2) 连续配筋混凝土路面钢筋设计:根据有限元得到设计弯矩 M_j,按双筋矩形截面受弯构件进行正截面强度计算,确定截面钢筋用量。

(3) 钢筋布置要求:将纵向钢筋分两层沿中面对称布置,横向钢筋也两层布置,钢筋间距取 1~2m,设计在纵向钢筋之下,两层钢筋之间应保持联系,可在横纵向钢筋交错处焊接,钢筋布置的其他要求见相关规范。

(4) 端部处理：端部处理可以选用矩形地梁锚固、混凝土灌注桩锚固、宽翼缘工字钢接缝或连续设置胀缝等，但对于沥青层下面的连续板，宜采用矩形地梁锚固，而且在端部应使用土工布进行防渗防裂。

10.7.4 采空区停车服务场地路面设计方法

利用截断的矿山废钢丝绳，按一定用量掺入普通混凝土，用这种路面材料铺筑的道路，通过试验及应用表明具有良好路用性能，可适应采空区路面重载、耐磨、抗冲击等要求，并能减小其结构厚度，提高早期强度、缩短工期，有一定效益[31]。

1. 概述

钢纤维混凝土路面在国外已广泛应用于公共汽车站、收费站、行驶重型汽车的路面及旧路面加铺层。我国自 20 世纪 70 年代开始，先后在上海中山南路、金山县及浦东新区做了试验与应用。

2. 钢纤维混凝土性能

从试验及应用可知，钢纤维混凝土是一种新型路面材料，由于钢纤维的掺入，提高了混凝土的抗拉强度、抗弯拉强度，提高了抗冲击性、抗耐磨性、抗疲劳性，因此与普通混凝土路面相比能显著减小厚度，故用于采空区公路与城市道路路面。

3. 钢纤维混凝土路面

把旧钢丝绳剪切成长 3～6cm，按照拌和混凝土体积 1%～1.2%的钢纤维用量掺入混凝土中，骨料为 1～2cm 级配碎石、中粗砂，525＃普通硅酸水泥，混凝土配合比为：水灰比 $w/c=0.47$，砂率 0.46，水泥砂石比 1∶2.4∶2.83，每立方米混凝土用量：水泥 358kg，水 168kg，中粗砂 862kg，碎石 1012kg，钢丝纤维 70kg。其施工程序同普通水泥混凝土路面。混凝土混合料采用拌和机拌制，或人工拌料，顺序为碎石、砂、水泥，搅拌过程中均匀加入钢丝、水，每盘拌和时间不少于 1.5min，混凝土坍落度为 3～4cm，采用翻斗车将混凝土运至工点，摊铺、振捣、整面抹光，湿养生 20d 后开放通车。经测试 28d 抗弯拉强度不掺钢丝的普通混凝土 5.08MPa，钢丝纤维混凝土为 5.64MPa，提高约 11%。

采空区道路设计车道初期标准轴载作用次数为 1080 次/日，属于重交通，设计年限为 30 年，根据规范计算设计使用年限内车道的标准轴载累计作用次数，并取混凝土设计弯拉强度 $f_{cm}=5.0$MPa，弯拉弹性模量 $E_c=3.0$MPa，计算基层顶面的计算回弹模量 E_{tc}，考虑该混凝土面板内最大温度梯度值，接缝传荷能力应力折减系数，疲劳应力系数，超载、动载等因素综合影响因素，最后计算确定采空区道路的混凝土面板厚度为 25cm，(此板厚系按普通混凝土路面设计计算)。若按规范，钢纤维混凝土路面板厚度根据钢纤维用量取普通混凝土路面厚度的 0.55～0.65 倍，但从试验路分析圆钢丝表面积较小，混凝土与钢丝间的握裹力偏低，加上施工技术水平和设备等因素，取 0.8～0.85，则钢丝纤维采空区混凝土路面面板厚为 21cm。

采空区道路的车速、路面平整度等指标与交通部标准相比可适当降低，但车辆载重大，车辆振动引起的动载有时会超过静载，而钢纤维混凝土性能适应了采空区道路“重载、耐磨、抗冲击”的要求，是一种路用性能优良的新型材料。钢丝纤维混凝土路面的采空区道路，其胀缝、施工缝设置与普通混凝土路面相同，基层采用 15cm 厚二灰碎石及 15cm 10%灰土以确保基层具有足够强度和稳定性。

4. 钢丝纤维混凝土配合比及强度

由不同的水泥用量和钢纤维掺量所组成的配合比，其试件的抗压强度与抗弯拉强度和普通混凝土相比均可提高(表 10.9)。从表 10.9 中不同配合比的钢纤维混凝土强度可知 A4、B3 两组配合比的早期强度较高，所不同的是水泥、砂、碎石的用量差异，可视采空区道路的具体情况选择。此两组配合比能适合采空区道路的要求，可供采空区钢纤维混凝土路面设计参考。

表 10.9　钢纤维混凝土不同配合比的物料组成及强度

编号	水灰比 (w/c)	水泥 /(kg/m^3)	水 /(kg/m^3)	砂 /(kg/m^3)	碎石 /(kg/m^3)	钢纤 /%	抗压强度/MPa			抗弯拉强度/MPa		
							3d	7d	28d	3d	7d	28d
A1	0.44	350	154	766	1150	0	—	31.0	41.0	—	3.92	5.53
A2	0.44	350	154	762	1141	30	—	31.1	43.5	—	4.02	5.60
A3	0.44	350	154	761	1142	40	—	32.7	44.9	—	1.33	5.85
A4	0.44	350	154	761	1141	50	—	41.5	46.5	—	1.53	6.63
B1	0.46	420	193	678	1109	0	25.6	36.7	46.3	4.44	5.02	5.66
B2	0.46	420	193	674	1095	30	25.7	37.0	47.0	4.47	5.24	6.16
B3	0.46	420	193	670	1088	50	25.5	37.6	48.4	4.46	5.56	6.22
B4	0.46	420	193	665	1079	80	27.7	38.2	50.2	4.46	6.25	6.40
C	0.40	340	136	560	1300	60	29.9	37.2	50.1	—	5.75	6.48
D	0.46	350	160	817	1127	60	—	—	46.1	—	—	6.70

5. 钢丝纤维混凝土路面设计探讨

目前钢纤维混凝土还处在通过实验和实践不断总结完善阶段，某些参数与指标有待统一规定，为方便应用，本章从设计角度提出以下探讨意见。

(1) 从国内外钢纤维混凝土路面实践，钢丝纤维参数建议采用 40～550kg/m^3。

(2) 水泥可用 425＃及以上普通硅酸盐水泥，用量 350kg/m^3，配合比可采用表 10.9 的 A4、B3 组合。

(3) 混凝土面板以设计抗弯拉强度作控制指标，而钢丝纤维混凝土板厚所要求抗弯拉强度与普通混凝土的弯拉强度不同，为此，建议 28d 混凝土的设计弯拉强度提高 0.5～1.0MPa，各级交通量要求混凝土设计弯拉强度不应低于表 10.10 值。

表 10.10　混凝土的设计弯沉强度

交通量分级	特重	重	中等	轻
设计弯沉强度/MPa	5.5～6.0	5.5～6.0	5.0～5.5	4.5～5.0

(4) 钢丝纤维混凝土路面设计是以普通混凝土板厚计算为基础，其标准轴载和轴载换算、交通量分级，设计使用年限，标准轴载的累计作用次数，基层顶面当量回弹模量等设计参

数与普通混凝土路面相同，按规范采用。

(5) 钢丝纤维混凝土路面板厚，按其钢丝纤维掺量将普通混凝土路面厚度乘以 0.75～0.8 的系数。

(6) 钢丝纤维混凝土路面最小厚度，按交通量分级，建议轻交通不小于 16cm，重交通不小于 18cm。

(7) 钢丝纤维混凝土路面纵缝根据路面宽度和每个车道宽而定，横向缩缝间距可采用 15～20m，胀缩缝与施工缝设置同普通混凝土。

(8) 混凝土中碎石最大粒径宜小于纤维长度的 1/2，且不大于 20mm。纤维应当埋入混凝土表面内 5mm。

6. 钢丝纤维混凝土路面经济性

采用矿山废旧钢丝绳剪切而成的纤维成本很低，仅需花费剪切加工费用，根据公路工程预算定额分析，将 25cm 厚普通混凝土路面与 21cm 厚钢丝纤维混凝土路面相比，采用钢丝纤维混凝土每 100m^2 工程造价可降低约 950 元，即降低 10%左右。同时钢丝纤维混凝土路面的伸缩缝数量较普通混凝土路面少，既方便施工及行车，又减少伸缩缝养护费用。加之钢丝纤维混凝土路面早期强度较高，有利于提前开放运营，且路用使用性能良好，能取得一定的经济效益，同时还起到废物利用的效果。

10.7.5 采动区路基路面设计

本文所说的采动区是指高速公路修筑中或运营期，下覆矿层开采扰动高速公路正常施工和运营的区域。采动区分两种情况，一是可预计开采情况，高速公路穿越大型煤矿开采区，公路修筑前已与企业达成开采协议，公路设计前已充分考虑开采对高速公路的影响，这种情况下应加强开采方式、开采面积、顶板管理方式和支护方式等的管理，并对该区域道路变形进行重点监测；二是不可预计开采情况，高速公路下覆小型村办煤采空区乱挖滥采，开采方式落后、开采范围星罗棋布、大多都没有科学合理的开挖支护方式，此种情况对道路运营危害较大。针对这一情况首先应尽量从源头上杜绝；如果出现此情况，应对该区域进行详细的勘察，并根据勘察报告和其他资料，选择合理的处治方法，如注浆和综合处理等方法。

10.7.6 采空区浸水路基路面设计

在山西交通厅和中交通力公路勘察设计工程有限公司编写的《高速公路采空区(空洞)勘察设计与施工治理手册》[32]一书中，对于京福国道主干线徐州绕城公路东段富水多层煤矿采空区治理情况进行了论述，采空区治理方法主要为注浆处理和抽水巷道排水治理。

采空区浸水路基路面设计应当考虑地基、路基和路面协调治理。首先，对浸水采空区地基进行详细的勘察，然后制订出合理的处治方案；其次，制订出若干治理方案，如注浆处理、桥跨等方案，并进行方案比选，确定合理处治方案。无论何种方案，都要对采空区浸水段地基路基和路面进行合理排水设计，杜绝道路水损破坏。

参考文献

[1]　唐杰军.高速公路沥青路面早期病害整治技术[D].长沙：长沙理工大学，2005.

[2]　上海同岩土木工程科技有限公司，同济大学隧道及地下工程研究所.同济曙光有限元软件理论手册[M].北京：中国建材工业出版社，2004.

[3]　侯长祥，等.矿床“三下一上”开采[M].北京：煤炭工业出版社，2001.

[4]　袁亮，等.淮河堤下采煤理论研究与技术实践[M].徐州：中国矿业大学出版社，2003.

[5]　隋旺华，沈文.浅部采空区岩层移动的工程地质分析及有限元模拟[J].煤炭学报，1991，15(3)：72-82.

[6]　Chen Youqing. A fluorescent approach to the identification of grout injected into fissures and pore spaces[J]. Engineering Geology，2000，56(3/4)：395-401.

[7]　Bishop A W. The use of the slip circle in the stability analysis of slopes [J]. Geotechnique，1955，5(1)：7-17.

[8]　Janbu N. Slope stability computation[C]//Hirschfield，Poulos S J. Embankment-dam Engineering，Casagrande Volume[A]. New York：John Wiley & Sons，1973，47-86.

[9]　Morgenstern N，Price V E. The analysis of the stability of general slip surfaces[J]. Geotechniqie，1965，15(1)：79-93.

[10]　曹君陟，刘立民，黄修东.采空区地基稳定性有限元模拟[J].煤矿开采，2005，10(1)：3-5.

[11]　Hoek E. Strength of rock and masses[J]. ISRM News Journal，1994，2(2)：4-16.

[12]　王玉标，李永斌，等.断层地质构造对采空区路基路堑稳定性影响数值模拟[C]//公路边坡及其环境工程技术交流会论文集[A].北京：人民交通出版社，2005：56-59.

[13]　赵建锋.岩体弱面的分形性与含弱面岩体破坏力学行为研究[D].阜新：辽宁工程技术大学，2001.

[14]　刘铁民，等.地下工程安全评价[M].北京：科学出版社，2005.

[15]　余学义，黄庆享.公路下伏采空区影响预计评价方法[J].矿山压力与顶板管理，1997(2)：30-32.

[16]　陈则连.煤矿采空区地基变形及对铁路工程影响评价研究[D].成都：西南交通大学，2005.

[17]　那新.东坪金矿地质灾害防治与采空区处理研究[D].沈阳：东北大学，2004.

[18]　焦俊虎.采空区建筑地基稳定性分析的非线性有限元理论和应用研究[D].太原：太原理工大学，2003.

[19]　袁臻.地下采动及溶洞路基失稳数值模拟[D].长沙：长沙理工大学，2005.

[20]　张观瑞.老采空区建筑地基稳定性分析数值模拟研究[D].太原：太原理工大学，2005.

[21]　孙占法.老采空区埋深对其上方建筑地基稳定性影响的数值模拟研究[D].太原：太原理工大学，2005.

[22]　杨文孝.高速公路下伏煤矿采空区勘察与处治方法研究[D].西安：长安大学，2005.

[23]　赵明华，杨明辉，刘煜，曹文贵.软土路基固结沉降机理及其预测方法研究[J].铁路科学与工程学报，2005，2(4)：16-20.

[24]　JTGD 30—2004 公路路基设计规范[S].北京：人民交通出版社，2004.

[25]　余学义.采动区地表剩余变形对高等级公路影响预计分析[J].西安公路交通大学学报，2001，21(4)：9-12.

[26]　余学义，党天虎.基于协同作用原理的采空区高等级公路设计方法[J].西安科技大学学报，2006，26(1)：1-5.

[27]　戴华阳.地表移动预计的新设想——采空区矢量法[J].矿山测量，1995(4)：30-33.

[28] Ximin Cui, Xiexing Miao, Jin'an Wang, et al. Improved prediction of differential subsidence caused by underground mining[J]. International Journal of Rock Mechanics and Mining Science, 2000, 37(4): 615-627.

[29] 余学义. 高等级公路下伏采空区危害程度分析[J]. 西安公路交通大学学报, 2000, 20(4): 43-45.

[30] 薛锐, 曹慧莘. 采空区高填路基设计[J]. 黑龙江交通科技, 2003, 14(8): 19-21.

[31] 郑杰, 李遂生, 郑金泉. 剪切钢纤维混凝土路面在厂矿道路中应用[J]. 河南交通科技, 2000, 20(3): 33-35.

[32] 山西省交通厅, 中交通力公路勘探设计工程有限公司. 高速公路采空区(空洞)勘察设计与施工治理手册[M]. 北京: 人民交通出版社, 2005.

第11章

CHAPTER 11

跨越采空区路基、桥梁工程方案比选及工后监测

11.1 寺沟工程概况

11.1.1 寺沟地形路堤特征与工程概况

王村乡寺沟煤矿、山沟第四煤矿：在线路上形成采空区位于 K72＋980～K73＋240 范围内，东西宽 230m，南北长大于 300m；在路线 K72＋900～K73＋550 两侧，两个井连通，均为集体小煤窑或个体承包，1983 年开始建井，据调查勘探，区内有 6～7 个竖井，线路南西一侧煤窑 3 个，生产矿井垂深 100m 左右，煤层采厚一般 5m 左右，木柱荆笆支扩，滚帮式全采高开采，回采率 70%左右，其地质平面图、纵断面图、剖面图分别如图 11.1～图 11.3 所示。1997 年基本采空闭井，废弃风井少量积水；K73＋100 左侧见地表黄土塬开裂。北、东一侧有煤井 3～4 处，矿井垂深 30～87m 不等，煤层采厚一般 5～6m，局部无煤或者煤层大角度倾斜，视采厚 15m 左右，为全冒落分层开采方式，回采率 70%左右，近期两口井于 2003 年 5 月闭井，垂深 87m；山沟第四煤矿将回采路基下方的煤炭。山沟煤矿位于设计路线东南方向，路基下煤层原为房柱式开采，现场调查其回采率 20%～30%，现山沟煤矿有 2 个出煤井筒，1 个通风井筒，与路线西北方向的寺沟煤矿已经合为一联合体——山沟四矿煤矿，该煤矿计划将复采路基及电塔下部煤层，同时进行路基东北脚原留设煤柱开采；寺沟地垒沟壑地形，及下部煤矿开采引起地表沉陷，路基稳定性差。

11.1.2 跨越采空区高填路基、桥梁工程及各方案物理力学参数

寺沟山沟采空区路基原设计方案采用三通道高填路堤，3 个 6×5m 钢筋混凝土拱形箱涵分别位于 K72＋985.9、K73＋052 和 K73＋217.5。其中路基最大填高 26.43m，为分析寺沟山沟采空区段采用合适的高速公路修建方案，在原有设计方案的基础上分别对可能选用的方案进行对比分析。

根据现场地质调查和相关研究提供力学试验结果，考虑尺寸效应和地层构造面的影响，对试验得出的各项参数进行相应的调整和简化，模拟计算常用的物理力学参数如表 11.1 所示。

表 11.1 介质的物理力学参数

岩土类别	容重/(kN/m^3)	凝聚力/kPa	摩擦角/(°)	弹模/MPa	泊松比
断层	17.000	50.000	25.000	50	0.350
粉质黏土	19.500	60.000	30.000	40	0.330
灰岩	27.000	2000.000	50.000	25000	0.220
白云质灰岩	26.000	1000.000	40.000	5000	0.250
砂岩	26.500	1000.000	40.000	8000	0.250
黏土	21.000	70.000	40.000	50	0.300
涵洞地基板	29.000	3000.000	45.000	15000	0.300
煤带	22.000	300.000	40.000	468	0.300
路堤	20.000	50.000	30.000	60	0.330
桥板	29.000	50.000		200000	0.18
桥墩	29.000	60.000		50000	0.18

11.2 跨越采空区地基梁式桥数值模拟分析

随着交通量的快速增长以及车速的提高，人们出行越来越希望有快速、舒适的交通条件，预应力混凝土连续箱梁桥能适应这一需要。它具有桥面接缝少、梁高小、刚度大、整体性强，外形美观，便于养护等优点。20 世纪 70 年代我国公路上开始修建连续箱梁桥，到目前为止我国已建成了多座连续箱梁桥，如一联长度 1340m 钱塘江第二大桥（公路桥）和跨高集海峡、全长 2070m 厦门大桥等。连续箱梁桥的施工方法多种多样，只能因地制宜，根据安全经济、保证质量、降低造价、缩短工期等方面因素综合考虑。常用的方法有：立支架就地现浇、预制拼装（可以整孔、分段串联）、悬臂浇筑、顶推、用滑模逐跨现浇施工等。预应力钢束采用钢绞线，可以分段或连续配束，一般采用大吨位群锚。为减轻箱梁自重，可采用体外预应力钢束。由于连续箱梁在构造、施工和使用上的优点，近年来建成预应力混凝土连续箱梁桥较多。其发展趋势：减轻结构自重，采用高标号混凝土 40～60 号；随着建筑材料和预应力技术发展，其跨径增大。葡萄牙已建成 250m 连续箱梁桥，超过这一跨径，也是不太经济的。大跨径连续箱梁要采用大吨位支座，如南京二桥北汊桥 165m 变截面连续箱梁，盆式橡胶支座吨位达 6500kN。我国公路桥梁在 100m 以上多采用预应力混凝土连续刚构桥。中等跨径的预应力连续箱梁，如跨径 40～80m，一般用于特大型桥梁引桥、高速公路和 365JT 城市道路的跨线桥以及通航净空要求不太高的跨河桥。

简支梁桥主梁为主要承重构件，受力特点如图 11.1 所示。主要材料钢筋混凝土、预应力混凝土，多用于中小跨径桥梁。简支梁桥合理最大跨径约 20m，悬臂梁桥与连续梁桥适宜的最大跨径为 60～70m。其优点是采用钢筋混凝土建造的梁桥能就地取材、工业化施工、耐久性好、适应性强、整体性好且美观；这种桥型在设计理论及施工技术上都发展得比较成熟；缺点为结构自重大，占全部设计荷载 30％～60％，且跨度越大，其自重所占的比值越大，大大限制了其跨越能力。

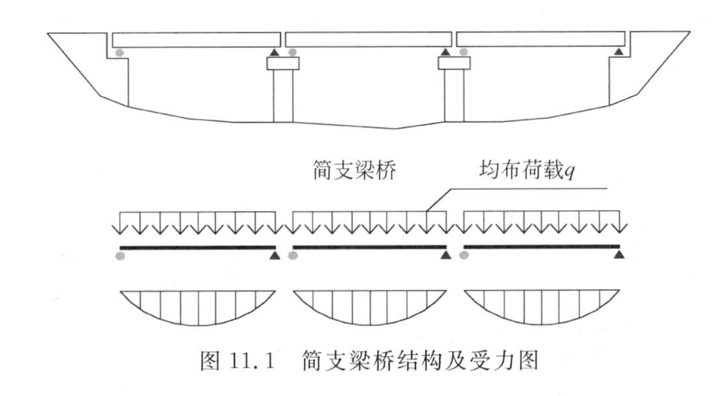

图 11.1　简支梁桥结构及受力图

11.2.1　模型建立

依据有限元分析建模基本方法[1-2]，根据设计资料和地勘资料建立简化的结构模型(图 11.2)。地基长 300m，高 150m，从下到上依次为白云质灰岩、砂岩、煤层、裂隙带、黏土、碎石填土路基和混凝土板路面，在两端有两个断层。如图 11.2 和图 11.3 所示：承台箱梁桥梁及超深桩箱梁桥梁方案计算模型图，采用九跨(25m＋7×40m＋25m＝330m)。

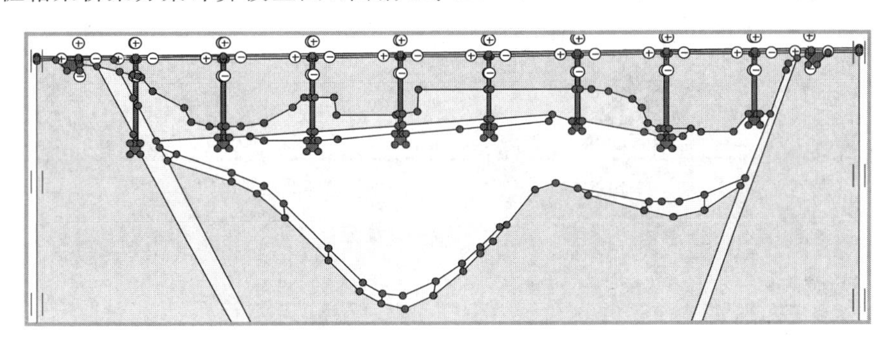

图 11.2　承台箱梁桥梁(40m)方案计算模型图

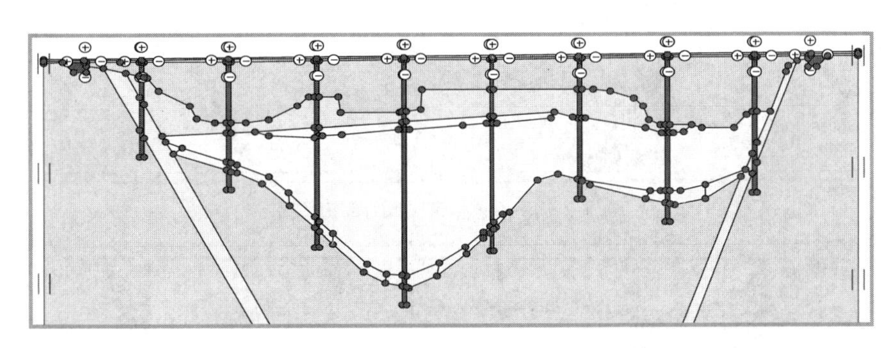

图 11.3　超深桩箱梁桥梁(40m)方案计算模型图

11.2.2　数值模拟分析

通过建立模型进行数值分析，得到剪切破坏与拉破坏分析结果如图 11.4 和图 11.5 所示。梁式桥采用承台箱梁、深桩基础时拉破坏与剪切破坏等值线分布都比较集中。采用承台基础，采空区拉破坏、剪切破坏集中在开挖层，并波及上覆岩层造成地基不稳定，进一步影响到桥基础的稳定性。虽然深桩基础可以利用地形的安全岛，使桥梁桩基础相对承台箱梁桥更为稳定。但在采空区进一步活化情况下，桩基则产生相对扰动，发生倾斜，对整个路基安全运营带来安全隐患。

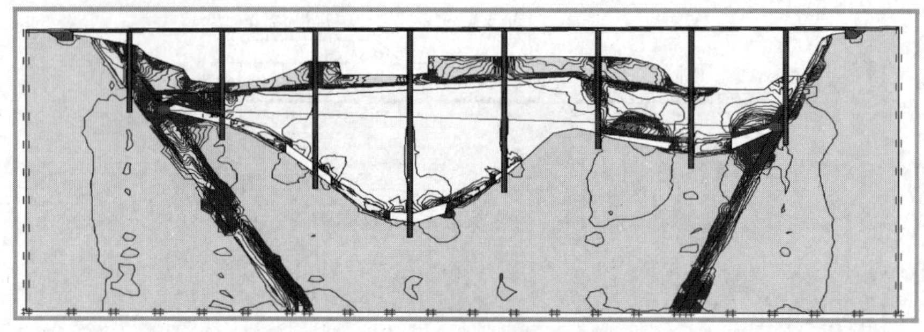

(a) 承台箱梁桥梁(40m)方案计算模型图

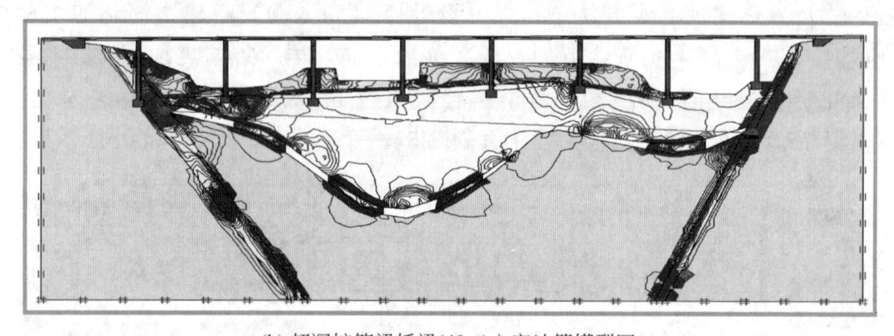

(b) 超深桩箱梁桥梁(40m)方案计算模型图

图 11.4　拉破坏等值线分布图

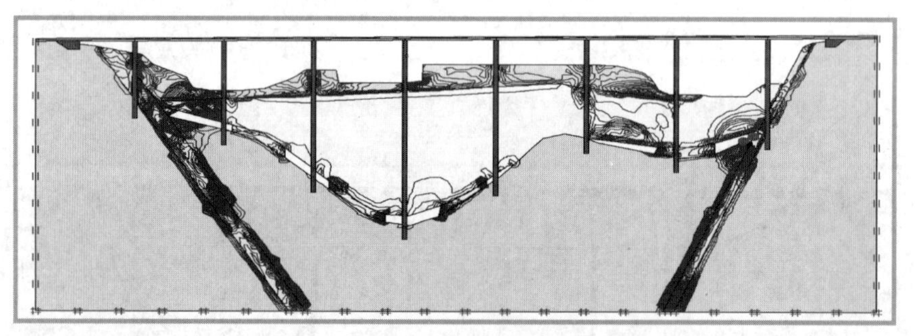

(a) 承台箱梁桥梁(40m)方案计算模型图

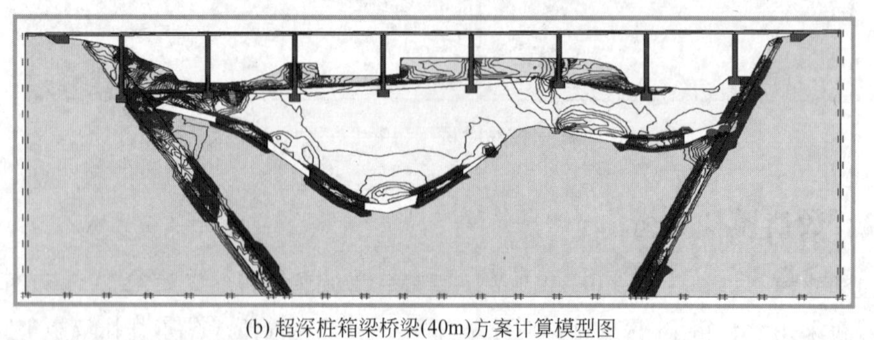

(b) 超深桩箱梁桥梁(40m)方案计算模型图

图 11.5　剪切破坏等值线分布图

破坏区分析结果如图 11.6 所示：梁式桥采用承台箱梁、深桩基础时破坏区分布都比较集中。采用承台基础，采空区破坏区集中在开挖层，如果引起煤层的活化，就会进而波及上覆岩层，造成地基不稳定，并进一步影响到桥基础稳定性；而深桩基础可以利用地形的安全岛，使桥桩基础相对承台箱梁桥更稳定些。但是两方案都因为采用大跨度桥梁，并且地基处于非稳定状态，主梁及桥面都表现出破坏趋势。

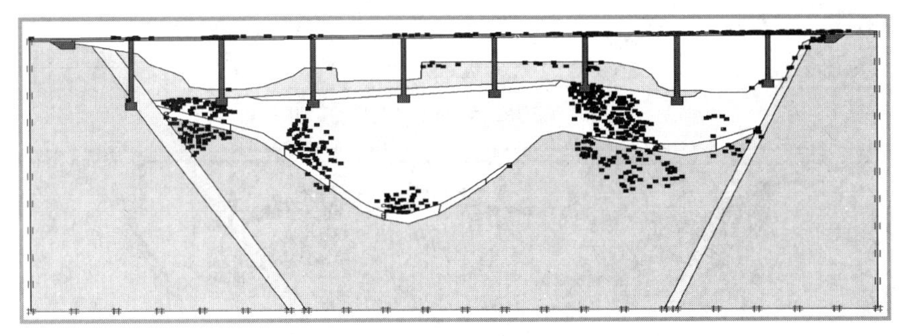

(a) 承台箱梁桥梁(40m)方案计算模型图

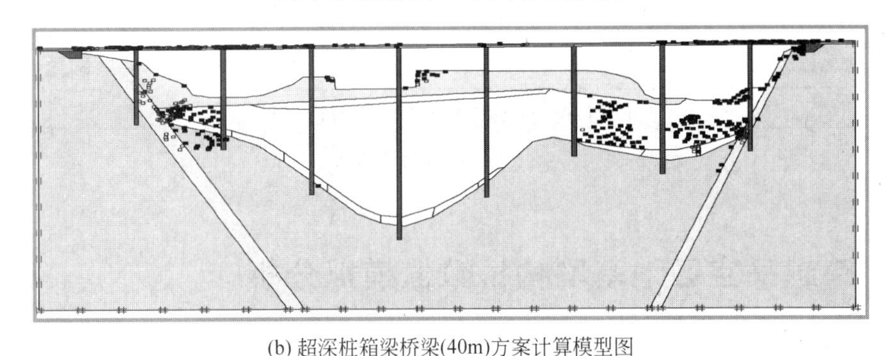

(b) 超深桩箱梁桥梁(40m)方案计算模型图

图 11.6　破坏区分布图

总位移结果如图 11.7 所示。承台箱梁桥采空区上覆岩层砂岩层的位移等值线密集、位移量较大，煤层带多处出现了明显位移，地基活化明显。深桩基础箱梁桥桩基础深入到开挖带以下，砂岩层局部位移明显，并在煤层带局部出现较大的位移，整个地基位移量相互贯通。

通过以上数值模拟分析可以看出，采用深桩基础箱梁桥方案比承台基础箱梁桥方案具有明显优势：桩基所受到拉破坏小、剪切破坏区域相对均匀，整个桥梁基础的抗倾覆、抗滑移能力强，具有较好的稳定性。但数值模拟所考虑深桩基是建立在采空区已基本稳定的岩层当中的，如果存在煤层复采或者在外部载荷影响情况下，采空区出现活化，将会引起岩层移动，则影响桥基稳定性。

采空区引起桥梁基础塌陷形成原因复杂而种类繁多，荷载及振动、抽取地下水、坑道排水等人为因素、采空区顶板岩层厚度及岩性、地表水及大气降水渗入、河流水位升降与地震等自然因素都可能会导致采空区引起桥梁基础塌陷。根据数值分析结果，采用承台基础箱梁桥、深桩基础箱梁桥方案，桥梁安全性得不到保证，建议不采用这两种方案。

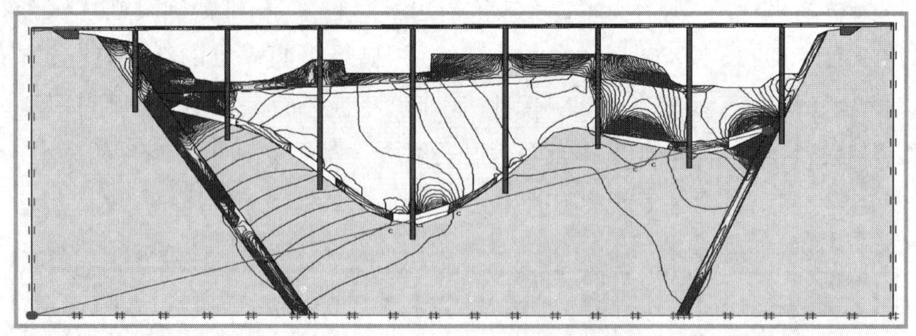

(a) 承台箱梁桥梁(40m)方案计算模型图

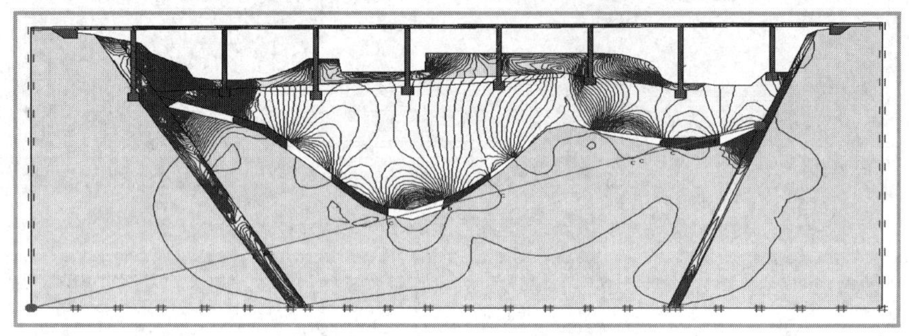

(b) 超深桩箱梁桥梁(40m)方案计算模型图

图 11.7　总位移等值线

11.3　跨越采空区地基刚构桥数值模拟分析

刚构桥是指桥跨结构与桥墩式桥台连为一体,主要承重结构采用刚构的桥梁,梁和腿或墩(台)身构成刚性连接。按结构形式可分为门式刚构桥、斜腿刚构桥、T 形刚构桥和连续刚构桥。这是一种桥跨结构和墩台结构整体相连的桥梁,支柱与主梁共同受力,受力特点为支柱与主梁刚性连接,在主梁端部产生负弯矩,减少了跨中截面的正弯矩,而支座不仅提供竖向力还承受弯矩。主要材料为钢筋混凝土,适于中小跨度,常用于需要较大的桥下净空和建筑高度受到限制的情况,如立交桥、高架桥等。其优点为外形尺寸小,桥下净空大,桥下视野开阔,混凝土用量较少,缺点是基础造价较高,钢筋用量较大,超静定结构产生次内力等。桥跨结构用钢材建造,钢材强度高,性能优越,表观密度与容许应力之比值小,所以钢桥跨越能力较大。钢桥构件制造最适宜工业化,运输和安装均较方便,架设工期较短,破坏后易于修复和更换,但钢材易锈蚀,养护成本较高。

连续刚构桥分主跨为连续梁的多跨刚构桥和多跨连续刚构桥,均采用预应力混凝土结构,有两个以上主墩采用墩梁固结,具有 T 形刚构桥的优点。但与同类桥(如连续梁桥、T 形刚构桥)相比:多跨刚构桥保持上部构造连续梁的属性,跨越能力大,施工难度小,行车舒适,养护简便,造价较低,如广东洛溪桥。连续刚构各孔楣梁连续且与墩柱固结,而柱沿桥轴线方向抗弯刚度较小。连续刚构桥既保持连续梁桥的优点,为了减少桥墩尺寸不设置支座,降低了工程造价,且桥面伸缩缝很少,有利于高速行车并减少养护维修费用,而且有利于抗震。连续刚构桥综合了连续梁和 T 形刚构桥的受力特点,将主梁做成连续梁体与薄壁桥墩固结而成。这是一种超静定体系。目前最大的连续刚构已达 301m 。刚构桥选择桥墩必须是柔性墩,这样才能起到协调上部变形并优化上部结构受力的作用。刚构桥总体特点是上下部构件间刚性连接,上下部为有共同弹性变形连续体,一起承受包括竖向荷载在内的一切作用力。连续刚构桥在桥墩抗弯刚度较小时工作状态接近于连续梁桥。与连续梁桥相比,它在采用悬臂法施工时和使用阶段,墩顶与梁一直保持固结状态。由于其施工质量容易保证,跨越能力大,可与斜拉桥竞争。跨越采空区地基刚构桥具有自己独特特点:其受力特点——桥墩参加受弯作用,主梁弯矩进一步减小,弯矩图面积小,跨越能力大,在小跨径时梁高较低,桥下行车较为方便。

连续刚构桥一般有两个以上主墩采用墩梁固结,墩梁固结部分多在大跨高墩上采用,它利用高墩柔性来适应结构预应力、混凝土收缩、徐变和温度变化所引起的纵向位移,即把高墩视做一种摆动的支承体系。由于桥墩参与工作,连续刚构桥与连续梁桥的工作状态有一定的区别,连续刚构桥由活载引起的跨中区域正弯矩比同跨径连续梁桥小。当墩高达到一定高度后,两者上部结构内力相差不大。对三跨连续刚构与三跨连续梁上部结构弯矩进行比较可知:两者梁根部的恒载、活载弯矩基本一致;桥墩高 40m 时两者梁跨中恒载、活载弯矩相差小于 10%;连续刚构桥桥墩根部恒载、活载弯矩随着桥墩加高而减小,但墩高达到 40m 以上时减小速率很小;连续刚构梁体内的恒载、活载轴向拉力随着桥墩加高而减小,但墩高达到 30m 以上时减小的速率很小。

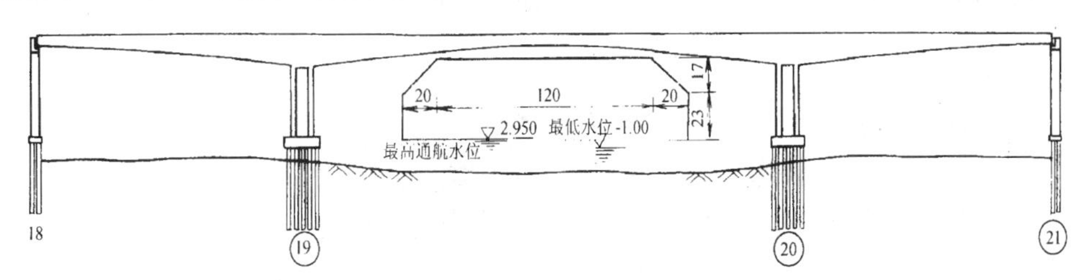

图 11.8　刚构桥结构图

图 11.9　跨越采空区地基的刚构桥

11.3.1　模型建立

根据设计资料和地勘资料建立简化的结构模型如图 11.10 所示:地基长 300m,高

150m,自下而上为白云质灰岩、砂岩、煤层、裂隙带、黏土、碎石填土路基和混凝土板路面,在两端有两个断层。如图11.10所示:连续刚构式桥梁方案,利用其安全岛等有利的地质条件采用三跨(85m+160m+85m=330m)。

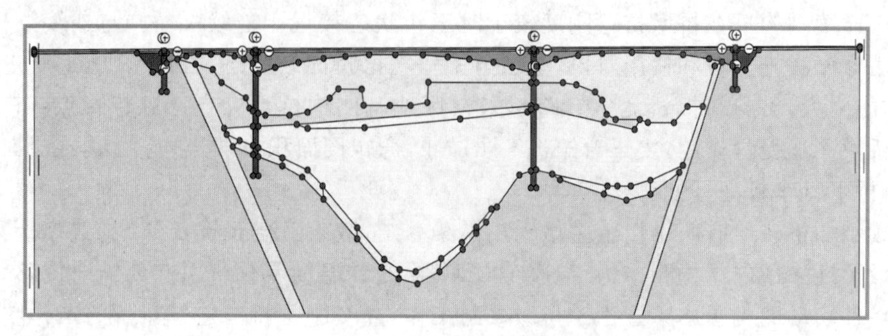

图11.10 连续刚构式桥梁方案计算模型图

11.3.2 数值模拟分析

通过建立模型进行数值分析,得到的剪切破坏与拉破坏分析结果如图11.11和图11.12所示。在下覆煤层的采动下,剪切破坏区主要集中在采空区附近及断层连接处,桥梁桩基附近所受到的拉破坏、剪切破坏相对集中,所采用的刚构桥桥基一旦受到外部载荷扰动,其桩基稳定性受到极大的影响,桥梁安全性很难得到保证。

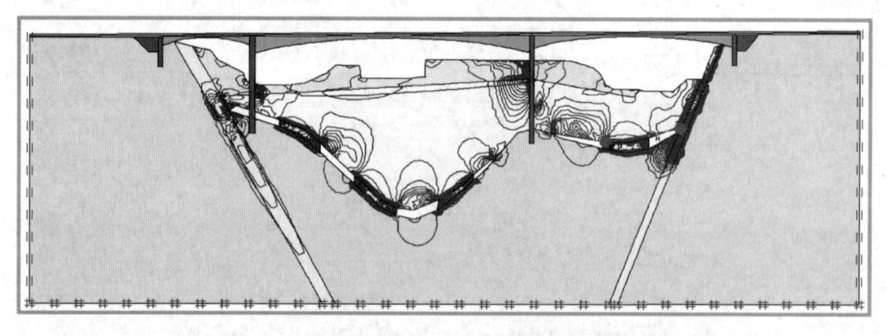

图11.11 连续刚构式桥梁拉破坏等值线分布图

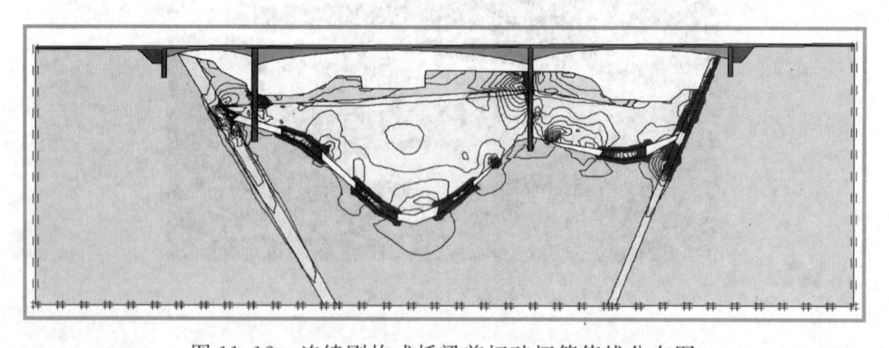

图11.12 连续刚构式桥梁剪切破坏等值线分布图

破坏区图如图11.13所示。与图11.11和图11.12拉破坏、剪切破坏等值线分布图所表示的情况基本吻合。

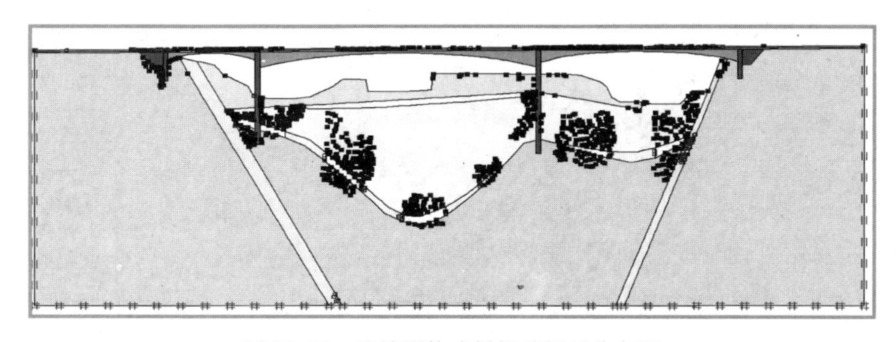

图 11.13　连续刚构式桥梁破坏区分布图

由总位移等值线分布图(图 11.14)可知：采空区上覆岩层砂岩层的位移等值线密集、位移量较大，煤层带多处出现明显位移，地基活化比较明显。

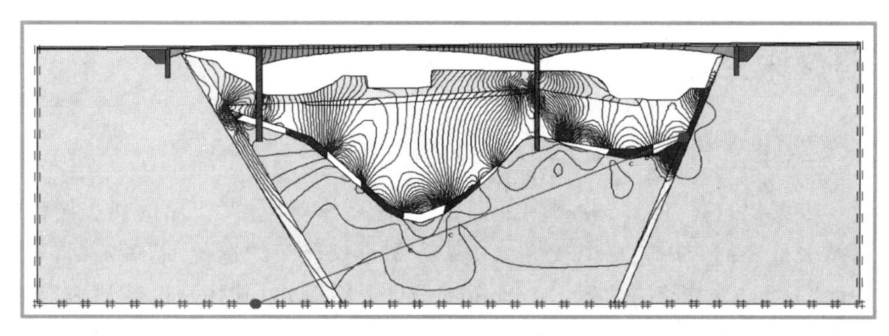

图 11.14　连续刚构式桥梁总位移等值线分布图

剪应力与主应力等值线分布如图 11.15、图 11.16 所示。断层区域内等值线分布相对紊乱，主要受采空区的影响，尤其是在采空区附近出现的应力集中非常明显，连续刚构桥的基础及桥梁上部结构也受到明显的集中作用。

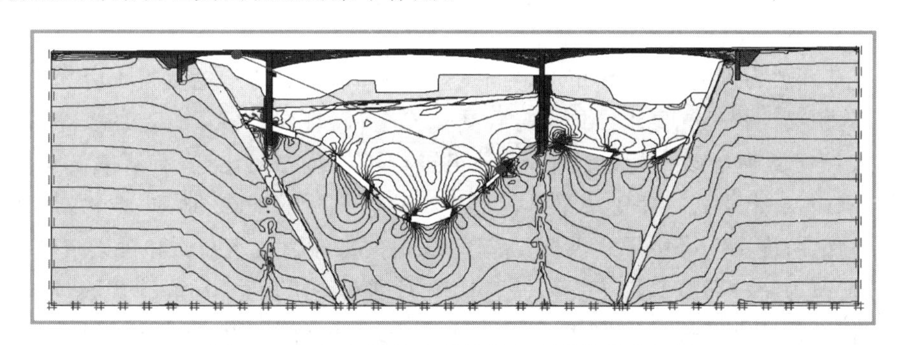

图 11.15　连续刚构式桥梁剪应力等值线分布图

采空区稳定与否，严重地影响公路路基稳定及安全运营，所采用的连续刚构桥应建立在稳定的地基上，地基的刚度和强度对桥梁的基础稳定性起关键作用，同时直接影响到上部结构的整体刚度与稳定性。

由有限元数值模拟结果可知，最大剪切破坏区集中在采空区附近，采空区活化明显，从连续刚构桥的基础来看，桩基很好地利用了其有利地质条件，下覆煤层的采动对桥基影响小，桥梁整体抗倾覆、抗滑移能力强，所以桥梁具有较好的稳定性。但数值模拟未考虑重型

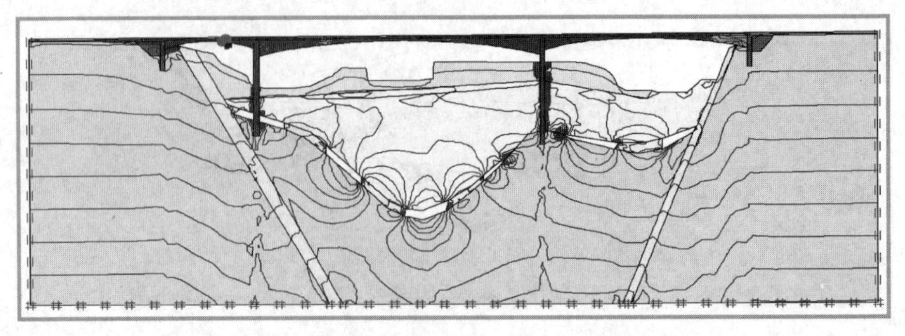

图 11.16 连续刚构式桥梁主应力等值线分布图

交通荷载的动态影响，并且此连续刚构桥中间跨度大，同时处于非稳定采空区地基上，所以方案可行性有待进一步研究评价。

11.4 跨越采空区方案比选

11.4.1 模型建立桥梁方案比选标准[3-7]

桥梁设计方案比选是一个非常重要的课题，也是一个难题，对以后的初步设计乃至施工图设计起着至关重要的作用。一个较好的桥梁方案不仅能节约造价、缩短工期，而且在整个设计周期中起“万事开头难”的功效。一旦桥梁设计方案确定，其初步设计和施工图设计，借助现代桥梁电算手段是不难实现的。而在方案比选中，首先要把握的 4 项主要标准：安全、经济、功能与美观。其中自然要数安全与经济最为重要。过去设计往往对桥梁功能重视不够，现在由于城市交通量的快速增加，需要更加重视桥下净空是否满足城市车辆通行、桥下车行轨迹是否满足行车习惯等。至于桥梁美观，要视经济而定，所设计桥梁再美观，一旦经济不允许，只能是“纸上谈兵”，到头来还得重新设计。

(1) 安全是桥梁结构设计的前提

随着改革开放力度的加大，城市车辆的飞速发展，城市交通运输变得十分繁忙，车速也在不断提高，桥梁结构不光要求结构自身的受力安全，而且要求桥梁构造的安全。例如，在做乐山市大渡河龚嘴电站大桥设计中，设计组进行了许多方案比选，有河中设墩的连续箱梁，有连续刚构，有上承式拱桥等桥梁结构形式。根据实际的地形、地质、地物，最后综合比较选择了一跨(跨度 135m)中承式拱桥，保证了急流的大渡河流水断面和桥梁结构自身安全(该桥验算荷载为特种荷载-300，已于 1999 年 10 月通车，并进行了动静载实验，运行状况良好)。又如在大营坡立交桥设计中，桥墩是采用圆柱还是方柱问题上，设计组也进行了结构分析和讨论，最终一致选择用方柱，保证桥墩的结构刚度(因上部结构传下的偏心弯矩较大)，方柱四角采用了 R15cm 圆角，以尽量减少桥下车辆对桥墩摩擦引起桥梁结构的不安全和增强桥梁建筑的美观。

(2) 经济是桥梁结构设计的保证

一座桥梁建筑设计再漂亮，若它的造价比一般桥梁高出许多，这座漂亮的桥梁设计也是失败的。在乐山市大渡河龚嘴电站大桥设计中，定下采用中承式拱桥后，拱圈是用钢筋混凝土呢，还是钢管混凝土呢？经过比选，设计组采用了变截面钢筋混凝土拱圈。因为该桥地处偏远的大渡河上，当地砂、石料比较丰富，可就地取材，而钢管拱不仅昂贵，而且钢管运距也相当大。故在桥梁设计中，在满足结构安全的前提下，应尽量地考虑经济。

(3) 功能在桥梁结构设计中不应忽视

城市桥梁不同于公路桥梁，在城市交通日益剧增的情况下，桥梁方案设计中，交通组织功能也要摆在重要的地位上。如果没有综合考虑交通功能，下行车辆撞击桥墩或有关桥梁部分，导致桥梁坍塌的事故国内外都有发生。作为桥梁设计人员，在进行桥梁方案比选时必须注意这一点。例如，在贵阳市都司路高架桥跨越中华路大南门交叉口位置，设计人员在地面设置了交通导流环岛，一跨20m跨径的桥梁正好处于环岛内。桥梁建成后，随着城市的发展及车辆的增多，该交叉口经常塞车，不得已取消了地面环岛。由于该交叉口的桥梁跨径较小，导致左转车辆的行车轨迹不顺畅，司机抱怨连天，这无疑是桥梁设计中的一个败笔。

(4) 美观是桥梁设计必须考虑的一部分

城市桥梁建筑不仅是交通工程中重点构筑物，而且也是美化环境的一个点缀，所以必须精心进行方案比选、精心设计、精心施工，在增加投资不多的条件下，取得桥梁美观的效果。比如在城区建一座二三十米跨度的立交桥，不管用钢还是预应力混凝土，通常的做法是用一根等截面梁跨越，但由于人们视觉有错觉，所以往往把这根梁看成是带下垂挠度的弯梁，看起来很不舒服，甚至有怕掉下来的危险。如果设计人员在设计中有意把梁底线作成反拱线，在桥墩支点处稍增加一点材料，但给桥下车辆和行人一种安全的美感。实际上，呈反拱的下弦等于是一根弧形托梁，这是一种最简单的支承，它融合在梁体内，起到美化桥梁的作用。

综合考虑以上4项标准来进行桥梁方案比选，最后的设计、施工将会变得容易，建成后的桥梁才是安全美、经济美、功能美与环境协调美。

11.4.2 跨越寺沟采空区高填路基、桥梁工程方案比选

从前面的分析可知，采用深桩基础箱梁桥方案与承台基础箱梁桥方案时，整个桥梁基础的抗倾覆、抗滑移能力强，具有较好的稳定性；采用连续刚构桥方案时，最大的剪切破坏区集中在采空区附近，采空区活化大，从连续刚构桥基础看，桩基很好地应用了其有利地质条件，下覆煤层的采动对桥基影响小，桥梁整体的抗倾覆、抗滑移能力强，所以桥梁具有较好的稳定性。但是上面数值模拟没考虑重型交通荷载的动态影响等作用，同时处于非稳定的采空区地基上，如果存在煤层复采或者在外部载荷影响的情况下，采空区出现活化，将会引起岩层移动，则会影响桥基稳定性。所以方案的安全性没得到保证，可行性有待进一步研究评价。另外从经济角度分析，采用桥跨方案的造价远大于采用高填路堤方案，并且安全度略低。

综上分析，研究建议采用高填路堤设计方案，并在此方案的基础上通过模型试验、数值模拟及现场监测、检测等手段来分析研究寺沟采空区高填路堤的稳定性。

11.5 InSAR空间对地监测技术、监测方法与数据的处理

随着国家“西部大开发、振兴老工业基地、中部崛起”等战略的实施，高速公路等基础设施建设正以前所未有的速度推进，由于对采空区缺乏深入理论研究和较少工程实践，工业和民用建筑以及交通设施等在附加静荷载和交通动荷载的影响下，采空区在部分地区出现了

"活化",导致地表残余变形过大,影响采空区道路正常使用,甚至发生事故。因此,研究高速公路下覆采空区路基路面的变形破坏规律并加强路基路面形变监测就显得极为重要。

除了传统测量方法以外,空间对地观测技术必将越来越广泛应用于高速公路路基路面病害监测,本节对空间大地测量技术(InSAR)来监测采空区路基路面的变形原理、方法及在具体工程中的应用进行系统探讨。

11.5.1 InSAR技术[8-13]

1. 基本原理

InSAR测量技术是利用一甚短基线通过相邻航线上观测同一地区的两幅SAR影像相位差来获取地面数据(图11.17)。分星载和机载两种,星载InSAR是由搭载在航天器上的一根天线沿地面轨迹几乎重复的两个轨道飞行所获取同一地面区域的两幅SAR影像形成。而机载InSAR是在一架飞机上使用两副天线,或者用一副天线进行重复轨迹飞行,这样就可以使用SAR相位测量来推断同一平面的两个或更多SAR图像间距离差和距离变化,从而产生非常精确地形表面剖面图,然后通过雷达干涉图条文分析地表运动,即InSAR是利用雷达相干性,利用地面位移前后影像反射信号相位变化来测量地面位置变化,其精度是雷达波长厘米级。其影响精度主要因素是干涉图像的分辨率。

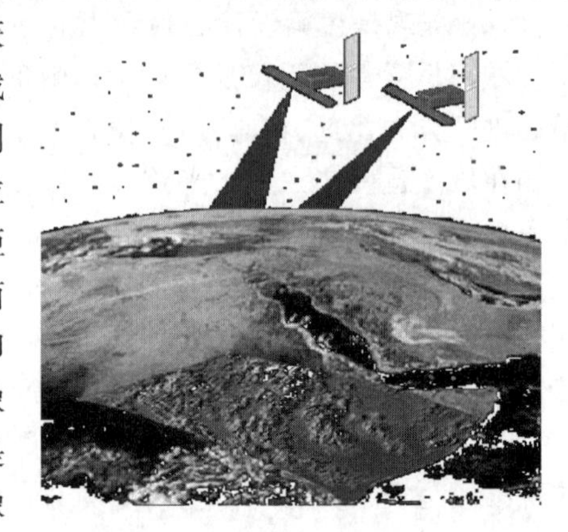

图11.17 InSAR测量

InSAR测量模式主要有两种,一是双天线单轨(SinglePass)模式,主要用于生成数字高程模型,一般用于机载模式;另一种是双轨(TwoPass)模式,主要用于获取地表变形,一般用于星载模式。通过星载雷达对地面成像,处理影像可得到地面高程信息(几米到十米精度)、地表变形信息(毫米到厘米精度)和其他相关信息。

2. InSAR测量技术特点

(1) 主要优点

a. 覆盖范围大,方便迅速:InSAR技术进行地面形变监测的数据来源于星载雷达,用该方法进行地面变形监测的范围可以覆盖全球,这与其他变形监测方法(如GPS仅仅局限于某点或一定区域)是完全不同的。全世界目前及近期能用于此项研究的卫星雷达系统将达到11种,另外由于雷达数据下载快捷、时间延误少,加上配套软件的不断完善与成熟,该方法进行地面形变监测已经成为可能。因此,用雷达干涉测量进行地面形变监测,不但覆盖范围广,而且"方便快捷"。

b. 成本低,不需建立监测网:GPS进行地面变形监测一个重要条件就是要求事先建立监测网,并要有事前测量成果的参考点;而应用InSAR技术则不需建网,在太空中卫星发射雷达信号,具有快速、主动而且"廉价"的优势。因此,可以在不同地区、不同时间内加以扫描储存。一旦特定地区发生灾变,便可从数据库取得其背景资料,另外再由灾变后的信息相互对比，取得其变化量。虽然InSAR测量得到的每一个点位变化量不如GPS测量所得成果精确，但其低成本特点对于灾情的及时掌握及灾害范围的准确评估有很大作用。特别是建网有困难或者常规大地测量技术无法进行的地区（如边远地区、火山喷发区附近等），雷达干涉将在地面变形监测方面发挥独到的作用。

c. 空间分辨率高，可获得某地区连续地表形变信息：GPS监测所得地面形变是离散性的，而雷达差分干涉测量所得图像是连续覆盖的，由此得到地面形变图也是连续覆盖研究区的，这对分析地面形变分布及发展规律是非常有用的。

d. 可以监测识别潜在或未知地面形变信息：这是InSAR技术一个主要优势，例如对隐伏断裂或火山等，目前尚无法精确掌握它们确切位置或喷发时间，难以事先安排密集GPS测量，而InSAR技术则可弥补这一缺陷。

e. 具有全天候且不受云层及昼夜影响的特点。

(2) 不足之处

a. 系统本身因素导致干涉图质量下降：由于基线长度和轨道轻微不平行导致相位空间失相关；雷达成像几何局限性，即对高山地区和构筑物密集城区成像时不可避免地存在着雷达波束迭掩和阴影现象。

b. 地面植被及湿度影响：在雷达两次成像之间，由于植被生长及湿度变化等引起的地表反射特性的变化，导致干涉相位在时间上失相关，会对结果产生很大影响，特别是两次成像时间相隔较长，地面反射特性有较大的变化时，有时甚至得不到有用的干涉图。

c. 大气条件的影响：大气条件（尤其是空气湿度）变化导致时间及空间干涉相位的延迟，是影响InSAR技术应用待解决的问题之一。目前，应用多基线方法校正气象变化的影响。Rosen等指出，由于大气性质的极度不稳定性，准确模拟并改正大气影响很困难。Li等(2002)在香港地区6个观测站点1个月GPS监测数据和前后一对InSAR数据基础上，研究了大气对InSAR测量影响，结果表明1d间隔内在95%显著性水平上，大气对雷达干涉图产生的点对点误差为9.36cm；10d间隔内此类误差则增加到11.47cm。这种水平大气影响对地面位移测量可引入dm级误差，而对地形高程测量则会带来数百米误差。

随着InSAR技术水平不断提高及雷达系统设计和优化而改进，以上不利因素会逐步减弱，甚至有可能消失。

11.5.2 InSAR监测方法

InSAR系统根据数据获取方式的不同，分为两种方法：双天线系统和单天线系统。双天线系统需要在SAR平台上安置两部天线，这两部天线间的基线垂直于平台的飞行方向，其中一部天线向地面发射雷达波，然后两部天线同时接收地面后向散射回波，得到两幅SAR复图像进行干涉。这种方式获取的InSAR复图像相干性好，有利于干涉处理。但是它要求很高硬件技术支持，硬件成本非常高。单天线系统是利用一部天线，对同一地区重复飞行观测，得到观测区两幅复图像数据进行干涉。它可分交叉轨道干涉测量、顺轨(along-track)干涉测量、重复轨道干涉测量。目前最常用方法就是重复轨道干涉测量。

1. InSAR高程测量方法

图11.18显示了机载InSAR系统一般观测几何原理。两个SAR以一定间距分开安装在飞机上，两个传感器中心连线构成空间向量称为基线，且与飞机航线垂直，基线长度 B 保

持不变，基线向量与水平线的夹角称为基线倾角α。在星载情况下，一般采用单天线操作模式，卫星以一定时间间隔和轻微轨道偏离（两个轨道几乎平行）重复对某一局部地区成像，同样可构成如图 11.18 所示几何配置，只是基线不再以物理形式存在。一般来说，机载基线长度为 10m 左右，而卫星基线几百米到一千米不等。为讨论方便，假设主从像对获取期间无地表形变，且无大气影响，下面将分析如何借助于干涉相位和基线参数来计算地表高程。

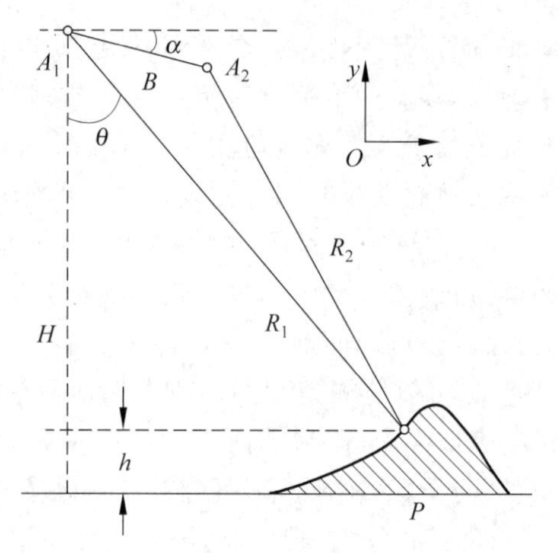

图 11.18　InSAR 系统的观测几何

如图 11.19 所示（为清晰起见，相对于图 11.18，基线被夸大了）。

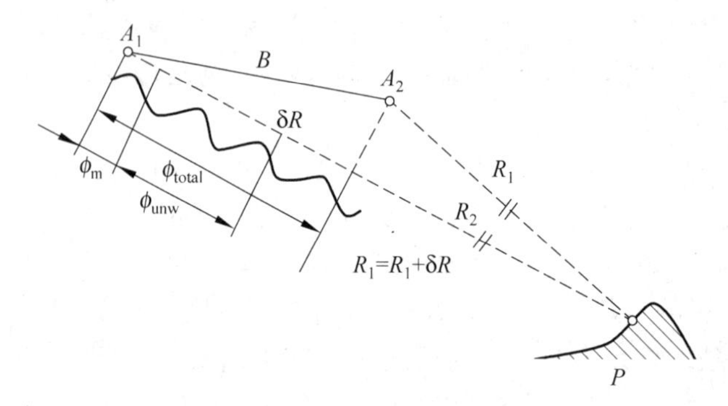

图 11.19　绝对相位差 ϕ_{total}、解缠相位差 ϕ_{unw} 和观测相位差 ϕ_{m} 的关系

对于地面点 P，若沿 A_1P 和 A_2P 传播的两个雷达波的绝对相位差 ϕ_{total} 已知，则斜距差 δR 可求得，其关系如下：

$$\delta R = R_1 - R_2 = \frac{\lambda}{P \cdot 2\pi} \cdot \phi_{\text{total}} \tag{11.1}$$

其中：λ 为雷达波长；R_1、R_2 分别为两个成像传感器中心到地面目标的斜距；对于机载系统，$P=1$，对于星载系统，$P=2$。因 $B \ll R_1$，斜距差可近似为基线 B 在斜距 R_1 方向上的投影分量（平行基线分量），即

$$\delta R \approx B = B\sin(\theta + a) \tag{11.2}$$

这里，θ 为雷达侧视角，可联合式(11.1)和式(11.2) 求得，即

$$\theta = \arcsin\left[\frac{\lambda \cdot \phi_{\text{total}}}{P \cdot 2\pi B}\right] - a \tag{11.3}$$

当 θ 被确定后，地表高程可经如下公式计算得出

$$h = H - R_1\cos\theta \tag{11.4}$$

其中，H 为雷达平台高度，即雷达中心到参考面垂直距离。B、a 和 H 可以从轨道姿态数据推求，而 R_1 则可根据 SAR 图像文件中有关雷达参数推算出来。必须采用一定的方法，即所谓相位解缠(phase unwrapping)算法来确定整周相位，以得到上述绝对相位差 ϕ_{total}，这是 InSAR 数据处理关键环节之一。图 11.18 清晰地说明了 InSAR 直接相位差分观测值 ϕ_{m}、

模糊相位 ϕ_{unw} 和绝对相位差 ϕ_{total} 之间的关系，即有

$$\phi_{total} = \phi_m + 2\pi k_{unw} + 2\pi k_0 \tag{11.5}$$

这里，$2\pi k_0$ 为整体相位偏差，可通过一个高程已知的地面控制点来确定。

2. InSAR 形变测量方法

目前机载 InSAR 系统鲜有应用于探测地表形变，而卫星 InSAR 系统在地表形变探测中应用较多，下面分析仅限于卫星系统，为讨论方便，仍忽略大气影响。为分离出形变信息，具有显著影响的参考趋势面和地形因素贡献必须从初始干涉相位中去除，也就是所谓的二次差分。已有的研究已经提出了 3 种方法进行二次差分：①使用两个雷达图像和一个外部数字高程模型，称“两轨”方法。②使用 3 个雷达图像形成两个干涉对，一个为地形对，另一个为地形形变对，称“三轨”方法。③使用 4 个雷达图像形成两个干涉对，称“四轨”方法。

实质上，“两轨”和“四轨”方法是相似的，只不过后者使用干涉的方法产生去除地形影响所需的数字高程模型，而“三轨”方法则无须产生高程模型，直接使用地形干涉对的相位从地形-形变对中去除地形的影响。

图 11.20(a)说明了“两轨”/“四轨”的基本思想，而图 11.20(b)说明了“三轨”的基本思想，下面公式表达了一些基本几何关系（注：式(11.6a)、式(11.7a)、式(11.8a)为“两轨”/“四轨”情况，式(11.6b)、式(11.7b)、式(11.8b)、式(11.9)为“三轨”情况）。

$$\phi_d = \phi_m - \phi_e - \phi_t \tag{11.6a}$$

$$\phi_d = \phi_{m2} - \phi_{e2} - \phi_{t2} \tag{11.6b}$$

$$\phi_e = \frac{4\pi}{\lambda} B^0_{\parallel} \tag{11.7a}$$

$$\phi_{e2} = \frac{4\pi}{\lambda} B^0_{\parallel 2} \tag{11.7b}$$

$$\phi_t = \frac{4\pi}{\lambda} \frac{B^0_{\perp} h}{R_1 \sin\theta_0} \tag{11.8a}$$

$$\phi_{t2} = \frac{B^0_{\perp 2}}{B^0_{\perp 1}} \phi_{t1} \tag{11.8b}$$

$$\phi_{t1} = \phi_{m1} - \phi_{e1} = \phi_{m1} - \frac{4\pi}{\lambda} B^0_{\parallel 1} \tag{11.9}$$

其中，$B^0_{\parallel *}$ 和 $B^0_{\perp *}$ 分别代表基线(轨道偏移)在雷达参考视线方向上的平行和垂直投影分量，

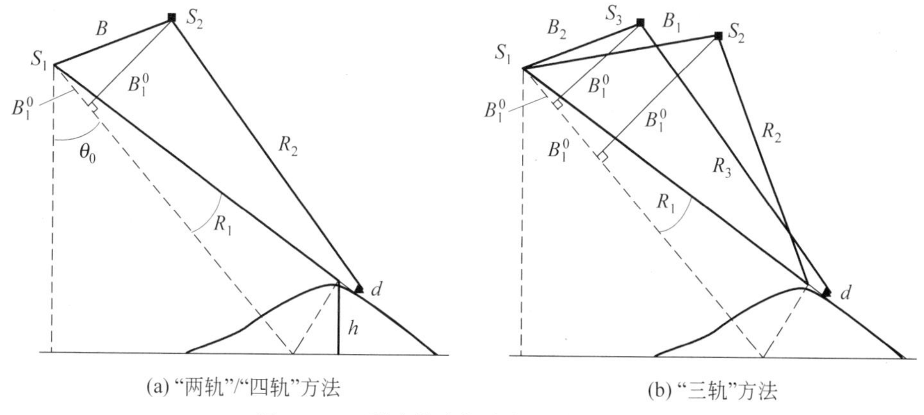

(a)“两轨”/“四轨”方法　(b)“三轨”方法

图 11.20　形变信息提取的差分干涉方法

θ_0 为雷达参考视线的侧视角度，λ 为雷达波长，R_* 为雷达斜距，h 为地表相对于参考面的高程。

对二次差分干涉图进行相位解缠且得到绝对相位差 ϕ_{abs} 后，反映地表形变的斜距变化量 ΔR 可如下计算得到

$$\Delta R = \frac{\lambda}{4\pi} \cdot \phi_{abs} \tag{11.10}$$

11.5.3 InSAR 监测数据的处理

在了解 InSAR 高程测量和变形测量的原理之后，下面简单介绍 InSAR 监测系统（图 11.21）[3-5]。InSAR 监测数据的处理流程如图 11.22 如示。

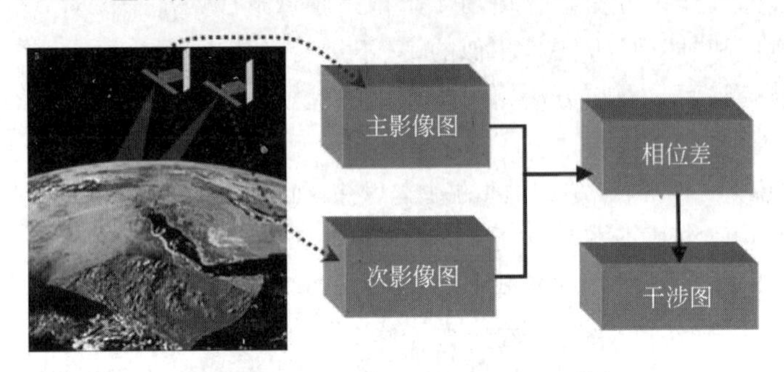

图 11.21 InSAR 监测系统

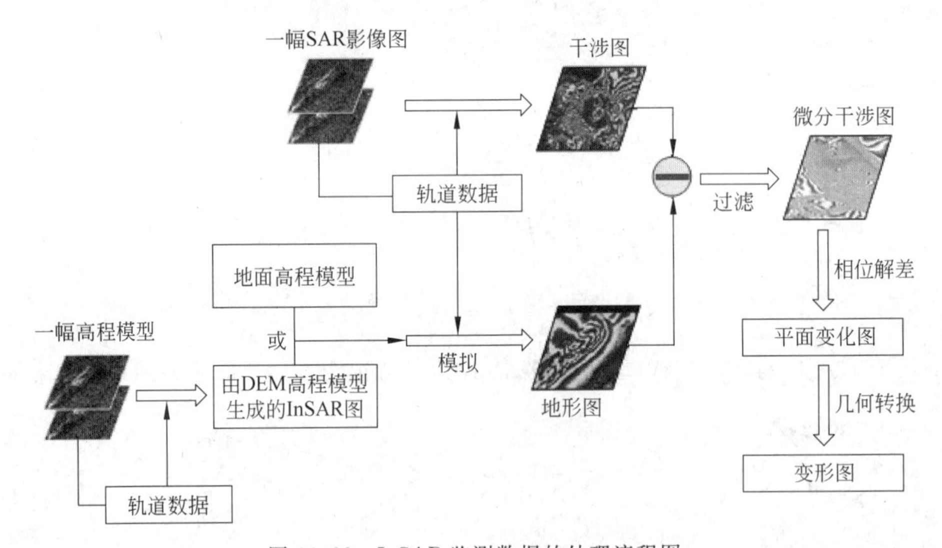

图 11.22 InSAR 监测数据的处理流程图

InSAR 主要用于地形测量和形变测量，对于地形测量首先是生成 DEM 高程模型，下面以香港的地形和形变测量为例简单介绍。

(1) 地形测量：首先由 InSAR 测得数据生成干涉图和相干图（图 11.23）。

从香港地政总署提供的 1∶10 000 数字地图上选择 8 个平面控制点和 5 个高程控制点来校正干涉 DEM，地面高程模型的比较如图 11.24 所示。

沿着西北角-东南角切开的断面高程线如图 11.25 所示。

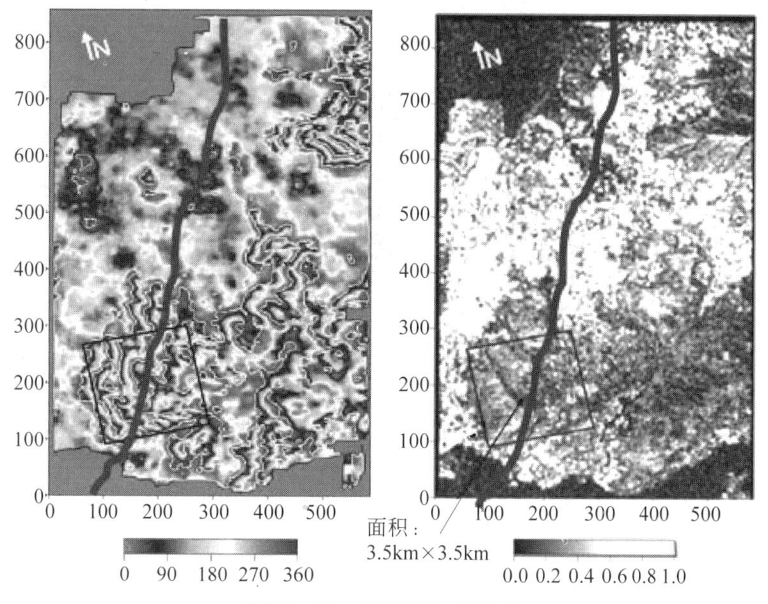

图 11.23　干涉图与相干图

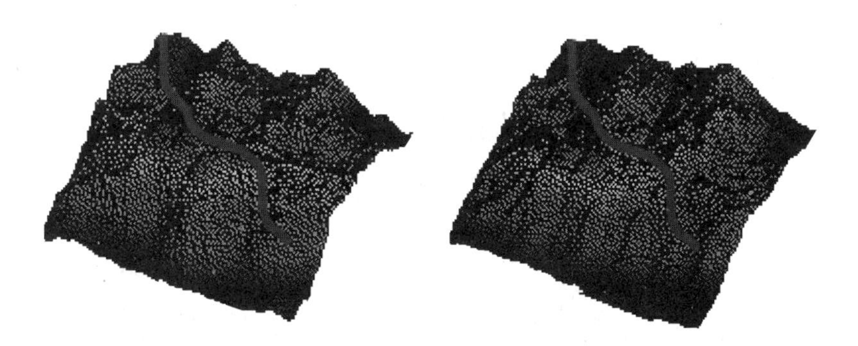

图 11.24　InSAR 测得与实际地面高程模型的比较

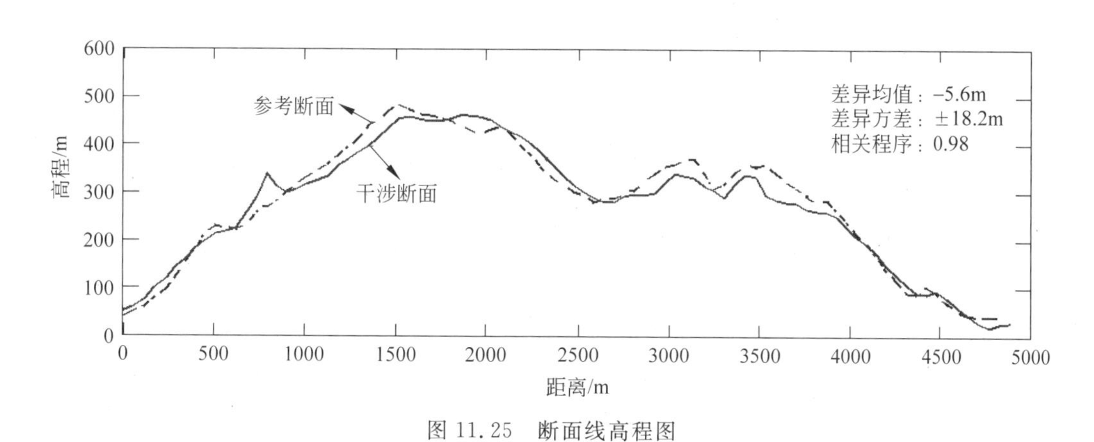

图 11.25　断面线高程图

大地坐标高程模型见图 11.26，其精度如表 11.2 所示。

图 11.26　高程模型

表 11.2　精度表　　m

精度类别	C 坐标	X 坐标
高程精度	16	12
相对高程精度	10	5
水平精度	30	30

(2) 形变测量

路基形变的沉降监测，如图 11.27 所示。

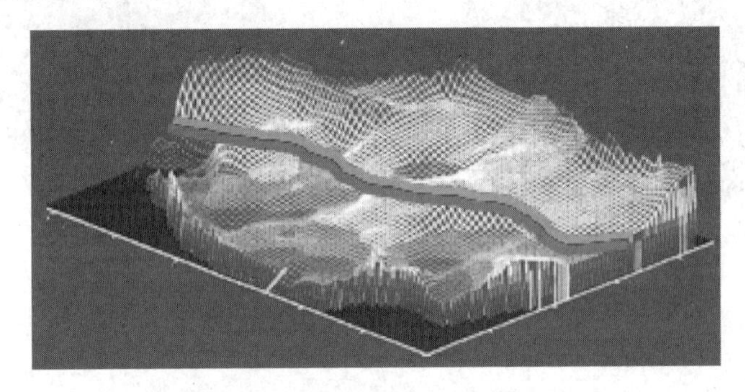

图 11.27　三维 DEM 沉降图

11.6　InSAR 监测技术在高速公路路基路面变形监测中的应用

矿产资源地下开采引起地表形变，这种沉降有时达到每年几个分米，极大地破坏了土地资源和矿区环境。为了最大限度不影响土地资源有效利用和控制其对环境的过度影响，需要建立更加详细的矿区地表形变预测系统。近几年，世界上一些发达国家(如德国、澳大利亚、美国等)开展应用现代测绘技术(机载激光扫描(airborne laser scanning，ALS)和合成孔径雷达干涉技术)进行矿区地表形变的研究，取得了一定的成果(Spreckels 等，2000；Jamie Hansen 等，2000；Linlin Ge 等，2001)。并且，为了更好地提高矿区地表形变的精度，提出了综合干涉合成孔径雷达(InSAR)和全球定位系统(GPS)监测矿区地表形变的方法(Linlin Ge 等，2001)。

根据美国地质调查局 Leake S. A. 的网上资料，美国用于探测地面沉降的干涉合成孔径雷达(InSAR)监测技术还处于开发和试验之中。Gabriel A. K. 等率先于 1989 年发表《测绘大区微小高程变化：雷达干涉测量法》文章。Van der Kooij 等用太空飞船卫星孔径雷达干涉资料调查研究了荷兰 Groningen 天然气开采区地面沉降问题。Marco 等利用美国实验研究学会卫星孔径雷达干涉相关资料，对美国贝尔瑞吉(Belridge)油田 1992—1996 年间地面沉降进行详细的研究。由于这种技术监测的地面沉降精度已达毫米级，其监测结果能很好地处理成平面二维沉降等值线图像，而且该方法可以省去常规水准标石测量的人力和物力，因此，这一新技术的开发具有广泛的应用前景。

而我国作为一个矿产资源开采大国，矿产资源开采造成大量由于地表形变而废弃的土地，威胁着其他环境和财产的安全。虽然从 20 世纪 90 年代末起，我国部分学者和科研人员进行合成孔径雷达(SAR)技术方面的研究，同时，也应用合成孔径雷达干涉技术生成数字高程模型(DEM)和其在地层变化监测中的应用(肖平等，1998；丁晓利等，2000)。但是，他们取得成绩的研究范围主要集中在自然地层变化或地下水开采对地表形变的影响，这种由地表形变与矿产资源开采引起的沉降原理不同(地下水开采地表形变一般是较大区域较慢的平稳沉降，而矿产资源开采一般在相对较小的工作面上方形成塌陷盆地，促使较大区域内地表形式变化复杂)。所以，针对世界和我国应用 D-InSAR 技术监测矿区地表形变的现状和现代遥感技术的发展状况，我国需应用 D-InSAR 技术监测矿区地表形变。首先，我国目前主要使用 GPS 监测网只能得到离散点位数据，难以全面监测矿区地表形变。而 SAR 可以弥补这一不足。其次，航天和航空遥感事业的迅速发展、遥感数据处理理论的逐步完善以及遥感产品的多样化，提供了快速监测矿区地表形变的手段。第三，地表形变随着资源的开采还会加剧，研究应用 D-InSAR 技术监测，可以达到矿区环境破坏的最小控制和指导资源开采。第四，加快我国合成孔径雷达应用研究步伐，缩短我国在这一领域与世界先进水平的差距。

在系统介绍 InSAR 空间测量与监测技术基本原理的基础上，将该技术应用于河南省禹州至登封高速公路采空区路基路面形变测量。

11.6.1　工程概况

禹州至登封段高速公路是许昌至登封高速公路西段，起点与许昌至禹州高速公路施工图测量终点相连，位于禹州市北侧王庄西南，桩号为 K39＋500，讫于 K87＋880，路线全长 48.380km。

路线区在登封境内地下煤炭储藏量极为丰富，拟建公路难以绕避。其中白沙水库大桥位于 K70＋000 处，为采空区采深 80～160m。平面图和现场调查图片如图 11.28 所示。

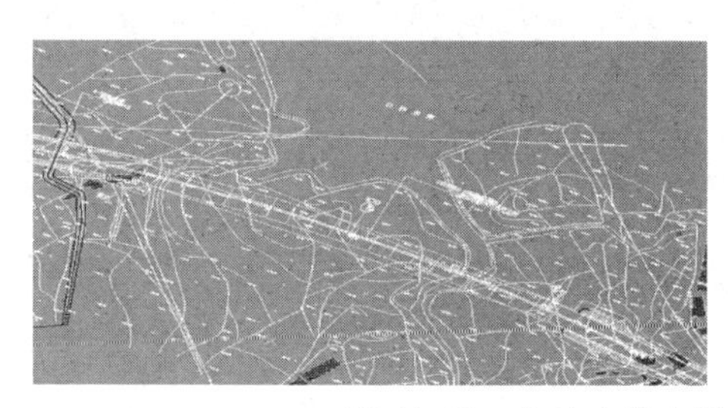

图 11.28　白沙水库大桥(煤矿区，采深 80～160m)

王村乡寺沟煤矿、山沟第四煤矿在线路上形成采空区位于 K72＋980～K73＋240 范围内，东西宽 230m，南北长大于 300m，其平面图和现场调查图片如图 11.29 所示。

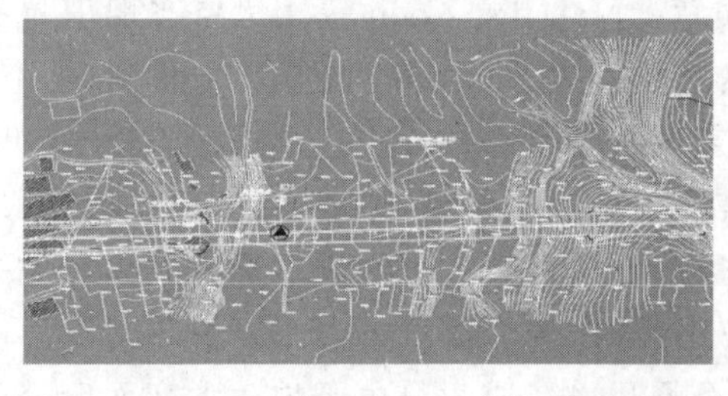

图 11.29　寺沟、山沟高填路堤(煤矿区，采深 90～120m)

石棕河大桥处采深 80～140m，其平面图和现场调查图片见图 11.30。

图 11.30　石棕河大桥(煤矿区，采深 80～140m)

朝阳沟隧道位于登封市卢店乡东南部，距卢店镇约 3km。隧道全长 295m，进口初步设于 K81＋200，出口设于 K81＋495。其平面图和现场调查图片如图 11.31 所示。

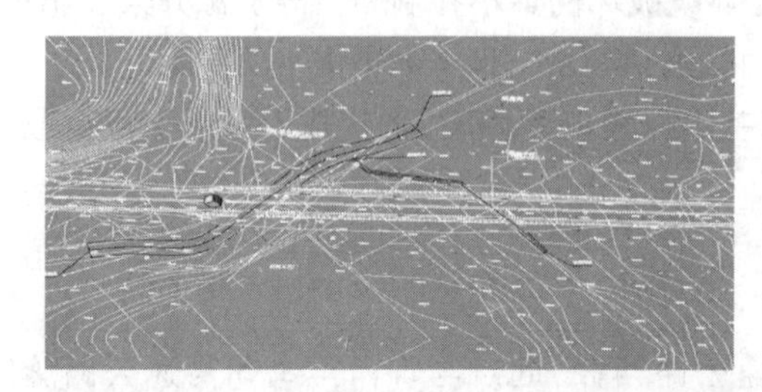

图 11.31　朝阳沟隧道及地面工厂、公路

刘碑寺停车区范围内的地面塌陷、开裂、沉陷严重；路线左侧乡村沥青路面公路路基不均匀沉降、破坏严重。其平面图和现场调查图片如图 11.32 所示。

图 11.32　刘碑寺(铝土矿区，采深 30～70m)

为提高识别程度和进行精度对比，沿上述路段布置了 InSAR 监测角反射器，一期共设置了 20 个，主要分布在寺沟高填路堤、石棕河大桥、朝阳沟隧道及洞口边坡上和刘碑寺停车区等几个位置，现场布置如图 11.33 所示。

图 11.33 InSAR 监测仪器布置图

11.6.2 空间监测

国家卫星遥感图片如图 11.34(a)所示，河南省卫星遥感图片如图 11.34(b)所示，禹登高速公路卫星遥感图片如图 11.34(c)所示，得到了空间遥感地形地貌图片。

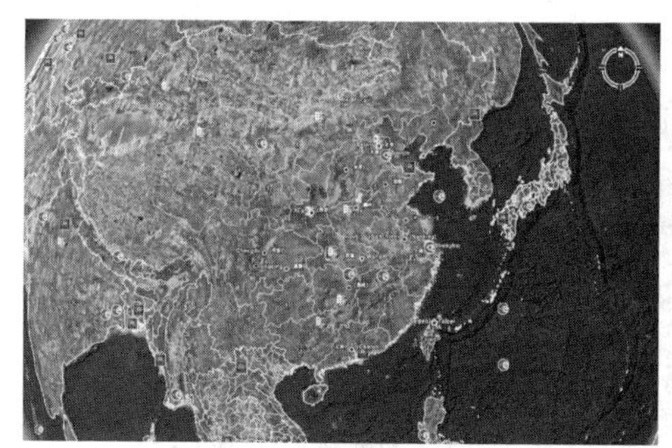

(a) 国家卫星遥感图片

(b) 河南省卫星遥感图片

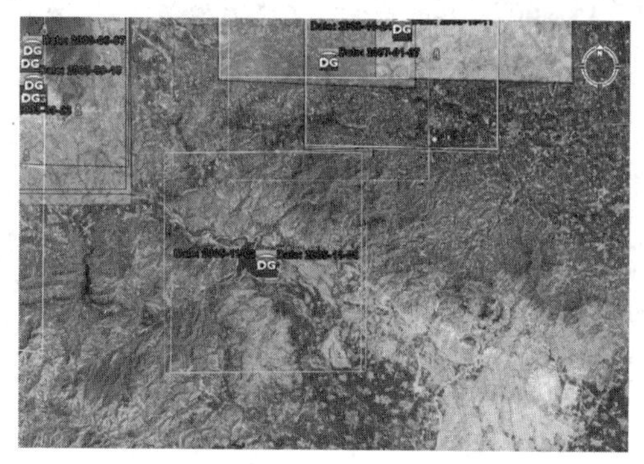

(c) 禹登高速公路卫星遥感图片

图 11.34

卫星遥感获得的禹登高速公路与白沙水库如图 11.35(a)和图 11.35(b)所示。

卫星 InSAR 获得的禹登高速公路影像如图 11.36(a)、图 11.36(b)和图 11.36(c)所示。

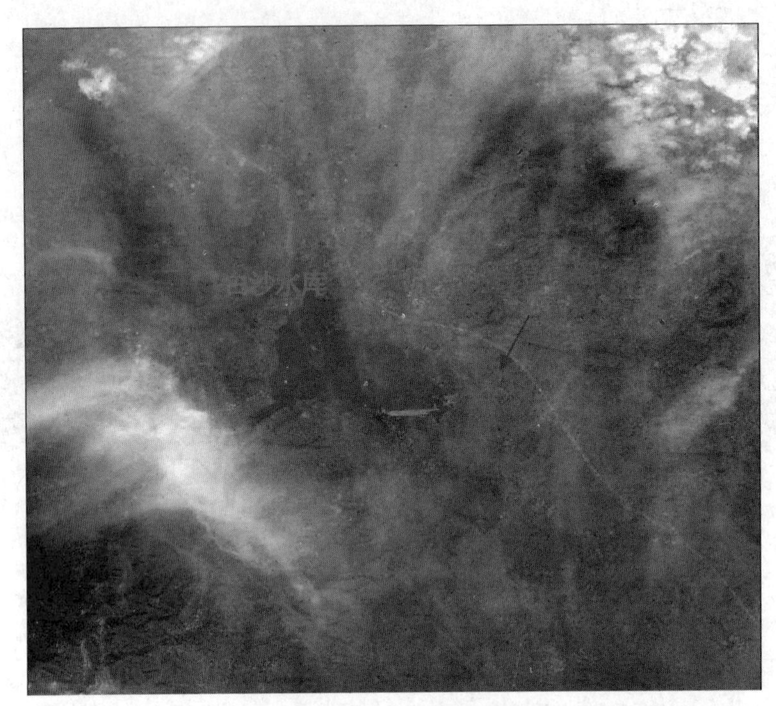

(a) 禹登高速公路白沙水库遥感图

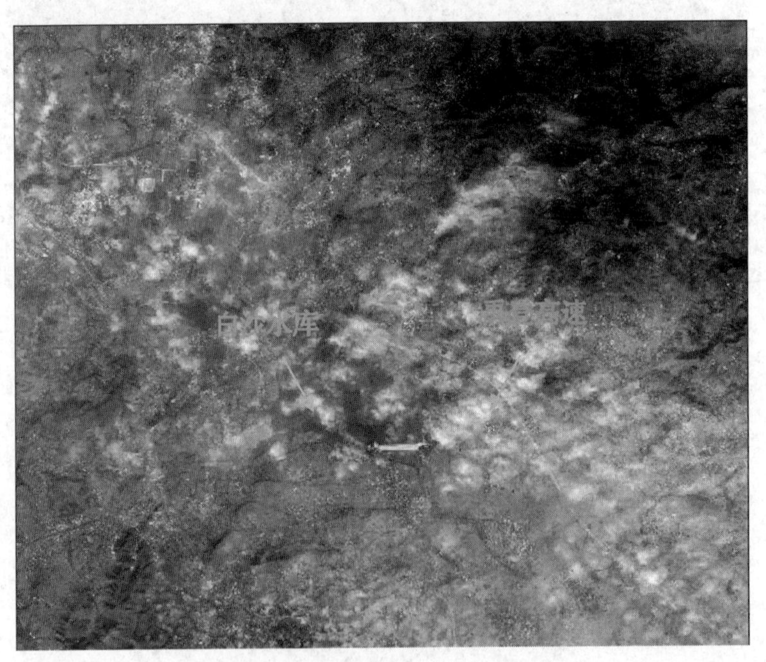

(b) 禹登高速公路白沙水库遥感图

图 11.35

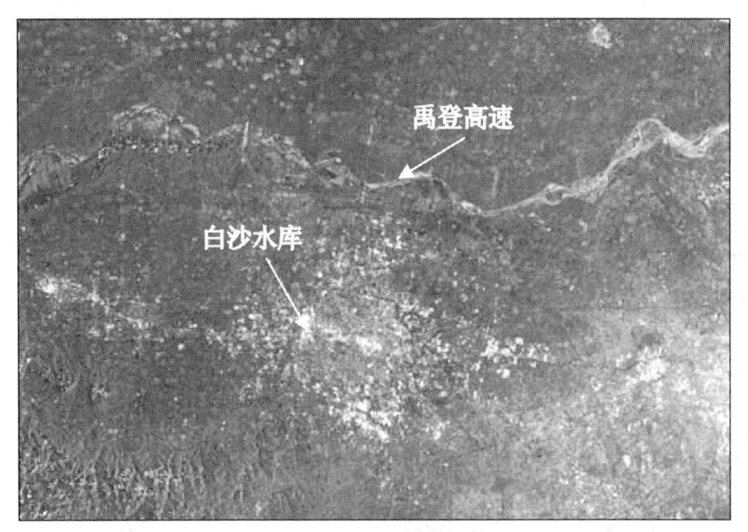

(a) 2007年8月23日观测结果

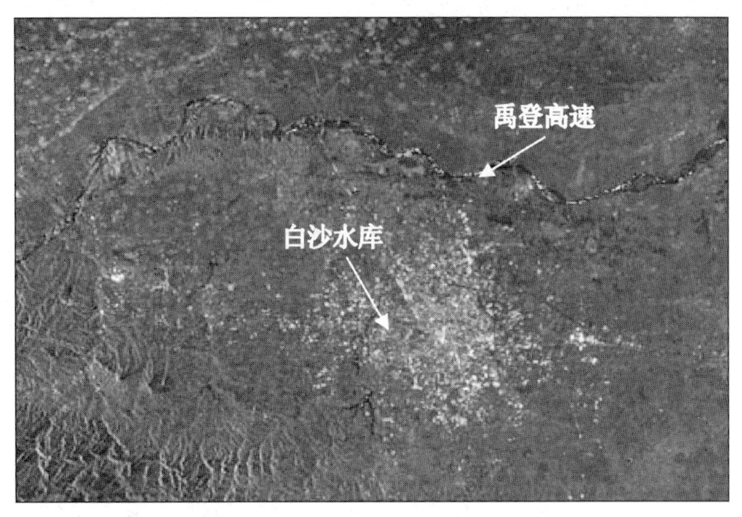

(b) 2007年9月4日观测结果

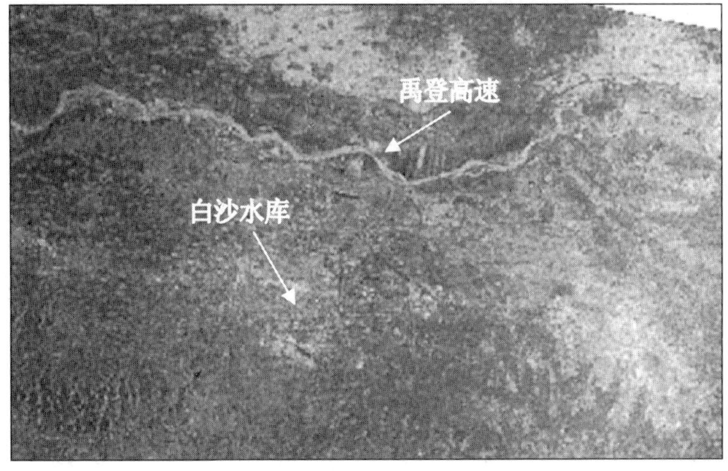

(c) 2007年11月1日观测结果

图　11.36

由于本路段监测刚刚开始，由初步监测结果知，InSAR 监测结果与传统水准观测结果基本一致，禹登高速公路采空区路段地表的变形基本稳定，在设计规范控制要求范围之内。但是石棕河大桥地表沉降仍在发展之中，进一步 InSAR 观测与分析评价将在后续的研究工作中继续进行，相关成果如图 11.37 和图 11.38 所示。

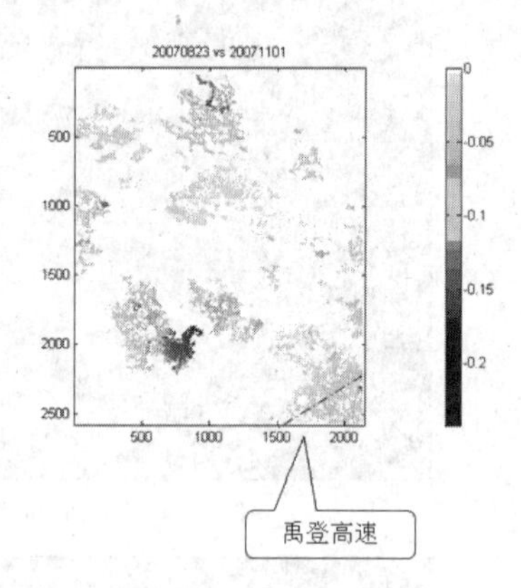

图 11.37　D-InSAR 监测 DEM 图和地表变形图(单位：m)

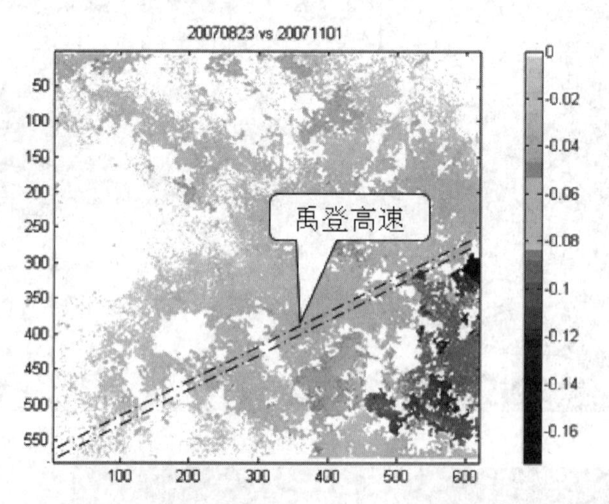

图 11.38　禹登高速公路 DInSAR 监测地表变形局部放大图(单位：m)

针对寺沟采空区高填路堤，地下煤炭回采率为 40%，施工过程中对采空区进行注浆充填减沉处治，提高采空区上覆岩土体地基承载力和抵抗变形的能力(见图 11.39(a))。路堤修筑过程中由于采空区上覆岩土层地基压密引起 3 座拱涵通道八字墙地基沉降，引起墙体开裂，通道墙体和拱顶施工缝错位和地面错台(见图 11.39(b))。在高填路堤施工与监控沉降小于设计要求值时，开始铺设路面(见图 11.39(c))。由于地下煤炭尚有 60%未回采，鉴于公路安全运营，进行了 InSAR 监控公路及周围地表受采动影响的形变(该处布设 6 个定点角反射器，见图 11.39(d))。

在登封至禹州左侧 200m 处，有一地方生产煤矿在开采，引起电塔倾斜、村庄及耕地沉陷(见图 11.40(a))。由于开采影响地面沟壑纵横、村庄房屋垮塌(见图 11.40(b))，开采引起的地表变形已经临近公路坡脚，为此进行路基路面 InSAR 监控，此处布设 3 个角反射器进行跟踪监测与预测(图 11.40(c))。

(a) 采空区上覆岩土体注浆充填减沉处治

(b) 采空区拱涵通道八字墙地基沉降墙体开裂

(c) 采空区路堤路面铺设

(d) 采动影响InSAR监测公路及周围地表形变

图 11.39　寺沟采空区高填路堤施工与 InSAR 监测

(a) 开采引起电塔倾斜、村庄及耕地沉陷

(b) 开采影响地面沟壑纵横、村庄房屋垮塌

(c) 路基路面InSAR形变监控

图 11.40 煤矿开采引起电塔倾斜、村庄及耕地沉陷

11.6.3 InSAR 技术在公路工程防灾中的应用展望

将 InSAR 监测技术用于高速公路路基路面变形监测是一个极具前瞻性研究课题，是"863"课题内容，完整的变形监测需要 2 年多的时间，才能对该路段路基路面变形进行全面系统的分析研究。

从目前的初步观测结果看，观测结果与地表水准观测基本一致，可望在高速公路中大面积推广应用，这也是下一步研究工作的一个重点。

为更好发挥雷达干涉测量技术的作用，欧洲空间局(European Spatial Agency，ESA)开展了关于雷达干涉测量飞行的专项研究(The Dedicated SAR Interferometry Mission Study，DSIM)，对 1998—2020 年间干涉雷达的国际市场进行预测，同时还为评价现有雷达卫星数据的经济价值及未来 InSAR 系统的构成提供建议，并提出了发展未来 InSAR 系统的新计划[14]。

ESA 根据市场的需求提出的未来 InSAR 系统的方案详见表 11.3。

表 11.3　未来 InSAR 系统方案

	方案 1	方案 2	方案 3
卫星数目	1	2	2
像对重访时间/d	6	1	1～2
SAR 系统频率	C-波段	C-波段	X+L-波段
极化	单极化	单极化	单极化
空间分辨率(多视)/m	5	5	5
可达到的带宽/km	400	400	400
实际带宽/km	80～100	80～100	80～100
可提供的产品数	7	11	14

从表 11.3 数据可以看出，未来系统的显著特点是时间分辨率和空间分辨率大大提高。表 11.4 给出了现有系统的时间和空间分辨率参数。时间分辨率的提高是为了适应用户快速更新数据的需要，空间分辨率的提高则可满足用户 1∶25 000 或更大比例尺测图的要求。

表 11.4　现有系统的时间和空间分辨率

	ERS-1	ERS-2	JERS-1	RADARSAT
像对重访时间/d	35	35	44	24
空间分辨率/m	30	30	18	25

在短期计划(2005 年底已完成)成功实施的基础上，ESA 于 2005 年底启动长期计划(2005—2020)，并实施未来 InSAR 系统方案。根据 DSIM 的研究结果，未来 InSAR 系统应具备表 11.5 所列的 35 项服务功能。

表 11.5　长期计划的服务功能

服务类别	序号	服务项目	方案 1	方案 2	方案 3
初级服务	1	建筑物定位与变化	*	*	* *
	2	断层运动	*	*	* *
	3	滑坡定位	○	*	* *
	4	生物量	-	*	* *
	5	森林砍伐	○	*	* *
	6	树冠穿透	-	*	* *
	7	目标位移	*	*	* *
	8	构造变形	*	*	* *

续表

服务类别	序号	服务项目	方案 1	方案 2	方案 3
初级服务	9	表面变形	*	*	* *
	10	地面沉降	○	*	* *
	11	地震活动	○	*	* *
	12	土壤侵蚀	○	○	*
	13	冰川运动	*	*	*
	14	冰山定位与运动	*	*	*
中级服务	15	局域性农作物面积估计	-	○	* *
	16	农作物场地识别	-	* *	* *
	17	坡度角模型	*	*	* *
	18	积雪类型	*	*	*
	19	耕地变化	○	* *	* *
	20	数字地面模型	-	○	* *
	21	洪涝预报，检测，监测	○	*	* *
	22	靠近交通事故发生点的环境设施	○	*	* *
	23	乡村土地覆盖	*	* *	* *
	24	一般土地覆盖	*	* *	* *
	25	土壤湿度与类型	-	○	* *
	26	数字高程模型	○	*	* *
	27	海岸带与海岸线变形	-	○	* *
	28	积雪覆盖面积	*	*	* *
	29	木材量估计	-	* *	* *
高级服务	30	植被分类	-	*	* *
	31	沙漠化	*	* *	* *
	32	废物堆			*
	33	拱顶直径量测	*	*	* *
	34	挖方变化		*	* *
	35	道路，河流与桥梁地图	*	*	*

注：* * ——系统具有最优服务功能；* ——系统具有服务功能；○——系统受到某些约束；-——系统无此功能。

从表 11.5 可以看出，对 35 项服务功能，方案 1 的性能最差。因此，ESA 认为将不考虑方案 1。由于 L+X 波段的系统具有最优的性能，因而将成为 ESA 未来 InSAR 系统的首选方案，并将为国家提供巨大的经济效益。

参考文献

[1] 朱伯芳.有限单元法原理与应用[M].2版.北京：中国水利水电出版社，1998.

[2] 王勖成，邵敏.有限单元法基本原理和数值方法[M].2版.北京：清华大学出版社，1997.

[3] 杨云蓉.中运河桥方案比选[J].结构工程师，2007，23(3)：1-4.

[4] 赖泉水，张靖.三山西大桥桥型方案的选择及主桥实施方案的构思[J].桥梁建设，1995(4)：8-10.

[5] 邓关彩.泸州市沱江三桥桥型方案选择[J].城市道桥与防洪，2001(4)：37-38.

[6] 裴岷山，徐利平，张喜刚.苏通大桥主航道桥桥型方案研究[J].桥梁建设，2005(6)：27-30.

[7] 陈燊，陈培健.山区公路桥结构设计方案的比选优化与变量[C]//第八届全国结构工程学术会议论文集[A].1999：328-333.

[8] 李德仁，周月琴，马洪超.卫星雷达干涉测量原理与应用[J].测绘科学，2000，25(1)：9-13.

[9] 王超，张红，刘智.星载合成孔径雷达干涉测量[M].北京：科学出版社，2002.

[10] 保铮，邢孟道，王彤.雷达成像技术[M].北京：电子工业出版社，2006.

[11] 廖明生，林珲.雷达干涉测量——原理与信号处理[M].北京：测绘出版社，2003.

[12] 袁孝康.星载合成孔径雷达导论[M].北京：国防工业出版社，2003.

[13] 毛建旭，王耀南，夏耶.合成孔径雷达干涉成像技术及其应用[J].系统工程与电子技术，2003，25(1)：7-10.

[14] 周月琴.欧洲空间局关于干涉雷达的新计划[J].测绘通报，1999(1)：40-42.

第12章

CHAPTER 12

研究小结

12.1 核电站取水构筑物研究结论

以红沿河核电站取水构筑物为工程依托，结合构筑物安全与稳定研究现状，研究采用大型有限元软件，建立仿真模型，进行地震荷载下力学特性研究，同时开展了海水对构筑物内部水流冲击和渗流作用影响的研究，得此以下结论：

(1) 核电站取水构筑物的安全等级十分高，在建设过程中须不断优化设计并选择合理措施确保在以后运营中的安全。采用的大型有限元软件 SolidWorks 对核电站取水构筑物进行仿真建模，并对构筑物的施工过程进行了仿真分析，分析结果表明：对于大型的构筑物采取合理的施工顺序可以有效降低施工过程中产生的不安全因素。

(2) 运用大型有限元软件 Midas\GTS 进行核电站取水构筑物在地震荷载作用下力学特性仿真分析，结果表明：构筑物在地震波作用下位移最大值在构筑物顶部中间，而底部位移反应较小；应力最大值在取水构筑物底部中间，极值为 $30N/mm^2$，该值低于所用混凝土强度设计值，说明构筑物在该地震波作用下是安全的；在地震中，取水构筑物建筑本身的反应要比基础及土的反应数值高很多。

(3) 取水构筑物整体处于海水范围内，开展了海水对海底基岩渗流对取水构筑物的稳定性作用影响分析。分析结果表明：基岩的渗透系数很小，渗流只会对很小的部分产生影响，在今后类似的工程中，海水对基岩的渗流作用可不必重点考虑。

(4) 分 8 种工况分析了海浪对构筑物的冲击影响。分析结果表明：不同工况下海浪对构筑物冲击产生的位移和应力会发生一定的变化，应力最大发生在构筑物的根部，达到 5.39MPa，最大位移 5.38mm，位移随洞口的开放个数的减少而增大，开放中间隧洞的位移要比开放边上洞口的位移要大。

(5) 进行了取水构筑物在最高、低潮位下流场变化的仿真分析，取水构筑物运营时海水流经内部腔体，压力分布情况与静水压力分布情况大致相同，但是在高潮位工况下，海水流速所产生的一定冲击压力，改变了压力场的分布，需进行流固耦合分析。通过对不同海水潮位分析说明在任何潮水位下，取水构筑物可以满足核电站冷却用水量的需求。

(6) 海洋腐蚀对世界各国的国民经济均已产生巨大的影响，腐蚀成为当今世界突出的问题。我国海工、水工工程，在腐蚀和耐久性方面的研究有待进一步提高。对红沿河取水构筑物结构的耐久性设计方面采取的基本措施包括采用高性能混凝土、提高混凝土保护层厚度，增加钢筋涂层方法、内掺钢筋阻锈剂等综合防腐方案。

随着核电的发展，取水构筑物结构的安全和耐久性是当前的一个研究热点，同时也是难点问题之一。理论研究和数值仿真分析的研究成果表明红沿河核电站取水构筑物的结构具备了稳定性和安全性，这些结论有待于在后续的运营期的监测和检测，将监测结果用于验证理论研究和数值仿真分析是今后研究地震荷载作用下构筑物安全和稳定的有效方法。海工腐蚀是有待于解决的世界性的难题，如何将腐蚀产生的影响降到最低是未来重要的课题，该问题的解决可以解决生态环境、防护工程等领域中的一些实际问题，以更好地为我国国民经济又好又快发展服务。

12.2　城市立交无梁板桥研究结论

结合当前沈阳市迎"十二运"城市道路系统建设改造项目中立交桥建设项目的实施，研究对立交桥在地震荷载及运营时车辆荷载的稳定性和安全性进行了较为系统的研究。主要成果和结论如下：

(1) 对城市立交桥在地震作用下进行的动力响应分析表明：在受到垂直于桥梁轴线方向地震波作用下，水平横向和上下竖直方向都有很敏感的响应，应该在立交桥设计时充分考虑当地地震荷载的破坏作用，进行抗震分析研究。

(2) 在地震过程中，立交桥的支座将承受很大的应力，这与其减震耗能的作用相匹配，而桥墩的设计应该注意在形状改变处做平滑过渡处理，避免出现应力集中的现象。

(3) 在运营过程中，立交桥将承受不同工作环境下的车辆荷载作用，车辆超载是常见情况，在立交桥设计过程中要充分考虑不同车辆荷载作用，特别是桥上单向车辆通行时产生的桥面位移和支座局部应力最有可能突破设计安全值，这对立交桥的安全是严重的考验，因此在设计时必须要充分考虑各种非正常行车情况。

(4) 多箱室空心预应力无梁板桥因其结构合理而在近年来桥梁建设中得以广泛应用，桥梁上部结构的选型和预应力配筋设计是结构安全的关键，另外预应力钢筋在定位和张拉过程中的合理施工同样是确保桥梁安全的重要环节。

(5) 桥梁横向和纵向均按全预应力构件设计。分析过程中结构在弹性范围内工作，基本不损伤。在延性构件发生弹塑性变形，耗散地震能量，确保延性构件的塑性铰区域有足够的变形能力。

(6) 施工过程中的设计变更是为了更好地解决实际问题，在沈阳市二环改造工程项目中即对桥墩承台等结构进行了必要的调整，另外对立交桥的某些结构部位进行了植筋加固施工和混凝土表面裂缝加固处理，也同样对一些工程的常见问题，包括混凝土工程的破损、剥落、露筋、空洞和蜂窝等进行了处理。

城市立交桥的建设是解决日益严重的城市交通问题的有效手段，而立交桥在运营中承受地震荷载作用下的稳定与安全是当前工程领域里的一个研究热点，也是难点问题之一。

虽然数值仿真分析是当前研究结构工程的有效手段，然而详尽考虑各种工况下的仿真分析是关键，因此在研究立交桥在地震、车辆作用等不同荷载下的耦合安全与稳定是确保研究结论可靠的关键问题。同时实际工程监测与检测是验证仿真分析的必要手段，因此对依托工程运营期在各种车辆荷载作用下产生的应力、应变、位移等力学特性的监测可以进一步为研究结论提供借鉴。

12.3 高速公路路基路面下伏采空区研究结论

结合当前高速公路采空区病害处治研究现状，对高速公路路基路面下伏采空区病害评价与诊治进行了系统的研究。主要成果和结论如下：

(1) 分别从路基、路面、桥梁和隧道工程的角度出发，建立了科学合理的高速公路安全性评价标准和方法体系。这对确保道路运输畅通和国民经济迅速发展有着极其重要的理论和现实意义，同时也为高速公路病害评价与诊治奠定基础。

(2) 对采空区的地基承载力理论与方法进行探讨，提出采用极限分析有限元法和增量加载有限元法等求解高速公路路基路面下伏地基的极限承载力，并将这两种方法用于地基极限承载力的求解。这两种方法在国际上虽有人做过，但误差太大，以致无法应用。本项研究计算精度有较大提高。

(3) 运用增量加载有限元法，证明滑移线场理论中采用关联流动法则与非关联流动法则可得到同样的极限荷载和滑移线，只是速度矢量的方向不同，同时证明了在平面应变条件下采用非关联流动法则时的剪胀角应取 $\varphi/2$，此时体应变必为零。

(4) 采空区路基变形基本规律如下：随着开采深度增加，路基沉降随之递减；最大水平变形也随之减小；下沉盆地的范围略有扩大，而且趋于平缓；随着开采厚度的增加，路基竖向位移随之递增；最大水平变形随之增大；下沉盆地范围变化不大，下沉盆地边缘处沉降差值递增；随着开采宽度增加，路基竖向位移随之递增，且增加速率较快；最大水平变形也随之迅速增长；下沉盆地范围随着开采宽度的增加而不断扩大。随着岩层硬度增加，路基最大水平位移、最大竖向位移都明显减小；在复合型岩层中，上软下硬型的沉降和水平位移比上硬下软型要有所减小，且下沉盆地较平缓；随山体坡度的增加，下沉盆地已不再位于采空区正上方，而是逐渐向地势较低方向移动；留设合理尺寸安全煤柱对路基下沉控制起明显作用，且煤柱尺寸越大，控制效果越好；当留设安全煤柱时，地表曲率为正(凸)曲率，且煤柱尺寸越小曲率越大，可使地表路基产生拉伸变形，对路基不利；地下煤层开采后，上覆岩层应力重新分布，且断层的存在对应力的分布有强烈的阻隔作用，断层增大了岩体的变形值，而且断层面的存在打破了水平移动、下沉变形的对称性。

(5) 在采空区路基路面变形失稳类型和变形基本规律基础上，归纳总结采空区路基路面一般处治方法和相应协调设计方法，包括采空区地基处治方法、路基协调设计方法和路面设计方法等。同时，结合工程实例，运用采空区路基路面协同作用设计方法，对采动区路基路面、高填路基路面、停车区路基路面和浸水区路基路面等典型采空区路基路面提出了设计建议。

(6) 针对河南禹登高速公路跨越煤矿采空区的各个方案，即寺沟高填路堤方案、深桩基础箱梁桥方案、承台基础箱梁桥方案、连续刚构桥方案等进行了系统的对比分析，得出如下建议：采用高填路堤方案，并在此方案基础上通过模型试验、数值模拟及现场监测、检测等手段来分析研究寺沟采空区高填路堤的稳定性。

（7）从原理、数据处理、工程应用及发展等角度出发，运用 InSAR 空间监测技术对河南省禹州至登封高速公路采空区路基路面进行了形变监测，有效地跟踪了采动区、采空区的变化规律及对高速公路路基路面影响，保证了高速公路的安全营运。

高速公路采空区问题的病害探测、评价、监测与处治是当前的一个研究热点和难点问题。鉴于采空区路基变形基本规律二维有限元分析中存在一些问题，今后将更深入地研究采空区路基路面变形规律，采用三维空间分析方法，为采空区路基路面的变形处治提供依据。当前的 InSAR、GPS 测量技术在工程监测中发挥了巨大的优势，但这一技术大规模应用还受到诸多因素的影响。应进一步加强应用研究，充分利用国外丰富的干涉雷达数据和现有的商业软件解决防灾减灾、能源、生态环境、防护工程等领域中的一些实际问题，以更好地为我国国民经济又好又快发展服务。